Student Solutions Manual

to accompany

College Algebra Essentials

Third Edition

John W. Coburn
St. Louis Community College—Florissant Valley

Jeremy P. Coffelt
Blinn College

Prepared by
LaurelTech, a division of diacriTech, Inc.

Student Solutions Manual to accompany
COLLEGE ALGEBRA ESSENTIALS, THIRD EDITION
JOHN W. COBURN AND JEREMY P. COFFELT

Published by McGraw-Hill Higher Education, an imprint of The McGraw-Hill Companies, Inc., 1221 Avenue of the Americas, New York, NY 10020. Copyright © 2014, 2010 and 2007 by The McGraw-Hill Companies, Inc. All rights reserved. Printed in the United States of America.

No part of this publication may be reproduced or distributed in any form or by any means, or stored in a database or retrieval system, without the prior written consent of The McGraw-Hill Companies, Inc., including, but not limited to, network or other electronic storage or transmission, or broadcast for distance learning.

This book is printed on acid-free paper.

2 3 4 5 6 7 8 9 0 QVS/QVS 19 18 17 16 15

ISBN: 978-0-07-734067-4
MHID: 0-07-734067-1

www.mhhe.com

College Algebra Essentials

Chapter R – A Review of Basic Concepts and Skills
R-1 Exercises 1
R-2 Exercises 3
R-3 Exercises 5
R-4 Exercises 9
R-5 Exercises 14
R-6 Exercises 17
Practice Test 23

Chapter 1 – Equations and Inequalities
1-1 Exercises 25
1-2 Exercises 29
1-3 Exercises 32
Mid-Chapter Check 36
1-4 Exercises 37
1-5 Exercises 42
1-6 Exercises 49
Making Connections 58
Summary and Concept Review 59
Practice Test 64
Calculator Exploration and Discovery 66
Strengthening Core Skills 66

Chapter 2 – Relations, Functions and Graphs
2-1 Exercises 67
2-2 Exercises 76
2-3 Exercises 84
Mid-Chapter Check 92
2-4 Exercises 92
2-5 Exercises 97
2-6 Exercises 107
Making Connections 110
Summary and Concept Review 111
Practice Test 114
Calculator Exploration and Discovery 115
Strengthening Core Skills 116
Cumulative Review: Chapters R–2 117

Chapter 3 – More on Functions
3-1 Exercises 119
3-2 Exercises 130
3-3 Exercises 138
Mid-Chapter Check 143
3-4 Exercises 144
3-5 Exercises 151
3-6 Exercises 161
Making Connections 164
Summary and Concept Review 165
Practice Test 168
Calculator Exploration and Discovery 170
Strengthening Core Skills 170
Cumulative Review: Chapters R–3 170

Chapter 4 – Polynomial and Rational Functions
4-1 Exercises 172
4-2 Exercises 180
4-3 Exercises 186
Mid-Chapter Check 197
4-4 Exercises 198
4-5 Exercises 204
4-6 Exercises 212
Making Connections 218
Summary and Concept Review 218
Practice Test 222
Calculator Exploration and Discovery 224
Strengthening Core Skills 224
Cumulative Review: Chapters R–4 225

Chapter 5 – Exponential and Logarithmic Functions
5-1 Exercises 227
5-2 Exercises 236
5-3 Exercises 242
Mid-Chapter Check 247
5-4 Exercises 247
5-5 Exercises 251
5-6 Exercises 257
Making Connections 262
Summary and Concept Review 263
Practice Test 266
Calculator Exploration and Discovery 267
Strengthenng Core Skills 267
Cumulative Review: Chapters R–5 267

Chapter 6 – Systems of Equations and Inequalities
6-1 Exercises 271
6-2 Exercises 278
Mid-Chapter Check 287
6-3 Exercises 288
6-4 Exercises 295
Making Connections 303
Summary and Concept Review 303
Practice Test 307
Calculator Exploration and Discovery 310
Strengthening Core Skills 311
Cumulative Review: Chapters R–6 311

Chapter R A Review of Basic Concepts and Skills

R.1 Exercises

1. repeating, terminating, irrational

3. positive, negative, 7, –7, principal

5. **a.** {1, 2, 3, 4, 5}
   b. { }

7. True

9. True

11. True

13. $\dfrac{4}{3} = 1.\overline{3}$

15. $2\dfrac{5}{9} = 2.\overline{5}$

17. **a.** $\dfrac{1}{3} \cdot 120{,}000 = 40{,}000$ acres
    b. Ten 3's: 0.333 333 333 3. Answers may vary according to calculator model.

19. $\sqrt{7} \approx 2.65$

21. $\sqrt{3} \approx 1.73$

23. **a. (i)** {8, 7, 6}
    (ii) {8, 7, 6}
    (iii) {–1, 8, 7, 6}
    (iv) $\left\{-1,\ 8,\ 0.75,\ \dfrac{9}{2},\ 5.\overline{6},\ 7,\ \dfrac{3}{5},\ 6\right\}$
    (v) { }
    (vi) $\left\{-1,\ 8,\ 0.75,\ \dfrac{9}{2},\ 5.\overline{6},\ 7,\ \dfrac{3}{5},\ 6\right\}$
    b. $\left\{-1,\ \dfrac{3}{5},\ 0.75,\ \dfrac{9}{2},\ 5.\overline{6},\ 6,\ 7,\ 8\right\}$

c.

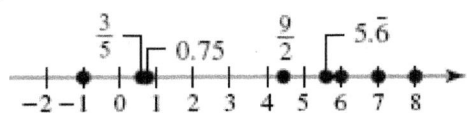

25. **a. (i)** $\{\sqrt{49},\ 2,\ 6,\ 4\}$
    (ii) $\{\sqrt{49},\ 2,\ 6,\ 0,\ 4\}$
    (iii) $\{-5,\ \sqrt{49},\ 2,\ -3,\ 6,\ -1,\ 0,\ 4\}$
    (iv) $\{-5,\ \sqrt{49},\ 2,\ -3,\ 6,\ -1,\ 0,\ 4\}$
    (v) $\{\sqrt{3},\ \pi\}$
    (vi) $\{-5,\ \sqrt{49},\ 2,\ -3,\ 6,\ -1,\ \sqrt{3},\ 0,\ 4,\ \pi\}$
    b. $\{-5,\ -3,\ -1,\ 0,\ \sqrt{3},\ 2,\ \pi,\ 4,\ 6,\ \sqrt{49}\}$

c.

27. False; not all real numbers are irrational.

29. False; not all rational numbers are integers.

31. False; $\sqrt{25} = 5$ is not irrational.

33. c; IV

35. a; VI

37. d; III

39. Let a represent Kylie's age: $a \geq 6$ years.

41. Let n represent the number of incorrect words: $n \leq 2$ incorrect words.

43. $x \geq \dfrac{3}{2}$

45. $x < 2$

47. $5 \leq w < 32$

49. $|-2.75| = 2.75$

1

R.1 The Language, Notation, and Numbers of Mathematics

51. $-|-4| = -4$

53. $\left|\dfrac{1}{2}\right| = \dfrac{1}{2}$

55. $\left|-\dfrac{3}{4}\right| = \dfrac{3}{4}$

57. $|-7.5 - 2.5| = |-10| = 10$
    $|2.5 - (-7.5)| = |10| = 10$

59. -8 and 2

61. negative

63. $-n$

65. Undefined; since $12 \div 0 = k$, implies $k \cdot 0 = 12$.

67. Undefined, since $7 \div 0 = k$, implies $k \cdot 0 = 7$.

69. a. Positive
    b. Negative
    c. Negative
    d. Negative

71. $-\sqrt{\dfrac{121}{36}} = -\dfrac{11}{6}$

73. $\sqrt[3]{-8} = -2$

75. $9^2 = 81$ is closest.

77. $-24 - (-31) = -24 + 31 = 7$

79. $7.045 - 9.23 = -2.185$

81. $4\dfrac{5}{6} + \left(-\dfrac{1}{2}\right) = 4\dfrac{5}{6} + \left(-\dfrac{3}{6}\right) = 4\dfrac{2}{6} = 4\dfrac{1}{3}$

83. $\left(-\dfrac{2}{3}\right)\left(3\dfrac{5}{8}\right) = \left(-\dfrac{2}{3}\right)\left(\dfrac{29}{8}\right)$
    $= -\dfrac{58}{24}$
    $= -\dfrac{29}{12}$ or $-2\dfrac{5}{12}$

85. $(12)(-3)(0) = 0$

87. $-60 \div 12 = -5$

89. $\dfrac{4}{5} \div (-8) = \dfrac{4}{5} \cdot \left(-\dfrac{1}{8}\right) = -\dfrac{4}{40} = -\dfrac{1}{10}$

91. $-\dfrac{2}{3} \div \dfrac{16}{21} = -\dfrac{2}{3} \cdot \dfrac{21}{16} = -\dfrac{42}{48} = -\dfrac{7}{8}$

93. $12 - 10 \div 2 \times 5 + (-3)^2$
    $= 12 - 10 \div 2 \times 5 + 9$
    $= 12 - 5 \times 5 + 9$
    $= 12 - 25 + 9$
    $= -4$

95. $\sqrt{\dfrac{9}{16}} - \dfrac{3}{5} \cdot \left(\dfrac{5}{3}\right)^2$
    $= \dfrac{3}{4} - \dfrac{3}{5} \cdot \dfrac{25}{9}$
    $= \dfrac{3}{4} - \dfrac{75}{45}$
    $= \dfrac{3}{4} - \dfrac{5}{3}$
    $= \dfrac{9}{12} - \dfrac{20}{12}$
    $= -\dfrac{11}{12}$

97. $\dfrac{4(-7) - 6^2}{6 - \sqrt{49}} = \dfrac{-28 - 36}{6 - 7} = \dfrac{-64}{-1} = 64$

99. $2475\left(1 + \dfrac{0.06}{4}\right)^{4 \cdot 10} = 4489.70$

101. $\dfrac{-4 + \sqrt{(-4)^2 - 4(3)(-39)}}{2(3)}$
     $= \dfrac{-4 + \sqrt{16 - (-468)}}{6}$
     $= \dfrac{-4 + 22}{6}$
     $= 3$

103. $D = \dfrac{d \cdot n}{n + 2} = \dfrac{5 \cdot 24}{24 + 2} = \dfrac{60}{13} \approx 4.6$ cm

105. $50 + (-3)(6) = 50 - 18 = 32°$ F

107. $134 - (-45) = 134 + 45 = 179°$ F

Chapter R: A Review of Basic Concepts and Skills

109. $15\sqrt{2} + \dfrac{31}{2} + 10\pi$

$\approx 21.2132 + 15.5 + 31.4159$

≈ 68.13 cm

111. $3\dfrac{1}{7} = \dfrac{22}{7} \approx 3.14286$

$\dfrac{355}{113} \approx 3.14159$

$\dfrac{62{,}832}{20{,}000} = 3.1416$

$\sqrt{10} \approx 3.1623$

$\pi \approx 3.141592654$

Tsu-Ch'ung-chih: $\dfrac{355}{113}$

113. Positive

R.2 Exercises

1. coefficient

3. Answers will vary.

5. Two; 3 and –5

7. Two; 2 and $\dfrac{1}{4}$

9. Three; –2, 1 and –5

11. One; –1

13. $n - 7$

15. $n + 4$

17. $(n-5)^2$

19. $2n - 13$

21. $\dfrac{2}{3}n - 5$

23. $3(n+5) - 7$

25. Let w represent the width. Then $2w$ represents twice the width and $2w - 3$ represents three meters less than twice the width.

27. Let b represent the speed of the bus. Then $b + 15$ represents 15 mph more than the speed of the bus.

29. Let h represent the altitude of the helicopter. Let b represent the building's height.
$h = b + 150$

31. Let L represent the length. Let W represent the width.
$L = 2W + 20$

33. Let N represent the cost of a gallon of milk in 1990. Let M represent the cost of a gallon of milk in 2010.
$M = 2.5N$

35. Let g represent the number of gallons of insecticide. Let T represent the total charge.
$T = 12.50g + 50$

37. $4x - 2y$; $4(2) - 2(-3) = 8 + 6 = 14$

39. $-2x^2 + 3y^2$; $-2(2)^2 + 3(-3)^2$
$= -2(4) + 3(9) = -8 + 27 = 19$

41. $2y^2 + 5y - 3$; $2(-3)^2 + 5(-3) - 3$
$= 2(9) - 15 - 3 = 18 - 15 - 3 = 0$

43. $-2(3y+1)$;
$-2(3(-3)+1) = -2(-9+1) = -2(-8) = 16$

45. $(-3x)^2 - 4xy - y^2$;
$(-3 \cdot 2)^2 - 4(2)(-3) - (-3)^2$
$= (-6)^2 - 8(-3) - 9 = 36 + 24 - 9 = 51$

47. $\dfrac{1}{2}x - \dfrac{1}{3}y$; $\dfrac{1}{2}(2) - \dfrac{1}{3}(-3) = 1 + 1 = 2$

49. $\dfrac{-12y+5}{-3x+1}$; $\dfrac{-12(-3)+5}{-3(2)+1} = \dfrac{36+5}{-6+1} = \dfrac{-41}{5}$

51. $\sqrt{-12y} \cdot 4$;
$\sqrt{-12(-3)} \cdot 4 = \sqrt{36} \cdot 4 = 6 \cdot 4 = 24$

R.2   Algebraic Expressions and the Properties of Real Numbers

53. $x^2 - 3x - 4$

x	Output
-3	$(-3)^2 - 3(-3) - 4 = 14$
-2	$(-2)^2 - 3(-2) - 4 = 6$
-1	$(-1)^2 - 3(-1) - 4 = 0$
0	$(0)^2 - 3(0) - 4 = -4$
1	$(1)^2 - 3(1) - 4 = -6$
2	$(2)^2 - 3(2) - 4 = -6$
3	$(3)^2 - 3(3) - 4 = -4$

-1 has an output of 0.

55. $-3(1-x) - 6$

x	Output
-3	$-3(1-(-3)) - 6 = -18$
-2	$-3(1-(-2)) - 6 = -15$
-1	$-3(1-(-1)) - 6 = -12$
0	$-3(1-(0)) - 6 = -9$
1	$-3(1-(1)) - 6 = -6$
2	$-3(1-(2)) - 6 = -3$
3	$-3(1-(3)) - 6 = 0$

3 has an output of 0.

57. $x^3 - 6x + 4$

x	Output
-3	$(-3)^3 - 6(-3) + 4 = -5$
-2	$(-2)^3 - 6(-2) + 4 = 8$
-1	$(-1)^3 - 6(-1) + 4 = 9$
0	$(0)^3 - 6(0) + 4 = 4$
1	$(1)^3 - 6(1) + 4 = -1$
2	$(2)^3 - 6(2) + 4 = 0$
3	$(3)^3 - 6(3) + 4 = 13$

2 has an output of 0.

59. a. $-5 + 7 = 7 + (-5) = 2$
  b. $-2 + n = n + (-2)$
  c. $-4.2 + a + 13.6 = a + (-4.2) + 13.6$
      $= a + 9.4$
  d. $7 + x - 7 = x + 7 - 7 = x$

61. a. $x + (-3.2) + \underline{3.2} = x$

  b. $n - \dfrac{5}{6} + \dfrac{5}{\underline{6}} = n$

63. $-5(x - 2.6) = -5x + 13$

65. $\dfrac{2}{3}\left(-\dfrac{1}{5}p + 9\right) = -\dfrac{2}{15}p + 6$

67. $3a + (-5a) = 3a - 5a = -2a$

69. $\dfrac{2}{3}x + \dfrac{3}{4}x = \dfrac{8}{12}x + \dfrac{9}{12}x = \dfrac{17}{12}x$

71. $3(a^2 + 3a) - (5a^2 + 7a)$
    $= 3a^2 + 9a - 5a^2 - 7a$
    $= -2a^2 + 2a$

73. $x^2 - (3x - 5x^2) = x^2 - 3x + 5x^2 = 6x^2 - 3x$

75. $(3a + 2b - 5c) - (a - b - 7c)$
    $= 3a + 2b - 5c - a + b + 7c = 2a + 3b + 2c$

77. $\dfrac{3}{5}(5n - 4) + \dfrac{5}{8}(n + 16)$
    $= 3n - \dfrac{12}{5} + \dfrac{5}{8}n + 10$
    $= \dfrac{24}{8}n - \dfrac{12}{5} + \dfrac{5}{8}n + \dfrac{50}{5}$
    $= \dfrac{29}{8}n + \dfrac{38}{5}$

79. $(3a^2 - 5a + 7) + 2(2a^2 - 4a - 6)$
    $= 3a^2 - 5a + 7 + 4a^2 - 8a - 12$
    $= 7a^2 - 13a - 5$

81. $R = \dfrac{kL}{d^2}$

$R = \dfrac{(0.000025)(90)}{(0.015)^2} = \dfrac{0.00225}{0.000225} = 10$ ohms

83. Let j represent the speed of the jet. Let t represent the speed of the turbo-prop.
  a. $t = \dfrac{1}{2}j$
  b. $t = \dfrac{1}{2}(550) = 275$ mph

Chapter R: A Review of Basic Concepts and Skills

85. Let W represent the width. Let L represent the length.
  a. $L = 2W + 3$
  b. $L = 2(52) + 3 = 107$ ft

87. Let c represent the cost of the 1978 stamp. Let t represent the cost of the 2011 stamp.
$t = c + 31$; $t = 13 + 31 = 44¢$

89. Let t represent the number of hours of labor. Let c represent the total cost.
$c = 25t + 43.50$; $c = 25(1.5) + 43.50$
$= \$81.00$

91. a. positive odd integer

R.3 Exercises

1. power

3. a. cannot be simplified, unlike terms
   b. can be simplified, like bases.

5. $\dfrac{2}{3}n^2 \cdot 21n^5$
$= \dfrac{2}{3}\left(\dfrac{21}{1}\right) \cdot n^2 \cdot n^5 = 14n^7$

7. $(-6p^2q)(2p^3q^3)$
$= -6 \cdot 2 \cdot p^2 \cdot p^3 \cdot q \cdot q^3 = -12p^5q^4$

9. $(a^2)^4 \cdot (a^3)^2 \cdot b^2 \cdot b^5$
$a^8 \cdot a^6 \cdot b^2 \cdot b^5 = a^{14}b^7$

11. $(6pq^2)^3 = 6^3(p)^3(q^2)^3 = 216p^3q^6$

13. $(3.2hk^2)^3 = (3.2)^3(h)^3(k^2)^3 = 32.768h^3k^6$

15. $\left(\dfrac{p}{2q}\right)^2 = \dfrac{(p)^2}{(2)^2(q)^2} = \dfrac{p^2}{4q^2}$

17. $(-0.7c^4)^2(10c^3d^2)^2$
$= (-0.7)^2(c^4)^2(10)^2(c^3)^2(d^2)^2$
$= 0.49c^8 \cdot 100c^6d^4$
$= 49c^{14}d^4$

19. $\left(\dfrac{3}{4}x^3y\right)^2 = \left(\dfrac{3}{4}\right)^2(x^3)^2(y)^2 = \dfrac{9}{16}x^6y^2$

21. a. $V = s^3$
$V = (3x^2)^3$
$V = 3^3(x^2)^3$
$V = 27x^6$
b. $V = 27x^6$
$V = 27(2)^6$
$V = 27(64)$
$V = 1728$ units^3

23. $\dfrac{-6w^5}{-2w^2} = 3w^3$

25. $\dfrac{-12a^3b^5}{4a^2b^4} = -3ab$

27. $\left(\dfrac{2}{3}\right)^{-3} = \dfrac{2^{-3}}{3^{-3}} = \dfrac{3^3}{2^3} = \dfrac{27}{8}$

29. $\dfrac{2}{h^{-3}} = 2h^3$

31. $(-2)^{-3} = \left(\dfrac{-1}{2}\right)^3 = \dfrac{-1}{8}$

33. $\left(\dfrac{-1}{2}\right)^{-3} = (-2)^3 = -8$

35. $\left(\dfrac{2p^4}{q^3}\right)^2 = \dfrac{2^2(p^4)^2}{(q^3)^2} = \dfrac{4p^8}{q^6}$

R.3 Exponents, Scientific Notation, and a Review of Polynomials

37. $\left(\dfrac{0.2x^2}{0.3y^3}\right)^3 = \dfrac{(0.2)^3(x^2)^3}{(0.3)^3(y^3)^3}$

    $= \dfrac{0.008x^6}{0.027y^9} = \dfrac{8x^6}{27y^9}$

39. $\left(\dfrac{5m^2n^3}{2r^4}\right)^2 = \dfrac{(5)^2(m^2)^2(n^3)^2}{(2)^2(r^4)^2} = \dfrac{25m^4n^6}{4r^8}$

41. $\dfrac{9p^6q^4}{-12p^4q^6} = \dfrac{3p^2}{-4q^2}$

43. $\dfrac{20h^{-2}}{12h^5} = \dfrac{5}{3}h^{-2-5} = \dfrac{5}{3}h^{-7} = \dfrac{5}{3h^7}$

45. $\dfrac{(a^2)^3}{a^4 \cdot a^5} = \dfrac{a^6}{a^9} = \dfrac{1}{a^3}$

47. $\left(\dfrac{a^{-3}b}{c^{-2}}\right)^{-4} = \dfrac{a^{12}b^{-4}}{c^8} = \dfrac{a^{12}}{b^4c^8}$

49. $\dfrac{-6(2x^{-3})^2}{10x^{-2}} = \dfrac{-6(4x^{-6})}{10x^{-2}} = \dfrac{-24x^{-6}}{10x^{-2}}$

    $= \dfrac{-12x^{-6-(-2)}}{5} = \dfrac{-12x^{-6+2}}{5}$

    $= \dfrac{-12x^{-4}}{5} = \dfrac{-12}{5x^4}$

51. $4^0 + 5^0 = 1 + 1 = 2$

53. $2^{-1} + 5^{-1} = \dfrac{1}{2} + \dfrac{1}{5} = \dfrac{5}{10} + \dfrac{2}{10} = \dfrac{7}{10}$

55. $3^0 + 3^{-1} + 3^{-2} = 1 + \dfrac{1}{3} + \dfrac{1}{3^2}$

    $= \dfrac{9}{9} + \dfrac{3}{9} + \dfrac{1}{9} = \dfrac{13}{9}$

57. $-5x^0 + (-5x)^0 = -5(1) + 1 = -5 + 1 = -4$

59. $6{,}970{,}000{,}000$ people $= 6.97 \times 10^9$ people

61. $6.5 \times 10^{-9} = 0.0000000065$ m

63. $\dfrac{1{,}000{,}000{,}000}{5{,}400{,}000}$

    $= \dfrac{1 \times 10^9}{5.4 \times 10^6} = \dfrac{1}{5.4} \times \dfrac{10^9}{10^6}$

    $\approx 0.1851851852 \times 10^3$

    $= 185.1851852$

    ≈ 185 gallons per day

65. $-35w^3 + 2w^2 + (-12w) + 14$
    Polynomial; None of these; Degree 3

67. $5n^{-2} + 4n + \sqrt{17}$
    Nonpolynomial because exponents are not whole numbers; NA; NA

69. $p^3 - \dfrac{2}{5}$
    Polynomial; Binomial;   Degree 3

71. $7w + 8.2 - w^3 - 3w^2$
    $= -w^3 - 3w^2 + 7w + 8.2$
    Lead coefficient: -1

73. $c^3 + 6 + 2c^2 - 3c$
    $= c^3 + 2c^2 - 3c + 6$
    Lead coefficient: 1

75. $12 - \dfrac{2}{3}x^2$

    $= -\dfrac{2}{3}x^2 + 12$

    Lead coefficient: $-\dfrac{2}{3}$

77. $(3p^3 - 4p^2 + 2p - 7) + (p^2 - 2p - 5)$
    $= 3p^3 - 4p^2 + 2p - 7 + p^2 - 2p - 5$
    $= 3p^3 - 3p^2 - 12$

79. $(5.75b^2 + 2.6b - 1.9) + (2.1b^2 - 3.2b)$
    $= 5.75b^2 + 2.6b - 1.9 + 2.1b^2 - 3.2b$
    $= 7.85b^2 - 0.6b - 1.9$

Chapter R: A Review of Basic Concepts and Skills

81. $\left(\dfrac{3}{4}x^2 - 5x + 2\right) - \left(\dfrac{1}{2}x^2 + 3x - 4\right)$

$= \dfrac{3}{4}x^2 - 5x + 2 - \dfrac{1}{2}x^2 - 3x + 4$

$= \dfrac{3}{4}x^2 - 5x + 2 - \dfrac{2}{4}x^2 - 3x + 4$

$= \dfrac{1}{4}x^2 - 8x + 6$

83. $\dfrac{\begin{array}{l} q^6 + 2q^5 + q^4 + 2q^3 \\ -(q^5 + 2q^4 + q^2 + 2q) \end{array}}{q^6 + q^5 - q^4 + 2q^3 - q^2 - 2q}$

85. $-3x(x^2 - x - 6) = -3x^3 + 3x^2 + 18x$

87. $(3r - 5)(r - 2)$
$= 3r^2 - 6r - 5r + 10 = 3r^2 - 11r + 10$

89. $(x - 3)(x^2 + 3x + 9)$
$= x^3 + 3x^2 + 9x - 3x^2 - 9x - 27 = x^3 - 27$

91. $(b^2 - 3b - 28)(b + 2)$
$= b^3 + 2b^2 - 3b^2 - 6b - 28b - 56$
$= b^3 - b^2 - 34b - 56$

93. $(7v - 4)(3v - 5)$
$= 21v^2 - 35v - 12v + 20$
$= 21v^2 - 47v + 20$

95. $(3 - m)(3 + m)$
$= 9 + 3m - 3m - m^2$
$= 9 - m^2$

97. $\left(x + \dfrac{1}{2}\right)\left(x + \dfrac{1}{4}\right)$

$= x^2 + \dfrac{1}{4}x + \dfrac{1}{2}x + \dfrac{1}{8}$

$= x^2 + \dfrac{1}{4}x + \dfrac{2}{4}x + \dfrac{1}{8}$

$= x^2 + \dfrac{3}{4}x + \dfrac{1}{8}$

99. $\left(m + \dfrac{3}{4}\right)\left(m - \dfrac{3}{4}\right)$

$= m^2 - \dfrac{3}{4}m + \dfrac{3}{4}m - \dfrac{9}{16} = m^2 - \dfrac{9}{16}$

101. $(3x - 2y)(2x + 5y)$
$= 6x^2 + 15xy - 4xy - 10y^2$
$= 6x^2 + 11xy - 10y^2$

103. $(4c + d)(3c + 5d)$
$= 12c^2 + 20cd + 3cd + 5d^2$
$= 12c^2 + 23cd + 5d^2$

105. $4m - 3$; Conjugate: $4m + 3$
$(4m - 3)(4m + 3)$
$= 16m^2 + 12m - 12m - 9 = 16m^2 - 9$

107. $7x - 10$; Conjugate: $7x + 10$
$(7x - 10)(7x + 10)$
$= 49x^2 + 70x - 70x - 100 = 49x^2 - 100$

109. $6 + 5k$; Conjugate: $6 - 5k$
$(6 + 5k)(6 - 5k)$
$= 36 - 30k + 30k - 25k^2 = 36 - 25k^2$

111. $x + \sqrt{6}$; Conjugate: $x - \sqrt{6}$
$\left(x + \sqrt{6}\right)\left(x - \sqrt{6}\right)$
$= x^2 - \sqrt{6}x + \sqrt{6}x - 6 = x^2 - 6$

113. $(x + 4)^2 = x^2 + 2(4 \cdot x) + 16 = x^2 + 8x + 16$

115. $(4g + 3)^2$
$= 16g^2 + 2(4g \cdot 3) + 9 = 16g^2 + 24g + 9$

117. $\left(4 - \sqrt{x}\right)^2$
$= 16 - 2\left(4 \cdot \sqrt{x}\right) + \left(\sqrt{x}\right)^2$
$= 16 - 8\sqrt{x} + x$

119. $(x - 3)(y + 2) = xy + 2x - 3y - 6$

R.3   Exponents, Scientific Notation, and a Review of Polynomials

121. $(k-5)(k+6)(k+2)$
$= (k-5)(k^2 + 2k + 6k + 12)$
$= (k-5)(k^2 + 8k + 12)$
$= k^3 + 8k^2 + 12k - 5k^2 - 40k - 60$
$= k^3 + 3k^2 - 28k - 60$

123. $M = 0.5t^4 + 3t^3 - 97t^2 + 348t$

t	M
1	$M = 0.5(1)^4 + 3(1)^3 - 97(1)^2 + 348(1)$ $= 254.5$
2	$M = 0.5(2)^4 + 3(2)^3 - 97(2)^2 + 348(2)$ $= 340$
3	$M = 0.5(3)^4 + 3(3)^3 - 97(3)^2 + 348(3)$ $= 292.5$
4	$M = 0.5(4)^4 + 3(4)^3 - 97(4)^2 + 348(4)$ $= 160$
5	$M = 0.5(5)^4 + 3(5)^3 - 97(5)^2 + 348(5)$ $= 2.5$

a. $M = 0.5(2)^4 + 3(2)^3 - 97(2)^2 + 348(2)$
$M = 0.5(16) + 3(8) - 97(4) + 696$
$M = 8 + 24 - 388 + 696$
$M = 340$ mg;
$M = 0.5(3)^4 + 3(3)^3 - 97(3)^2 + 348(3)$
$M = 0.5(81) + 3(27) - 97(9) + 1044$
$M = 40.5 + 81 - 873 + 1044$
$M = 292.5$ mg

b. Less, the amount is decreasing.
c. The drug will wear off after 5 hours.

125. $F = \dfrac{kPQ}{d^2}$
$F = kPQd^{-2}$

127. $\dfrac{5}{x^3} + \dfrac{3}{x^2} + \dfrac{2}{x^1} + 4$
$= 5x^{-3} + 3x^{-2} + 2x^{-1} + 4$

129. $R = (20 - 1x)(200 + 20x)$
$R = 4000 + 400x - 200x - 20x^2$
$R = 4000 + 200x - 20x^2$
Let x represent the number of \$1 decreases.

x	R(x)
1	4180
2	4320
3	4420
4	4480
5	4500
6	4480
7	4420
8	4320
9	4180
10	4000

Using the table, maximum revenue occurs at $x = 5$. Thus, $20 - 1x = 20 - 5 = 15$
The most revenue will be earned when the price is \$15.

131. $(3x^2 + kx + 1) - (kx^2 + 5x - 7) + (2x^2 - 4x - k)$
$= -x^2 - 3x + 2$
$3x^2 + kx + 1 - kx^2 - 5x + 7 + 2x^2 - 4x - k$
$= -x^2 - 3x + 2$
$(kx - kx^2 - k) + 5x^2 + 8 - 9x = -x^2 - 3x + 2$
$k(x - x^2 - 1) = -6x^2 + 6x - 6$
$k = \dfrac{-6(x^2 - x + 1)}{x - x^2 - 1}$
$k = \dfrac{-6(x^2 - x + 1)}{-(x^2 - x + 1)}$
$k = 6$

Chapter R: A Review of Basic Concepts and Skills

R.4 Exercises

1. $\left(16^{\frac{1}{4}}\right)^3$

3. Answers will vary.

5. $\sqrt{x^2}$
   a. $\sqrt{(9)^2} = \sqrt{81} = 9$
   b. $\sqrt{(-10)^2} = \sqrt{100} = 10$

7. a. $\sqrt{49p^2} = \sqrt{(7p)^2} = 7|p|$
   b. $\sqrt{(x-3)^2} = |x-3|$
   c. $\sqrt{81m^4} = \sqrt{(9m^2)^2} = 9m^2$
   d. $\sqrt{x^2 - 6x + 9} = \sqrt{(x-3)^2} = |x-3|$

9. a. $\sqrt[3]{64} = \sqrt[3]{(4)^3} = 4$
   b. $\sqrt[3]{-216x^3} = \sqrt[3]{(-6x)^3} = -6x$
   c. $\sqrt[3]{216z^{12}} = \sqrt[3]{(6z^4)^3} = 6z^4$
   d. $\sqrt[3]{\dfrac{v^3}{-8}} = \sqrt[3]{\left(\dfrac{v}{-2}\right)^3} = \dfrac{v}{-2}$

11. a. $\sqrt[6]{64} = \sqrt[6]{(2)^6} = 2$
    b. $\sqrt[6]{-64}$ Not a real number
    c. $\sqrt[5]{243x^{10}} = \sqrt[5]{(3x^2)^5} = 3x^2$
    d. $\sqrt[5]{-243x^5} = \sqrt[5]{(-3x)^5} = -3x$
    e. $\sqrt[5]{(k-3)^5} = k-3$
    f. $\sqrt[6]{(h+2)^6} = |h+2|$

13. a. $\sqrt[3]{-125} = \sqrt[3]{(-5)^3} = -5$
    b. $-\sqrt[4]{81n^{12}} = -\sqrt[4]{(3n^3)^4} = -3|n^3|$
    c. $\sqrt{-36}$ Not a real number
    d. $\sqrt{\dfrac{49v^{10}}{36}} = \sqrt{\left(\dfrac{7v^5}{6}\right)^2} = \dfrac{7|v^5|}{6}$

15. a. $8^{\frac{2}{3}} = \left(8^{1/3}\right)^2 = \sqrt[3]{8}^2 = 2^2 = 4$
    b. $\left(\dfrac{16}{25}\right)^{\frac{3}{2}} = \left[\left(\dfrac{16}{25}\right)^{\frac{1}{2}}\right]^3$
    $= \sqrt{\dfrac{16}{25}}^3 = \left(\dfrac{4}{5}\right)^3 = \dfrac{64}{125}$
    c. $\left(\dfrac{4}{25}\right)^{-\frac{3}{2}} = \left(\dfrac{25}{4}\right)^{\frac{3}{2}} = \left[\left(\dfrac{25}{4}\right)^{\frac{1}{2}}\right]^3$
    $= \sqrt{\dfrac{25}{4}}^3 = \left(\dfrac{5}{2}\right)^3 = \dfrac{125}{8}$
    d. $\left(\dfrac{-27p^6}{8q^3}\right)^{\frac{2}{3}} = \left[\left(\dfrac{-27p^6}{8q^3}\right)^{\frac{1}{3}}\right]^2$
    $= \sqrt[3]{\left(\dfrac{-27p^6}{8q^3}\right)}^2 = \left(\dfrac{-3p^2}{2q}\right)^2 = \dfrac{9p^4}{4q^2}$

R.4 Radicals and Rational Exponents

17. a. $-144^{\frac{3}{2}} = -\left[(144)^{\frac{1}{2}}\right]^3 = -\sqrt{144}^3$

$= -(12)^3 = -1728$

b. $\left(-\frac{4}{25}\right)^{\frac{3}{2}} = \left[\left(-\frac{4}{25}\right)^{\frac{1}{2}}\right]^3 = \sqrt{\left(-\frac{4}{25}\right)}^3$

Not a real number

c. $(-27)^{\frac{-2}{3}} = \left(-\frac{1}{27}\right)^{\frac{2}{3}} = \left[\left(-\frac{1}{27}\right)^{\frac{1}{3}}\right]^2$

$= \sqrt[3]{\left(-\frac{1}{27}\right)}^2 = \left(-\frac{1}{3}\right)^2 = \frac{1}{9}$

d. $-\left(\frac{27x^3}{64}\right)^{-\frac{4}{3}} = -\left(\frac{64}{27x^3}\right)^{\frac{4}{3}}$

$= -\left[\left(\frac{64}{27x^3}\right)^{\frac{1}{3}}\right]^4 = -\sqrt[3]{\left(\frac{64}{27x^3}\right)}^4$

$= -\left(\frac{4}{3x}\right)^4 = \frac{-256}{81x^4}$

19. a. $\left(2n^2 p^{-\frac{2}{5}}\right)^5 = 32n^{10}p^{-2} = \frac{32n^{10}}{p^2}$

b. $\left(\frac{8y^{\frac{3}{4}}}{64y^{\frac{3}{2}}}\right)^{\frac{1}{3}} = \frac{8^{\frac{1}{3}}y^{\frac{1}{4}}}{64^{\frac{1}{3}}y^{\frac{1}{2}}}$

$= \frac{\sqrt[3]{8}\,y^{\frac{1}{4}-\frac{1}{2}}}{\sqrt[3]{64}} = \frac{2y^{-\frac{1}{4}}}{4} = \frac{1}{2y^{\frac{1}{4}}}$

21. a. $\sqrt{18m^2} = \sqrt{(3m)^2 \cdot 2} = 3m\sqrt{2}$

b. $-2\sqrt[3]{-125p^3q^7} = -2\sqrt[3]{(-5pq^2)^3 \cdot q}$

$= -2(-5pq^2)\sqrt[3]{q} = 10pq^2\sqrt[3]{q}$

c. $\frac{3}{8}\sqrt[3]{64m^3n^5} = \frac{3}{8}\sqrt[3]{(4mn)^3 n^2}$

$= \frac{3}{8}(4mn)\sqrt[3]{n^2} = \frac{3}{2}mn\sqrt[3]{n^2}$

d. $\sqrt{32p^3q^6} = \sqrt{(16p^2q^6) \cdot 2p}$

$\sqrt{(4pq^3)^2 \cdot 2p} = 4pq^3\sqrt{2p}$

e. $\frac{-6+\sqrt{28}}{2} = \frac{-6+\sqrt{4\cdot 7}}{2} = \frac{-6+2\sqrt{7}}{2}$

$= \frac{-6}{2} + \frac{2\sqrt{7}}{2} = -3+\sqrt{7}$

f. $\frac{27-\sqrt{72}}{6} = \frac{27-\sqrt{36\cdot 2}}{6} = \frac{27-6\sqrt{2}}{6}$

$= \frac{27}{6} - \frac{6\sqrt{2}}{6} = \frac{9}{2} - \sqrt{2}$

23. a. $2.5\sqrt{18a}\sqrt{2a^3} = 2.5\sqrt{36a^4}$

$= 2.5\sqrt{(6a^2)^2} = 2.5(6a^2) = 15a^2$

b. $-\frac{2}{3}\sqrt{3b}\sqrt{12b^2} = -\frac{2}{3}\sqrt{36b^2}\sqrt{b}$

$= -\frac{2}{3}(6b)\sqrt{b} = -4b\sqrt{b}$

c. $\sqrt{\frac{x^3y}{3}}\sqrt{\frac{4x^5y}{12y}} = \sqrt{\frac{4x^8y^2}{36y}} = \sqrt{\frac{x^8y}{9}}$

$= \sqrt{\frac{x^8}{9}}\sqrt{y} = \frac{x^4\sqrt{y}}{3}$

d. $\sqrt[3]{9v^2u}\sqrt[3]{3u^5v^2} = \sqrt[3]{27v^4u^6}$

$= \sqrt[3]{27u^6v^3}\sqrt[3]{v} = \sqrt[3]{(3u^2v)^3}\sqrt[3]{v} = 3u^2v\sqrt[3]{v}$

Chapter R: A Review of Basic Concepts and Skills

25. a. $\dfrac{\sqrt{8m^5}}{\sqrt{2m}} = \sqrt{\dfrac{8m^5}{2m}} = \sqrt{4m^4} = 2m^2$

   b. $\dfrac{\sqrt[3]{108n^4}}{\sqrt[3]{4n}} = \sqrt[3]{\dfrac{108n^4}{4n}} = \sqrt[3]{27n^3} = 3n$

   c. $\sqrt{\dfrac{45}{16x^2}} = \dfrac{\sqrt{9\cdot 5}}{\sqrt{16x^2}} = \dfrac{3\sqrt{5}}{4x}$

   d. $12\sqrt[3]{\dfrac{81}{8z^9}} = 12\dfrac{\sqrt[3]{81}}{\sqrt[3]{8z^9}} = 12\dfrac{\sqrt[3]{27\cdot 3}}{2z^3}$
   $= \dfrac{12(3)\sqrt[3]{3}}{2z^3} = \dfrac{18\sqrt[3]{3}}{z^3}$

27. a. $\sqrt[5]{32x^{10}y^{15}} = 2x^2y^3$

   b. $x\sqrt[4]{x^5} = x\sqrt[4]{x^4\cdot x}$
   $= x\cdot x\sqrt[4]{x} = x^2\sqrt[4]{x}$

   c. $\sqrt[4]{\sqrt[3]{b}} = \sqrt[4]{b^{\frac{1}{3}}} = \left((b)^{\frac{1}{3}}\right)^{\frac{1}{4}}$
   $= b^{\frac{1}{12}} = \sqrt[12]{b}$

   d. $\dfrac{\sqrt[3]{6}}{\sqrt{6}} = \dfrac{6^{\frac{1}{3}}}{6^{\frac{1}{2}}} = 6^{\frac{1}{3}-\frac{1}{2}} = 6^{-\frac{1}{6}} = \dfrac{1}{\sqrt[6]{6}}$
   or $\dfrac{\sqrt[6]{6^5}}{6}$

   e. $\sqrt{b}\cdot\sqrt[4]{b} = b^{\frac{1}{2}}\cdot b^{\frac{1}{4}} = b^{\frac{2}{4}}\cdot b^{\frac{1}{4}} = b^{\frac{3}{4}}$

29. a. $12\sqrt{72} - 9\sqrt{98}$
   $= 12\cdot 6\sqrt{2} - 9\cdot 7\sqrt{2}$
   $= 72\sqrt{2} - 63\sqrt{2}$
   $= 9\sqrt{2}$

   b. $8\sqrt{48} - 3\sqrt{108}$
   $= 8\cdot 4\sqrt{3} - 3\cdot 6\sqrt{3}$
   $= 32\sqrt{3} - 18\sqrt{3}$
   $= 14\sqrt{3}$

   c. $7\sqrt{18m} - \sqrt{50m}$
   $= 7\cdot 3\sqrt{2m} - 5\sqrt{2m}$
   $= 21\sqrt{2m} - 5\sqrt{2m}$
   $= 16\sqrt{2m}$

   d. $2\sqrt{28p} - 3\sqrt{63p}$
   $= 2\cdot 2\sqrt{7p} - 3\cdot 3\sqrt{7p}$
   $= 4\sqrt{7p} - 9\sqrt{7p}$
   $= -5\sqrt{7p}$

31. a. $3x\sqrt[3]{54x} - 5\sqrt[3]{16x^4}$
   $= 3x\cdot 3\sqrt[3]{2x} - 5\cdot 2x\sqrt[3]{2x}$
   $= 9x\sqrt[3]{2x} - 10x\sqrt[3]{2x}$
   $= -x\sqrt[3]{2x}$

   b. $\sqrt{20} + \sqrt{3x} - \sqrt{12x} + \sqrt{45}$
   $= 2\sqrt{5} + \sqrt{3x} - 2\sqrt{3x} + 3\sqrt{5}$
   $= 5\sqrt{5} - \sqrt{3x}$

   c. $\sqrt{28x^3} - \sqrt{75} + \sqrt{x^3} - \sqrt{27}$
   $= 2x\sqrt{7x} - 5\sqrt{3} + x\sqrt{x} - 3\sqrt{3}$
   $= 3x\sqrt{7x} - 8\sqrt{3}$

33. a. $\left(7\sqrt{2}\right)^2 = 49\cdot 2 = 98$

   b. $\sqrt{3}\left(\sqrt{5} + \sqrt{7}\right) = \sqrt{15} + \sqrt{21}$

   c. $\left(n + \sqrt{5}\right)\left(n - \sqrt{5}\right) = n^2 - 5$

   d. $\left(6 - \sqrt{3}\right)^2 = 36 - 12\sqrt{3} + 3 = 39 - 12\sqrt{3}$

35. a. $\left(3 + 2\sqrt{7}\right)\left(3 - 2\sqrt{7}\right) = 9 - 4(7)$
   $= 9 - 28 = -19$

   b. $\left(\sqrt{5} + \sqrt{20}\right)\left(\sqrt{15} - \sqrt{10}\right)$
   $= \sqrt{75} - \sqrt{50} + \sqrt{300} - \sqrt{200}$
   $= 5\sqrt{3} - 5\sqrt{2} + 10\sqrt{3} - 10\sqrt{2}$
   $= 15\sqrt{3} - 15\sqrt{2}$

   c. $\left(2\sqrt{2} + 5\sqrt{6}\right)\left(3\sqrt{2} + \sqrt{6}\right)$
   $= 12 + 2\sqrt{12} + 15\sqrt{12} + 30$
   $= 42 + 17\sqrt{12}$
   $= 42 + 34\sqrt{3}$

R.4 Radicals and Rational Exponents

37. $x^2 - 4x + 1 = 0$

a. $(2+\sqrt{3})^2 - 4(2+\sqrt{3}) + 1 =$
$4 + 4\sqrt{3} + 3 - 8 - 4\sqrt{3} + 1 = 0$
$0 = 0$
verified

b. $(2-\sqrt{3})^2 - 4(2-\sqrt{3}) + 1 = 0$
$4 - 4\sqrt{3} + 3 - 8 + 4\sqrt{3} + 1 = 0$
$0 = 0$
verified

39. $x^2 + 2x - 9 = 0$

a. $(-1+\sqrt{10})^2 + 2(-1+\sqrt{10}) - 9 = 0$
$1 - 2\sqrt{10} + 10 - 2 + 2\sqrt{10} - 9 = 0$
$0 = 0$
verified

b. $(-1-\sqrt{10})^2 + 2(-1-\sqrt{10}) - 9 = 0$
$1 + 2\sqrt{10} + 10 - 2 - 2\sqrt{10} - 9 = 0$
$0 = 0$
verified

41. a. $\dfrac{3}{\sqrt{12}} = \dfrac{3}{2\sqrt{3}} \cdot \dfrac{\sqrt{3}}{\sqrt{3}} = \dfrac{3\sqrt{3}}{6} = \dfrac{\sqrt{3}}{2}$

b. $\sqrt{\dfrac{20}{27x^3}} = \dfrac{2\sqrt{5}}{3x\sqrt{3x}} \cdot \dfrac{\sqrt{3x}}{\sqrt{3x}} = \dfrac{2\sqrt{15x}}{9x^2}$

c. $\sqrt{\dfrac{27}{50b}} = \dfrac{3\sqrt{3}}{5\sqrt{2b}} \cdot \dfrac{\sqrt{2b}}{\sqrt{2b}} = \dfrac{3\sqrt{6b}}{10b}$

d. $\sqrt[3]{\dfrac{1}{4p}} = \dfrac{1}{\sqrt[3]{4p}} \cdot \dfrac{\sqrt[3]{2p^2}}{\sqrt[3]{2p^2}} = \dfrac{\sqrt[3]{2p^2}}{2p}$

e. $\dfrac{5}{\sqrt[3]{a}} = \dfrac{5}{\sqrt[3]{a}} \cdot \dfrac{\sqrt[3]{a^2}}{\sqrt[3]{a^2}} = \dfrac{5 \cdot \sqrt[3]{a^2}}{a}$

43. a. $\dfrac{8}{3+\sqrt{11}} \cdot \dfrac{3-\sqrt{11}}{3-\sqrt{11}}$
$= \dfrac{8(3-\sqrt{11})}{9-11} = \dfrac{8(3-\sqrt{11})}{-2}$
$= -4(3-\sqrt{11}) = -12 + 4\sqrt{11} \approx 1.27$

b. $\dfrac{6}{\sqrt{x}-\sqrt{2}} \cdot \dfrac{\sqrt{x}+\sqrt{2}}{\sqrt{x}+\sqrt{2}}$
$= \dfrac{6\sqrt{x}+6\sqrt{2}}{x-2}$

45. a. $\dfrac{\sqrt{6}-3}{\sqrt{3}+\sqrt{2}} \cdot \dfrac{\sqrt{3}-\sqrt{2}}{\sqrt{3}-\sqrt{2}}$
$= \dfrac{6\sqrt{2}-5\sqrt{3}}{1}$
$= 6\sqrt{2} - 5\sqrt{3}$
≈ -0.17

b. $\dfrac{8+2\sqrt{2}}{3-3\sqrt{2}} \cdot \dfrac{3+3\sqrt{2}}{3+3\sqrt{2}}$
$= \dfrac{36+30\sqrt{2}}{-9}$
$= -4 - \dfrac{10\sqrt{2}}{3}$
≈ -8.71

47. $L = 1.13(W)^{\frac{1}{3}}$

$L = 1.13(400)^{\frac{1}{3}} \approx 8.33$ ft

49. $c^2 = a^2 + b^2$
$c^2 = 8^2 + 24^2$
$c^2 = 64 + 576$
$c^2 = 640$; $c = \sqrt{640} = 8\sqrt{10}$ m;
About 25.3 m

51. $T = 0.407R^{\frac{3}{2}}$

a. $T = 0.407(93)^{\frac{3}{2}} \approx 365.02$ days

b. $T = 0.407(142)^{\frac{3}{2}} \approx 688.69$ days

c. $T = 0.407(36)^{\frac{3}{2}} \approx 87.91$ days

53. $d = R\left(\dfrac{2D}{d}\right)^{\frac{1}{3}}$

$d = 6,378,137\left(\dfrac{2(5513)}{3346}\right)^{\frac{1}{3}}$

$d \approx 6,378,137(3.295277944)^{\frac{1}{3}}$

$d \approx 6,378,137(1.48809509)$

$d \approx 9,491,274$ m

Chapter R: A Review of Basic Concepts and Skills

55. $V = 2\sqrt{6L}$

  a. $V = 2\sqrt{6(54)} = 2\sqrt{324} = 36$ mph

  b. $V = 2\sqrt{6(90)} = 2\sqrt{540} \approx 46.5$ mph

57. $S = \pi r\sqrt{r^2 + h^2}$

  $S = \pi(6)\sqrt{6^2 + 10^2}$

  $S = 6\pi\sqrt{136}$

  $S = 12\pi\sqrt{34}$

  $S \approx 219.82 \text{ m}^2$

59. a. $x^2 - 5$

  $x^2 - (\sqrt{5})^2$

  $(x + \sqrt{5})(x - \sqrt{5})$

  b. $n^2 - 19$

  $n^2 - (\sqrt{19})^2$

  $(n + \sqrt{19})(n - \sqrt{19})$

61. $\left(\left(\left(\left(\left(3^{\frac{5}{6}}\right)^{\frac{3}{2}}\right)^{\frac{4}{5}}\right)^{\frac{3}{4}}\right)^{\frac{2}{5}}\right)^{\frac{10}{3}}$

$= \left(\left(3^{\frac{5}{4}}\right)^{\frac{3}{5}}\right)^{\frac{4}{3}} = \left(3^{\frac{3}{4}}\right)^{\frac{4}{3}} = 3$

63. $\dfrac{\sqrt{x+h} - \sqrt{x}}{h}$

$= \dfrac{\sqrt{x+h} - \sqrt{x}}{h} \cdot \dfrac{\sqrt{x+h} + \sqrt{x}}{\sqrt{x+h} + \sqrt{x}}$

$= \dfrac{x + h + \sqrt{x}\sqrt{x+h} - \sqrt{x}\sqrt{x+h} - x}{h\left(\sqrt{x+h} + \sqrt{x}\right)}$

$= \dfrac{h}{h\left(\sqrt{x+h} + \sqrt{x}\right)}$

$= \dfrac{1}{\sqrt{x+h} + \sqrt{x}}$

65. $\dfrac{\sqrt{x-1}}{x^2 - 4}$

$x - 1 \geq 0$ and $x^2 - 4 \neq 0$

$x \geq 1$ and $(x+2)(x-2) \neq 0$

$x \geq 1$ and $x + 2 \neq 0$ and $x - 2 \neq 0$

$x \geq 1$ and $x \neq -2$ and $x \neq 2$

$x \in [1, 2) \cup (2, \infty)$

  b. $a = m^2 - n^2 = 5^2 - 4^2 = 9$

  $b = 2mn = 2 \cdot 5 \cdot 4 = 40$

  $c = m^2 + n^2 = 5^2 + 4^2 = 41$

  $(9, 40, 41)$ verified

67. a. $\sqrt{3 + \sqrt{2}} + \sqrt{3 - \sqrt{2}}$

$= \sqrt{2(3) + \sqrt{4(3^2 - \sqrt{2}^2)}}$

$= \sqrt{6 + \sqrt{4(9 - 2)}}$

$= \sqrt{6 + \sqrt{28}}$

$= \sqrt{6 + 2\sqrt{7}}$

  b. $\sqrt{3 + \sqrt{2}} + \sqrt{3 - \sqrt{2}} \approx 3.36$

  $\sqrt{6 + 2\sqrt{7}} \approx 3.36$

  verified

R.5   Factoring Polynomials

R.5 Exercises

1. binomial, conjugate

3. Answers will vary;
$4x^2 - 36 = 4(x^2 - 9) = 4(x+3)(x-3)$

5. a. $-17x^2 + 51 = -17(x^2 - 3)$
   b. $21b^3 - 14b^2 + 56b = 7b(3b^2 - 2b + 8)$
   c. $-3a^4 + 9a^2 - 6a^3$
   $= -3a^2(a^2 - 3 + 2a)$
   $= -3a^2(a^2 + 2a - 3)$

7. a. $2a(a+2) + 3(a+2) = (a+2)(2a+3)$
   b. $(b^2+3)3b + (b^2+3)2 = (b^2+3)(3b+2)$
   c. $4m(n+7) - 11(n+7) = (n+7)(4m-11)$

9. a. $9q^3 + 6q^2 + 15q + 10$
   $= (9q^3 + 6q^2) + (15q + 10)$
   $= 3q^2(3q+2) + 5(3q+2)$
   $= (3q+2)(3q^2+5)$
   b. $h^5 - 12h^4 - 3h + 36$
   $= (h^5 - 12h^4) - (3h - 36)$
   $= h^4(h-12) - 3(h-12)$
   $= (h-12)(h^4 - 3)$
   c. $k^5 - 7k^3 - 5k^2 + 35$
   $= (k^5 - 7k^3) - (5k^2 - 35)$
   $= k^3(k^2 - 7) - 5(k^2 - 7)$
   $= (k^2 - 7)(k^3 - 5)$

11. a. $-p^2 + 5p + 14 = -1(p^2 - 5p - 14)$
    $-p^2 + 5p + 14 = -1(p-7)(p+2)$
    b. $q^2 - 4q + 12 = (q-2)^2 + 8$
    prime
    c. $n^2 + 20 - 9n$
    $= n^2 - 9n + 20 = (n-4)(n-5)$

13. a. $3p^2 - 13p - 10 = (3p+2)(p-5)$
    b. $4q^2 + 7q - 15 = (4q-5)(q+3)$
    c. $10u^2 - 19u - 15 = (5u+3)(2u-5)$

15. a. $4s^2 - 25$
    $= (2s)^2 - (5)^2$
    $= (2s+5)(2s-5)$
    b. $9x^2 - 49$
    $= (3x)^2 - (7)^2$
    $= (3x+7)(3x-7)$
    c. $50x^2 - 72$
    $= 2(25x^2 - 36)$
    $= 2\left[(5x)^2 - (6)^2\right]$
    $= 2(5x+6)(5x-6)$
    d. $121h^2 - 144$
    $= (11h)^2 - (12)^2$
    $= (11h+12)(11h-12)$
    e. $b^2 - 5$
    $= (b+\sqrt{5})(b-\sqrt{5})$

17. a. $a^2 - 6a + 9 = (a-3)^2$
    b. $b^2 + 10b + 25 = (b+5)^2$
    c. $4m^2 - 20m + 25 = (2m-5)^2$
    d. $9n^2 - 42n + 49 = (3n-7)^2$

19. a. $8p^3 - 27 = (2p)^3 - (3)^3$
    $= (2p-3)(4p^2 + 6p + 9)$
    b. $m^3 + \frac{1}{8} = (m)^3 + \left(\frac{1}{2}\right)^3$
    $= \left(m + \frac{1}{2}\right)\left(m^2 - \frac{1}{2}m + \frac{1}{4}\right)$
    c. $g^3 - 0.027 = (g)^3 - (0.3)^3$
    $= (g - 0.3)(g^2 + 0.3g + 0.09)$
    d. $-2t^4 + 54t = -2t(t^3 - 27)$
    $= -2t\left[(t)^3 - (3)^3\right]$

Chapter R: A Review of Basic Concepts and Skills

21. **a.** $x^4 - 10x^2 + 9$
    Let u represent x^2
    $= u^2 - 10u + 9$
    $= (u - 9)(u - 1)$
    $= (x^2 - 9)(x^2 - 1)$
    $= (x + 3)(x - 3)(x + 1)(x - 1)$

    b. $x^4 + 13x^2 + 36$
    Let u represent x^2
    $= u^2 + 13u + 36$
    $= (u + 9)(u + 4)$
    $= (x^2 + 9)(x^2 + 4)$

    c. $x^6 - 7x^3 - 8$
    Let u represent x^3
    $= u^2 - 7u - 8$
    $= (u - 8)(u + 1)$
    $= (x^3 - 8)(x^3 + 1)$
    $= (x - 2)(x^2 + 2x + 4)(x + 1)(x^2 - x + 1)$

23. **a.** $n^2 - 1 = (n + 1)(n - 1)$
    b. $n^3 - 1 = (n - 1)(n^2 + n + 1)$
    c. $n^3 + 1 = (n + 1)(n^2 - n + 1)$
    d. $28x^3 - 7x = 7x(4x^2 - 1)$
    $= 7x(2x + 1)(2x - 1)$

25. $a^2 + 7a + 10 = (a + 5)(a + 2)$

27. $2x^2 - 24x + 20$
    $= 2(x^2 - 12x + 20) = 2(x - 2)(x - 10)$

29. $64 - 9m^2 = -1(9m^2 - 64)$
    $= -1\left[(3m)^2 - 8^2\right] = -1(3m + 8)(3m - 8)$

31. $-9r + r^2 + 18 = r^2 - 9r + 18$
    $= (r - 3)(r - 6)$

33. $2h^2 + 7h + 6 = (2h + 3)(h + 2)$

35. $9k^2 - 24k + 16 = (3k - 4)^2$

37. $-6x^3 + 39x^2 - 63x$
    $= -3x(2x^2 - 13x - 21)$
    $= -3x(2x - 7)(x - 3)$

39. $12m^2 - 40m + 4m^3 = 4m^3 + 12m^2 - 40m$
    $= 4m(m^2 + 3m - 10) = 4m(m + 5)(m - 2)$

41. $a^2 - 7a - 60 = (a + 5)(a - 12)$

43. $8x^3 - 125 = (2x)^3 - (5)^3$
    $= (2x - 5)(4x^2 + 10x + 25)$

45. $m^2 + 9m - 24$, Prime

47. $x^3 - 5x^2 - 9x + 45$
    $= (x^3 - 5x^2) - (9x - 45)$
    $= x^2(x - 5) - 9(x - 5)$
    $= (x - 5)(x^2 - 9)$
    $= (x - 5)(x + 3)(x - 3)$

49. **a.** prime polynomial:
    H. $x^2 + 9$
    b. standard trinomial $a = 1$:
    E. $x^2 - 3x - 10$
    c. perfect square trinomial:
    C. $x^2 - 10x + 25$
    d. difference of cubes:
    F. $8s^3 - 125t^3$
    e. binomial square:
    B. $(x + 3)^2$
    f. sum of cubes:
    A. $x^3 + 27$
    g. binomial conjugates:
    I. $(x - 7)$ and $(x + 7)$
    h. difference of squares:
    D. $x^2 - 144$
    i. standard trinomial $a \neq 1$:
    G. $2x^2 - x - 3$

51. $A = 2\pi r^2 + 2\pi rh$
    $A = 2\pi r(r + h)$
    $= 2\pi(35)(35 + 65)$
    $= 2\pi(35)(100)$
    $= 7000\pi$ cm^2; 21,991 cm^2

R.5 Factoring Polynomials

53. $V = \frac{1}{3}\pi R^2 h - \frac{1}{3}\pi r^2 h$

  $V = \frac{1}{3}\pi h(R^2 - r^2) = \frac{1}{3}\pi h(R+r)(R-r)$

  $V = \frac{1}{3}\pi(9)(5.1^2 - 4.9^2)$

  $V = 3\pi(26.01 - 24.01)$

55. $V = x^3 + 8x^2 + 15x$

  $V = x(x^2 + 8x + 15)$

  $= x(x+3)(x+5)$

  a. If the height is x inches then the width is $x+3$ which would make the width 3 inches more than the height.
  b. If the height is x inches then the length is $x+5$ which would make the length 5 inches more than the height.
  c. 2 ft = 24 in;
  $V = 24(24+5)(24+3) = 18,792$ ft^3

57. $L = L_0\sqrt{1-\left(\frac{v}{c}\right)^2}$

  $L = L_0\sqrt{\left(1+\frac{v}{c}\right)\left(1-\frac{v}{c}\right)}$

  $L = 12\sqrt{(1+0.75)(1-0.75)}$

  $L = 12\sqrt{(1.75)(0.25)}$

  $L = 12\sqrt{0.4375} = 12\sqrt{0.0625(7)}$

  $= 12(0.25)\sqrt{7} = 3\sqrt{7} \approx 7.94$ inches

59. a. $V = LWH - Lwh$

  $= (4x \cdot x \cdot x) - (4x \cdot y \cdot y)$

  $= 4x^3 - 4xy^2$

  b. $V = 4x^3 - 4xy^2$

  $= 4x(x^2 - y^2)$

  $= 4x(x+y)(x-y)$

  c. $V = 4(4)^3 - 4(4)(1.5)^2$

  $= 4(64) - 4(4)(2.25)$

  $= 256 - 36$

  $= 220$ in^3

61. a. $\frac{1}{2}x^4 + \frac{1}{8}x^3 - \frac{3}{4}x^2 + 4$

  $= \frac{1}{8}(4x^4 + x^3 - 6x^2 + 32)$

  b. $\frac{2}{3}b^5 - \frac{1}{6}b^3 + \frac{4}{9}b^2 - 1$

  $= \frac{1}{18}(12b^5 - 3b^3 + 8b^2 - 18)$

63. $2x^3 + hx + 8$

  $2(2)^3 + h(2) + 8 = 0$

  $2(8) + 2h + 8 = 0$

  $16 + 2h + 8 = 0$

  $24 + 2h = 0$

  $2h = -24$

  $h = -12$

65. $5x(x^2 - 4x)^2 - 25x(x^2 - 4x)$

  $= 5x(x^2 - 4x)(x^2 - 4x - 5)$

  $= 5x^2(x-4)(x-5)(x+1)$

67. $35c(c^2 - 5)^{\frac{1}{2}} - 7c^3(c^2 - 5)^{-\frac{1}{2}}$

  $= 7c(c^2 - 5)^{-\frac{1}{2}}[5(c^2 - 5) - c^2]$

  $= 7c(c^2 - 5)^{-\frac{1}{2}}(4c^2 - 25)$

  $= 7c(c^2 - 5)^{-\frac{1}{2}}(2c+5)(2c-5)$

69. $4(b^2 - 1)^{\frac{1}{2}}(b-8) + b(b-8)^2(b^2 - 1)^{-\frac{1}{2}}$

  $= (b-8)(b^2 - 1)^{-\frac{1}{2}}[4(b^2 - 1) + b(b-8)]$

  $= (b-8)(b^2 - 1)^{-\frac{1}{2}}(5b^2 - 8b - 4)$

  $= (b-8)(b^2 - 1)^{-\frac{1}{2}}(5b+2)(b-2)$

Chapter R: A Review of Basic Concepts and Skills

71. $H = x^3 + 2x^2 + 5x - 9$
$= [x^3 + 2x^2 + 5x] - 9$
$= x[x^2 + 2x + 5] - 9$
$= x[x(x+2) + 5] - 9$
For $x = -3$:

$H = -3[-3(-3+2) + 5] - 9$
$= -3[-3(-1) + 5] - 9$
$= -3[3+5] - 9$
$= -3[8] - 9$
$= -24 - 9$
$= -33$

R.6 Exercises

1. common denominator

3. False; $x - (x + 1) = x - x - 1 = -1$; numerator should be -1

5. **a.** $\dfrac{a-7}{3a-21} = \dfrac{a-7}{3(a-7)} = \dfrac{1}{3}$

   b. $\dfrac{2x+6}{4x^2-8x} = \dfrac{2(x+3)}{4x(x-2)} = \dfrac{x+3}{2x(x-2)}$

7. **a.** $\dfrac{r^2+3r-10}{r^2+r-6} = \dfrac{(r+5)(r-2)}{(r+3)(r-2)} = \dfrac{r+5}{r+3}$

   b. $\dfrac{m^2+3m-4}{m^2-4m} = \dfrac{(m+4)(m-1)}{m(m-4)}$
   Simplified

9. **a.** $\dfrac{x-7}{7-x} = \dfrac{-(7-x)}{7-x} = -1$

   b. $\dfrac{5-x}{x-5} = \dfrac{-(x-5)}{x-5} = -1$

11. **a.** $\dfrac{-12a^3b^5}{4a^2b^{-4}} = -3a^{3-2}b^{5-(-4)} = -3ab^9$

    b. $\dfrac{7x+21}{63} = \dfrac{7(x+3)}{63} = \dfrac{x+3}{9}$

    c. $\dfrac{y^2-9}{3-y} = \dfrac{(y+3)(y-3)}{-(y-3)} = -1(y+3)$

    d. $\dfrac{m^3n - m^3}{m^4 - m^4n} = \dfrac{m^3(n-1)}{m^4(1-n)}$
    $= \dfrac{m^3(n-1)}{-m^4(n-1)} = \dfrac{-1}{m}$

13. **a.** $\dfrac{2n^3+n^2-3n}{n^3-n^2} = \dfrac{n(2n^2+n-3)}{n^2(n-1)}$
    $= \dfrac{n(2n+3)(n-1)}{n^2(n-1)} = \dfrac{2n+3}{n}$

    b. $\dfrac{6x^2+x-15}{4x^2-9} = \dfrac{(2x-3)(3x+5)}{(2x-3)(2x+3)}$
    $= \dfrac{3x+5}{2x+3}$

    c. $\dfrac{x^3+8}{x^2-2x+4} = \dfrac{(x+2)(x^2-2x+4)}{x^2-2x+4}$
    $= x+2$

    d. $\dfrac{mn^2+n^2-4m-4}{mn+n+2m+2}$
    $= \dfrac{(mn^2+n^2)-(4m+4)}{(mn+n)+(2m+2)}$
    $= \dfrac{n^2(m+1)-4(m+1)}{n(m+1)+2(m+1)}$
    $= \dfrac{(m+1)(n^2-4)}{(m+1)(n+2)}$
    $= \dfrac{(m+1)(n+2)(n-2)}{(m+1)(n+2)}$
    $= n-2$

15. $\dfrac{a^2-4a+4}{a^2-9} \cdot \dfrac{a^2-2a-3}{a^2-4}$
    $= \dfrac{(a-2)(a-2)}{(a+3)(a-3)} \cdot \dfrac{(a-3)(a+1)}{(a+2)(a-2)}$
    $= \dfrac{(a-2)(a+1)}{(a+3)(a+2)}$

17. $\dfrac{x^2-7x-18}{x^2-6x-27} \cdot \dfrac{2x^2+7x+3}{2x^2+5x+2}$
    $= \dfrac{(x-9)(x+2)}{(x-9)(x+3)} \cdot \dfrac{(2x+1)(x+3)}{(2x+1)(x+2)} = 1$

R.6 Rational Expressions

19. $\dfrac{p^3-64}{p^3-p^2} \div \dfrac{p^2+4p+16}{p^2-5p+4}$

$= \dfrac{p^3-64}{p^3-p^2} \cdot \dfrac{p^2-5p+4}{p^2+4p+16}$

$= \dfrac{(p-4)(p^2+4p+16)}{p^2(p-1)} \cdot \dfrac{(p-4)(p-1)}{(p^2+4p+16)}$

$= \dfrac{(p-4)^2}{p^2}$

21. $\dfrac{3x-9}{4x+12} \div \dfrac{3-x}{5x+15} = \dfrac{3x-9}{4x+12} \cdot \dfrac{5x+15}{3-x}$

$= \dfrac{3(x-3)}{4(x+3)} \cdot \dfrac{5(x+3)}{-(x-3)} = \dfrac{-15}{4}$

23. $\dfrac{a^2+a}{a^2-3a} \cdot \dfrac{3a-9}{2a+2} = \dfrac{a(a+1)}{a(a-3)} \cdot \dfrac{3(a-3)}{2(a+1)} = \dfrac{3}{2}$

25. $\dfrac{xy-3x+2y-6}{x^2-3x-10} \div \dfrac{xy-3x}{xy-5y}$

$= \dfrac{(xy-3x)+(2y-6)}{x^2-3x-10} \cdot \dfrac{xy-5y}{xy-3x}$

$= \dfrac{x(y-3)+2(y-3)}{(x-5)(x+2)} \cdot \dfrac{y(x-5)}{x(y-3)}$

$= \dfrac{(y-3)(x+2)}{(x-5)(x+2)} \cdot \dfrac{y(x-5)}{x(y-3)}$

$= \dfrac{y}{x}$

27. $\dfrac{m^2+2m-8}{m^2-2m} \div \dfrac{m^2-16}{m^2}$

$= \dfrac{m^2+2m-8}{m^2-2m} \cdot \dfrac{m^2}{m^2-16}$

$= \dfrac{(m+4)(m-2)}{m(m-2)} \cdot \dfrac{m^2}{(m+4)(m-4)}$

$= \dfrac{m}{m-4}$

29. $\dfrac{y+3}{3y^2+9y} \cdot \dfrac{y^2+7y+12}{y^2-16} \div \dfrac{y^2+4y}{y^2-4y}$

$= \dfrac{y+3}{3y(y+3)} \cdot \dfrac{(y+3)(y+4)}{(y+4)(y-4)} \cdot \dfrac{y^2-4y}{y^2+4y}$

$= \dfrac{y+3}{3y(y+3)} \cdot \dfrac{(y+3)(y+4)}{(y+4)(y-4)} \cdot \dfrac{y(y-4)}{y(y+4)}$

$= \dfrac{y+3}{3y(y+4)}$

31. $\dfrac{x^2-0.49}{x^2+0.5x-0.14} \div \dfrac{x^2-0.10x+0.21}{x^2-0.09}$

$= \dfrac{x^2-0.49}{x^2+0.5x-0.14} \cdot \dfrac{x^2-0.09}{x^2-0.10x+0.21}$

$= \dfrac{(x+0.7)(x-0.7)}{(x+0.7)(x-0.2)} \cdot \dfrac{(x+0.3)(x-0.3)}{(x-0.3)(x-0.7)}$

$= \dfrac{x+0.3}{x-0.2}$

33. $\dfrac{n^2-\tfrac{4}{9}}{n^2-\tfrac{13}{15}n+\tfrac{2}{15}} \div \dfrac{n^2+\tfrac{4}{3}n+\tfrac{4}{9}}{n^2-\tfrac{1}{25}}$

$= \dfrac{n^2-\tfrac{4}{9}}{n^2-\tfrac{13}{15}n+\tfrac{2}{15}} \cdot \dfrac{n^2-\tfrac{1}{25}}{n^2+\tfrac{4}{3}n+\tfrac{4}{9}}$

$= \dfrac{\left(n+\tfrac{2}{3}\right)\left(n-\tfrac{2}{3}\right)}{\left(n-\tfrac{1}{5}\right)\left(n-\tfrac{2}{3}\right)} \cdot \dfrac{\left(n+\tfrac{1}{5}\right)\left(n-\tfrac{1}{5}\right)}{\left(n+\tfrac{2}{3}\right)^2}$

$= \dfrac{n+\tfrac{1}{5}}{n+\tfrac{2}{3}}$

Chapter R: A Review of Basic Concepts and Skills

35. $\dfrac{3a^3 - 24a^2 - 12a + 96}{a^2 - 11a + 24} \div \dfrac{6a^2 - 24}{3a^3 - 81}$

$= \dfrac{3(a^3 - 8a^2 - 4a + 32)}{a^2 - 11a + 24} \cdot \dfrac{3a^3 - 81}{6a^2 - 24}$

$= \dfrac{3[(a^3 - 8a^2) - (4a - 32)]}{(a-8)(a-3)} \cdot \dfrac{3(a^3 - 27)}{6(a^2 - 4)}$

$= \dfrac{3[a^2(a-8) - 4(a-8)]}{(a-8)(a-3)} \cdot \dfrac{3(a-3)(a^2 + 3a + 9)}{6(a+2)(a-2)}$

$= \dfrac{3(a-8)(a^2 - 4)}{(a-8)(a-3)} \cdot \dfrac{3(a-3)(a^2 + 3a + 9)}{6(a+2)(a-2)}$

$= \dfrac{3(a-8)(a+2)(a-2)}{(a-8)(a-3)} \cdot \dfrac{3(a-3)(a^2 + 3a + 9)}{6(a+2)(a-2)}$

$= \dfrac{3(a^2 + 3a + 9)}{2}$

37. $\dfrac{4n^2 - 1}{12n^2 - 5n - 3} \cdot \dfrac{6n^2 + 5n + 1}{2n^2 + n} \cdot \dfrac{12n^2 - 17n + 6}{6n^2 - 7n + 2}$

$= \dfrac{(2n+1)(2n-1)}{(4n-3)(3n+1)} \cdot \dfrac{(3n+1)(2n+1)}{n(2n+1)} \cdot \dfrac{(4n-3)(3n-2)}{(3n-2)(2n-1)}$

$= \dfrac{2n+1}{n}$

39. $\dfrac{3}{8x^2} + \dfrac{5}{2x} = \dfrac{3}{8x^2} + \dfrac{20x}{8x^2} = \dfrac{3 + 20x}{8x^2}$

41. $\dfrac{7}{4x^2y^3} - \dfrac{1}{8xy^4} = \dfrac{7(2y)}{8x^2y^4} - \dfrac{x}{8x^2y^4}$

$= \dfrac{14y - x}{8x^2y^4}$

43. $\dfrac{4p}{p^2 - 36} - \dfrac{2}{p-6}$

$= \dfrac{4p}{(p-6)(p+6)} - \dfrac{2}{p-6}$

$= \dfrac{4p}{(p-6)(p+6)} - \dfrac{2(p+6)}{(p-6)(p+6)}$

$= \dfrac{4p - 2p - 12}{(p-6)(p+6)}$

$= \dfrac{2p - 12}{(p-6)(p+6)}$

$= \dfrac{2(p-6)}{(p-6)(p+6)}$

$= \dfrac{2}{p+6}$

45. $\dfrac{m}{m^2 - 16} + \dfrac{4}{4-m}$

$= \dfrac{m}{(m+4)(m-4)} - \dfrac{4}{m-4}$

$= \dfrac{m}{(m+4)(m-4)} - \dfrac{4(m+4)}{(m+4)(m-4)}$

$= \dfrac{m - 4m - 16}{(m+4)(m-4)}$

$= \dfrac{-3m - 16}{(m+4)(m-4)}$

47. $\dfrac{2}{m-7} - 5 = \dfrac{2}{m-7} - \dfrac{5(m-7)}{m-7}$

$= \dfrac{2 - 5m + 35}{m-7} = \dfrac{-5m + 37}{m-7}$

49. $\dfrac{y+1}{y^2 + y - 30} - \dfrac{2}{y+6}$

$= \dfrac{y+1}{(y+6)(y-5)} - \dfrac{2(y-5)}{(y+6)(y-5)}$

$= \dfrac{y + 1 - 2y + 10}{(y+6)(y-5)} = \dfrac{-y + 11}{(y+6)(y-5)}$

51. $\dfrac{2x-1}{x^2 + 3x - 4} - \dfrac{x-5}{x^2 + 3x - 4}$

$= \dfrac{2x-1}{(x+4)(x-1)} - \dfrac{x-5}{(x+4)(x-1)}$

$= \dfrac{2x - 1 - x + 5}{(x+4)(x-1)}$

$= \dfrac{x+4}{(x+4)(x-1)}$

$= \dfrac{1}{x-1}$

R.6 Rational Expressions

53. $\dfrac{-2}{3a+12} - \dfrac{7}{a^2+4a}$

$= \dfrac{-2}{3(a+4)} - \dfrac{7}{a(a+4)}$

$= \dfrac{-2a}{3a(a+4)} - \dfrac{7(3)}{3a(a+4)}$

$= \dfrac{-2a-21}{3a(a+4)}$

55. $\dfrac{y+2}{5y^2+11y+2} + \dfrac{5}{y^2+y-6}$

$= \dfrac{y+2}{(5y+1)(y+2)} + \dfrac{5}{(y+3)(y-2)}$

$= \dfrac{1}{5y+1} + \dfrac{5}{(y+3)(y-2)}$

$= \dfrac{(y+3)(y-2) + 5(5y+1)}{(5y+1)(y+3)(y-2)}$

$= \dfrac{y^2+y-6+25y+5}{(5y+1)(y+3)(y-2)}$

$= \dfrac{y^2+26y-1}{(5y+1)(y+3)(y-2)}$

57. a. $p^{-2} - 5p^{-1} = \dfrac{1}{p^2} - \dfrac{5}{p}; \dfrac{1-5p}{p^2}$

b. $x^{-2} + 2x^{-3} = \dfrac{1}{x^2} + \dfrac{2}{x^3}; \dfrac{x+2}{x^3}$

59. $\dfrac{\dfrac{5}{a} - \dfrac{1}{4}}{\dfrac{25}{a^2} - \dfrac{1}{16}} = \dfrac{\left(\dfrac{5}{a} - \dfrac{1}{4}\right)16a^2}{\left(\dfrac{25}{a^2} - \dfrac{1}{16}\right)16a^2} = \dfrac{80a - 4a^2}{400 - a^2}$

$= \dfrac{4a(20-a)}{(20+a)(20-a)} = \dfrac{4a}{20+a}$

61. $\dfrac{p + \dfrac{1}{p-2}}{1 + \dfrac{1}{p-2}} = \dfrac{\left(p + \dfrac{1}{p-2}\right)(p-2)}{\left(1 + \dfrac{1}{p-2}\right)(p-2)}$

$= \dfrac{p(p-2)+1}{p-2+1} = \dfrac{p^2-2p+1}{p-1}$

$= \dfrac{(p-1)(p-1)}{p-1}$

$= p-1$

63. $\dfrac{\dfrac{2}{y^2-y-20}}{\dfrac{3}{y+4} - \dfrac{4}{y-5}} = \dfrac{\dfrac{2}{(y-5)(y+4)}}{\dfrac{3}{y+4} - \dfrac{4}{y-5}}$

$= \dfrac{\left(\dfrac{2}{(y-5)(y+4)}\right)(y-5)(y+4)}{\left(\dfrac{3}{y+4} - \dfrac{4}{y-5}\right)(y-5)(y+4)}$

$= \dfrac{2}{3(y-5) - 4(y+4)}$

$= \dfrac{2}{3y-15-4y-16}$

$= \dfrac{2}{-y-31}$

65. a. $\dfrac{1+3m^{-1}}{1-3m^{-1}} = \dfrac{1 + \dfrac{3}{m}}{1 - \dfrac{3}{m}}$

$= \dfrac{\left(1 + \dfrac{3}{m}\right)m}{\left(1 - \dfrac{3}{m}\right)m}$

$= \dfrac{m+3}{m-3}$

b. $\dfrac{1+2x^{-2}}{1-2x^{-2}} = \dfrac{1 + \dfrac{2}{x^2}}{1 - \dfrac{2}{x^2}}$

$= \dfrac{\left(1 + \dfrac{2}{x^2}\right)x^2}{\left(1 - \dfrac{2}{x^2}\right)x^2}$

$= \dfrac{x^2+2}{x^2-2}$

67. $\dfrac{1}{f_1} + \dfrac{1}{f_2}$

$\dfrac{f_2 + f_1}{f_1 f_2}$

69. $\dfrac{\dfrac{a}{x+h} - \dfrac{a}{x}}{h}$

$= \dfrac{\left(\dfrac{a}{x+h} - \dfrac{a}{x}\right)x(x+h)}{hx(x+h)}$

$= \dfrac{ax - a(x+h)}{hx(x+h)}$

$= \dfrac{ax - ax - ah}{hx(x+h)}$

$= \dfrac{-ah}{hx(x+h)}$

$= \dfrac{-a}{x(x+h)}$

71. $\dfrac{\dfrac{1}{2(x+h)^2} - \dfrac{1}{2x^2}}{h}$

$= \dfrac{\left(\dfrac{1}{2(x+h)^2} - \dfrac{1}{2x^2}\right)(x+h)^2(2x^2)}{h(x+h)^2(2x^2)}$

$= \dfrac{x^2 - (x+h)^2}{h(x+h)^2(2x^2)}$

$= \dfrac{x^2 - x^2 - 2xh - h^2}{h(x+h)^2(2x^2)}$

$= \dfrac{-2xh - h^2}{h(x+h)^2(2x^2)}$

$= \dfrac{-h(2x+h)}{h(x+h)^2(2x^2)}$

$= \dfrac{-(2x+h)}{2x^2(x+h)^2}$

73. $C = \dfrac{450P}{100-P}$

P	$\dfrac{450P}{100-P}$
40	$\dfrac{450(40)}{100-40} = 300$
60	$\dfrac{450(60)}{100-60} = 675$
80	$\dfrac{450(80)}{100-80} = 1800$
90	$\dfrac{450(90)}{100-90} = 4050$
93	$\dfrac{450(93)}{100-93} \approx 5979$
95	$\dfrac{450(95)}{100-95} = 8550$
98	$\dfrac{450(98)}{100-98} = 22050$
100	$\dfrac{450(100)}{100-100} = $ error

a. $C = \dfrac{450(40)}{100-40} = \$300$ million;

$C = \dfrac{450(85)}{100-85} = \$2550$ million

b. It would require many resources.

c. No

R.6 Rational Expressions

75. $P = \dfrac{50(7d^2 + 10)}{d^3 + 50}$

d	$P = \dfrac{50(7d^2 + 10)}{d^3 + 50}$
0	$P = \dfrac{50(7(0)^2 + 10)}{(0)^3 + 50} = 10$
1	$P = \dfrac{50(7(1)^2 + 10)}{(1)^3 + 50} = 16.67$
2	$P = \dfrac{50(7(2)^2 + 10)}{(2)^3 + 50} = 32.76$
3	$P = \dfrac{50(7(3)^2 + 10)}{(3)^3 + 50} = 47.40$
4	$P = \dfrac{50(7(4)^2 + 10)}{(4)^3 + 50} = 53.51$
5	$P = \dfrac{50(7(5)^2 + 10)}{(5)^3 + 50} = 52.86$
6	$P = \dfrac{50(7(6)^2 + 10)}{(6)^3 + 50} = 49.25$
7	$P = \dfrac{50(7(7)^2 + 10)}{(7)^3 + 50} = 44.91$
8	$P = \dfrac{50(7(8)^2 + 10)}{(8)^3 + 50} = 40.75$
9	$P = \dfrac{50(7(9)^2 + 10)}{(9)^3 + 50} = 37.03$
10	$P = \dfrac{50(7(10)^2 + 10)}{(10)^3 + 50} = 33.81$

a. Price rises rapidly for first four days, then begins a gradual decrease.
b. $10
c. Yes, on the 35th day of trading.

77.

t	$N = \dfrac{60t - 120}{t}$
3	$N = \dfrac{60(3) - 120}{3} = 20$
4	$N = \dfrac{60(4) - 120}{4} = 30$
5	$N = \dfrac{60(5) - 120}{5} = 36$
6	$N = \dfrac{60(6) - 120}{6} = 40$
7	$N = \dfrac{60(7) - 120}{7} = 42.9$
8	$N = \dfrac{60(8) - 120}{8} = 45$

$t = 8$ weeks

79. $C = \dfrac{22P}{100 - P}$
$= \dfrac{22(75)}{100 - 75}$
$= \dfrac{1650}{25}$
$= 66$ million dollars

81. b.; $20 \cdot n + 10 \cdot n = \dfrac{20n}{10} \cdot n = 2n^2$
All the others equal 2

83. $\dfrac{A + B}{2} = x$; $\dfrac{C + D + E}{3} = y$
$A + B = 2x$; $C + D + E = 3y$;
$A + B + C + D + E = 2x + 3y$
b.; $\dfrac{2x + 3y}{5}$

Chapter R: A Review of Basic Concepts and Skills

Practice Test

1. **a.** True. The set of irrational numbers is a subset of the set of real numbers.
    b. True. The set of natural numbers is a subset of the set of rational numbers.
    c. False. $\sqrt{2}$ cannot be written as a ratio of two integers and is therefore not an element of the set of rational numbers.
    d. True. $\frac{1}{2}$ is not a whole number and is therefore not an element of the set of whole numbers.

3. **a.** $\sqrt{121} = 11$
    b. $\sqrt[3]{-125} = -5$
    c. $\sqrt{-36}$ Not a real number
    d. $\sqrt{400} = 20$

5. **a.** $(-4)\left(-2\frac{1}{3}\right) = (-4)\left(-\frac{7}{3}\right) = \frac{28}{3}$
    b. $(-0.6)(-1.5) = 0.9$
    c. $\frac{-2.8}{-0.7} = 4$
    d. $4.2 \div (-0.6) = -7$

7. **a.** $0 \div 6 = 0$
    b. $6 \div 0$ Undefined

9. **a.** $2x - 3y^2$
    $= 2(-0.5) - 3(-2)^2$
    $= -1 - 12$
    $= -13$
    b. $\sqrt{2} - x(4 - x^2) + \frac{y}{x}$
    $= \sqrt{2} - (-0.5)(4 - (-0.5)^2) + \frac{-2}{-0.5}$
    $= \sqrt{2} - (-0.5)(3.75) + 4$
    $= \sqrt{2} + 1.875 + 4$
    ≈ 7.29

11. **a.** Let r represent Earth's radius. Then $11r - 119$ represents Jupiter's radius.
    b. Let e represent this year's earnings. Then $4e + 1.2$ million represents last year's earnings.

13. **a.** $9x^2 - 16 = (3x + 4)(3x - 4)$
    b. $4v^3 - 12v^2 + 9v$
    $= v(4v^2 - 12v + 9)$
    $= v(2v - 3)^2$
    c. $x^3 + 5x^2 - 9x - 45$
    $= (x^3 + 5x^2) - (9x + 45)$
    $= x^2(x + 5) - 9(x + 5)$
    $= (x + 5)(x^2 - 9)$
    $= (x + 5)(x + 3)(x - 3)$

15. **a.** $\frac{5}{b^{-3}} = 5b^3$
    b. $(-2a^3)^2(a^2b^4)^3$
    $= (4a^6)(a^6b^{12})$
    $= 4a^{12}b^{12}$
    c. $\left(\frac{m^2}{2n}\right)^3 = \frac{m^6}{8n^3}$
    d. $\left(\frac{5p^2q^3r^4}{-2pq^2r^4}\right)^2$
    $= \left(\frac{5pq}{-2}\right)^2$
    $= \frac{25}{4}p^2q^2$

17. **a.** $(3x^2 + 5y)(3x^2 - 5y) = 9x^4 - 25y^2$
    b. $(2a + 3b)^2 = 4a^2 + 12ab + 9b^2$

19. **a.** $V = LWH$ is the formula for the volume of a rectangular prism so the answer is **v**.
    b. $V = \frac{4}{3}\pi r^3$ is the formula for the volume of a sphere so the answer is **iv**.
    c. $V = s^3$ is the formula for the volume of a cube so the answer is **i**.
    d. $V = \frac{1}{3}\pi r^2 h$ is the formula for the volume of a cone so the answer is **ii**.
    e. $V = \pi r^2 h$ is the formula for the volume of a cylinder so the answer is **iii**.

Chapter R Practice Test

21. a. $\sqrt{(x+11)^2} = |x+11|$

b. $\sqrt[3]{\dfrac{-8}{27v^3}} = \dfrac{-2}{3v}$

c. $\left(\dfrac{25}{16}\right)^{-\frac{3}{2}} = \left(\dfrac{16}{25}\right)^{\frac{3}{2}}$

$= \sqrt{\dfrac{16^3}{25}} = \left(\dfrac{4}{5}\right)^3 = \dfrac{64}{125}$

d. $\dfrac{-4+\sqrt{32}}{8} = \dfrac{-4+4\sqrt{2}}{8} = \dfrac{-1}{2} + \dfrac{\sqrt{2}}{2}$

e. $7\sqrt{40} - \sqrt{90} = 14\sqrt{10} - 3\sqrt{10} = 11\sqrt{10}$

f. $(x+\sqrt{5})(x-\sqrt{5}) = x^2 - 5$

g. $\sqrt{\dfrac{2}{5x}} = \dfrac{\sqrt{2}}{\sqrt{5x}} \cdot \dfrac{\sqrt{5x}}{\sqrt{5x}} = \dfrac{\sqrt{10x}}{5x}$

h. $\dfrac{8}{\sqrt{6}-\sqrt{2}} \cdot \dfrac{\sqrt{6}+\sqrt{2}}{\sqrt{6}+\sqrt{2}}$

$= \dfrac{8\sqrt{6}+8\sqrt{2}}{6-2}$

$= \dfrac{8\sqrt{6}+8\sqrt{2}}{4}$

$= 2\sqrt{6} + 2\sqrt{2}$

$= 2(\sqrt{6} + \sqrt{2})$

23. Diagonal of the bottom face:
$a^2 + b^2 = c^2$
$32^2 + 24^2 = c^2$
$1024 + 576 = c^2$
$1600 = c^2$
$40 = c$

Diagonal of the rectangular prism:
$a^2 + b^2 = c^2$
$40^2 + 42^2 = c^2$
$1600 + 1764 = c^2$
$3364 = c^2$
$58 = c$

The diagonal of the rectangular prism is 58 cm.

25. a. $d = \dfrac{\sqrt{L^2 - D^2}}{2}$

$= \dfrac{\sqrt{(L+D)(L-D)}}{2}$

b. $d = \dfrac{\sqrt{(L+D)(L-D)}}{2}$

$= \dfrac{\sqrt{(13+12)(13-12)}}{2}$

$= \dfrac{\sqrt{25}}{2}$

$= 2.5 \text{ m}$

Chapter 1   Equations and Inequalities

1.1 Exercises

1. identity, unknown, contradiction, unknown

3. Answers will vary.

5. $4x + 3(x - 2) = 18 - x$
$4x + 3x - 6 = 18 - x$
$7x - 6 = 18 - x$
$8x - 6 = 18$
$8x = 24$
$x = 3$;
Check:
$4(3) + 3(3 - 2) = 18 - 3$
$12 + 3(1) = 15$
$12 + 3 = 15$
$15 = 15$

7. $8 - (3b + 5) = -5 + 2(b + 1)$
$8 - 3b - 5 = -5 + 2b + 2$
$3 - 3b = -3 + 2b$
$-5b = -6$
$b = \dfrac{6}{5}$;
Check:
$8 - \left(3\left(\dfrac{6}{5}\right) + 5\right) = -5 + 2\left(\dfrac{6}{5} + 1\right)$
$8 - \left(\dfrac{18}{5} + \dfrac{25}{5}\right) = -5 + 2\left(\dfrac{6}{5} + \dfrac{5}{5}\right)$
$8 - \left(\dfrac{43}{5}\right) = -5 + 2\left(\dfrac{11}{5}\right)$
$\dfrac{40}{5} - \dfrac{43}{5} = \dfrac{-25}{5} + \dfrac{22}{5}$
$\dfrac{-3}{5} = \dfrac{-3}{5}$

9. $\dfrac{1}{5}(b + 10) - 7 = \dfrac{1}{3}(b - 9)$
$\dfrac{1}{5}b + 2 - 7 = \dfrac{1}{3}b - 3$
$\dfrac{1}{5}b - 5 = \dfrac{1}{3}b - 3$
$15\left(\dfrac{1}{5}b - 5\right) = 15\left(\dfrac{1}{3}b - 3\right)$
$3b - 75 = 5b - 45$
$-2b - 75 = -45$
$-2b = 30$
$b = -15$

11. $\dfrac{2}{3}(m + 6) = \dfrac{-1}{2}$
$\dfrac{2}{3}m + 4 = \dfrac{-1}{2}$
$6\left(\dfrac{2}{3}m + 4\right) = 6\left(\dfrac{-1}{2}\right)$
$4m + 24 = -3$
$4m = -27$
$m = -\dfrac{27}{4}$

13. $\dfrac{1}{2}x + 5 = \dfrac{1}{3}x + 7$
$6\left(\dfrac{1}{2}x + 5\right) = 6\left(\dfrac{1}{3}x + 7\right)$
$3x + 30 = 2x + 42$
$x + 30 = 42$
$x = 12$

15. $\dfrac{x + 3}{5} + \dfrac{x}{3} = 7$
$15\left(\dfrac{x + 3}{5} + \dfrac{x}{3}\right) = 15(7)$
$3(x + 3) + 5x = 105$
$3x + 9 + 5x = 105$
$8x + 9 = 105$
$8x = 96$
$x = 12$

1.1 Linear Equations, Formulas, and Problem Solving

17. $15 = -6 - \dfrac{3p}{8}$

$21 = -\dfrac{3p}{8}$

$\left(\dfrac{-8}{3}\right)(21) = \dfrac{-8}{3}\left(-\dfrac{3p}{8}\right)$

$-56 = p$

19. $0.2(24 - 7.5a) - 6.1 = 4.1$

$4.8 - 1.5a - 6.1 = 4.1$

$-1.5a - 1.3 = 4.1$

$-1.5a = 5.4$

$a = -3.6$

21. $6.2v - (2.1v - 5) = 1.1 - 3.7v$

$6.2v - 2.1v + 5 = 1.1 - 3.7v$

$4.1v + 5 = 1.1 - 3.7v$

$7.8v + 5 = 1.1$

$7.8v = -3.9$

$v = -0.5$

23. $\dfrac{n}{2} + \dfrac{n}{5} = \dfrac{2}{3}$

$30\left(\dfrac{n}{2} + \dfrac{n}{5}\right) = 30\left(\dfrac{2}{3}\right)$

$15n + 6n = 20$

$21n = 20$

$n = \dfrac{20}{21}$

25. $3p - \dfrac{p}{4} - 5 = \dfrac{p}{6} - 2p + 6$

$12\left(3p - \dfrac{p}{4} - 5\right) = 12\left(\dfrac{p}{6} - 2p + 6\right)$

$36p - 3p - 60 = 2p - 24p + 72$

$33p - 60 = -22p + 72$

$55p - 60 = 72$

$55p = 132$

$p = \dfrac{12}{5}$

27. $-3(4z + 5) = -15z - 20 + 3z$

$-12z - 15 = -15z - 20 + 3z$

$-12z - 15 = -12z - 20$

$-15 \neq -20$

Contradiction; $\{\ \}$

29. $8 - 8(3n + 5) = -5 + 6(1 + n)$

$8 - 24n - 40 = -5 + 6 + 6n$

$-24n - 32 = 1 + 6n$

$-30n = 33$

$n = -\dfrac{11}{10}$

Conditional; $n = -\dfrac{11}{10}$

31. $-4(4x + 5) = -6 - 2(8x + 7)$

$-16x - 20 = -6 - 16x - 14$

$-16x - 20 = -20 - 16x$

$0 = 0$

Identity; $\{x | x \in \mathbb{R}\}$

33. $P = C + CM$

$P = C(1 + M)$

$\dfrac{P}{1 + M} = C$

$C = \dfrac{P}{1 + M}$

35. $C = 2\pi r$

$\dfrac{C}{2\pi} = r$

$r = \dfrac{C}{2\pi}$

37. $V = \dfrac{1}{4}\pi d^2 L$

$4V = \pi d^2 L$

$L = \dfrac{4V}{\pi d^2}$

Chapter 1: Equations and Inequalities

39. $S_n = n\left(\dfrac{a_1 + a_n}{2}\right)$

$\left(\dfrac{2}{a_1 + a_n}\right) \cdot S_n = \left(\dfrac{2}{a_1 + a_n}\right) \cdot n\left(\dfrac{a_1 + a_n}{2}\right)$

$\dfrac{2S_n}{a_1 + a_n} = n$

$n = \dfrac{2S_n}{a_1 + a_n}$

41. $S = B + \dfrac{1}{2}PS$

$S - B = \dfrac{1}{2}PS$

$2(S - B) = PS$

$\dfrac{2(S - B)}{S} = P$

43. $Ax + By = C$

$By = -Ax + C$

$y = \dfrac{-A}{B}x + \dfrac{C}{B}$

45. $\dfrac{5}{6}x + \dfrac{3}{8}y = 2$

$\dfrac{3}{8}y = -\dfrac{5}{6}x + 2$

$\left(\dfrac{8}{3}\right)\left(\dfrac{3}{8}y\right) = \left(\dfrac{8}{3}\right)\left(-\dfrac{5}{6}x + 2\right)$

$y = -\dfrac{20}{9}x + \dfrac{16}{3}$

47. $y - 3 = \dfrac{-4}{5}(x + 10)$

$y - 3 = \dfrac{-4}{5}x - 8$

$y = \dfrac{-4}{5}x - 5$

49. $3x + 2 = -19$

$a = 3, b = 2, c = -19$

$x = \dfrac{-19 - 2}{3}$

$x = -7$

51. $7x - 13 = -27$

$a = 7, b = -13, c = -27$

$x = \dfrac{-27 - (-13)}{7}$

$x = -2$

53. **a.** $V = 8, F = 6, E = 12$
$V + F - E = 2$
$8 + 6 - 12 = 2$
b. $V = 6, F = 8, E = 12$
$V + F - E = 2$
$6 + 8 - 12 = 2$
c. $V + F - E = 2$
$V = E - F + 2$
d. $V = E - F - 2$
$V = 30 - 12 + 2$
$V = 20$

55. Let r represent the height of radial bone.

$74 = \dfrac{10}{3}r + 34$

$\dfrac{10}{3}r = 40$

$r = 12$ in

57. Let E represent the energy savings per year.
$E = \$12{,}387(12)(0.39)$
$E = \$57{,}971$

59. Let W represent width.

$-(x + 2) \leq 4$

$x + 2 \geq -4$

$x \geq -6$

61. Let L represent the length of the package.

$2(14 + 12) + L = 108$

$2(26) + L = 108$

$52 + L = 108$

$L = 56$

The package can be up to 56 inches long.

1.1 Linear Equations, Formulas, and Problem Solving

63. Let h represent the height of the rectangular portion.
$$10(10)h + \pi(2.5^2)(7) = 600$$
$$100h + (3.14)(43.75) = 600$$
$$100h = 462.625$$
$$h \approx 4.6$$
The height of the rectangular portion is about 4.6 in.

65. Let t represent the number of hours when Bruce overtakes Linda.
$$D_{Linda} = D_{Bruce}$$
$$60(t+0.5) = 75t$$
$$60t + 30 = 75t$$
$$30 = 15t$$
$$2 = t$$
2 hours after 9:30am is 11:30am.

67. Let t represent the number of hours for the first part of the race.
$$D_1 + D_2 = 21$$
$$8t + 12(2-t) = 21$$
$$8t + 24 - 12t = 21$$
$$-4t + 24 = 21$$
$$-4t = -3$$
$$t = \frac{3}{4} \text{ hour}$$
$$2 - \frac{3}{4} = 1.25$$
$1.25(12) = 15$ miles.

69. Let x represent the number of pounds of premium ground beef.
$$3.10(x) + 2.05(8) = 2.68(x+8)$$
$$3.10x + 16.4 = 2.68x + 21.44$$
$$0.42x + 16.4 = 21.44$$
$$0.42x = 5.04$$
$$x = 12$$
12 pounds of premium ground beef.

71. Let x represent the pounds of walnuts.
$$0.84x + 1.20(20) = 1.04(x+20)$$
$$0.84x + 24 = 1.04x + 20.8$$
$$-0.2x = -3.2$$
$$x = 16$$
16 pounds of walnuts

73. Answers will vary.

75. $P + Q + S = 40$
$P + R + U = 34$
$S + T + U = 30$
$Q + R = 26$
$Q + T = 23$
$R + T = 19$;
$Q + R = 26$
$\underline{-Q - T = -23}$
$R - T = 3$;
$R - T = 3$
$\underline{R + T = 19}$
$2R = 22$
$R = 11$;
$Q + R = 26$
$Q + 11 = 26$
$Q = 15$;
$Q + T = 23$
$15 + T = 23$
$T = 8$;
$P + R + U = 34$
$P + 11 + U = 34$
$P + U = 23$;
$P + Q + S = 40$
$P + 15 + S = 40$
$P + S = 25$;
$P + U = 23$
$\underline{-P - S = -25}$
$U - S = -2$;
$S + T + U = 30$
$S + 8 + U = 30$
$S + U = 22$;
$U - S = -2$
$\underline{S + U = 22}$
$2U = 20$
$U = 10$;
$S + U = 22$
$S + 10 = 22$
$S = 12$;
$P + Q + S = 40$
$P + 15 + 12 = 40$
$P = 13$;
$P + Q + R + S + T + U$
$= 13 + 15 + 11 + 12 + 8 + 10 = 69$

Chapter 1: Equations and Inequalities

77. $-2 - 6^2 \div 4 + 8$
$= -2 - 36 \div 4 + 8$
$= -2 - 9 + 8$
$= -11 + 8$
$= -3$

79. a. $4x^2 - 9$
$= (2x+3)(2x-3)$

b. $x^3 - 27$
$= (x-3)(x^2 + 3x + 9)$

1.2 Exercises

1. set, number line, interval

3. Answers will vary.

5. $w \geq 45$

7. $250 < T < 450$

9. $y < 3$

11. $m \leq 5$

13. $x \neq 1$

15. $5 > x > 2$

17. $\{x | x \geq -2\}; [-2, \infty)$

19. $\{x | -2 \leq x \leq 1\}; [-2, 1]$

21. $5a - 11 \geq 2a - 5$
$3a \geq 6$
$a \geq 2$
$\{a | a \geq 2\}$, Interval notation: $a \in [2, \infty)$

23. $2(n+3) - 4 \leq 5n - 1$
$2n + 6 - 4 \leq 5n - 1$
$2n + 2 \leq 5n - 1$
$-3n \leq -3$
$n \geq 1$
$\{n | n \geq 1\}$, Interval notation: $n \in [1, \infty)$

25. $\dfrac{3x}{8} + \dfrac{x}{4} < -4$

$8\left(\dfrac{3x}{8} + \dfrac{x}{4}\right) < 8(-4)$
$3x + 2x < -32$
$5x < -32$
$x < -\dfrac{32}{5}$

$\left\{x \,\middle|\, x < \dfrac{-32}{5}\right\}$,

Interval notation: $x \in \left(-\infty, \dfrac{-32}{5}\right)$

27. $7 - 2(x+3) \geq 4x - 6(x-3)$
$7 - 2x - 6 \geq 4x - 6x + 18$
$-2x + 1 \geq -2x + 18$
$1 \geq 18$ false
$\{\ \}$

29. $4(3x - 5) + 18 < 2(5x + 1) + 2x$
$12x - 20 + 18 < 10x + 2 + 2x$
$12x - 2 < 12x + 2$
$-2 < 2$ true
$\{x | x \in \mathbb{R}\}$

31. $-6(p-1) + 2p \leq -2(2p - 3)$
$-6p + 6 + 2p \leq -4p + 6$
$-4p + 6 \leq -4p + 6$
$6 \leq 6$ true
$\{p | p \in \mathbb{R}\}$

33. $A \cap B = \{2\}$
$A \cup B = \{-3, -2, -1, 0, 1, 2, 3, 4, 6, 8\}$

1.2 Linear Inequalities in One Variable

35. $A \cap D = \{\ \}$
$A \cup D = \{-3,-2,-1,0,1,2,3,4,5,6,7\}$

37. $B \cap D = \{4,6\}$
$B \cup D = \{2,4,5,6,7,8\}$

39. $x < -2$ or $x > 1$
$(-\infty,-2) \cup (1,\infty)$

41. $x < 5$ and $x \geq -2$
$[-2,5)$

43. $x \geq 3$ and $x \leq 1$
no solution

45. $4(x-1) \leq 20$ or $x+6 > 9$
$4x - 4 \leq 20$ or $x > 3$
$4x \leq 24$
$x \leq 6$ or $x > 3$
$x \in (-\infty, \infty)$

47. $-2x - 7 \leq 3$ and $2x \leq 0$
$-2x \leq 10$ and $x \leq 0$
$x \geq -5$ and $x \leq 0$
$x \in [-5, 0]$

49. $\frac{3}{5}x + \frac{1}{2} > \frac{3}{10}$ and $-4x > 1$
$10\left(\frac{3}{5}x + \frac{1}{2}\right) > \left(\frac{3}{10}\right)10$ and $-4x > 1$
$6x + 5 > 3$ and $x < -\frac{1}{4}$
$6x > -2$ and $x < -\frac{1}{4}$
$x > -\frac{1}{3}$ and $x < -\frac{1}{4}$
$x \in \left(-\frac{1}{3}, -\frac{1}{4}\right)$

51. $\frac{3x}{8} + \frac{x}{4} < -3$ or $x + 1 > -5$
$8\left(\frac{3x}{8} + \frac{x}{4}\right) < 8(-3)$ or $x > -6$
$3x + 2x < -24$ or $x > -6$
$5x < -24$ or $x > -6$
$x < -\frac{24}{5}$ or $x > -6$
$x \in (-\infty, \infty)$

53. $-3 \leq 2x + 5 < 7$
$-8 \leq 2x < 2$
$-4 \leq x < 1$
$x \in [-4, 1)$

55. $-0.5 \leq 0.3 - x \leq 1.7$
$-0.8 \leq -x \leq 1.4$
$0.8 \geq x \geq -1.4$
$x \in [-1.4, 0.8]$

57. $-7 < -\frac{3}{4}x - 1 \leq 11$
$-6 < -\frac{3}{4}x \leq 12$
$\left(-\frac{4}{3}\right)(-6) > \left(-\frac{4}{3}\right)\left(-\frac{3}{4}x\right) \geq \left(-\frac{4}{3}\right)12$
$8 > x \geq -16$
$x \in [-16, 8)$

59. $\frac{12}{m}$
$m \neq 0$
$m \in (-\infty, 0) \cup (0, \infty)$

61. $\frac{5}{y+7}$
$y + 7 \neq 0$
$y \neq -7$
$y \in (-\infty, -7) \cup (-7, \infty)$

Chapter 1: Equations and Inequalities

63. $\dfrac{a+5}{6a-3}$

$6a - 3 \neq 0$
$6a \neq 3$
$a \neq \dfrac{1}{2}$

$a \in \left(-\infty, \dfrac{1}{2}\right) \cup \left(\dfrac{1}{2}, \infty\right)$

65. $\dfrac{15}{3x-12}$

$3x - 12 \neq 0$
$3x \neq 12$
$x \neq 4$

$x \in (-\infty, 4) \cup (4, \infty)$

67. $\sqrt{x-2}$

$x - 2 \geq 0$
$x \geq 2$
$x \in [2, \infty)$

69. $\sqrt{3n-12}$

$3n - 12 \geq 0$
$3n \geq 12$
$n \geq 4$
$n \in [4, \infty)$

71. $\sqrt{b - \dfrac{4}{3}}$

$b - \dfrac{4}{3} \geq 0$

$b \geq \dfrac{4}{3}$

$b \in \left[\dfrac{4}{3}, \infty\right)$

73. $\sqrt{8-4y}$

$8 - 4y \geq 0$
$-4y \geq -8$
$y \leq 2$
$y \in (-\infty, 2]$

75. a. $B = \dfrac{704W}{H^2}$

$H^2 B = 704W$

$\dfrac{H^2 B}{704} = W$

b. Arnold's weight was at least 235 lb, so $W \geq 235$, or $\dfrac{H^2 B}{704} \geq 235$. Arnold's height was at least 6'2", or 74 inches, so $\dfrac{74^2 B}{704} \geq 235$. The solution is a body mass index of $B \geq 30.2$.

77. Let x represent the score on the last exam.

$\dfrac{82 + 76 + 65 + 71 + x}{5} \geq 75$

$82 + 76 + 65 + 71 + x \geq 375$
$294 + x \geq 375$
$x \geq 81$

79. Let b represent the daily balance for Friday.

$\dfrac{1125 + 850 + 625 + 400 + b}{5} \geq 1000$

$1125 + 850 + 625 + 400 + b \geq 5000$
$3000 + b \geq 5000$
$b \geq \$2000$

81. Let W represent the width of the rectangle.

$0 < 20W < 150$
$0 < W < 7.5 m$

83. $45 < \dfrac{9}{5}C + 32 < 85$

$13 < \dfrac{9}{5}C < 53$

$7.2° < C < 29.4°$

85. $20 + 4.50h < 11 + 6.00h$

$20 - 1.50h < 11$
$-1.50h < -9$
$h > 6$

1.2 Linear Inequalities in One Variable

87. a. $\dfrac{100 \text{ mi}}{1 \text{ day}} \cdot \dfrac{5 \text{ days}}{1 \text{ week}} \cdot \dfrac{1 \text{ gal}}{32 \text{ mi}} \cdot \dfrac{\$3.50}{1 \text{ gal}} = \dfrac{\$54.69}{1 \text{ week}}$

b. $\dfrac{100 \text{ mi}}{1 \text{ day}} \cdot \dfrac{5 \text{ days}}{1 \text{ week}} \cdot \dfrac{1 \text{ gal}}{11 \text{ mi}} \cdot \dfrac{\$0.99}{1 \text{ gal}} = \dfrac{\$45.00}{1 \text{ week}}$

c. Let x be the total distance traveled in 5 days to achieve a weekly commuting cost that is the same as the Chrysler. Then weekly fuel cost with the current fuel price would be:

$\dfrac{x}{32} \cdot 3.50 = \$45$

$x = \dfrac{45 \cdot 32}{3.5}$

$x = 411.43 \text{ mi}$

The new distance that corresponds to the weekly commuting cost of the Chrysler: $\dfrac{411.43}{5 \cdot 2} = 41.14 \text{ mi}$

Jeff should move to a place that is $50 - 41.14 \approx 8.9$ miles closer to his workplace to get the same weekly commuting cost as that of the Chrysler.

89. a. $m \le n$

$mp \ge np \text{ if } p < 0$

b. $m > n$

$-m < -n$

c. $m < n$

$\dfrac{1}{m} > \dfrac{1}{n}$

d. $m^3 < 0 \text{ if } m < 0$

$n^2 > 0 \text{ if } n > 0$

$m^3 < n^2$

91. The initial assumption $a < b$ means that the difference $a - b < 0$ is negative. So in the step to multiply by $(a - b)$ and all following steps, reverse the inequality sign.

93. $-4(x - 7) - 3 = 2x + 1$

$-4x + 28 - 3 = 2x + 1$

$-4x + 25 = 2x + 1$

$-6x = -24$

$x = 4$

95. $\dfrac{4}{5}m + \dfrac{2}{3} = \dfrac{1}{2}$

$30\left(\dfrac{4}{5}m + \dfrac{2}{3}\right) = 30\left(\dfrac{1}{2}\right)$

$24m + 20 = 15$

$24m = -5$

$m = \dfrac{-5}{24}$

1.3 Exercises

1. isolate

3. No solution; answers will vary.

5. $2|m - 1| - 7 = 3$

$2|m - 1| = 10$

$|m - 1| = 5$

$m - 1 = 5 \text{ or } m - 1 = -5$

$m = 6 \text{ or } m = -4$

$\{-4, 6\}$

7. $2|4v + 5| - 6.5 = 10.3$

$2|4v + 5| = 16.8$

$|4v + 5| = 8.4$

$4v + 5 = 8.4 \text{ or } 4v + 5 = -8.4$

$4v = 3.4 \text{ or } 4v = -13.4$

$v = 0.85 \text{ or } v = -3.35$

$\{-3.35, 0.85\}$

Chapter 1: Equations and Inequalities

9. $-|7p-3|+6=-5$
    $-|7p-3|=-11$
    $|7p-3|=11$
    $7p-3=11$ or $7p-3=-11$
    $7p=14$ or $7p=-8$
    $p=2$ or $p=\dfrac{-8}{7}$
    $\left\{\dfrac{-8}{7},2\right\}$

11. $-2|b|-3=-4$
    $-2|b|=-1$
    $|b|=\dfrac{1}{2}$
    $b=\dfrac{1}{2}$ or $b=-\dfrac{1}{2}$
    $\left\{-\dfrac{1}{2},\dfrac{1}{2}\right\}$

13. $-3|x+5|+6=6$
    $-3|x+5|=0$
    $|x+5|=0$
    $x+5=0$
    $x=-5$
    $\{-5\}$

15. $-2|3x|-17=-5$
    $-2|3x|=12$
    $|3x|=-6$
    $\{\ \}$

17. $-3\left|\dfrac{w}{2}+4\right|-1=-4$
    $-3\left|\dfrac{w}{2}+4\right|=-3$
    $\left|\dfrac{w}{2}+4\right|=1$
    $\dfrac{w}{2}+4=1$ or $\dfrac{w}{2}+4=-1$
    $\dfrac{w}{2}=-3$ or $\dfrac{w}{2}=-5$
    $w=-6$ or $w=-10$
    $\{-6,-10\}$

19. $8.7|p-7.5|-26.6=8.2$
    $8.7|p-7.5|=34.8$
    $|p-7.5|=4$
    $p-7.5=4$ or $p-7.5=-4$
    $p=11.5$ or $p=3.5$
    $\{3.5,11.5\}$

21. $8.7|-2.5x|-26.6=8.2$
    $8.7|-2.5x|=34.8$
    $|-2.5x|=4$
    $-2.5x=4$ or $-2.5x=-4$
    $x=-1.6$ or $x=1.6$
    $\{-1.6,1.6\}$

23. $|x-2|=|3x+4|$
    $|x-2|=3x+4$ or $|x-2|=-3x-4$
    $x-2=3x+4$ or $-(x-2)=3x+4$ or
    $x-2=-3x-4$ or $-(x-2)=-3x-4$
    $x-2=3x+4$ or $x-2=-3x-4$
    $x-3x=2+4$ or $x+3x=2-4$
    $-2x=6$ or $4x=-2$
    $x=-3$ or $x=-0.5$
    $\{-3,-0.5\}$

25. $3|p+4|+5<8$
    $3|p+4|<3$
    $|p+4|<1$
    $-1<p+4<1$
    $-5<p<-3$
    $p\in(-5,-3)$

27. $-3|m|-2>4$
    $-3|m|>6$
    $|m|<-2$
    Absolute value is never less than a negative number.
    $\varnothing$

1.3 Absolute Value Equations and Inequalities

29. $|3b-11|+6 \leq 9$
$|3b-11| < 3$
$-3 \leq 3b-11 \leq 3$
$8 \leq 3b \leq 14$
$\frac{8}{3} \leq b \leq \frac{14}{3}$
$b \in \left[\frac{8}{3}, \frac{14}{3}\right]$

31. $|4-3z|+12 > 7$
$|4-3z| > -5$
$4-3z > -5$ or $4-3z < 5$
$-3z > -9 \qquad -3z < 1$
$z < 3 \qquad z > \frac{-1}{3}$
$(-\infty, 3) \cup \left(\frac{-1}{3}, \infty\right)$
$z \in (-\infty, \infty)$

33. $\frac{|5v+1|}{4} + 8 < 9$
$\frac{|5v+1|}{4} < 1$
$|5v+1| < 4$
$-4 < 5v+1 < 4$
$-5 < 5v < 3$
$-1 < v < \frac{3}{5}$
$v \in \left(-1, \frac{3}{5}\right)$

35. $\left|\frac{4x+5}{3} - \frac{1}{2}\right| \leq \frac{7}{6}$
$-\frac{7}{6} \leq \frac{4x+5}{3} - \frac{1}{2} \leq \frac{7}{6}$
$6\left(-\frac{7}{6}\right) \leq 6\left(\frac{4x+5}{3} - \frac{1}{2}\right) \leq 6\left(\frac{7}{6}\right)$
$-7 \leq 8x+10-3 \leq 7$
$-7 \leq 8x+7 \leq 7$
$-14 \leq 8x \leq 0$
$-\frac{14}{8} \leq x \leq 0$
$-\frac{7}{4} \leq x \leq 0$
$\left[-\frac{7}{4}, 0\right]$

37. $|n+3| > 7$
$n+3 > 7$ or $n+3 < -7$
$n > 4 \quad$ or $\quad n < -10$
$n \in (-\infty, -10) \cup (4, \infty)$

39. $-2|w|-5 \leq -11$
$-2|w| \leq -6$
$|w| \geq 3$
$w \geq 3$ or $w \leq -3$
$w \in (-\infty, -3] \cup [3, \infty)$

41. $\frac{|q|}{2} - \frac{5}{6} \geq \frac{1}{3}$
$6\left(\frac{|q|}{2} - \frac{5}{6}\right) \geq 6\left(\frac{1}{3}\right)$
$3|q| - 5 \geq 2$
$3|q| \geq 7$
$|q| \geq \frac{7}{3}$
$q \geq \frac{7}{3}$ or $q \leq -\frac{7}{3}$
$q \in \left(-\infty, -\frac{7}{3}\right] \cup \left[\frac{7}{3}, \infty\right)$

Chapter 1: Equations and Inequalities

43. $3|5-7d|+9 > 9$
$3|5-7d| > 0$
$|5-7d| > 0$
$5-7d > 0$ or $5-7d < 0$
$-7d > -5 \qquad -7d < -5$
$d < \dfrac{5}{7} \qquad d > \dfrac{5}{7}$
$\left(-\infty, \dfrac{5}{7}\right) \cup \left(\dfrac{5}{7}, \infty\right)$

45. $2 < \left|-3m + \dfrac{4}{5}\right| - \dfrac{1}{5}$
$\dfrac{11}{5} < \left|-3m + \dfrac{4}{5}\right|$
$\left|-3m + \dfrac{4}{5}\right| > \dfrac{11}{5}$
$-3m + \dfrac{4}{5} > \dfrac{11}{5}$ or $-3m + \dfrac{4}{5} < -\dfrac{11}{5}$
$-3m > \dfrac{7}{5} \qquad\qquad -3m < -3$
$m < -\dfrac{7}{15} \qquad\qquad m > 1$
$m \in \left(-\infty, \dfrac{-7}{15}\right) \cup (1, \infty)$

47. $4|5-2h| - 9 \le -9$
$4|5-2h| \le 0$
$|5-2h| \le 0$
$5-2h = 0$
$2h = 5$
$h = \dfrac{5}{2}$
$\left\{\dfrac{5}{2}\right\}$

49. $3.9|4q-5| + 8.7 \le -22.5$
$3.9|4q-5| \le -31.2$
$|4q-5| \le -8$
$\{\ \}$

51. $|4z-9| + 6 \ge 4$
$|4z-9| \ge -2$
$z \in (-\infty, \infty)$

53. a. $|d-x| \le L$
$d-x \le L$ and $d-x \ge -L$
$d-L \le x$ and $d+L \ge x$
$d-L \le x \le d+L$

b. $|d-x| \le L$, 4 ft = 48 in.
$|d-48| \le 3$
$d-48 \le 3$ and $d-48 \ge -3$
$d \le 51 \qquad\quad d \ge 45$
$45 \le d \le 51$ in.

55. $|h-35,050| \le 2,550$
$h-35050 \le 2550$ and $h-35050 \ge -2550$
$h \le 37600 \qquad\qquad h \ge 32500$
$32,500 \le h \le 37,600$; yes, if between 32,500 feet and 37,600 feet, inclusive.

57. $|d-394| - 20 > 164$
$|d-394| > 184$
$d-394 > 184$ or $d-394 < -184$
$d > 578$ or $d < 210$;
$d < 210$ or $d > 578$
Less than 210 feet to go over the net, more than 578 feet to go under the net.

59. a. $|s-37.58| \le 3.35$

b. $s-37.58 \le 3.35$ and $s-37.58 \ge -3.35$
$s \le 40.93$ and $s \ge 34.23$
$34.23 \le s \le 40.93$
$[34.23, 40.93]$

61. a. Let t represent the distance that Paul drives in t hours. Then the difference between 180 miles and $72t$ must be within 90 miles: $|180 - 72t| < 90$.

b. $|180 - 72t| < 90$
$180 - 72t < 90$ and $180 - 72t < -90$
$-72t < -90 \qquad\qquad 270 > 72t$
$t > \dfrac{90}{72} \qquad\qquad \dfrac{270}{72} > t$
$t > 1\dfrac{1}{4} \qquad\qquad t < 3\dfrac{3}{4}$

Paul picks up the station $1\dfrac{1}{4}$ hours after noon (at 1:15 P.M.), then loses reception $3\dfrac{3}{4}$ hours after noon (3:45 P.M.).

1.3 Absolute Value Equations and Inequalities

63. a. $|d-42.7|<0.03$
    b. $|d-73.78|<1.01$
    c. $|d-57.150|<0.127$
    d. $|d-2171.05|<12.05$
    e. golf: $t=\dfrac{2(0.03)}{42.7}\approx 0.0014$
    baseball: $t=\dfrac{2(1.01)}{73.78}\approx 0.0274$
    pool: $t=\dfrac{2(0.127)}{57.150}\approx 0.0044$
    bowling: $t=\dfrac{2(1.205)}{217.105}\approx 0.0111$
    Golf gives the least tolerance
    $t\approx 0.0014$.

65. a. $x=4$
    b. $\left[\dfrac{4}{3},4\right]$
    c. $x=0$
    d. $\left[-\infty,\dfrac{3}{5}\right]$
    e. $\{\ \}$

67. a. Answers will vary.
    b. If $A=0$, then $|0+B|=|0|+|B|$ is true.
    If $B=0$, then $|A+0|=|A|+|0|$ is true.
    So $A=0$ or $B=0$.

69. $18x^3+21x^2-60x$
    $3x(6x^2+7x-20)$
    $3x(2x+5)(3x-4)$

71. $\dfrac{-1}{3+\sqrt{3}}$
    $\dfrac{-1}{3+\sqrt{3}}\cdot\dfrac{3-\sqrt{3}}{3-\sqrt{3}}$
    $\dfrac{-3+\sqrt{3}}{9-3\sqrt{3}+3\sqrt{3}-3}$
    $\dfrac{-3+\sqrt{3}}{6}\approx -0.21$

Mid-Chapter Check

1. a. $\dfrac{r}{3}+5=2$
    $\dfrac{r}{3}=-3$
    $r=-9$
   b. $5(2x-1)+4=9x-7$
    $10x-5+4=9x-7$
    $10x-1=9x-7$
    $x=-6$
   c. $m-2(m+3)=1-(m+7)$
    $m-2m-6=1-m-7$
    $-m-6=-m-6$
    $0=0$
    Identity; $x\in\mathbb{R}$

   d. $\dfrac{1}{5}y+3=\dfrac{3}{2}y-2$
    $10\left(\dfrac{1}{5}y+3\right)=10\left(\dfrac{3}{2}y-2\right)$
    $2y+30=15y-20$
    $-13y+30=-20$
    $-13y=-50$
    $y=\dfrac{50}{13}$
   e. $\dfrac{1}{2}(5j-2)=\dfrac{3}{2}(j-4)+j$
    $\dfrac{5}{2}j-1=\dfrac{3}{2}j-6+j$
    $\dfrac{5}{2}j-1=\dfrac{5}{2}j-6$
    $-1=-6$
    Contradiction; $\{\ \}$
   f. $0.6(x-3)+0.3=1.8$
    $0.6x-1.8+0.3=1.8$
    $0.6x-1.5=1.8$
    $0.6x=3.3$
    $x=5.5$

Chapter 1: Equations and Inequalities

3. $S = 2\pi x^2 + \pi x^2 y$

    $\pi x^2 y = S - 2\pi x^2$

    $y = \dfrac{S - 2\pi x^2}{\pi x^2}$

5. a. $2x - 5 \neq 0$

    $2x \neq 5$

    $x \neq \dfrac{5}{2}$

    $x \in \left(-\infty, \dfrac{5}{2}\right) \cup \left(\dfrac{5}{2}, \infty\right)$

    b. $17 - 6x \geq 0$

    $17 \geq 6x$

    $\dfrac{17}{6} \geq x$

    $x \in \left(-\infty, \dfrac{17}{6}\right]$

7. a. $3|q + 4| - 2 < 10$

    $3|q + 4| < 12$

    $|q + 4| < 4$

    $-4 < q + 4 < 4$

    $-8 < q < 0$

    $x \in (-8, 0)$

    b. $\left|\dfrac{x}{3} + 2\right| + 5 \leq 5$

    $\left|\dfrac{x}{3} + 2\right| \leq 0$

    $\dfrac{x}{3} + 2 = 0$

    $\dfrac{x}{3} = -2$

    $x = -6$

    $\{-6\}$

9. Let t represent the time spent on the first part of the course.

    2 hr and 50 min $= 2\dfrac{5}{6}$ hr

    $30t + 50\left(2\dfrac{5}{6} - t\right) = 115$

    $30t + 141\dfrac{2}{3} - 50t = 115$

    $-20t = -26\dfrac{2}{3}$

    $t = 1\dfrac{1}{3}$

    $t = 1$ hr, 20 min

1.4 Exercises

1. $3 - 2i$

3. b is correct.

5. a. $\sqrt{-144} = 12i$

    b. $\sqrt{-49} = 7i$

    c. $\sqrt{27} = \sqrt{9(3)} = 3\sqrt{3}$

    d. $\sqrt{72} = \sqrt{36(2)} = 6\sqrt{2}$

7. a. $-\sqrt{-18} = -\sqrt{-1(9)(2)} = -3i\sqrt{2}$

    b. $-\sqrt{-50} = -\sqrt{-1(25)(2)} = -5i\sqrt{2}$

    c. $3\sqrt{-25} = 3(5i) = 15i$

    d. $2\sqrt{-9} = 2(3i) = 6i$

9. a. $\sqrt{-19} = i\sqrt{19}$

    b. $\sqrt{-31} = i\sqrt{31}$

    c. $\sqrt{\dfrac{-12}{25}} = \dfrac{\sqrt{-1(4)3}}{\sqrt{25}} = \dfrac{2\sqrt{3}}{5}i$

    d. $\sqrt{\dfrac{-9}{32}} = \dfrac{\sqrt{-9}}{\sqrt{32}} \cdot \dfrac{\sqrt{2}}{\sqrt{2}} = \dfrac{3\sqrt{2}}{\sqrt{64}}i = \dfrac{3\sqrt{2}}{8}i$

1.4 Complex Numbers

11. a. $\dfrac{2+\sqrt{-4}}{2} = \dfrac{2+2i}{2} = 1+i$
$a = 1, b = 1$

b. $\dfrac{6+\sqrt{-27}}{3} = \dfrac{6+3i\sqrt{3}}{3} = 2+\sqrt{3}\,i$
$a = 2, b = \sqrt{3}$

13. a. $\dfrac{8+\sqrt{-16}}{2} = \dfrac{8+4i}{2} = 4+2i$
$a = 4, b = 2$

b. $\dfrac{10-\sqrt{-50}}{5} = \dfrac{10-5i\sqrt{2}}{5} = 2-\sqrt{2}\,i$
$a = 2, b = -\sqrt{2}$

15. a. $5 = 5+0i$
$a = 5, b = 0$

b. $3i = 0+3i$
$a = 0, b = 3$

17. a. $2\sqrt{-81} = 2(9i) = 0+18i = 18i$
$a = 0, b = 18$

b. $\dfrac{\sqrt{-32}}{8} = \dfrac{4\sqrt{2}}{8}i = 0+\dfrac{\sqrt{2}}{2}i = \dfrac{\sqrt{2}}{2}i$
$a = 0, b = \dfrac{\sqrt{2}}{2}$

19. a. $4+\sqrt{-50} = 4+5\sqrt{2}\,i$
$a = 4, b = 5\sqrt{2}$

b. $-5+\sqrt{-27} = -5+3\sqrt{3}\,i$
$a = -5, b = 3\sqrt{3}$

21. a. $\dfrac{14+\sqrt{-98}}{8} = \dfrac{14+7i\sqrt{2}}{8} = \dfrac{7}{4}+\dfrac{7\sqrt{2}}{8}i$
$a = \dfrac{7}{4}, b = \dfrac{7\sqrt{2}}{8}$

b. $\dfrac{5+\sqrt{-250}}{10} = \dfrac{5+5i\sqrt{10}}{10} = \dfrac{1}{2}+\dfrac{\sqrt{10}}{2}i$
$a = \dfrac{1}{2}, b = \dfrac{\sqrt{10}}{2}$

23. a. $(12-\sqrt{-4})+(7+\sqrt{-9})$
$= (12-2i)+(7+3i)$
$= 19+i$

b. $(3+\sqrt{-25})+(-1-\sqrt{-81})$
$= (3+5i)+(-1-9i)$
$= 2-4i$

c. $(11+\sqrt{-108})-(2-\sqrt{-48})$
$= 11+\sqrt{-108}-2+\sqrt{-48}$
$= 11+\sqrt{-1(36)(3)}-2+\sqrt{-1(16)(3)}$
$= 9+6\sqrt{3}\,i+4\sqrt{3}\,i$
$= 9+10\sqrt{3}\,i$

25. a. $(2+3i)+(-5-i)$
$= 2+3i-5-i$
$= -3+2i$

b. $(5-2i)+(3+2i)$
$= 5-2i+3+2i$
$= 8$

c. $(6-5i)-(4+3i)$
$= 6-5i-4-3i$
$= 2-8i$

27. a. $(3.7+6.1i)-(1+5.9i)$
$= 3.7+6.1i-1-5.9i$
$= 2.7+0.2i$

b. $\left(8+\dfrac{3}{4}i\right)-\left(-7+\dfrac{2}{3}i\right)$
$= 8+\dfrac{3}{4}i+7-\dfrac{2}{3}i$
$= 15+\dfrac{1}{12}i$

c. $\left(-6-\dfrac{5}{8}i\right)+\left(4+\dfrac{1}{2}i\right)$
$= -6-\dfrac{5}{8}i+4+\dfrac{1}{2}i$
$= -2-\dfrac{1}{8}i$

29. a. $5i \cdot (-3i)$
$= -15i^2$
$= 15$

b. $4i \cdot (-4i)$
$= -16i^2$
$= 16$

Chapter 1: Equations and Inequalities

31. a. $-7(3+5i) = -21-35i$

b. $6i(-3+7i) = -18i + 42i^2$
$= -18i + 42(-1)$
$= -42 - 18i$

33. a. $(-4-2i)(3+2i)$
$= -12 - 8i - 6i - 4i^2$
$= -8 - 14i$

b. $(2-3i)(-5+i)$
$= -10 + 2i + 15i - 3i^2$
$= -7 + 17i$

35. a. $(2+3i)^2$
$= (2+3i)(2+3i)$
$= 4 + 6i + 6i + 9i^2$
$= -5 + 12i$

b. $(3-4i)^2$
$= (3-4i)(3-4i)$
$= 9 - 12i - 12i + 16i^2$
$= -7 - 24i$

37. a. $(-2+5i)^2$
$= (-2+5i)(-2+5i)$
$= 4 - 10i - 10i + 25i^2$
$= -21 - 20i$

b. $(3+i\sqrt{2})^2$
$= (3+i\sqrt{2})(3+i\sqrt{2})$
$= 9 + 3i\sqrt{2} + 3i\sqrt{2} + 2i^2$
$= 7 + 6\sqrt{2}\,i$

39. a. conjugate $4-5i$
$= (4+5i)(4-5i)$
$= 16 - 20i + 20i - 25i^2$
$= 16 + 25$
$= 41$

b. conjugate $3+i\sqrt{2}$
$= (3+i\sqrt{2})(3-i\sqrt{2})$
$= 9 - 3\sqrt{2}i + 3\sqrt{2}i - 2i^2$
$= 9 + 2$
$= 11$

41. a. conjugate $-7i$
$(7i)(-7i)$
$= -49i^2$
$= 49$

b. conjugate $\dfrac{1}{2} + \dfrac{2}{3}i$
$\left(\dfrac{1}{2}+\dfrac{2}{3}i\right)\left(\dfrac{1}{2}-\dfrac{2}{3}i\right)$
$= \dfrac{1}{4} - \dfrac{1}{3}i + \dfrac{1}{3}i - \dfrac{4}{9}i^2$
$= \dfrac{25}{36}$

43. $x^2 + 36 = 0, x = -6;$
$(-6)^2 + 36 = 0$
$36 + 36 = 0$
$72 \neq 0$ no

45. $x^2 + 49 = 0$
$x = -7i:$
$(-7i)^2 + 49 = 0$
$49i^2 + 49 = 0$
$-49 + 49 = 0$
$0 = 0$ yes

$x = 7i:$
$(7i)^2 + 49 = 0$
$49i^2 + 49 = 0$
$-49 + 49 = 0$
$0 = 0$ yes

47. $(x-3)^2 = -9$
$x = 3 - 3i:$
$(3 - 3i - 3)^2 = -9$
$(-3i)^2 = -9$
$9i^2 = -9$
$-9 = -9$ yes

$x = 3 + 3i:$
$(3 + 3i - 3)^2 = -9$
$(3i)^2 = -9$
$9i^2 = -9$
$-9 = -9$ yes

1.4 Complex Numbers

49. $x^2 - 2x + 5 = 0$, $x = 1 - 2i$;
$(1-2i)^2 - 2(1-2i) + 5 = 0$
$1 - 4i + 4i^2 - 2 + 4i + 5 = 0$
$4 + 4i^2 = 0$
$4 - 4 = 0$
$0 = 0$ yes

51. $x^2 - 4x + 9 = 0$
$x = 2 + i\sqrt{5}$:
$(2 + i\sqrt{5})^2 - 4(2 + i\sqrt{5}) + 9 = 0$
$4 + 4i\sqrt{5} + 5i^2 - 8 - 4i\sqrt{5} + 9 = 0$
$5 + 5i^2 = 0$
$5 - 5 = 0$
$0 = 0$ yes

$x = 2 - i\sqrt{5}$:
$(2 - i\sqrt{5})^2 - 4(2 - i\sqrt{5}) + 9 = 0$
$4 - 4i\sqrt{5} + 5i^2 - 8 + 4i\sqrt{5} + 9 = 0$
$5 + 5i^2 = 0$
$5 - 5 = 0$
$0 = 0$ yes

53. a. $i^{48} = (i^4)^{12} = (1)^{12} = 1$
b. $i^{26} = (i^4)^6 i^2 = (1)^6 (-1) = -1$
c. $i^{39} = (i^4)^9 i^3 = (1)^9 (-i) = -i$
d. $i^{53} = (i^4)^{13} i^1 = (1)^{13}(i) = i$

55. a. $\dfrac{-2}{\sqrt{-49}} = \dfrac{-2}{7i} \cdot \dfrac{i}{i} = \dfrac{-2i}{7i^2} = 0 + \dfrac{2}{7}i$

Check: $\left(0 + \dfrac{2}{7}i\right)\sqrt{-49} = \left(0 + \dfrac{2}{7}i\right)7i = 2i^2 = -2$

b. $\dfrac{2}{1-\sqrt{-4}} = \dfrac{2}{1-2i} \cdot \left(\dfrac{1+2i}{1+2i}\right)$
$= \dfrac{2+4i}{1-4i^2}$
$= \dfrac{2+4i}{5} = \dfrac{2}{5} + \dfrac{4}{5}i$

Check: $\left(\dfrac{2}{5} + \dfrac{4}{5}i\right)(1-\sqrt{-4}) = \left(\dfrac{2}{5} + \dfrac{4}{5}i\right)(1-2i)$
$= \dfrac{2}{5} - \dfrac{4}{5}i + \dfrac{4}{5}i - \dfrac{8}{5}i^2 = \dfrac{2}{5} + \dfrac{8}{5} = \dfrac{10}{5} = 2$

57. a. $\dfrac{3+4i}{4i} \cdot \dfrac{i}{i} = \dfrac{3i + 4i^2}{4i^2} = \dfrac{-4+3i}{-4} = 1 - \dfrac{3}{4}i$

Check: $\left(1 - \dfrac{3}{4}i\right)4i = 4i - 3i^2 = 3 + 4i$

b. $\dfrac{3-2i}{-6+4i} \cdot \left(\dfrac{-6-4i}{-6-4i}\right) = \dfrac{-18 - 12i + 12i + 8i^2}{36 - 16i^2}$
$= \dfrac{-26}{52} = -\dfrac{1}{2} + 0i$

Check: $\left(-\dfrac{1}{2} + 0i\right)(-6+4i) = 3 - 2i - 0i + 0i^2$
$= 3 - 2i$

59. a. $\dfrac{7}{3+2i} \cdot \dfrac{3-2i}{3-2i} = \dfrac{21-14i}{9-4i^2} = \dfrac{21-14i}{13}$
$= \dfrac{21}{13} - \dfrac{14}{13}i$

b. $\dfrac{-5}{2-3i} \cdot \dfrac{2+3i}{2+3i} = \dfrac{-10-15i}{4-9i^2} = \dfrac{-10-15i}{13}$
$= \dfrac{-10}{13} - \dfrac{15}{13}i$

61. $|a+bi| = \sqrt{a^2+b^2}$
a. $|2+3i| = \sqrt{(2)^2+(3)^2} = \sqrt{13}$
b. $|4-3i| = \sqrt{(4)^2+(-3)^2} = 5$
c. $|3+\sqrt{2}\,i| = \sqrt{(3)^2 + (\sqrt{2})^2} = \sqrt{11}$

63. $5 + \sqrt{15}\,i + 5 - \sqrt{15}\,i = 10$
$10 = 10$
verified;
$(5+\sqrt{15}\,i)(5-\sqrt{15}\,i) = 40$
$25 - 5\sqrt{15}\,i + 5\sqrt{15}\,i - 15i^2 = 40$
$40 = 40$
verified

65. $Z = R + iX_L - iX_C$
$Z = 7 + i(6) - i(11) = 7 - 5i \ \Omega$

67. $V = IZ$
$V = (3-2i)(5+5i)$
$V = 15 + 15i - 10i - 10i^2$
$V = 25 + 5i$ volts

Chapter 1: Equations and Inequalities

69. $Z = \dfrac{Z_1 Z_2}{Z_1 + Z_2}$

$Z = \dfrac{(1+2i)(3-2i)}{1+2i+3-2i}$

$Z = \dfrac{3-2i+6i-4i^2}{4}$

$Z = \dfrac{7+4i}{4}$

$Z = \dfrac{7}{4} + i \ \Omega$

71. $i^{17}(3-4i) - 3i^3(1+2i)^2$

$i(3-4i) + 3i(1+2i)^2$

$3i - 4i^2 + 3i(1+4i+4i^2)$

$3i + 4 + 3i(1+4i-4)$

$3i + 4 + 3i(4i-3)$

$3i + 4 + 12i^2 - 9i$

$-6i + 4 - 12$

$-8 - 6i$

73. $\sqrt{z} = \dfrac{\sqrt{2}}{2}\sqrt{|z|+a} \pm i\sqrt{|z|-a}$

a. $\sqrt{-7+24i} =$

$= \dfrac{\sqrt{2}}{2}\left(\sqrt{|-7+24i|-7} \pm i\sqrt{|-7+24i|+7}\right)$

$= \dfrac{\sqrt{2}}{2}\left(\sqrt{\sqrt{(-7)^2+24^2}-7} \pm i\sqrt{\sqrt{(-7)^2+24^2}+7}\right)$

$= \dfrac{\sqrt{2}}{2}\left(\sqrt{18} + i\sqrt{32}\right)$

$= \dfrac{\sqrt{36}}{2} \pm \dfrac{i\sqrt{64}}{2}$

$= 3 \pm 4i$

The solution is $3+4i$.

b. $\sqrt{5-12i} =$

$= \dfrac{\sqrt{2}}{2}\left(\sqrt{|5-12i|+5} \pm i\sqrt{|5-12i|-5}\right)$

$= \dfrac{\sqrt{2}}{2}\left(\sqrt{\sqrt{5^2+(-12)^2}+5} \pm i\sqrt{\sqrt{5^2+(-12)^2}-5}\right)$

$= \dfrac{\sqrt{2}}{2}\left(\sqrt{18} \pm i\sqrt{8}\right)$

$= \dfrac{\sqrt{36}}{2} \pm \dfrac{\sqrt{16}}{2}i$

$= 3 \pm 2i$

The solution is $3-2i$.

c. $\sqrt{4+3i} =$

$= \dfrac{\sqrt{2}}{2}\left(\sqrt{|4+3i|+4} \pm i\sqrt{|4+3i|-4}\right)$

$= \dfrac{\sqrt{2}}{2}\left(\sqrt{\sqrt{4^2+3^2}+4} \pm i\sqrt{\sqrt{4^2+3^2}-4}\right)$

$= \dfrac{\sqrt{2}}{2}\left(\sqrt{9} \pm i\sqrt{1}\right)$

$= \dfrac{\sqrt{2}}{2}(3 \pm i)$

$= \dfrac{3\sqrt{2}}{2} \pm \dfrac{\sqrt{2}}{2}i$

The solution is $\dfrac{3\sqrt{2}}{2} + \dfrac{\sqrt{2}}{2}i$.

75. a. $P = 4s$; $A = s^2$

b. $P = 2L + 2W$; $A = LW$

c. $P = a+b+c$; $A = \dfrac{1}{2}bh$

d. $C = 2\pi r$; $A = \pi r^2$

77. John takes $\dfrac{200}{10} = 20$ seconds.

Rick takes $\dfrac{200}{9} = 22.\overline{2}$ seconds.

Even with a 2 second head start, John will finish first.

1.5 Solving Quadratic Equations

1.5 Exercises

1. descending, 0

3. GCF factoring;
$4x^2 - 5x = 0$
$x(4x - 5) = 0$
$x = 0$ or $4x - 5 = 0$
$\phantom{x = 0 \text{ or } }4x = 5$
$\phantom{x = 0 \text{ or } }x = \dfrac{5}{4}$

5. $2x - 15 - x^2 = 0$
$-x^2 + 2x - 15 = 0$
Quadratic; $a = -1$, $b = 2$, $c = -15$

7. $\dfrac{2}{3}x - 7 = 0$
not quadratic

9. $\dfrac{1}{4}x^2 = 6x$
$\dfrac{1}{4}x^2 - 6x = 0$
Quadratic; $a = \dfrac{1}{4}$, $b = -6$, $c = 0$

11. $2x^2 + 7 = 0$
Quadratic; $a = 2$, $b = 0$, $c = 7$

13. $-3x^2 + 9x - 5 + 2x^3 = 0$
not quadratic

15. $(x - 1)^2 + (x - 1) + 4 = 9$
$x^2 - 2x + 1 + x - 1 - 5 = 0$
$x^2 - x - 5 = 0$
Quadratic; $a = 1$, $b = -1$, $c = -5$

17. $x^2 - 15 = 2x$
$x^2 - 2x - 15 = 0$
$(x - 5)(x + 3) = 0$
$x - 5 = 0$ or $x + 3 = 0$
$x = 5$ or $x = -3$

19. $m^2 = 8m - 16$
$m^2 - 8m + 16 = 0$
$(m - 4)(m - 4) = 0$
$m - 4 = 0$
$m = 4$

21. $5p^2 - 10p = 0$
$5p(p - 2) = 0$
$5p = 0$ or $p - 2 = 0$
$p = 0$ or $p = 2$

23. $-14h^2 = 7h$
$-14h^2 - 7h = 0$
$-7h(2h + 1) = 0$
$-7h = 0$ or $2h + 1 = 0$
$h = 0$ or $2h = -1$
$h = 0$ or $h = \dfrac{-1}{2}$

25. $a^2 - 17 = -8$
$a^2 - 9 = 0$
$(a + 3)(a - 3) = 0$
$a + 3 = 0$ or $a - 3 = 0$
$a = -3$ or $a = 3$

27. $g^2 + 18g + 70 = -11$
$g^2 + 18g + 81 = 0$
$(g + 9)(g + 9) = 0$
$g + 9 = 0$
$g = -9$

29. $m^3 + 5m^2 - 9m - 45 = 0$
$m^2(m + 5) - 9(m + 5) = 0$
$(m + 5)(m^2 - 9) = 0$
$(m + 5)(m + 3)(m - 3) = 0$
$m + 5 = 0$ or $m + 3 = 0$ or $m - 3 = 0$
$m = -5$ or $m = -3$ or $m = 3$

31. $(c - 12)c - 15 = 30$
$c^2 - 12c - 15 = 30$
$c^2 - 12c - 45 = 0$
$(c - 15)(c + 3) = 0$
$c - 15 = 0$ or $c + 3 = 0$
$c = 15$ or $c = -3$

Chapter 1: Equations and Inequalities

33. $9 + (r-5)r = 33$
$9 + r^2 - 5r = 33$
$r^2 - 5r - 24 = 0$
$(r-8)(r+3) = 0$
$r - 8 = 0$ or $r + 3 = 0$
$r = 8$ or $r = -3$

35. $(t+4)(t+7) = 54$
$t^2 + 11t + 28 = 54$
$t^2 + 11t - 26 = 0$
$(t+13)(t-2) = 0$
$t + 13 = 0$ or $t - 2 = 0$
$t = -13$ or $t = 2$

37. $2x^2 - 4x - 30 = 0$
$2(x^2 - 2x - 15) = 0$
$2(x-5)(x+3) = 0$
$x - 5 = 0$ or $x + 3 = 0$
$x = 5$ or $x = -3$

39. $2w^2 - 5w = 3$
$2w^2 - 5w - 3 = 0$
$(2w+1)(w-3) = 0$
$2w + 1 = 0$ or $w - 3 = 0$
$2w = -1$ or $w = 3$
$w = -\dfrac{1}{2}$ or $w = 3$

41. $m^2 = 16$
$m = \pm 4$

43. $y^2 - 28 = 0$
$y^2 = 28$
$y = \pm\sqrt{28}$
$y = \pm 2\sqrt{7} \approx \pm 5.29$

45. $p^2 + 36 = 0$
$p^2 = -36$
$p = \pm\sqrt{-36}$
No real solutions

47. $x^2 = \dfrac{21}{16}$
$x = \pm\dfrac{\sqrt{21}}{4} \approx \pm 1.15$

49. $(n-3)^2 = 36$
$n - 3 = \pm 6$
$n = 6 + 3$ or $n = -6 + 3$
$n = 9$ or $n = -3$

51. $(w+5)^2 = 3$
$w + 5 = \pm\sqrt{3}$
$w = -5 \pm \sqrt{3}$
$w \approx -3.27$ or $w \approx -6.73$

53. $(x-3)^2 + 7 = 2$
$(x-3)^2 = -5$
$x - 3 = \pm\sqrt{-5}$
No real solutions

55. $(m-2)^2 = \dfrac{18}{49}$
$m - 2 = \pm\dfrac{\sqrt{18}}{7}$
$m = 2 \pm \dfrac{3\sqrt{2}}{7}$
$m \approx 2.61$ or $m \approx 1.39$

57. $x^2 + 6x + \underline{9}$
$(x+3)^2$

59. $n^2 + 3n + \underline{\dfrac{9}{4}}$
$\left(n + \dfrac{3}{2}\right)^2$

61. $p^2 + \dfrac{2}{3}p + \underline{\dfrac{1}{9}}$
$\left(p + \dfrac{1}{3}\right)^2$

63. $x^2 + 6x = -5$
$x^2 + 6x + 9 = -5 + 9$
$(x+3)^2 = 4$
$x + 3 = \pm 2$
$x = -3 \pm 2$
$x = -1$ or $x = -5$

1.5 Solving Quadratic Equations

65. $p^2 - 6p + 3 = 0$
$p^2 - 6p = -3$
$p^2 - 6p + 9 = -3 + 9$
$(p-3)^2 = 6$
$p - 3 = \pm\sqrt{6}$
$p = 3 \pm \sqrt{6}$
$p \approx 5.45$ or $p \approx 0.55$

67. $p^2 + 6p = -4$
$p^2 + 6p + 9 = -4 + 9$
$(p+3)^2 = 5$
$p + 3 = \pm\sqrt{5}$
$p = -3 \pm \sqrt{5}$
$p \approx -0.76$ or $p \approx -5.24$

69. $m^2 + 3m = 1$
$m^2 + 3m + \dfrac{9}{4} = 1 + \dfrac{9}{4}$
$\left(m + \dfrac{3}{2}\right)^2 = \dfrac{13}{4}$
$m + \dfrac{3}{2} = \pm\dfrac{\sqrt{13}}{2}$
$m = -\dfrac{3}{2} \pm \dfrac{\sqrt{13}}{2}$
$m \approx 0.30$ or $m \approx -3.30$

71. $n^2 = 5n + 5$
$n^2 - 5n = 5$
$n^2 - 5n + \dfrac{25}{4} = 5 + \dfrac{25}{4}$
$\left(n - \dfrac{5}{2}\right)^2 = \dfrac{45}{4}$
$n - \dfrac{5}{2} = \pm\dfrac{\sqrt{45}}{2}$
$n = \dfrac{5}{2} \pm \dfrac{3\sqrt{5}}{2}$
$n \approx 5.85$ or $n \approx -0.85$

73. $2x^2 = -7x + 4$
$2x^2 + 7x = 4$
$x^2 + \dfrac{7}{2}x = 2$
$x^2 + \dfrac{7}{2}x + \dfrac{49}{16} = 2 + \dfrac{49}{16}$
$\left(x + \dfrac{7}{4}\right)^2 = \dfrac{81}{16}$
$x + \dfrac{7}{4} = \pm\dfrac{9}{4}$
$x = -\dfrac{7}{4} \pm \dfrac{9}{4}$
$x = \dfrac{1}{2}$ or $x = -4$

75. $2n^2 - 3n - 9 = 0$
$2n^2 - 3n = 9$
$n^2 - \dfrac{3}{2}n = \dfrac{9}{2}$
$n^2 - \dfrac{3}{2}n + \dfrac{9}{16} = \dfrac{9}{2} + \dfrac{9}{16}$
$\left(n - \dfrac{3}{4}\right)^2 = \dfrac{81}{16}$
$n - \dfrac{3}{4} = \pm\dfrac{9}{4}$
$n = \dfrac{3}{4} \pm \dfrac{9}{4}$
$n = 3$ or $n = -\dfrac{3}{2}$

77. $4p^2 - 3p - 2 = 0$
$4p^2 - 3p = 2$
$p^2 - \dfrac{3}{4}p = \dfrac{1}{2}$
$p^2 - \dfrac{3}{4}p + \dfrac{9}{64} = \dfrac{1}{2} + \dfrac{9}{64}$
$\left(p - \dfrac{3}{8}\right)^2 = \dfrac{41}{64}$
$p - \dfrac{3}{8} = \pm\dfrac{\sqrt{41}}{8}$
$p = \dfrac{3}{8} \pm \dfrac{\sqrt{41}}{8}$
$p \approx 1.18$ or $p \approx -0.43$

Chapter 1: Equations and Inequalities

79. $m^2 = 7m - 4$
$m^2 - 7m = -4$
$m^2 - 7m + \dfrac{49}{4} = \dfrac{49}{4} - 4$
$\left(m - \dfrac{7}{2}\right)^2 = \dfrac{33}{4}$
$m - \dfrac{7}{2} = \dfrac{\pm\sqrt{33}}{2}$
$m = \dfrac{7}{2} \pm \dfrac{\sqrt{33}}{2}$
$m \approx 6.37$ or $m \approx 0.63$

81. $3p^2 + p = 0$
$p(3p + 1) = 0$
$p = 0$ or $3p + 1 = 0$
$p = 0$ or $3p = -1$
$p = 0$ or $p = -\dfrac{1}{3}$

83. $w^2 + 6w - 1 = 0$
$a = 1, b = 6, c = -1$
$w = \dfrac{-(6) \pm \sqrt{(6)^2 - 4(1)(-1)}}{2(1)}$
$w = \dfrac{-6 \pm \sqrt{40}}{2}$
$w = \dfrac{-6 \pm 2\sqrt{10}}{2}$
$w = -3 \pm \sqrt{10}$
$w \approx 0.16$ or $w \approx -6.16$

85. $6w^2 - w = 2$
$6w^2 - w - 2 = 0$
$(2w + 1)(3w - 2) = 0$
$2w + 1 = 0$ or $3w - 2 = 0$
$2w = -1$ or $3w = 2$
$w = -\dfrac{1}{2}$ or $w = \dfrac{2}{3}$

87. $4a^2 - 4a = 1$
$4a^2 - 4a - 1 = 0$
$a = 4, b = -4, c = -1$
$a = \dfrac{-(-4) \pm \sqrt{(-4)^2 - 4(4)(-1)}}{2(4)}$
$a = \dfrac{4 \pm \sqrt{32}}{8}$
$a = \dfrac{4 \pm 4\sqrt{2}}{8}$
$a = \dfrac{1 \pm \sqrt{2}}{2}$
$a \approx 1.21$ or $a \approx -0.21$

89. $4m^2 - 25 = 0$
$4m^2 = 25$
$m^2 = \dfrac{25}{4}$
$m = \pm \dfrac{5}{2}$

91. $3n^2 - 2n - 3 = 0$
$a = 3, b = -2, c = -3$
$n = \dfrac{-(-2) \pm \sqrt{(-2)^2 - 4(3)(-3)}}{2(3)}$
$n = \dfrac{2 \pm \sqrt{40}}{6}$
$n = \dfrac{2 \pm 2\sqrt{10}}{6}$
$n = \dfrac{1 \pm \sqrt{10}}{3}$
$n = \dfrac{1}{3} \pm \dfrac{\sqrt{10}}{3}$
$n \approx 1.39$ or $n \approx -0.72$

93. $3m^2 - 7m - 6 = 0$
$(3m + 2)(m - 3) = 0$
$3m + 2 = 0$ or $m - 3 = 0$
$3m = -2$ or $m = 3$
$m = -\dfrac{2}{3}$ or $m = 3$

1.5 Solving Quadratic Equations

95. $\dfrac{5}{9}x^2 - \dfrac{16}{15}x = \dfrac{3}{2}$

$90\left[\dfrac{5}{9}x^2 - \dfrac{16}{15}x = \dfrac{3}{2}\right]$

$50x^2 - 96x = 135$
$50x^2 - 96x - 135 = 0$
$a = 50, b = -96, c = -135$

$x = \dfrac{-(-96) \pm \sqrt{(-96)^2 - 4(50)(-135)}}{2(50)}$

$x = \dfrac{96 \pm \sqrt{36{,}216}}{100}$

$x = \dfrac{96 \pm 6\sqrt{1{,}006}}{100}$

$x = \dfrac{48 \pm 3\sqrt{1{,}006}}{50}$

$x = \dfrac{48}{50} \pm \dfrac{3\sqrt{1{,}006}}{50}$

$x = \dfrac{24}{25} \pm \dfrac{3\sqrt{1{,}006}}{50}$

$x \approx 2.86$ or $x \approx -0.94$

97. $0.2a^2 + 1.2a + 0.9 = 0$
$a = 0.2, b = 1.2, c = 0.9$

$a = \dfrac{-(1.2) \pm \sqrt{(1.2)^2 - 4(0.2)(0.9)}}{2(0.2)}$

$a = \dfrac{-1.2 \pm \sqrt{0.72}}{0.4}$

$a = \dfrac{-1.2 \pm 0.6\sqrt{2}}{0.4}$

$a = \dfrac{-6 \pm 3\sqrt{2}}{2}$

$a = \dfrac{-6}{2} \pm \dfrac{3\sqrt{2}}{2}$

$a = -3 \pm \dfrac{3\sqrt{2}}{2}$

$a \approx -0.88$ or $a \approx -5.12$

99. $2x^2 - 4x + 5 = 0$
$a = 2, b = -4, c = 5$

$x = \dfrac{-(-4) \pm \sqrt{(-4)^2 - 4(2)(5)}}{2(2)}$

$x = \dfrac{4 \pm \sqrt{-24}}{4}$

$x = \dfrac{4 \pm 2\sqrt{6}\,i}{4}$

$x = \dfrac{2 \pm \sqrt{6}\,i}{2}$

$x = 1 \pm \dfrac{\sqrt{6}}{2}i$

$x \approx 1 \pm 1.22i$

101. $3a^2 - 5a + 6 = 0$
$a = 3, b = -5, c = 6$

$a = \dfrac{-(-5) \pm \sqrt{(-5)^2 - 4(3)(6)}}{2(3)}$

$a = \dfrac{5 \pm \sqrt{-47}}{6}$

$a = \dfrac{5 \pm \sqrt{47}\,i}{6}$

$a = \dfrac{5}{6} \pm \dfrac{\sqrt{47}}{6}i$

$a \approx 0.8\overline{3} \pm 1.14i$

103. $3a^2 - a + 2 = 0$
$a = 3, b = -1, c = 2$

$a = \dfrac{-(-1) \pm \sqrt{(-1)^2 - 4(3)(2)}}{2(3)}$

$a = \dfrac{1 \pm \sqrt{-23}}{6}$

$a = \dfrac{1 \pm \sqrt{23}\,i}{6}$

$a = \dfrac{1}{6} \pm \dfrac{\sqrt{23}}{6}i$

$a \approx 0.1\overline{6} \pm 0.80i$

105. $-3x^2 + 2x + 1 = 0$
$a = -3, b = 2, c = 1$
$(2)^2 - 4(-3)(1) = 16$
two rational solutions

Chapter 1: Equations and Inequalities

107. $-4x + x^2 + 13 = 0$
$x^2 - 4x + 13 = 0$
$a = 1, b = -4, c = 13$
$(-4)^2 - 4(1)(13) = -36$
two complex solutions

109. $15x^2 - x - 6 = 0$
$a = 15, b = -1, c = -6$
$(-1)^2 - 4(15)(-6) = 361$
two rational solutions

111. $-4x^2 + 6x - 5 = 0$
$a = -4, b = 6, c = -5$
$(6)^2 - 4(-4)(-5) = -44$
two complex solutions

113. $2x^2 + 8 = -9x$
$2x^2 + 9x + 8 = 0$
$a = 2, b = 9, c = 8$
$(9)^2 - 4(2)(8) = 17$
two irrational solutions

115. $4x^2 + 12x = -9$
$4x^2 + 12x + 9 = 0$
$a = 4, b = 12, c = 9$
$(12)^2 - 4(4)(9) = 0$
one repeated solution

117. $-6x + 2x^2 + 5 = 0$
$2x^2 - 6x + 5 = 0$
$a = 2, b = -6, c = 5$
$x = \dfrac{-(-6) \pm \sqrt{(-6)^2 - 4(2)(5)}}{2(2)}$
$x = \dfrac{6 \pm \sqrt{-4}}{4}$
$x = \dfrac{6 \pm 2i}{4}$
$x = \dfrac{3}{2} \pm \dfrac{1}{2}i$

119. $5x^2 + 5 = -5x$
$5x^2 + 5x + 5 = 0$
$a = 5, b = 5, c = 5$
$x = \dfrac{-(5) \pm \sqrt{(5)^2 - 4(5)(5)}}{2(5)}$
$x = \dfrac{-5 \pm \sqrt{-75}}{10}$
$x = \dfrac{-5 \pm 5\sqrt{3}\,i}{10}$
$x = -\dfrac{1}{2} \pm \dfrac{\sqrt{3}}{2}i$

121. $-2x^2 = -5x + 11$
$0 = 2x^2 - 5x + 11$
$a = 2, b = -5, c = 11$
$x = \dfrac{-(-5) \pm \sqrt{(-5)^2 - 4(2)(11)}}{2(2)}$
$x = \dfrac{5 \pm \sqrt{-63}}{4}$
$x = \dfrac{5 \pm 3\sqrt{7}\,i}{4}$
$x = \dfrac{5}{4} \pm \dfrac{3\sqrt{7}}{4}i$

123. $h = -16t^2 + vt$
$16t^2 - vt + h = 0$
$a = 16, b = -v, c = h$
$t = \dfrac{-(-v) \pm \sqrt{(-v)^2 - 4(16)(h)}}{2(16)}$
$t = \dfrac{v \pm \sqrt{v^2 - 64h}}{32}$

125. On the moon: $-2.7t^2 + 96t = 0$
$-2.7t(t - 35.6) = 0$
$t = 0$ or $t = 35.6$
The path starts at $t = 0$ sec and ends at $t = 35.6$ sec.
On Earth:
$-16t^2 + 96t = 0$
$-16t(t - 6) = 0$
$t = 0$ or $t = 6$
The path starts at $t = 0$ sec and ends at $t = 6$ sec. The flight time is $35.6 - 6 = 29.6$ sec longer on the moon.

1.5 Solving Quadratic Equations

127.
$$x^2 + (x+6)^2 = 16^2$$
$$x^2 + x^2 + 12x + 36 = 256$$
$$2x^2 + 12x - 220 = 0$$
$$x^2 + 6x - 110 = 0$$
$$a = 1,\ b = 6,\ c = -110$$
$$x = \frac{-6 \pm \sqrt{6^2 - 4(1)(-110)}}{2(1)}$$
$$x = \frac{-6 \pm \sqrt{36 + 440}}{2}$$
$$x = \frac{-6 \pm \sqrt{476}}{2}$$
$$x = \frac{-6 + \sqrt{476}}{2} \approx 7.9$$

Is the distance from the base to the outer wall. $x + 6 = 13.9$ ft is the distance up the side of the house.

129. $R = x(30 - 0.4x)$
$$440 = 30x - 0.4x^2$$
$$0.4x^2 - 30x + 440 = 0$$
$$0.4(x^2 - 75x + 1100) = 0$$
$$a = 1,\ b = -75,\ c = 1100$$
$$x = \frac{-(-75) \pm \sqrt{(-75)^2 - 4(1)(1100)}}{2(1)}$$
$$x = \frac{75 \pm \sqrt{1225}}{2}$$
$$x = \frac{75 \pm 35}{2}$$
$$x = 55 \text{ or } x = 20$$
20 thousand printers

131. $w(w - 2) = 31$
$$w^2 - 2w - 31 = 0$$
$$a = 1,\ b = -2,\ c = -31$$
$$w = \frac{-(-2) \pm \sqrt{(-2)^2 - 4(1)(-31)}}{2(1)}$$
$$w = \frac{2 \pm \sqrt{4 + 124}}{2}$$
$$w = 1 + 4\sqrt{2}$$

w represents the width, which must be positive. The size of the aluminum is $w - 2 + w + w - 2 = 3w - 4 = 12\sqrt{2} - 1 \approx 16.0$ in.

133. $0.195x^2 + 0.149x + 7.996 = 25$
$$0.195x^2 + 0.149x - 17.004 = 0$$
$$a = 0.195,\ b = 0.149,\ c = -17.004$$
$$x = \frac{-0.149 \pm \sqrt{0.149^2 - 4(0.195)(-17.004)}}{2(0.195)}$$
$$x = \frac{-0.149 \pm \sqrt{13.285}}{0.390}$$
$$x \approx -9.73,\ 8.96$$

Since the debt is increasing, only the positive root makes sense physically. $x \approx 9$ corresponds to the year 2014.

135.
$$2x + 2y = 310$$
$$x + y = 155$$
$$y = 155 - x$$
$$xy = 4950$$
$$x(155 - x) = 4950$$
$$x^2 - 155x + 4950 = 0$$
$$x = \frac{155 \pm \sqrt{155^2 - 4(1)(4950)}}{2(1)}$$
$$x = \frac{155 \pm \sqrt{4225}}{2}$$

Only the positive root makes sense physically:
$$x = \frac{155 + 65}{2}$$
$$x = 110$$
$$y = 155 - x$$
$$y = 155 - 110$$
$$y = 45$$

The dimensions of the field are 110 yd by 45 yd.

137. Answers will vary.

Chapter 1: Equations and Inequalities

139. a. $z^2 - 9iz = -22$
$z^2 - 9iz + 22 = 0$
$a = 1, \ b = -9i, \ c = 22$
$z = \dfrac{-(-9i) \pm \sqrt{(-9i)^2 - 4(1)(22)}}{2(1)}$
$z = \dfrac{9i \pm \sqrt{81i^2 - 88}}{2}$
$z = \dfrac{9i \pm \sqrt{-169}}{2}$
$z = \dfrac{9i \pm 13i}{2}$
$z = 11i$ or $z = -2i$

b. $2iz^2 - 9z + 26i = 0$
$a = 2i, \ b = -9, \ c = 26i$
$z = \dfrac{-(-9) \pm \sqrt{(-9)^2 - 4(2i)(26i)}}{2(2i)}$
$z = \dfrac{9 \pm \sqrt{81 - 208i^2}}{4i}$
$z = \dfrac{9 \pm \sqrt{289}}{4i}$
$z = \dfrac{9 \pm 17}{4i}$
$z = \dfrac{26}{4i}$ or $z = \dfrac{-8}{4i}$
$z = -\dfrac{13}{2}i$ or $z = 2i$

c. $0.5z^2 + (4 - 3i)z + (-9 - 12i) = 0$
$a = 0.5, \ b = 4 - 3i, \ c = -9 - 12i$
$z = \dfrac{-(4-3i) \pm \sqrt{(4-3i)^2 - 4(0.5)(-9-12i)}}{2(0.5)}$
$z = \dfrac{-4 + 3i \pm \sqrt{16 - 24i + 9i^2 + 18 + 24i}}{1}$
$z = -4 + 3i \pm \sqrt{25}$
$z = -4 + 3i \pm 5$
$z = 1 + 3i$ or $z = -9 + 3i$

141. a. $P = 2L + 2W, \ A = LW$
b. $P = 2\pi r, \ A = \pi r^2$
c. $P = c + h + b_1 + b_2, \ A = \dfrac{1}{2}h(b_1 + b_2)$
d. $P = a + b + c, \ A = \dfrac{1}{2}bh$

143. Let x represent the number of good seats sold.
Let $900 - x$ represent the number of cheap seats sold.
$30x + 20(900 - x) = 25,000$
$30x + 18,000 - 20x = 25,000$
$10x = 7,000$
$x = 700$
700, $30 tickets
200, $20 ticket

1.6 Exercises

1. zero product

3. Answers will vary.

5. $22x = x^3 - 9x^2$
$0 = x^3 - 9x^2 - 22x$
$0 = x(x^2 - 9x - 22)$
$0 = x(x - 11)(x + 2)$
$x = 0$ or $x - 11 = 0$ or $x + 2 = 0$
$x = 0, x = -2, x = 11$

7. $3x^3 = -7x^2 + 6x$
$3x^3 + 7x^2 - 6x = 0$
$x(3x^2 + 7x - 6) = 0$
$x(3x - 2)(x + 3) = 0$
$x = 0$ or $3x - 2 = 0$ or $x + 3 = 0$
$\qquad\quad 3x = 2 \quad$ or $x = -3$
$\qquad\quad x = \dfrac{2}{3}$
$x = 0, x = -3, x = \dfrac{2}{3}$

1.6 Solving Other Types of Equations

9. $2x^4 - 3x^3 = 9x^2$
$2x^4 - 3x^3 - 9x^2 = 0$
$x^2(2x^2 - 3x - 9) = 0$
$x^2(2x+3)(x-3) = 0$
$x^2 = 0$ or $2x+3 = 0$ or $x-3 = 0$
$x = 0 \qquad 2x = -3 \qquad x = 3$
$\qquad\qquad x = -\dfrac{3}{2}$
$x = 0, x = -\dfrac{3}{2}, x = 3$

11. $\quad x^3 + 7x^2 - 63 = 9x$
$x^3 + 7x^2 - 9x - 63 = 0$
$x^2(x+7) - 9(x+7) = 0$
$(x^2 - 9)(x+7) = 0$
$(x-3)(x+3)(x+7) = 0$
$x-3 = 0$ or $x+3 = 0$ or $x+7 = 0$
$x = 3 \qquad x = -3 \qquad x = -7$

13. $\quad x^3 - 25x = 2x^2 - 50$
$x^3 - 2x^2 - 25x + 50 = 0$
$x^2(x-2) - 25(x-2) = 0$
$(x^2 - 25)(x-2) = 0$
$(x-5)(x+5)(x-2) = 0$
$x-5 = 0$ or $x+5 = 0$ or $x-2 = 0$
$x = 5 \qquad x = -5 \qquad x = 2$

15. $2x^4 - 16x = 0$
$2x(x^3 - 8) = 0$
$2x(x-2)(x^2 + 2x + 4) = 0$
$2x = 0$ or $x - 2 = 0$ or $x^2 + 2x + 4 = 0$
$x = 0$ or $x = 2$ or $x = \dfrac{-2 \pm \sqrt{(2)^2 - 4(1)(4)}}{2(1)}$
$\qquad\qquad\qquad\qquad x = \dfrac{-2 \pm \sqrt{-12}}{2}$
$\qquad\qquad\qquad\qquad x = \dfrac{-2 \pm 2\sqrt{3}i}{2}$
$\qquad\qquad\qquad\qquad x = -1 \pm i\sqrt{3}$
$x = 0, x = 2, x = -1 \pm i\sqrt{3}$

17. $x^3 - 4x = 5x^2 - 20$
$x^3 - 5x^2 - 4x + 20 = 0$
$x^2(x-5) - 4(x-5) = 0$
$(x-5)(x^2 - 4) = 0$
$(x-5)(x+2)(x-2) = 0$
$x-5 = 0$ or $x+2 = 0$ or $x-2 = 0$
$x = 5$ or $x = -2$ or $x = 2$
$x = 5, x = 2, x = -2$

19. $4x - 12 = 3x^2 - x^3$
$x^3 - 3x^2 + 4x - 12 = 0$
$x^2(x-3) + 4(x-3) = 0$
$(x-3)(x^2 + 4) = 0$
$x - 3 = 0$ or $x^2 + 4 = 0$
$x = 3$ or $x^2 = -4$
$x = 3, x = \pm 2i$

21. $2x^3 - 12x^2 = 10x - 60$
$2x^3 - 12x^2 - 10x + 60 = 0$
$2(x^3 - 6x^2 - 5x + 30) = 0$
$2[x^2(x-6) - 5(x-6)] = 0$
$2(x-6)(x^2 - 5) = 0$
$x - 6 = 0$ or $x^2 - 5 = 0$
$x = 6$ or $x^2 = 5$
$x = 6, x = \pm\sqrt{5}$

23. $x^4 - 7x^3 + 4x^2 = 28x$
$x^4 - 7x^3 + 4x^2 - 28x = 0$
$x(x^3 - 7x^2 + 4x - 28) = 0$
$x[x^2(x-7) + 4(x-7)] = 0$
$x(x-7)(x^2 + 4) = 0$
$x = 0$ or $x - 7 = 0$ or $x^2 + 4 = 0$
$\qquad\qquad x = 7$ or $x^2 = -4$
$x = 0, x = 7, x = \pm 2i$

25. $x^4 - 256 = 0$
$(x^2 + 16)(x^2 - 16) = 0$
$x^2 + 16 = 0$ or $x^2 - 16 = 0$
$x^2 = -16$ or $x^2 = 16$
$x = \pm 4i, x = \pm 4$

Chapter 1: Equations and Inequalities

27. $x^6 - 2x^4 - x^2 + 2 = 0$
$x^4(x^2 - 2) - 1(x^2 - 2) = 0$
$(x^2 - 2)(x^4 - 1) = 0$
$(x^2 - 2)(x^2 + 1)(x^2 - 1) = 0$
$(x^2 - 2)(x^2 + 1)(x + 1)(x - 1) = 0$
$x^2 - 2 = 0$ or $x^2 + 1 = 0$
or $x + 1 = 0$ or $x - 1 = 0$
$x^2 = 2$ or $x^2 = -1$
or $x = -1$ or $x = 1$
$x = \pm\sqrt{2}, x = \pm i, x = -1, x = 1$

29. $x^5 - x^3 - 8x^2 + 8 = 0$
$x^3(x^2 - 1) - 8(x^2 - 1) = 0$
$(x^2 - 1)(x^3 - 8) = 0$
$(x + 1)(x - 1)(x - 2)(x^2 + 2x + 4) = 0$
$x + 1 = 0$ or $x - 1 = 0$
or $x - 2 = 0$ or $x^2 + 2x + 4 = 0$
$x = -1$ or $x = 1$ or $x = 2$
or $x = \dfrac{-2 \pm \sqrt{(2)^2 - 4(1)(4)}}{2(1)}$
$x = \dfrac{-2 \pm \sqrt{-12}}{2}$
$x = \dfrac{-2 \pm 2i\sqrt{3}}{2}$
$x = \pm 1, x = 2, x = -1 \pm i\sqrt{3}$

31. $x^6 - 1 = 0$
$(x^3 + 1)(x^3 - 1) = 0$
$(x + 1)(x^2 - x + 1)(x - 1)(x^2 + x + 1) = 0$
$x + 1 = 0$ or $x^2 - x + 1 = 0$
or $x - 1 = 0$ or $x^2 - x + 1 = 0$;
$x = -1$
or $x = \dfrac{-(-1) \pm \sqrt{(-1)^2 - 4(1)(1)}}{2(1)}$
$= \dfrac{1 \pm \sqrt{-3}}{2} = \dfrac{1 \pm i\sqrt{3}}{2}$
or $x = 1$
or $x = \dfrac{-(1) \pm \sqrt{1^2 - 4(1)(1)}}{2(1)}$
$= \dfrac{-1 \pm \sqrt{-3}}{2} = \dfrac{-1 \pm i\sqrt{3}}{2}$;
$x = \pm 1, x = \dfrac{1}{2} \pm \dfrac{i\sqrt{3}}{2}, x = -\dfrac{1}{2} \pm \dfrac{i\sqrt{3}}{2}$

33. $\dfrac{2}{x} + \dfrac{1}{x+1} = \dfrac{5}{x^2 + x}$
$\dfrac{2}{x} + \dfrac{1}{x+1} = \dfrac{5}{x(x+1)}$
$x(x+1)\left[\dfrac{2}{x} + \dfrac{1}{x+1}\right] = x(x+1)\left[\dfrac{5}{x(x+1)}\right]$
$2x + 2 + x = 5$
$3x = 3$
$x = 1$

1.6 Solving Other Types of Equations

35. $\dfrac{21}{a+2} = \dfrac{3}{a-1}$

$(a+2)(a-1)\left[\dfrac{21}{a+2}\right]$
$= (a+2)(a-1)\left[\dfrac{3}{a-1}\right]$
$21a - 21 = 3a + 6$
$18a = 27$
$a = \dfrac{27}{18} = \dfrac{3}{2}$

37. $\dfrac{1}{3y} - \dfrac{1}{4y} = \dfrac{1}{y^2}$

$12y^2\left[\dfrac{1}{3y} - \dfrac{1}{4y}\right] = 12y^2\left[\dfrac{1}{y^2}\right]$
$4y - 3y = 12$
$y = 12$

39. $x + \dfrac{14}{x-7} = 1 + \dfrac{2x}{x-7}$

$(x-7)\left[x + \dfrac{14}{x-7}\right] = (x-7)\left[1 + \dfrac{2x}{x-7}\right]$
$x(x-7) + 14 = 1(x-7) + 2x$
$x^2 - 7x + 14 = x - 7 + 2x$
$x^2 - 7x + 14 = 3x - 7$
$x^2 - 10x + 21 = 0$
$(x-7)(x-3) = 0$
$x - 7 = 0$ or $x - 3 = 0$
$x = 7$ or $x = 3$
$x = 3$; $x = 7$ is extraneous

41. $\dfrac{6}{n+3} + \dfrac{20}{n^2 + n - 6} = \dfrac{5}{n-2}$

$\dfrac{6}{n+3} + \dfrac{20}{(n+3)(n-2)} = \dfrac{5}{n-2}$

$(n+3)(n-2)\left[\dfrac{6}{n+3} + \dfrac{20}{(n+3)(n-2)}\right]$
$= (n+3)(n-2)\left[\dfrac{5}{n-2}\right]$
$6(n-2) + 20 = 5(n+3)$
$6n - 12 + 20 = 5n + 15$
$6n + 8 = 5n + 15$
$n = 7$

43. $\dfrac{a}{2a+1} - \dfrac{2a^2 + 5}{2a^2 - 5a - 3} = \dfrac{3}{a-3}$

$\dfrac{a}{2a+1} - \dfrac{2a^2 + 5}{(2a+1)(a-3)} = \dfrac{3}{a-3}$

$(2a+1)(a-3)\left[\dfrac{a}{2a+1} - \dfrac{2a^2+5}{(2a+1)(a-3)}\right]$
$= (2a+1)(a-3)\left[\dfrac{3}{a-3}\right]$
$a(a-3) - (2a^2 + 5) = 3(2a+1)$
$a^2 - 3a - 2a^2 - 5 = 6a + 3$
$-a^2 - 3a - 5 = 6a + 3$
$0 = a^2 + 9a + 8$
$(a+8)(a+1) = 0$
$a + 8 = 0$ or $a + 1 = 0$
$a = -8$ or $a = -1$

45. $\dfrac{1}{f} = \dfrac{1}{f_1} + \dfrac{1}{f_2}$

$ff_1f_2\left[\dfrac{1}{f} = \dfrac{1}{f_1} + \dfrac{1}{f_2}\right]$
$f_1f_2 = ff_2 + ff_1$
$f_1f_2 = f(f_2 + f_1)$
$\dfrac{f_1f_2}{f_1 + f_2} = f$

47. $I = \dfrac{E}{R+r}$

$(R+r)\left[I = \dfrac{E}{R+r}\right]$
$IR + Ir = E$
$Ir = E - IR$
$r = \dfrac{E - IR}{I}$ or $r = \dfrac{E}{I} - R$

49. $\dfrac{P_1V_1}{T_1} = \dfrac{P_2V_2}{T_2}$

$T_1\left(\dfrac{P_1V_1}{T_1}\right) = T_1\left(\dfrac{P_2V_2}{T_2}\right)$

$P_1V_1 = \dfrac{T_1P_2V_2}{T_2}$

$T_2P_1V_1 = T_1P_2V_2$

$T_2 = \dfrac{T_1P_2V_2}{P_1V_1}$

Chapter 1: Equations and Inequalities

51. $t = \dfrac{A-P}{Pr}$

$Prt = A - P$

$r = \dfrac{A-P}{Pt}$

53. a. $-3\sqrt{3x-5} = -9$

$\sqrt{3x-5} = 3$
$3x - 5 = 9$
$3x = 14$
$x = \dfrac{14}{3}$

Check:
$-3\sqrt{3\left(\dfrac{14}{3}\right) - 5} = -9$
$\sqrt{14 - 5} = 3$
$\sqrt{9} = 3$
$3 = 3$

b. $x = \sqrt{3x+1} + 3$

$x - 3 = \sqrt{3x+1}$
$(x-3)^2 = \left(\sqrt{3x+1}\right)^2$
$x^2 - 6x + 9 = 3x + 1$
$x^2 - 9x + 8 = 0$
$(x-8)(x-1) = 0$
$x - 8 = 0$ or $x - 1 = 0$
$x = 8$ or $x = 1$

Check:
$8 = \sqrt{3(8)+1} + 3$
$5 = \sqrt{24+1}$
$5 = 5$
$1 = \sqrt{3(1)+1} + 3$
$-2 = \sqrt{3+1}$
$-2 \neq 2$
$x = 8$; $x = 1$ is extraneous.

55. a. $2 = \sqrt[3]{3m-1}$

$8 = 3m - 1$
$9 = 3m$
$3 = m$

Check:
$2 = \sqrt[3]{3(3)-1}$
$2^3 = 9 - 1$
$8 = 8$

b. $2\sqrt[3]{7-3x} - 3 = -7$

$2\sqrt[3]{7-3x} = -4$
$\sqrt[3]{7-3x} = -2$
$7 - 3x = -8$
$-3x = -15$
$x = 5$

Check:
$2\sqrt[3]{7-3(5)} - 3 = -7$
$2\sqrt[3]{7-15} = -4$
$\sqrt[3]{-8} = -2$
$-2 = -2$

c. $\dfrac{\sqrt[3]{2m+3}}{-5} + 2 = 3$

$\dfrac{\sqrt[3]{2m+3}}{-5} = 1$

$\sqrt[3]{2m+3} = -5$
$2m + 3 = -125$
$2m = -128$
$m = -64$

Check:
$\dfrac{\sqrt[3]{2(-64)+3}}{-5} + 2 = 3$
$\dfrac{\sqrt[3]{-128+3}}{-5} = 1$
$\sqrt[3]{-125} = -5$
$-5 = -5$

d. $\sqrt[3]{2x-9} = \sqrt[3]{3x+7}$

$2x - 9 = 3x + 7$
$-x = 16$
$x = -16$

Check:
$\sqrt[3]{2(-16)-9} = \sqrt[3]{3(-16)+7}$
$\sqrt[3]{-32-9} = \sqrt[3]{-48+7}$
$\sqrt[3]{-41} = \sqrt[3]{-41}$
$-41 = -41$

1.6 Solving Other Types of Equations

57. a. $\sqrt{x-9} + \sqrt{x} = 9$
$\sqrt{x-9} = 9 - \sqrt{x}$
$\left(\sqrt{x-9}\right)^2 = \left(9 - \sqrt{x}\right)^2$
$x - 9 = 81 - 18\sqrt{x} + x$
$-90 = -18\sqrt{x}$
$5 = \sqrt{x}$
$25 = x$
Check:
$\sqrt{25-9} + \sqrt{25} = 9$
$\sqrt{16} + 5 = 9$
$4 = 4$

b. $x = 3 + \sqrt{23 - x}$
$x - 3 = \sqrt{23 - x}$
$(x-3)^2 = \left(\sqrt{23-x}\right)^2$
$x^2 - 6x + 9 = 23 - x$
$x^2 - 5x - 14 = 0$
$(x-7)(x+2) = 0$
$x - 7 = 0$ or $x + 2 = 0$
$x = 7$ or $x = -2$
Check:
$7 = 3 + \sqrt{23 - 7}$
$4 = \sqrt{16}$
$4 = 4$

$-2 = 3 + \sqrt{23 - (-2)}$
$-5 = \sqrt{25}$
$-5 \ne 5$
$x = 7$; $x = -2$ is extraneous.

c. $\sqrt{x-2} - \sqrt{2x} = -2$
$\sqrt{x-2} = \sqrt{2x} - 2$
$\left(\sqrt{x-2}\right)^2 = \left(\sqrt{2x} - 2\right)^2$
$x - 2 = 2x - 4\sqrt{2x} + 4$
$-x - 6 = -4\sqrt{2x}$
$x + 6 = 4\sqrt{2x}$
$(x+6)^2 = \left(4\sqrt{2x}\right)^2$
$x^2 + 12x + 36 = 16(2x)$
$x^2 + 12x + 36 = 32x$
$x^2 - 20x + 36 = 0$
$(x-2)(x-18) = 0$
$x - 2 = 0$ or $x - 18 = 0$

$x = 2$ or $x = 18$
Check:
$\sqrt{2-2} - \sqrt{2(2)} = -2$
$-\sqrt{4} = -2$
$-2 = -2$

$\sqrt{18-2} - \sqrt{2(18)} = -2$
$\sqrt{16} - \sqrt{36} = -2$
$4 - 6 = -2$
$-2 = -2$

d. $\sqrt{12x+9} - \sqrt{24x} = -3$
$\sqrt{12x+9} = \sqrt{24x} - 3$
$\left(\sqrt{12x+9}\right)^2 = \left(\sqrt{24x} - 3\right)^2$
$12x + 9 = 24x - 6\sqrt{24x} + 9$
$-12x = -6\sqrt{24x}$
$2x = \sqrt{24x}$
$(2x)^2 = \left(\sqrt{24x}\right)^2$
$4x^2 = 24x$
$4x^2 - 24x = 0$
$4x(x-6) = 0$
$4x = 0$ or $x - 6 = 0$
$x = 0$ or $x = 6$
Check:
$\sqrt{12(6)+9} - \sqrt{24(6)} = -3$
$\sqrt{81} - \sqrt{144} = -3$
$9 - 12 = -3$
$-3 = -3$
$\sqrt{12(0)+9} - \sqrt{24(0)} = -3$
$\sqrt{9} - \sqrt{0} = -3$
$3 \ne -3$
$x = 6$; $x = 0$ is extraneous.

59. $x^{\frac{3}{5}} + 17 = 9$
$x^{\frac{3}{5}} = -8$
$\left(x^{\frac{3}{5}}\right)^{\frac{5}{3}} = (-8)^{\frac{5}{3}}$
$x = -32$

Chapter 1: Equations and Inequalities

61. $0.\overline{3}x^{\frac{5}{2}} - 39 = 42$

$\dfrac{1}{3}x^{\frac{5}{2}} = 81$

$x^{\frac{5}{2}} = 243$

$\left(x^{\frac{5}{2}}\right)^{\frac{2}{5}} = (243)^{\frac{2}{5}}$

$x = 9$

63. $2(x+5)^{\frac{2}{3}} - 11 = 7$

$2(x+5)^{\frac{2}{3}} = 18$

$(x+5)^{\frac{2}{3}} = 9$

$\left((x+5)^{\frac{2}{3}}\right)^{\frac{3}{2}} = 9^{\frac{3}{2}}$

$x + 5 = 27$ or $x + 5 = -27$

$x = 22 \qquad x = -32$

65. $x^{\frac{2}{3}} - 2x^{\frac{1}{3}} - 15 = 0$

$x^{\frac{2}{3}} - 2x^{\frac{1}{3}} + 1 - 16 = 0$

$x^{\frac{2}{3}} - 2x^{\frac{1}{3}} + 1 - 16 = 0$

$\left(x^{\frac{1}{3}} - 1\right)^2 - 4^2 = 0$

$\left(x^{\frac{1}{3}} - 1 - 4\right)\left(x^{\frac{1}{3}} - 1 + 4\right) = 0$

$\left(x^{\frac{1}{3}} - 5\right)\left(x^{\frac{1}{3}} + 3\right) = 0$

$x^{\frac{1}{3}} - 5 = 0$ or $x^{\frac{1}{3}} + 3 = 0$

$x^{\frac{1}{3}} = 5 \qquad x^{\frac{1}{3}} = -3$

$x = 125 \qquad x = -27$

Check:

$(125)^{\frac{2}{3}} - 2(125)^{\frac{1}{3}} - 15 = 0$

$(5^3)^{\frac{2}{3}} - 2(5^3)^{\frac{1}{3}} - 15 = 0$

$25 - 10 - 15 = 0$

$0 = 0$

$(-27)^{\frac{2}{3}} - 2(-27)^{\frac{1}{3}} - 15 = 0$

$(-3^3)^{\frac{2}{3}} - 2(-3^3)^{\frac{1}{3}} - 15 = 0$

$9 + 6 - 15 = 0$

$0 = 0$

67. $x^4 - 29x^2 + 100 = 0$

$x^4 - 20x^2 + 100 - 9x^2 = 0$

$(x^2 - 10)^2 - 9x^2 = 0$

$(x^2 - 3x - 10)(x^2 + 3x - 10) = 0$

$(x^2 + 2x - 5x - 10)(x^2 - 2x + 5x - 10) = 0$

$(x(x+2) - 5(x+2))(x(x-2) + 5(x-2)) = 0$

$((x+2)(x-5))((x-2)(x+5)) = 0$

$x + 5 = 0$ or $x + 2 = 0$ or $x - 2 = 0$

or $x - 5 = 0$

$x = -5, x = -2, x = 2, x = 5$

69. $(b^2 - 3b)^2 - 14(b^2 - 3b) + 40 = 0$

$(b^2 - 3b)^2 - 14(b^2 - 3b) + 49 - 9 = 0$

$((b^2 - 3b) - 7)^2 - 3^2 = 0$

$(b^2 - 3b - 7 - 3)(b^2 - 3b - 7 + 3) = 0$

$(b^2 - 3b - 10)(b^2 - 3b - 4) = 0$

$((b^2 + 2b) - (5b + 10))((b^2 + b) - (4b + 4)) = 0$

$(b(b+2) - 5(b+2))(b(b+1) - 4(b+1)) = 0$

$(b+1)(b+2)(b-4)(b-5) = 0$

$b + 2 = 0$ or $b + 1 = 0$ or $b - 4 = 0$

or $b - 5 = 0$

$b = -2, b = -1, b = 4, b = 5$

1.6 Solving Other Types of Equations

71. $x^{-2} - 3x^{-1} - 4 = 0$
Let $u = x^{-1}$
$u^2 = x^{-2}$;
$u^2 - 3u - 4 = 0$
$(u-4)(u+1) = 0$
$u - 4 = 0$ or $u + 1 = 0$
$u = 4$ or $u = -1$
$x^{-1} = 4$ or $x^{-1} = -1$
$(x^{-1})^{-1} = (4)^{-1}$ or $(x^{-1})^{-1} = (-1)^{-1}$
$x = \dfrac{1}{4}$ or $x = -1$

73. $x^{-4} - 13x^{-2} + 36 = 0$
Let $u = x^{-2}$
$u^2 = x^{-4}$;
$u^2 - 13u + 36 = 0$
$(u-9)(u-4) = 0$
$u - 9 = 0$ or $u - 4 = 0$
$u = 9$ or $u = 4$
$x^{-2} = 9$ or $x^{-2} = 4$
$\dfrac{1}{x^2} = 9$ or $\dfrac{1}{x^2} = 4$
$x^2 = \dfrac{1}{9}$ or $x^2 = \dfrac{1}{4}$
$x = \pm\dfrac{1}{3}$ or $x = \pm\dfrac{1}{2}$

75. $x + 4 = 7\sqrt{x+4}$
Let $u = (x+4)^{\frac{1}{2}}$
$u^2 = x + 4$;
$u^2 = 7u$
$u^2 - 7u = 0$
$u(u-7) = 0$
$u = 0$ or $u - 7 = 0$
$u = 0$ or $u = 7$
$\sqrt{x+4} = 0$ or $\sqrt{x+4} = 7$
$x + 4 = 0$ or $x + 4 = 49$
$x = -4$ or $x = 45$

77. $2\sqrt{x+10} + 8 = 3(x+10)$
Let $u = (x+10)^{\frac{1}{2}}$
$u^2 = x + 10$;
$2u + 8 = 3u^2$
$0 = 3u^2 - 2u - 8$
$0 = (3u+4)(u-2)$
$3u + 4 = 0$ or $u - 2 = 0$
$3u = -4$ or $u = 2$
$u = -\dfrac{4}{3}$ or $u = 2$
$\sqrt{x+10} = -\dfrac{4}{3}$ or $\sqrt{x+10} = 2$
$x + 10 = \dfrac{16}{9}$ or $x + 10 = 4$
$x = -\dfrac{74}{9}$ or $x = -6$
$x = -6$; $x = -\dfrac{74}{9}$ is extraneous

79. a. $S = \pi r\sqrt{r^2 + h^2}$
$\dfrac{S}{\pi r} = \sqrt{r^2 + h^2}$
$\left(\dfrac{S}{\pi r}\right)^2 = r^2 + h^2$
$\left(\dfrac{S}{\pi r}\right)^2 - r^2 = h^2$
$\sqrt{\left(\dfrac{S}{\pi r}\right)^2 - r^2} = h$

b. $S = \pi(6)\sqrt{(6)^2 + (10)^2}$
$S = 6\pi\sqrt{36 + 100}$
$S = 6\pi\sqrt{136}$
$S = 12\pi\sqrt{34}$ m^2

Chapter 1: Equations and Inequalities

81. Let x represent the number.
$$x^3 + 2x^2 = 18 + 9x$$
$$x^3 + 2x^2 - 9x - 18 = 0$$
$$x^2(x+2) - 9(x+2) = 0$$
$$(x+2)(x^2 - 9) = 0$$
$$(x+2)(x+3)(x-3) = 0$$
$$x + 2 = 0 \text{ or } x + 3 = 0 \text{ or } x - 3 = 0$$
$$x = -2 \text{ or } x = -3 \text{ or } x = 3$$
$$x = -2, \ x = \pm 3$$

83. Let x represent the first integer.
Let $x + 2$ represent the second integer.
Let $x + 4$ represent the third integer.
$$4(x+4) + x^4 = (x+2)^2 + 24$$
$$4x + 16 + x^4 = x^2 + 4x + 4 + 24$$
$$4x + 16 + x^4 = x^2 + 4x + 28$$
$$x^4 - x^2 - 12 = 0$$
$$(x^2 - 4)(x^2 + 3) = 0$$
$$x^2 - 4 = 0 \text{ or } x^2 + 3 = 0$$
$$x^2 = 4 \quad \text{or} \quad x^2 = -3$$
$$x = \pm 2 \quad \text{or} \quad \text{Not Real};$$
if $x = 2, x + 2 = 4, x + 4 = 6$;
if $x = -2, x + 2 = 0, x + 4 = 2$;
$x = 2, 4, 6$ or $x = -2, 0, 2$

85. $24\pi r = \dfrac{2}{3}\pi r^3 + \pi r^2(6)$
$$0 = \dfrac{2}{3}\pi r^3 + 6\pi r^2 - 24\pi r$$
$$3(0) = 3\left(\dfrac{2}{3}\pi r^3 + 6\pi r^2 - 24\pi r\right)$$
$$0 = 2\pi r^3 + 18\pi r^2 - 72\pi r$$
$$0 = 2\pi r(r^2 + 9r - 36)$$
$$0 = 2\pi r(r - 3)(r + 12)$$
$$2\pi r = 0 \text{ or } r - 3 = 0 \text{ or } r + 12 = 0$$
$$r = 0 \quad \text{or} \quad r = 3 \text{ or } \quad r = -12$$
$r = 3$ m;
$r = 0$m and $r = 12$m do not fit the context.

87. $\dfrac{1}{x} + \dfrac{1}{x-10} = \dfrac{1}{12}$
$$12 \cdot x(x-10)\left(\dfrac{1}{x} + \dfrac{1}{x-10}\right) = \dfrac{1}{12} \cdot 12 \cdot x(x-10)$$
$$12(x-10) + 12x = x^2 - 10x$$
$$x^2 - 34x + 120 = 0$$
$$(x-30)(x-4) = 0$$
$$x = 30 \text{ or } x = 4$$

The time for the new copier to make a run on its own is $(x - 10) = 20$ min.

89. Let v represent the rate Tom can row in still water.
Then $v + 4$ is the rate downstream,
$v - 4$ is the rate upstream.
$$t_{up} + t_{down} = 3$$

$$\dfrac{5}{v-4} + \dfrac{5}{v+4} = 3$$
$$(v+4)(v-4)\left(\dfrac{5}{v-4} + \dfrac{5}{v+4}\right) = 3(v+4)(v-4)$$
$$5(v+4) + 5(v-4) = 3(v^2 - 16)$$
$$5v + 20 + 5v - 20 = 3v^2 - 48$$
$$10v = 3v^2 - 48$$
$$0 = 3v^2 - 10v - 48$$
$$0 = (3v + 8)(v - 6)$$
$$3v + 8 = 0 \text{ or } v - 6 = 0$$
$$v = -\dfrac{8}{3} \quad v = 6;$$
$v = 6$ mph

91. $88 = \dfrac{22P}{100 - P}$
$$8800 - 88P = 22P$$
$$8800 = 110P$$
$$P = \dfrac{8800}{110} = 80$$
$$P = 80\%$$

1.6 Solving Other Types of Equations

93. $T = 0.407 R^{3/2}$

$R^{3/2} = \dfrac{T}{0.407}$

$R = \left(\dfrac{T}{0.407}\right)^{2/3}$

$R \approx \dfrac{T^{2/3}}{0.5492}$

a. Mercury: $R \approx \dfrac{88^{2/3}}{0.5492} \approx 36$ million mi

b. Venus: $R \approx \dfrac{225^{2/3}}{0.5492} \approx 67$ million mi

c. Earth: $R \approx \dfrac{365^{2/3}}{0.5492} \approx 93$ million mi

d. Mars: $R \approx \dfrac{687^{2/3}}{0.5492} \approx 142$ million mi

e. Jupiter: $R \approx \dfrac{4333^{2/3}}{0.5492} \approx 484$ million mi

f. Saturn: $R \approx \dfrac{10,759^{2/3}}{0.5492} \approx 887$ million mi

95. Answers will vary.

97. a.
$\sqrt{x-5} = 7 - x$ and $7 - x \geq 0$
$x - 5 = 49 - 14x + x^2$
$x^2 - 15x + 54 = 0$
$(x-6)(x-9) = 0$ and $x \leq 7$
$x = 6$ (since $7 - 6 > 0$, but $7 - 9 < 0$)

b.
$\sqrt{10-x} = x - 8$ and $x - 8 \geq 0$
$10 - x = x^2 - 16x + 64$
$x^2 - 15x + 54 = 0$
$(x-6)(x-9) = 0$ and $x \geq 8$
$x = 9$ (since $9 - 8 > 0$, but $6 - 8 < 0$)

c.
$3\sqrt{x-5} = x - 3$ and $x - 3 \geq 0$
$9(x-5) = x^2 - 6x + 9$
$x^2 - 15x + 54 = 0$
$(x-6)(x-9) = 0$ and $x \geq 3$
$x = 6$ and $x = 9$
(since $9 - 3 > 0$, but $6 - 3 < 0$)

d.
$3\sqrt{10-x} = x - 12$ and $x - 12 \geq 0$
$9(10-x) = x^2 - 24x + 144$
$x^2 - 15x + 54 = 0$
$(x-6)(x-9) = 0$ and $x \geq 12$
no solution (since $6 - 12 < 0$, but $9 - 12 < 0$)

99. Let t represent the time traveled.
$250t + 325t = 980$
$575t = 980$
$t \approx 1.7$ hours

101. $2^{-1} + (2x)^0 + 2x^0$

$= \dfrac{1}{2} + 1 + 2(1)$

$= \dfrac{1}{2} + 1 + 2$

$= 3\dfrac{1}{2}$

Making Connections

1. b
3. c
5. b
7. d
9. g
11. h
13. c
15. c, e

Chapter 1: Equations and Inequalities

Summary and Concept Review

1. a. $x-(2-x)=4(x-5), \quad x=-6$
   $-6-(2-(-6))=4(-6-5)$
   $-6-(2+6)=4(-11)$
   $-14 \neq -44$ no

   b. $\frac{3}{4}b+2=\frac{5}{2}b+16, \quad b=-8$
   $\frac{3}{4}(-8)+2=\frac{5}{2}(-8)+16$
   $-6+2=-20+16$
   $-4=-4$ yes

   c. $4d-2=-\frac{1}{2}+3d, \quad d=\frac{3}{2}$
   $4\left(\frac{3}{2}\right)-2=-\frac{1}{2}+3\left(\frac{3}{2}\right)$
   $6-2=-\frac{1}{2}+\frac{9}{2}$
   $4=\frac{8}{2}$ yes

3. $3(2n-6)+1=3-(20-6n)$
   $6n-18+1=3-20+6n$
   $6n-17=6n-17$
   $\{n \mid n \in \mathbb{R}\}$

5. $\frac{1}{2}x+\frac{2}{3}=\frac{3}{4}$
   $12\left[\frac{1}{2}x+\frac{2}{3}=\frac{3}{4}\right]$
   $6x+8=9$
   $6x=1$
   $x=\frac{1}{6}$

7. $-\frac{g}{6}=3-\frac{1}{2}-\frac{5g}{12}$
   $12\left[-\frac{g}{6}=3-\frac{1}{2}-\frac{5g}{12}\right]$
   $-2g=36-6-5g$
   $3g=30$
   $g=10$

9. $P=2L+2W$
   $P-2W=2L$
   $\frac{P-2W}{2}=L$

11. $2x-3y=6$
    $-3y=-2x+6$
    $y=\frac{2}{3}x-2$

13. $3(4)+\frac{1}{2}\pi(1.5)^2$
    $12+\frac{9}{8}\pi$ ft² ≈ 15.5 ft²

15. Let a represent your age. Your age must be at least 35. A linear inequality for the situation could be $a \geq 35$.

17. $s \leq 65$

19. $7x > 35$
    $x > 5$
    $(5, \infty)$

21. $2(3m-2) \leq 8$
    $6m-4 \leq 8$
    $6m \leq 12$
    $m \leq 2$
    $(-\infty, 2]$

23. $-4 < 2b+8$ and $3b-5 > -32$
    $-12 < 2b \qquad 3b > -27$
    $b > -6 \qquad b > -9$
    $b > -6$
    $(-6, \infty)$

Chapter 1   Summary and Concept Review

25. a. $\dfrac{7}{n-3}$

$n - 3 \neq 0$

$n \neq 3$

$(-\infty, 3) \cup (3, \infty)$

b. $\dfrac{5}{2x-3}$

$2x - 3 \neq 0$

$2x \neq 3$

$x \neq \dfrac{3}{2}$

$\left(-\infty, \dfrac{3}{2}\right) \cup \left(\dfrac{3}{2}, \infty\right)$

c. $\sqrt{x+5}$

$x + 5 \geq 0$

$x \geq -5$

$[-5, \infty)$

d. $\sqrt{-3n+18}$

$-3n + 18 \geq 0$

$-3n \geq -18$

$n \leq 6$

$(-\infty, 6]$

27. $7 = |x - 3|$

$x - 3 = 7$ or $x - 3 = -7$

$x = 10$ or $x = -4$

$\{-4, 10\}$

29. $|-2x + 3| = 13$

$-2x + 3 = 13$ or $-2x + 3 = -13$

$-2x = 10$ or $-2x = -16$

$x = -5 \qquad x = 8$

$\{-5, 8\}$

31. $-3|x+2| - 2 < -14$

$-3|x+2| < -12$

$|x+2| > 4$

$x + 2 > 4$ or $x + 2 < -4$

$x > 2$ or $x < -6$

$x \in (-\infty, -6) \cup (2, \infty)$

33. $|3x+5| = -4$

Absolute value can never be negative.

$\{\ \}$

35. $2|x+1| > -4$

$|x+1| > -2$

Absolute value is always greater than a negative number.

$(-\infty, \infty)$

37. $\dfrac{|3x-2|}{2} + 6 \geq 10$

$\dfrac{|3x-2|}{2} \geq 4$

$|3x-2| \geq 8$

$3x - 2 \geq 8$ or $3x - 2 \leq -8$

$3x \geq 10$ or $3x \leq -6$

$x \geq \dfrac{10}{3}$ or $x \leq -2$

$(-\infty, -2] \cup \left[\dfrac{10}{3}, \infty\right)$

39. $\sqrt{-72} = \sqrt{(-1) \cdot 2 \cdot 36}$

$= \sqrt{-1} \cdot \sqrt{2} \cdot \sqrt{36}$

$= 6i\sqrt{2}$

41. $\dfrac{-10 + \sqrt{-50}}{5} = \dfrac{-10 + \sqrt{25 \cdot (-1) \cdot 2}}{5}$

$= \dfrac{-10 + \sqrt{25} \cdot \sqrt{-1} \cdot \sqrt{2}}{5}$

$= \dfrac{-10 + 5i\sqrt{2}}{5}$

$= \dfrac{-10}{5} + \dfrac{5i\sqrt{2}}{5}$

$= -2 + i\sqrt{2}$

43. $i^{57} = \left(i^4\right)^{14} i = i$

45. $\dfrac{5i}{1-2i} \cdot \dfrac{1+2i}{1+2i} = \dfrac{5i + 10i^2}{1 + 2i - 2i - 4i^2}$

$= \dfrac{-10 + 5i}{5} = -2 + i$

Chapter 1: Equations and Inequalities

47. $(2+3i)(2-3i) = 4 - 6i + 6i - 9i^2 = 13$

49. $x^2 - 9 = -34; x = 5i$
$(5i)^2 - 9 = -34$
$(5i)(5i) - 9 = -34$
$25(-1) - 9 = -34$
$-25 - 9 = -34$
$-34 = -34$ verified;
$x^2 - 9 = -34; x = -5i$
$(-5i)^2 - 9 = -34$
$(-5i)(-5i) - 9 = -34$
$25(-1) - 9 = -34$
$-25 - 9 = -34$
$-34 = -34$ verified

51. a. $-3 = 2x^2$
$2x^2 + 3 = 0$
$a = 2, b = 0, c = 3$

b. $7 = -2x + 11$ is not quadratic

c. $99 = x^2 - 8x$
$x^2 - 8x - 99 = 0$
$a = 1, b = -8, c = -99$

d. $20 = 4 - x^2$
$x^2 + 16 = 0$
$a = 1, b = 0, c = 16$

53. a. $x^2 - 9 = 0$
$x^2 = 9$
$x = \pm 3$

b. $2(x-2)^2 + 1 = 11$
$2(x-2)^2 = 10$
$(x-2)^2 = 5$
$x - 2 = \pm\sqrt{5}$
$x = 2 \pm \sqrt{5}$

c. $3x^2 + 15 = 0$
$3x^2 = -15$
$x^2 = -5$
$x = \pm\sqrt{5}\,i$

d. $-2x^2 + 4 = -46$
$-2x^2 = -50$
$x^2 = 25$
$x = \pm 5$

55. a. $4x^2 + 7 = 12x$
$4x^2 - 12x + 7 = 0$
$a = 4, b = -12, c = 7$
$x = \dfrac{-b \pm \sqrt{b^2 - 4ac}}{2a}$
$= \dfrac{-(-12) \pm \sqrt{(-12)^2 - 4 \cdot 4 \cdot 7}}{2 \cdot 4}$
$= \dfrac{12 \pm \sqrt{144 - 112}}{8}$
$= \dfrac{12 \pm \sqrt{32}}{8}$
$= \dfrac{12 \pm \sqrt{16 \cdot 2}}{8}$
$= \dfrac{12 \pm 4\sqrt{2}}{8}$
$x = \dfrac{3 \pm \sqrt{2}}{2}$
$x \approx 2.21, 0.79$

b. $x(x+8) = 5$
$x^2 + 8x - 5 = 0$
$a = 1, b = 8, c = -5$
$x = \dfrac{-b \pm \sqrt{b^2 - 4ac}}{2a}$
$= \dfrac{-8 \pm \sqrt{8^2 - 4 \cdot 1 \cdot (-5)}}{2 \cdot 1}$
$= \dfrac{-8 \pm \sqrt{64 - (-20)}}{2}$
$= \dfrac{-8 \pm \sqrt{84}}{2}$
$= \dfrac{-8 \pm 2\sqrt{21}}{2}$
$x = -4 \pm \sqrt{21}$
$x \approx -8.58, 0.58$

Chapter 1   Summary and Concept Review

c. $x^2 - 4x = -9$

$x^2 - 4x + 9 = 0$

$a = 1, b = -4, c = 9$

$x = \dfrac{-b \pm \sqrt{b^2 - 4ac}}{2a}$

$= \dfrac{-(-4) \pm \sqrt{(-4)^2 - 4 \cdot 1 \cdot 9}}{2 \cdot 1}$

$= \dfrac{4 \pm \sqrt{16 - 36}}{2}$

$= \dfrac{4 \pm \sqrt{-20}}{2}$

$= \dfrac{4 \pm \sqrt{-1 \cdot 4 \cdot 5}}{2}$

$= \dfrac{4 \pm 2i\sqrt{5}}{2}$

$x = 2 \pm i\sqrt{5}$

$x \approx 2.00 \pm 2.24i$

d. $2x^2 - 6x + 5 = 0$

$a = 2, b = -6, c = 5$

$x = \dfrac{-b \pm \sqrt{b^2 - 4ac}}{2a}$

$= \dfrac{-(-6) \pm \sqrt{(-6)^2 - 4 \cdot 2 \cdot 5}}{2 \cdot 2}$

$= \dfrac{6 \pm \sqrt{36 - 40}}{4}$

$= \dfrac{6 \pm \sqrt{-4}}{4}$

$= \dfrac{6 \pm \sqrt{-1 \cdot 4}}{4}$

$= \dfrac{6 \pm 2i}{4}$

$= \dfrac{3 \pm i}{2}$

$x = \dfrac{3}{2} + \dfrac{1}{2}i$

$x = 1.5 + 0.5i$

57. Let w = the width of the Ledger size paper. Then $w + 6$ represents the length of the Ledger size paper. Write an equation to relate the product of length and width with the given area of the paper.

$w(w + 6) = 187$

$w^2 + 6w - 187 = 0$

$(w - 11)(w + 17) = 0$

$w - 11 = 0$ or $w + 17 = 0$

$w = 11$ $w = -17$

A negative width does not make sense, so the width of the Ledger size paper is 11 inches. The length is $w + 6 = 11 + 6 = 17$ inches. So the dimensions are 11 in. by 17 in.

59. $3x^3 + 5x^2 = 2x$

$3x^3 + 5x^2 - 2x = 0$

$x(3x^2 + 5x - 2) = 0$

$x(3x - 1)(x + 2) = 0$

$x = 0$ or $3x - 1 = 0$ or $x + 2 = 0$

$3x = 1$ or $x = -2$

$x = \dfrac{1}{3}$

$x = -2, x = 0, x = \dfrac{1}{3}$

61. $x^4 - \dfrac{1}{16} = 0$

$\left(x^2 + \dfrac{1}{4}\right)\left(x^2 - \dfrac{1}{4}\right) = 0$

$x^2 + \dfrac{1}{4} = 0$ or $x^2 - \dfrac{1}{4} = 0$

$x^2 = -\dfrac{1}{4}$ or $x^2 = \dfrac{1}{4}$

$x = \pm \dfrac{1}{2}i$ or $x = \pm \dfrac{1}{2}$

$x = \pm \dfrac{1}{2}, x = \pm \dfrac{1}{2}i$

Chapter 1: Equations and Inequalities

63. $\dfrac{3h}{h+3} - \dfrac{7}{h^2+3h} = \dfrac{1}{h}$

$\dfrac{3h}{h+3} - \dfrac{7}{h(h+3)} = \dfrac{1}{h}$

$h(h+3)\left[\dfrac{3h}{h+3} - \dfrac{7}{h(h+3)} = \dfrac{1}{h}\right]$

$3h^2 - 7 = h + 3$

$3h^2 - h - 10 = 0$

$(3h+5)(h-2) = 0$

$3h+5 = 0 \text{ or } h-2 = 0$

$h = -\dfrac{5}{3} \text{ or } h = 2$

65. $\dfrac{\sqrt{x^2+7}}{2} + 3 = 5$

$\dfrac{\sqrt{x^2+7}}{2} = 2$

$\sqrt{x^2+7} = 4$

$x^2 + 7 = 16$

$x^2 = 9$

$x = \pm 3$

67. $\sqrt{3x+4} = 2 - \sqrt{x+2}$

$\left(\sqrt{3x+4}\right)^2 = \left(2 - \sqrt{x+2}\right)^2$

$3x+4 = 4 - 4\sqrt{x+2} + x + 2$

$2x - 2 = -4\sqrt{x+2}$

$2(x-1) = -4\sqrt{x+2}$

$x - 1 = -2\sqrt{x+2}$

$(x-1)^2 = \left(-2\sqrt{x+2}\right)^2$

$x^2 - 2x + 1 = 4(x+2)$

$x^2 - 2x + 1 = 4x + 8$

$x^2 - 6x - 7 = 0$

$(x-7)(x+1) = 0$

$x - 7 = 0 \text{ or } x + 1 = 0$

$x = 7 \quad \text{ or } x = -1$

$x = -1$; $x = 7$ is extraneous.

69. $-2(5x+2)^{\frac{2}{3}} + 17 = -1$

$-2(5x+2)^{\frac{2}{3}} = -18$

$(5x+2)^{\frac{2}{3}} = 9$

$\left[(5x+2)^{\frac{2}{3}}\right]^{\frac{3}{2}} = 9^{\frac{3}{2}}$

$5x + 2 = 27 \text{ or } 5x + 2 = -27$

$5x = 25 \quad \text{ or } 5x = -29$

$x = 5 \quad \text{ or } x = -5.8$

71. $x^4 - 7x^2 = 18$

$x^4 - 7x^2 - 18 = 0$

$(x^2 - 9)(x^2 + 2) = 0$

$x^2 - 9 = 0 \text{ or } x^2 + 2 = 0$

$x^2 = 9 \qquad x^2 = -2$

$x = \pm 3 \qquad x = \pm i\sqrt{2}$

$x = -3, x = 3, x = -i\sqrt{2}, x = i\sqrt{2}$

73. Let t represent the time it takes for both to finish the bowl together.

$\dfrac{t}{80} + \dfrac{t}{20} = 1$

$80 \cdot 20 \cdot \left(\dfrac{t}{80} + \dfrac{t}{20}\right) = 80 \cdot 20 \cdot 1$

$20t + 80t = 1600$

$100t = 1600$

$t = 16$

It would take 16 seconds to finish the bowl off together.

Chapter 1   Practice Test

Practice Test

1. a. $-\dfrac{2}{3}x - 5 = 7 - (x+3)$

   $-\dfrac{2}{3}x - 5 = 7 - x - 3$

   $-\dfrac{2}{3}x - 5 = 4 - x$

   $\dfrac{1}{3}x = 9$

   $x = 27$

   b. $-5.7 + 3.1x = 14.5 - 4(x+1.5)$

   $-5.7 + 3.1x = 14.5 - 4x - 6$

   $-5.7 + 3.1x = 8.5 - 4x$

   $7.1x = 14.2$

   $x = 2$

   c. $P = C + kC$

   $P = C(1+k)$

   $\dfrac{P}{1+k} = C$

   d. $2|2x+5| - 17 = -11$

   $2|2x+5| = 6$

   $|2x+5| = 3$

   $2x+5 = 3$ or $2x+5 = -3$

   $2x = -2$ or $2x = -8$

   $x = -1$ or $x = -4$

3. a. $-\dfrac{2}{5}x + 7 < 19$

   $-\dfrac{2}{5}x < 12$

   $-\dfrac{2}{5}x\left(-\dfrac{5}{2}\right) < 12\left(-\dfrac{5}{2}\right)$

   $x > -30$

   b. $-1 < 3 - x \le 8$

   $-4 < -x \le 5$

   $4 > x \ge -5$

   $-5 \le x < 4$

   c. $\dfrac{1}{2}x + 3 < 9$ or $\dfrac{2}{3}x - 1 \ge 3$

   $\dfrac{1}{2}x < 6$ $\qquad$ $\dfrac{2}{3}x \ge 4$

   $x < 12$ $\qquad$ $x \ge 6$

   $(-\infty, 12) \cup (6, \infty)$

   $\{x \mid x \in \mathbb{R}\}$

   d. $\dfrac{1}{2}|x-3| + \dfrac{5}{4} \le \dfrac{7}{4}$

   $\dfrac{1}{2}|x-3| \le \dfrac{1}{2}$

   $|x-3| \le 1$

   $x-3 \le 1$ and $x-3 \ge -1$

   $x \le 4$ and $x \ge 2$

   $2 \le x \le 4$

   e. $\dfrac{-2}{3}|x+1| - 5 < -7$

   $\dfrac{-2}{3}|x+1| < -2$

   $3\left(\dfrac{-2}{3}|x+1|\right) < 3(-2)$

   $|x+1| > 3$

   $x+1 < -3$ $\quad$ or $\quad$ $x+1 > 3$

   $x < -4$ $\quad$ or $\quad$ $x > 2$

5. $\dfrac{-8 + \sqrt{-20}}{6} = \dfrac{-8 + \sqrt{-4(5)}}{6} = \dfrac{-8 + 2\sqrt{5}\,i}{6}$

   $= -\dfrac{4}{3} + \dfrac{\sqrt{5}}{3}i$

7. a. $\left(\dfrac{1}{2} + \dfrac{\sqrt{3}}{2}i\right) + \left(\dfrac{1}{2} - \dfrac{\sqrt{3}}{2}i\right) = 1$

   b. $\left(\dfrac{1}{2} + \dfrac{\sqrt{3}}{2}i\right) - \left(\dfrac{1}{2} - \dfrac{\sqrt{3}}{2}i\right)$

   $= \dfrac{1}{2} + \dfrac{\sqrt{3}}{2}i - \dfrac{1}{2} + \dfrac{\sqrt{3}}{2}i = i\sqrt{3}$

   c. $\left(\dfrac{1}{2} + \dfrac{\sqrt{3}}{2}i\right) \cdot \left(\dfrac{1}{2} - \dfrac{\sqrt{3}}{2}i\right)$

   $= \dfrac{1}{4} - \dfrac{\sqrt{3}}{4}i + \dfrac{\sqrt{3}}{4}i - \dfrac{3}{4}i^2 = 1$

9. $\dfrac{3i}{1-i} \cdot \dfrac{1+i}{1+i} = \dfrac{3i + 3i^2}{1 + i - i - i^2}$

   $= \dfrac{-3 + 3i}{2} = -\dfrac{3}{2} + \dfrac{3}{2}i$

Chapter 1: Equations and Inequalities

11. a.
$$z^2 - 7z - 30 = 0$$
$$3 + (-10) = -7 \text{ and } 3(-10) = -30$$
$$(z+3)(z-10) = 0$$
$$z+3 = 0 \quad \text{or} \quad z-10 = 0$$
$$z = -3 \qquad\qquad z = 10$$

b.
$$3x^2 - 20x = -12$$
$$3x^2 - 20x + 12 = 0$$
$$(3x-2)(x-6) = 0$$
$$3x - 2 = 0 \quad \text{or} \quad x-6 = 0$$
$$3x = 2 \qquad\qquad x = 6$$
$$x = \frac{2}{3} \qquad\qquad x = 6$$

13. a.
$$2x^2 - 20x + 49 = 0$$
$$2x^2 - 20x = -49$$
$$x^2 - 10x = -\frac{49}{2}$$
$$x^2 - 10x + 25 = -\frac{49}{2} + 25$$
$$(x-5)^2 = \frac{1}{2}$$
$$x - 5 = \pm\sqrt{\frac{1}{2}}$$
$$x - 5 = \pm\sqrt{\frac{1}{2}}\sqrt{\frac{2}{2}}$$
$$x = 5 \pm \frac{\sqrt{2}}{2}$$

b.
$$2x^2 - 5x = -4$$
$$x^2 - \frac{5}{2}x = -2$$
$$x^2 - \frac{5}{2}x + \frac{25}{16} = -2 + \frac{25}{16}$$
$$\left(x - \frac{5}{4}\right)^2 = \frac{-7}{16}$$
$$x - \frac{5}{4} = \pm\frac{\sqrt{7}}{4}i$$
$$x = \frac{5}{4} \pm \frac{\sqrt{7}}{4}i$$

15. a.
$$C = 2x + 35$$
$$R = -x^2 + 122x - 1965$$
$$P = R - C$$
$$= -x^2 + 122x - 1965 - (2x + 35)$$
$$= -x^2 + 122x - 1965 - 2x - 35$$
$$= -x^2 + 120x - 2000$$

b.
$$P = -x^2 + 120x - 2000$$
$$0 = -x^2 + 120x - 2000$$
$$0 = x^2 - 120x + 2000$$
$$0 = (x - 100)(x - 20)$$
$$x - 100 = 0 \quad \text{or} \quad x - 20 = 0$$
$$x = 100 \qquad\qquad x = 20$$

The company will produce 100 hundred toys—or 10,000 toys—for charity.

17.
$$54x^3 = 6x$$
$$54x^3 - 6x = 0$$
$$6x(9x^2 - 1) = 0$$
$$6x = 0 \quad \text{or} \quad 9x^2 - 1 = 0$$
$$x = 0 \qquad\qquad x^2 = \frac{1}{9}$$
$$x = 0 \qquad\qquad x = \pm\frac{1}{3}$$

19.
$$\frac{2}{x-3} + \frac{2x}{x+2} = \frac{x^2 + 16}{x^2 - x - 6}$$
$$\frac{2(x+2)}{(x-3)(x+2)} + \frac{2x(x-3)}{(x+2)(x-3)} = \frac{x^2 + 16}{x^2 - x - 6}$$
$$\frac{2(x+2) + 2x(x-3)}{(x+2)(x-3)} = \frac{x^2 + 16}{(x+2)(x-3)}$$
$$\frac{2x + 4 + 2x^2 - 6x}{(x+2)(x-3)} = \frac{x^2 + 16}{(x+2)(x-3)}$$
$$\frac{2x^2 - 4x + 4}{(x+2)(x-3)} = \frac{x^2 + 16}{(x+2)(x-3)}$$
$$2x^2 - 4x + 4 = x^2 + 16$$
$$x^2 - 4x - 12 = 0$$
$$(x-6)(x+2) = 0$$
$$x = 6 \quad \text{or} \quad x = -2$$

The answer $x = -2$ is extraneous, so the answer is $x = 6$.

Chapter 1   Practice Test

21. $5 - 2\sqrt[3]{1-x} = 11$
$-2\sqrt[3]{1-x} = 6$
$\sqrt[3]{1-x} = -3$
$1 - x = -27$
$-x = -28$
$x = 28$

23. $(x+3)^{\frac{-2}{3}} = \frac{1}{4}$
$(x+3)^{\frac{2}{3}} = \frac{4}{1}$
$\left[(x+3)^{\frac{2}{3}}\right]^3 = 4^3$
$(x+3)^2 = 64$
$x^2 + 6x + 9 = 64$
$x^2 + 6x - 55 = 0$
$(x-5)(x+11) = 0$
$x = 5 \text{ or } x = -11$

25. $F \approx 0.3 W^{\frac{3}{4}}$

  a. $F \approx 0.3(1296)^{\frac{3}{4}}$
  $F \approx 64.8 \text{ g}$

  b. $19.2 \approx 0.3 W^{\frac{3}{4}}$
  $64 \approx W^{\frac{3}{4}}$
  $(64)^{\frac{4}{3}} \approx \left(W^{\frac{3}{4}}\right)^{\frac{4}{3}}$
  $256 \text{ g} \approx W$

Calculator Exploration and Discovery

1. 12 pounds of premium ground beef; 40 pounds of peanuts

3. Algebraic verification:
$-2|x+2| + 5 \geq -1$
$-2|x+2| \geq -6$
$|x+2| \leq 3$
$x + 2 \geq -3 \text{ and } x + 2 \leq 3$
$x \geq -5 \text{ and } x \leq 1$
$x \in [-5, 1]$

Strengthening Core Skills

1. $|x - 2| = 5$
$x - 2 = -5 \text{ or } x - 2 = 5$
$x = -3 \text{ or } x = 7$

3. $|2x - 3| \geq 5$
$2x - 3 \geq 5 \text{ or } 2x - 3 \leq -5$
$2x \geq 8 \text{ or } 2x \leq -2$
$x \geq 4 \text{ or } x \leq -1$
$x \in (-\infty, -1] \cup [4, \infty)$

Chapter 2 Relations, Functions and Graphs

2.1 Exercises

1. first, second

3. independent, output

5.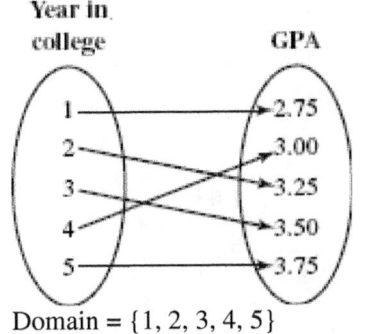

   Domain = {1, 2, 3, 4, 5}
   Range = {2.75, 3.00, 3.25, 3.50, 3.75}

7. D = {1, 3, 5, 7, 9}
   R = {2, 4, 6, 8, 10}

9. D = {4, −1, 2, −3}
   R = {0, 5, 4, 2, 3}

11. $y = -\dfrac{2}{3}x + 1$

x	y
−6	$-\dfrac{2}{3}(-6)+1 = 4+1 = 5$
−3	$-\dfrac{2}{3}(-3)+1 = 2+1 = 3$
0	$-\dfrac{2}{3}(0)+1 = 0+1 = 1$
3	$-\dfrac{2}{3}(3)+1 = -2+1 = -1$
6	$-\dfrac{2}{3}(6)+1 = -4+1 = -3$
8	$-\dfrac{2}{3}(8)+1 = -\dfrac{16}{3}+1 = -\dfrac{13}{3}$

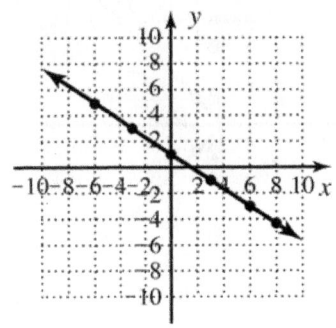

2.1 Rectangular Coordinates; Graphing Circles and Other Relations

13. $x+2=|y|$

x	y
−2	0
0	2, −2
1	3, −3
3	5, −5
6	8, −8
7	9, −9

$-2+2=|y|$ $0+2=|y|$
$0=|y|$ $2=|y|$
$0=y;$ $\pm 2=y;$
$1+2=|y|$ $3+2=|y|$
$3=|y|$ $5=|y|$
$\pm 3=y;$ $\pm 5=y;$
$6+2=|y|$ $7+2=|y|$
$8=|y|$ $9=|y|$
$\pm 8=y;$ $\pm 9=y;$

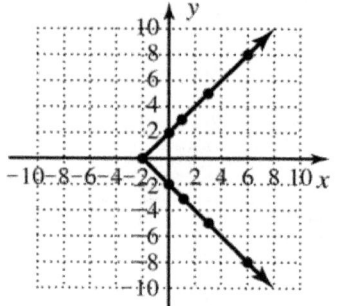

15. $y=x^2-1$

x	y
−3	$(-3)^2-1=9-1=8$
−2	$(-2)^2-1=4-1=3$
0	$(0)^2-1=0-1=-1$
2	$(2)^2-1=4-1=3$
3	$(3)^2-1=9-1=8$
4	$(4)^2-1=16-1=15$

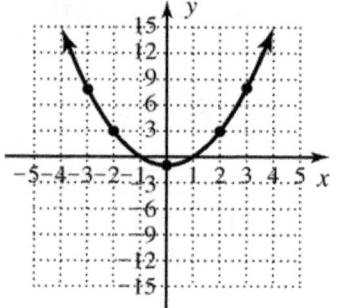

17. $y=\sqrt{25-x^2}$

x	y
−4	$\sqrt{25-(-4)^2}=\sqrt{25-16}=\sqrt{9}=3$
−3	$\sqrt{25-(-3)^2}=\sqrt{25-9}=\sqrt{16}=4$
0	$\sqrt{25-(0)^2}=\sqrt{25}=5$
2	$\sqrt{25-(2)^2}=\sqrt{25-4}=\sqrt{21}$
3	$\sqrt{25-(3)^2}=\sqrt{25-9}=\sqrt{16}=4$
4	$\sqrt{25-(4)^2}=\sqrt{25-16}=\sqrt{9}=3$

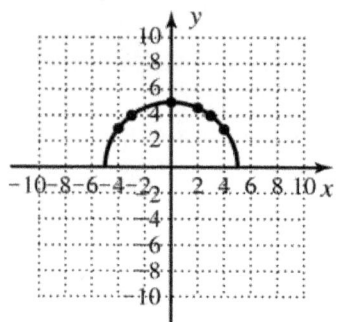

Chapter 2: Relations, Functions and Graphs

19. $x - 1 = y^2$
    $y = \pm\sqrt{x-1}$

x	y
10	$\sqrt{(10)-1} = \sqrt{9} = \pm 3$
5	$\sqrt{(5)-1} = \sqrt{4} = \pm 2$
4	$\sqrt{(4)-1} = \pm\sqrt{3}$
2	$\sqrt{(2)-1} = \sqrt{1} = \pm 1$
1.25	$\sqrt{(1.25)-1} = \sqrt{0.25} = \pm 0.5$
1	$\sqrt{(1)-1} = \sqrt{0} = 0$

    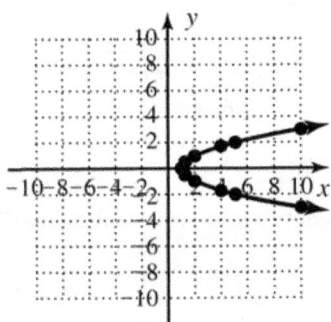

21. $y = \sqrt[3]{x+1}$

x	y
-9	$\sqrt[3]{(-9)+1} = \sqrt[3]{-8} = -2$
-2	$\sqrt[3]{(-2)+1} = \sqrt[3]{-1} = -1$
-1	$\sqrt[3]{(-1)+1} = \sqrt[3]{0} = 0$
0	$\sqrt[3]{(0)+1} = \sqrt[3]{1} = 1$
4	$\sqrt[3]{(4)+1} = \sqrt[3]{5}$
7	$\sqrt[3]{(7)+1} = \sqrt[3]{8} = 2$

    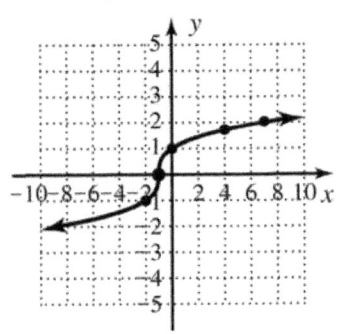

23. $M = \left(\dfrac{x_1+x_2}{2}, \dfrac{y_1+y_2}{2}\right)$

    $M = \left(\dfrac{1+5}{2}, \dfrac{8+(-6)}{2}\right)$

    $M = \left(\dfrac{6}{2}, \dfrac{2}{2}\right)$

    $M = (3,1)$

25. $M = \left(\dfrac{x_1+x_2}{2}, \dfrac{y_1+y_2}{2}\right)$

    $M = \left(\dfrac{-4.5+3.1}{2}, \dfrac{9.2+(-9.8)}{2}\right)$

    $M = \left(\dfrac{-1.4}{2}, \dfrac{-0.6}{2}\right)$

    $M = (-0.7, -0.3)$

27. $M = \left(\dfrac{x_1+x_2}{2}, \dfrac{y_1+y_2}{2}\right)$

    $M = \left(\dfrac{\frac{1}{5}+\left(\frac{-1}{10}\right)}{2}, \dfrac{\frac{-2}{3}+\frac{3}{4}}{2}\right)$

    $M = \left(\dfrac{\frac{1}{10}}{2}, \dfrac{\frac{1}{12}}{2}\right)$

    $M = \left(\dfrac{1}{20}, \dfrac{1}{24}\right)$

29. $(-5, -4)\ (5, 2)$

    $M = \left(\dfrac{x_1+x_2}{2}, \dfrac{y_1+y_2}{2}\right)$

    $M = \left(\dfrac{-5+5}{2}, \dfrac{-4+2}{2}\right)$

    $M = \left(\dfrac{0}{2}, \dfrac{-2}{2}\right)$

    $M = (0, -1)$

2.1 Rectangular Coordinates; Graphing Circles and Other Relations

31. $(-4, -4)\ (2, 4)$

$$M = \left(\frac{x_1+x_2}{2}, \frac{y_1+y_2}{2}\right)$$

$$M = \left(\frac{-4+2}{2}, \frac{-4+4}{2}\right)$$

$$M = \left(\frac{-2}{2}, \frac{0}{2}\right)$$

$$M = (-1, 0)$$

The center of the circle is $(-1, 0)$.

33. $(-5, -4)\ (5, 2)$

$$d = \sqrt{(x_2-x_1)^2+(y_2-y_1)^2}$$

$$d = \sqrt{(5-(-5))^2+(2-(-4))^2}$$

$$d = \sqrt{(10)^2+(6)^2}$$

$$d = \sqrt{100+36}$$

$$d = \sqrt{136}$$

$$d = 2\sqrt{34}$$

35. $(-4, -4)\ (2, 4)$

$$d = \sqrt{(x_2-x_1)^2+(y_2-y_1)^2}$$

$$d = \sqrt{(2-(-4))^2+(4-(-4))^2}$$

$$d = \sqrt{6^2+8^2}$$

$$d = \sqrt{36+64}$$

$$d = \sqrt{100}$$

$$d = 10$$

37. $(-3, 2)\ (-1, 5)$

$$m = \frac{5-2}{-1-(-3)} = \frac{3}{-1+3} = \frac{3}{2};$$

$(-3, 2)\ (-6, 4)$

$$m = \frac{4-2}{-6-(-3)} = \frac{2}{-6+3} = -\frac{2}{3}$$

Right triangle because these two lines are perpendicular. Slopes: $\frac{3}{2}$; $\frac{-2}{3}$

39. $(-4, 3)\ (-7, -1)$

$$m = \frac{-1-3}{-7-(-4)} = \frac{-4}{-7+4} = \frac{-4}{-3} = \frac{4}{3};$$

$(-7, -1)\ (3, -2)$

$$m = \frac{-2-(-1)}{3-(-7)} = \frac{-2+1}{3+7} = \frac{-1}{10};$$

$(-4, 3)\ (3, -2)$

$$m = \frac{-2-3}{3-(-4)} = \frac{-5}{7}$$

Not a right triangle. Lines are not perpendicular. Slopes: $\frac{4}{3}$; $\frac{-1}{10}$; $\frac{-5}{7}$

41. $(-3, 2)\ (-1, 5)$

$$m = \frac{5-2}{-1-(-3)} = \frac{3}{-1+3} = \frac{3}{2};$$

$(-3, 2)\ (-6, 4)$

$$m = \frac{4-2}{-6-(-3)} = \frac{2}{-6+3} = -\frac{2}{3}$$

Right triangle because these two lines are perpendicular. Slopes: $\frac{3}{2}$; $\frac{-2}{3}$

43. Center $(0,0)$, radius 3

$$x^2 + y^2 = 9$$

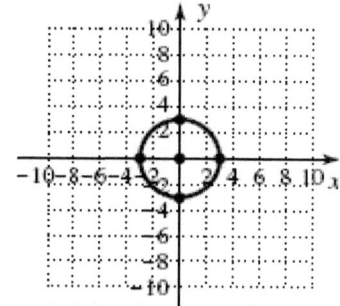

45. Center $(5,0)$, radius $\sqrt{3}$

$$(x-5)^2 + y^2 = 3$$

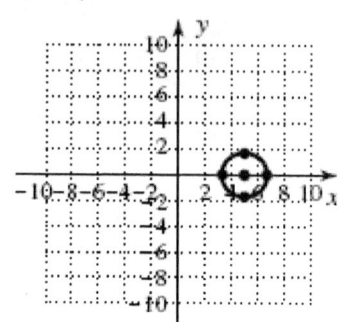

Chapter 2: Relations, Functions and Graphs

47. Center $(4, -3)$, radius 2
$(x-4)^2 + (y+3)^2 = 4$

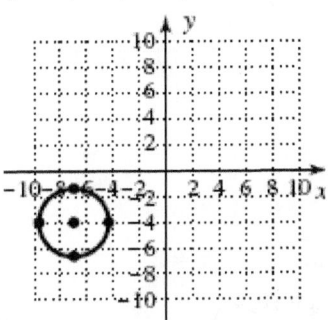

49. Center $(-7, -4)$, radius $\sqrt{7}$
$(x+7)^2 + (y+4)^2 = 7$

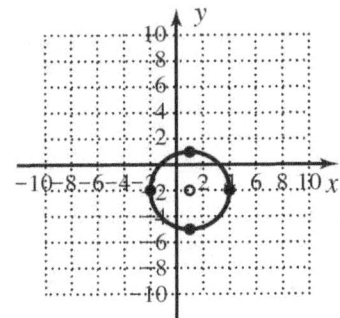

51. Center $(1, -2)$, diameter 6
radius $= \dfrac{1}{2} \cdot$ diameter
$r = \dfrac{1}{2}(6) = 3$
$(x-1)^2 + (y+2)^2 = 9$

53. Center $(4,5)$, diameter $4\sqrt{3}$
radius $= \dfrac{1}{2} \cdot$ diameter
$r = \dfrac{1}{2}\left(4\sqrt{3}\right) = 2\sqrt{3}$
$(x-4)^2 + (y-5)^2 = \left(2\sqrt{3}\right)^2$
$(x-4)^2 + (y-5)^2 = 12$

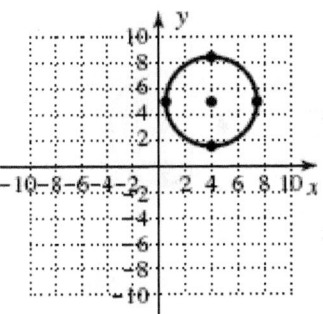

55. Center at $(7,1)$,
graph contains the point $(1, -7)$
$(x-7)^2 + (y-1)^2 = r^2;$
$(1-7)^2 + (-7-1)^2 = r^2$
$36 + 64 = r^2$
$100 = r^2;$
$(x-7)^2 + (y-1)^2 = 100$

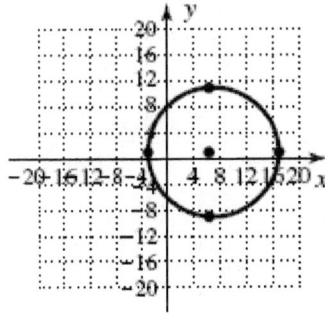

71

2.1 Rectangular Coordinates; Graphing Circles and Other Relations

57. Center at $(3,4)$, graph contains the point $(7,9)$
$(x-3)^2+(y-4)^2=r^2$;
$(7-3)^2+(9-4)^2=r^2$
$16+25=r^2$
$41=r^2$;
$(x-3)^2+(y-4)^2=41$

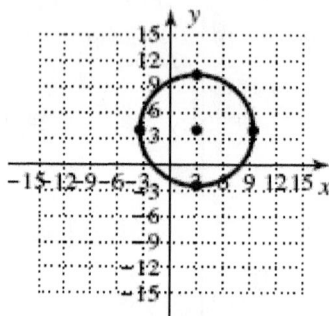

59. Diameter has endpoints $(5,1)$ and $(5,7)$;
midpoint of diameter = center of circle
$\left(\dfrac{5+5}{2},\dfrac{1+7}{2}\right)=(5,4)$;
radius = distance from center to endpt
$r=\sqrt{(5-5)^2+(1-4)^2}=3$;
$(x-5)^2+(y-4)^2=9$

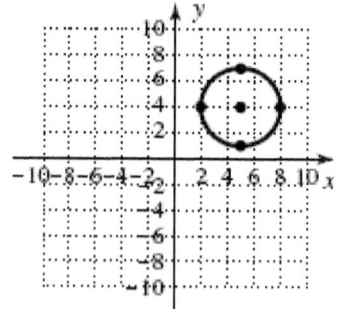

61. Diameter has endpoints $(-3,4)$ and $(4,-3)$
midpoint of diameter = center of circle
$\left(\dfrac{-3+4}{2},\dfrac{4-3}{2}\right)=\left(\dfrac{1}{2},\dfrac{1}{2}\right)$;
radius = distance from center to endpt
$r=\sqrt{\left(-3-\dfrac{1}{2}\right)^2+\left(4-\dfrac{1}{2}\right)^2}=\dfrac{7\sqrt{2}}{2}\approx 4.9$
$\left(x-\dfrac{1}{2}\right)^2+\left(y-\dfrac{1}{2}\right)^2=24.5$

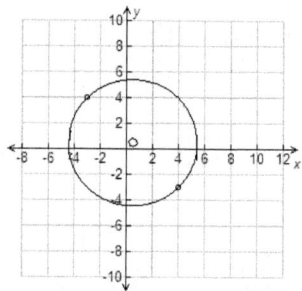

63. Center: $(2,3), r=2$
$D: x\in[0,4]$
$R: y\in[1,5]$

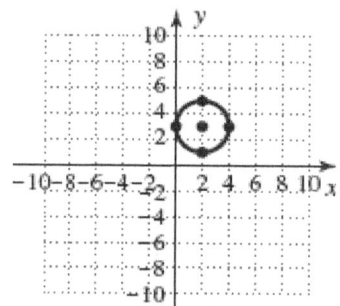

65. Center: $(-1,2), r=2\sqrt{3}$
$D: x\in\left[-1-2\sqrt{3},-1+2\sqrt{3}\right]$
$R: y\in\left[2-2\sqrt{3},2+2\sqrt{3}\right]$

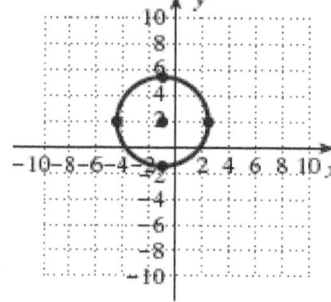

72

Chapter 2: Relations, Functions and Graphs

67. Center: $(-4, 0), r = 9$
$D: x \in [-13, 5]$
$R: y \in [-9, 9]$

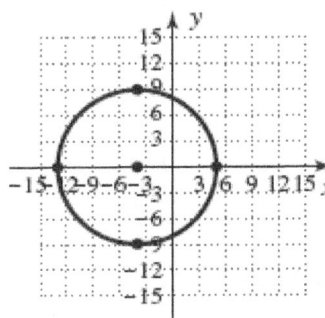

69. $x^2 + y^2 - 10x - 12y + 4 = 0$
$x^2 - 10x + y^2 - 12y = -4$

$x^2 - 10x + 25 + y^2 - 12y + 36 = -4 + 25 + 36$

$(x-5)^2 + (y-6)^2 = 57$
Center: $(5, 6)$, Radius: $r = \sqrt{57}$

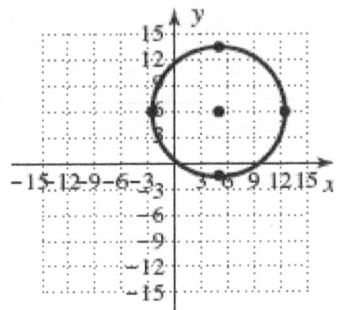

71. $x^2 + y^2 - 10x + 4y + 4 = 0$
$x^2 - 10x + y^2 + 4y = -4$
$x^2 - 10x + 25 + y^2 + 4y + 4 = -4 + 25 + 4$
$(x-5)^2 + (y+2)^2 = 25$
Center: $(5, -2)$, Radius: $r = 5$

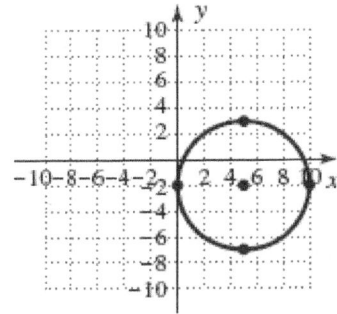

73. $x^2 + y^2 + 6y - 5 = 0$
$x^2 + y^2 + 6y = 5$
$x^2 + y^2 + 6y + 9 = 5 + 9$
$x^2 + (y+3)^2 = 14$
Center: $(0, -3)$, Radius: $r = \sqrt{14}$

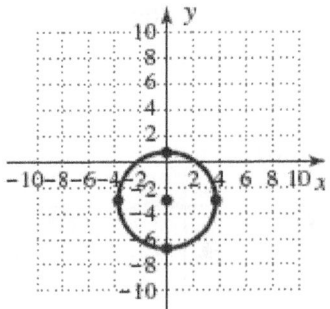

75. $x^2 + y^2 + 4x + 10y + 18 = 0$
$x^2 + 4x + y^2 + 10y = -18$
$x^2 + 4x + 4 + y^2 + 10y + 25 = -18 + 4 + 25$
$(x+2)^2 + (y+5)^2 = 11$
Center: $(-2, -5)$, Radius: $r = \sqrt{11}$

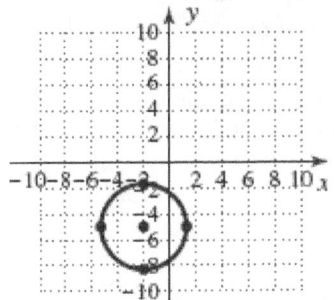

77. $x^2 + y^2 + 14x + 12 = 0$
$x^2 + 14x + y^2 = -12$
$x^2 + 14x + 49 + y^2 = -12 + 49$
$(x+7)^2 + y^2 = 37$
Center: $(-7, 0)$, Radius: $r = \sqrt{37}$

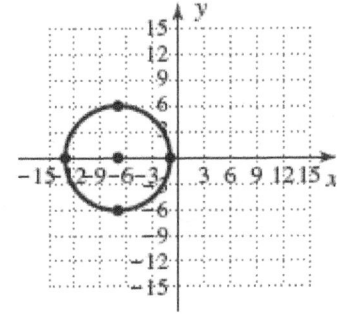

2.1 Rectangular Coordinates; Graphing Circles and Other Relations

79. $2x^2 + 2y^2 - 12x + 20y + 4 = 0$
$x^2 + y^2 - 6x + 10y + 2 = 0$
$x^2 - 6x + y^2 + 10y = -2$
$x^2 - 6x + 9 + y^2 + 10y + 25 = -2 + 9 + 25$
$(x-3)^2 + (y+5)^2 = 32$
Center: $(3, -5)$, Radius: $r = 4\sqrt{2}$

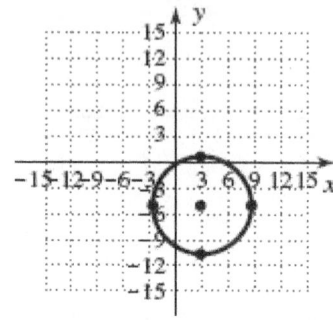

81. Graph is a parabola which contains points $(0,0)$, $(6,0)$.
a. $y = x^2 - 6x$

83. Graph is a circle with center: $(0,3)$ and radius: $r = 6$
b. $x^2 + (y-3)^2 = 36$

85. Graph is a circle with center: $(1,-2)$ and radius: $r = 7$.
f. $(x-1)^2 + (y+2)^2 = 49$

87. Graph is a parabola which contains points $(3,0)$, $(1,4)$, $(5,4)$.
j. $6x + y = x^2 + 9$

89. $A = \frac{1}{2}B + I - 1$
$\triangle PQR$
$P(-3,1), Q(3,9), R(7,6)$
$m = \dfrac{9-1}{3-(-3)} = \dfrac{4}{3}$
$y - 1 = \dfrac{4}{3}(x+3)$
$y - 1 = \dfrac{4}{3}x + 4$
$y = \dfrac{4}{3}x + 5$
$(0,5)$ lies on PQ;
Lattice points are points that join vertical and horizontal grids in a Cartesian coordinate system.
There are four lattice points on the boundary; three vertices and point $(0,5)$, thus $B = 8$. There are 24 lattice points in the interior of the triangle, thus $I = 24$.
$A = \dfrac{1}{2}(8) + 22 - 1 = 25$ units^2

91. a. $(x-5)^2 + (y-12)^2 = 25^2$
$(x-5)^2 + (y-12)^2 = 625$
b. $d = \sqrt{(15-5)^2 + (36-12)^2}$
$d = \sqrt{10^2 + 24^2} = \sqrt{676} = 26$
No, radar cannot pick up the liner's sister ship.

93. Red: $(x-2)^2 + (y-2)^2 = 4$;
Center: $(2,2)$, Radius: 2
Blue: $(x-2)^2 + y^2 = 16$;
Center: $(2,0)$, Radius: 4
Area of blue: $\pi(16) - \pi(4) = 12\pi$ units^2

Chapter 2: Relations, Functions and Graphs

95. $x^2 + y^2 + 8x - 6y = 0$
$x^2 + 8x + y^2 - 6y = 0$
$x^2 + 8x + 16 + y^2 - 6y + 9 = 0 + 16 + 9$
$(x+4)^2 + (y-3)^2 = 25$;
$x^2 + y^2 - 10x + 4y = 0$
$x^2 - 10x + y^2 + 4y = 0$
$x^2 - 10x + 25 + y^2 + 4y + 4 = 0 + 25 + 4$
$(x-5)^2 + (y+2)^2 = 29$;
Distance between centers: $(-4, 3), (5, -2)$
$d = \sqrt{(-4-5)^2 + (3-(-2))^2}$
$= \sqrt{81 + 25} = \sqrt{106} \approx 10.30$;
Sum of the radii: $5 + \sqrt{29} \approx 10.39$
No, Distance between the centers is less than the sum of the radii.

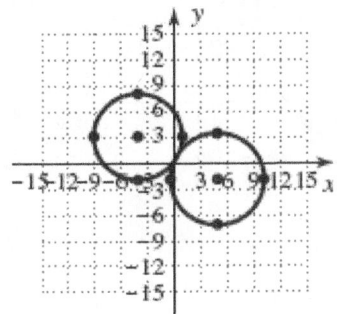

97. a. Center: (3, 5); $r = 62$
$(x-3)^2 + (y-5)^2 = 62^2$

b. raccoon: $d = \sqrt{(14-3)^2 + (65-5)^2}$
$= \sqrt{121 + 3600}$
$= 61$ m

opossum: $d = \sqrt{(36-3)^2 + (-51-5)^2}$
$= \sqrt{1089 + 3136}$
$= 65$ m

c. Assuming the detector is working properly, the raccoon is detected first

99. Answers will vary.

101. Let s represent the sides of the square. From the given information, the length of the diagonal d is $s\sqrt{2}$, we have $2r = s\sqrt{2}$ and solving for s gives $s = r\sqrt{2}$. The area of a square is $A = s^2$ so $A = (r\sqrt{2})^2 = 2r^2$. Solving $A = 2r^2$ for r gives $r = \sqrt{\dfrac{A}{2}}$ (since $r > 0$).

103. a. $3^3 + 3^2 + 3^1 + 3^0 + 3^{-1}$
$= 27 + 9 + 3 + 1 + \dfrac{1}{3}$
$= 40\dfrac{1}{3}$

b. $\dfrac{x^2 x^5}{x^3} = \dfrac{x^{2+5}}{x^3} = \dfrac{x^7}{x^3} = x^{7-3} = x^4$

c. $125^{-\frac{1}{3}} = \dfrac{1}{\sqrt[3]{125}} = \dfrac{1}{5}$

d. $27^{\frac{2}{3}} = \sqrt[3]{27^2} = \sqrt[3]{(3^3)^2} = 3^{\frac{6}{3}} = 3^2 = 9$

e. $(2m^3 n)^2 = 2^2 m^{3*2} n^2 = 4m^6 n^2$

f. $(5x)^0 + 5x^0 = 1 + 5 \cdot 1 = 6$

105. $x^2 - 27 = 6x$
$x^2 - 6x - 27 = 0$
$(x-9)(x+3) = 0$
$x = 9$
$x = -3$

2.2 Linear Graphs and Rates of Change

2.2 Exercises

1. 0, 0

3. yes; slopes are not equal $m_1 \neq m_2$;
   No; $m_1 \cdot m_2 \neq -1$

5. $2x + 3y = 6$
   $3y = -2x + 6$
   $y = -\dfrac{2}{3}x + 2$

x	y
−6	$-\dfrac{2}{3}(-6) + 2 = 4 + 2 = 6$
−3	$-\dfrac{2}{3}(-3) + 2 = 2 + 2 = 4$
0	$-\dfrac{2}{3}(0) + 2 = 0 + 2 = 2$
3	$-\dfrac{2}{3}(3) + 2 = -2 + 2 = 0$

   $1 - \sqrt{-2+3} = -(-2)$
   $1 - \sqrt{1} = 2$
   $0 \neq 2$;
   Check: $n = 1$
   $1 - \sqrt{1+3} = -1$
   $1 - \sqrt{4} = -1$
   $-1 = -1$;
   $n = 1$ is a solution, $n = -2$ is extraneous.

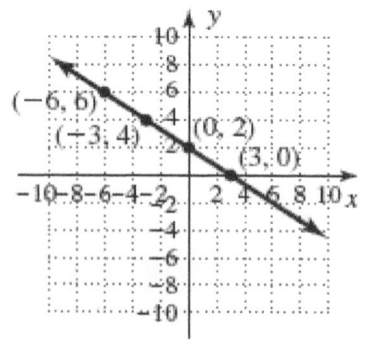

7. $y = \dfrac{3}{2}x + 4$

x	y
−2	$\dfrac{3}{2}(-2) + 4 = -3 + 4 = 1$
0	$\dfrac{3}{2}(0) + 4 = 0 + 4 = 4$
2	$\dfrac{3}{2}(2) + 4 = 3 + 4 = 7$
4	$\dfrac{3}{2}(4) + 4 = 6 + 4 = 10$

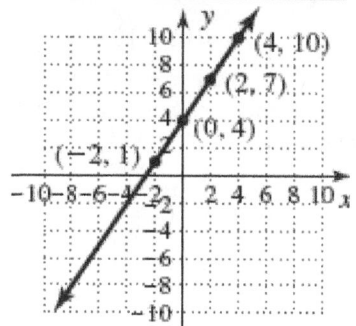

9. $y = \dfrac{3}{2}x + 4$

   $-0.5 = \dfrac{3}{2}(-3) + 4$

   $-0.5 = -\dfrac{9}{2} + 4$

   $-0.5 = -0.5$;

   $\dfrac{19}{4} = \dfrac{3}{2}\left(\dfrac{1}{2}\right) + 4$

   $\dfrac{19}{4} = \dfrac{3}{4} + 4$

   $\dfrac{19}{4} = \dfrac{19}{4}$

Chapter 2: Relations, Functions and Graphs

11. $3x + y = 6$

x-intercept: $(2, 0)$
$$3x + 0 = 6$$
$$3x = 6$$
$$x = 2$$

y-intercept: $(0, 6)$
$$3(0) + y = 6$$
$$y = 6$$

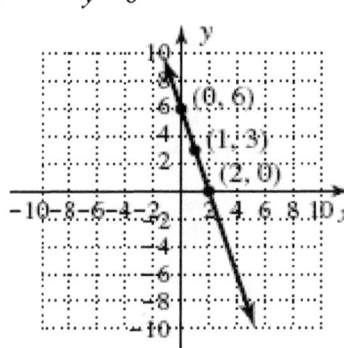

13. $5y - x = 5$

x-intercept: $(^-5, 0)$
$$5(0) - x = 5$$
$$-x = 5$$
$$x = -5$$

y-intercept: $(0, 1)$
$$5y - 0 = 5$$
$$5y = 5$$
$$y = 1$$

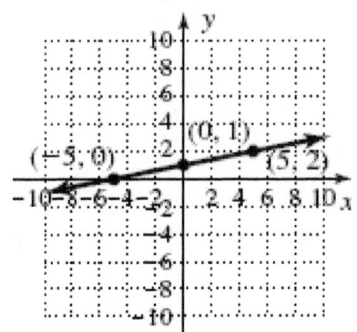

15. $-5x + 2y = 6$

x-intercept: $\left(-\dfrac{6}{5}, 0\right)$
$$-5x + 2(0) = 6$$
$$-5x = 6$$
$$x = -\dfrac{6}{5}$$

y-intercept: $(0, 3)$
$$-5(0) + 2y = 6$$
$$2y = 6$$
$$y = 3$$

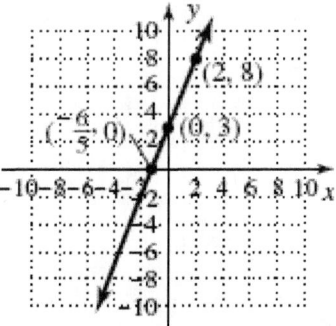

17. $2x - 5y = 4$

x-intercept: $(2, 0)$
$$2x - 5(0) = 4$$
$$2x = 4$$
$$x = 2$$

y-intercept: $\left(0, -\dfrac{4}{5}\right)$
$$2(0) - 5y = 4$$
$$-5y = 4$$
$$y = -\dfrac{4}{5}$$

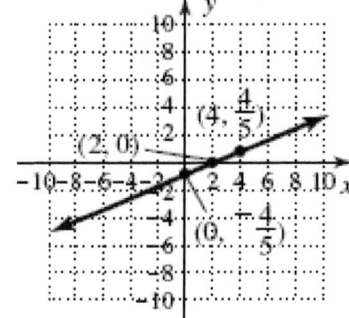

2.2 Linear Graphs and Rates of Change

19. $2x + 3y = -12$
x-intercept: $(-6, 0)$
$2x + 3(0) = -12$
$2x = -12$
$x = -6$
y-intercept: $(0, -4)$
$2(0) + 3y = -12$
$3y = -12$
$y = -4$

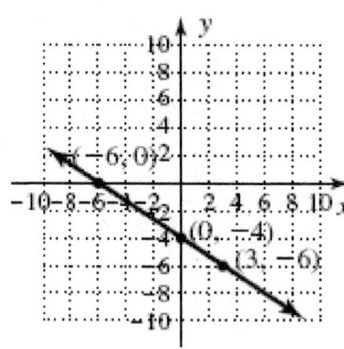

21. $y = -\dfrac{1}{2}x$
$y = -\dfrac{1}{2}(2)$
$y = -1$
$(2, -1);$
$y = -\dfrac{1}{2}x$
$y = -\dfrac{1}{2}(4)$
$y = -2$
$(4, -2);$
$y = -\dfrac{1}{2}x$
$y = -\dfrac{1}{2}(0)$
$y = 0$
$(0, 0)$

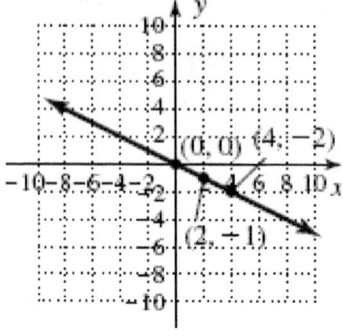

23. $y - 25 = 50x$
$y - 25 = 50(-1)$
$y - 25 = -50$
$y = -25$
$(-1, -25);$
$y - 25 = 50x$
$y - 25 = 50(1)$
$y - 25 = 50$
$y = 75$
$(1, 75)$

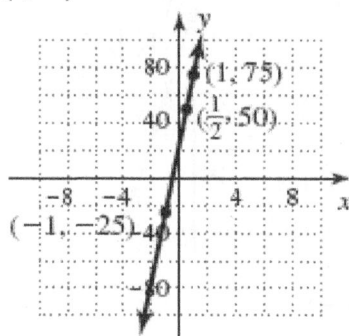

25. $y = -\dfrac{2}{5}x - 2$
x-intercept: $(-5, 0)$
$0 = -\dfrac{2}{5}x - 2$
$2 = -\dfrac{2}{5}x$
$\left(-\dfrac{5}{2}\right)(2) = \left(-\dfrac{5}{2}\right)\left(-\dfrac{2}{5}x\right)$
$-5 = x$
$(-5, 0);$
y-intercept: $(0, -2)$
$y = -\dfrac{2}{5}(0) - 2$
$y = -2$
$(0, -2)$

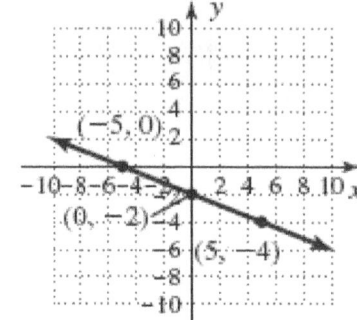

Chapter 2: Relations, Functions and Graphs

27. $2y - 3x = 0$
$2y - 3(2) = 0$
$2y - 6 = 0$
$2y = 6$
$y = 3$
(2, 3);
$2y - 3x = 0$
$2y - 3(4) = 0$
$2y - 12 = 0$
$2y = 12$
$y = 6$
(4, 6);
$2y - 3x = 0$
$2y - 3(0) = 0$
$2y = 0$
$y = 0$
(0, 0)

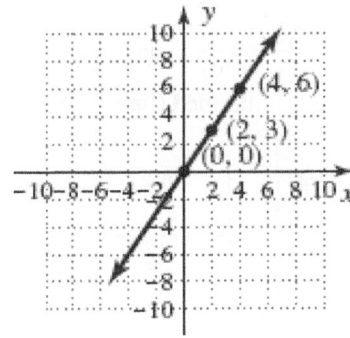

29. $3y + 4x = 12$
x-intercept: (3, 0)
$3(0) + 4x = 12$
$4x = 12$
$x = 3$
y-intercept: (0, 4)
$3y + 4(0) = 12$
$3y = 12$
$y = 4$

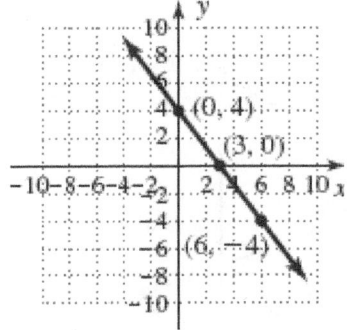

31. $m = \dfrac{6-5}{4-3} = \dfrac{1}{1} = 1$

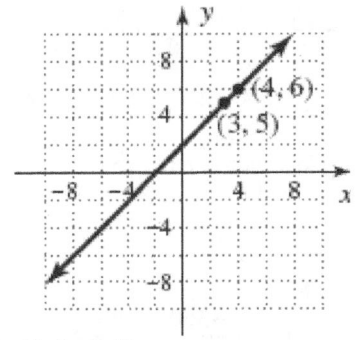

(2,4), (1,3)

33. $m = \dfrac{3-(-5)}{10-4} = \dfrac{8}{6} = \dfrac{4}{3}$

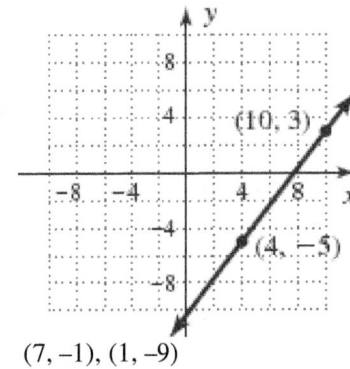

(7, –1), (1, –9)

2.2 Linear Graphs and Rates of Change

35. $m = \dfrac{-8-7}{1-(-3)} = \dfrac{-15}{4} = -\dfrac{15}{4}$

$(1,-8), \left(-1, -\dfrac{1}{2}\right)$

37. $m = \dfrac{2-6}{4-(-3)} = \dfrac{-4}{7} = -\dfrac{4}{7}$

$(-10, 10), (11, -2)$

39. $m = \dfrac{-\dfrac{1}{8} - \dfrac{5}{8}}{\dfrac{3}{4} + \dfrac{5}{4}} = \dfrac{-\dfrac{3}{4}}{2} = -\dfrac{3}{8}$

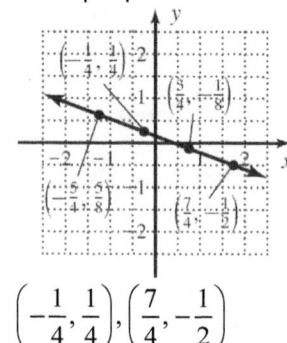

$\left(-\dfrac{1}{4}, \dfrac{1}{4}\right), \left(\dfrac{7}{4}, -\dfrac{1}{2}\right)$

41. a. $m = \dfrac{500 - 250}{4 - 2} = \dfrac{250}{2} = 125$

Cost increased $125,000 per 1000 square feet.

b. $375,000

43. a. $m = \dfrac{960 - 360}{80 - 30} = \dfrac{600}{50} = 12$

12 m³ dumped per garbage truck.

b. 83 trucks

45. a. $m = \dfrac{165 - 142}{70 - 64} = \dfrac{23}{6}$

A person weighs 23 pounds more for each additional 6 inches in height.

b. $\dfrac{23}{6} \approx 3.8$ pounds

47. Convert 48 feet to inches: $48(12) = 576$;
$(0, -6)$ represents position of the sewer line at edge of house;
$(576, -18)$ represents position of sewer line at the main line.

$m = \dfrac{-18 - (-6)}{576 - 0} = \dfrac{-12}{576} = -\dfrac{1}{48}$

The sewer line is one inch deeper for each

49. $m = \dfrac{-5 + 5}{-3 - 6} = \dfrac{0}{-9} = 0$

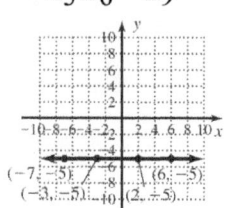

$(2, -5), (-7, -5)$

51. $m = \dfrac{-2 - 6}{-5 + 5} = \dfrac{-8}{0} =$ undefined

Slope is undefined (line is vertical)

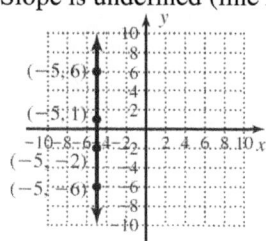

$(-5, 1), (-5, -6)$

Chapter 2: Relations, Functions and Graphs

53. $x = -3$
$x + 0y = -3$
$x + 0(4) = -3$
$x = -3$
(−3, 4);
$x + 0y = -3$
$x + 0(-4) = -3$
$x = -3$
(−3, −4)

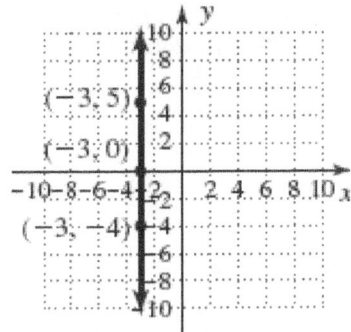

55. $x = 2$
$x + 0y = 2$
$x + 0(2) = 2$
$x = 2$
(2, 0)
$x + 0y = 2$
$x + 0(-2) = 2$
$x = 2$
(2, 0)

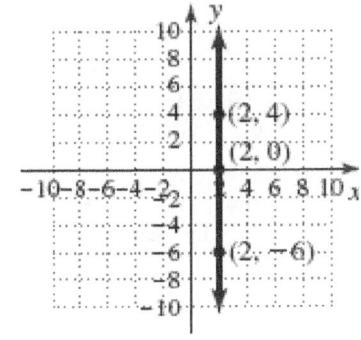

57. $L_1 : x = 2$
$L_2 : y = 4$
Point of intersection: (2, 4)

59. **a.** Choose any two points (t,j).
(0,9), (10,9)
$$m = \frac{9-9}{10-0} = \frac{0}{10} = 0$$
Which indicates there is no increase or decrease in the number of Supreme Court justices.

b. Choose any two points (t,n).
(0,0), (10,1)
$$m = \frac{1-0}{10-0} = \frac{1}{10}$$
Which indicates that over the last 5 decades, one non-white or non-female justice has been added to the court every ten years.

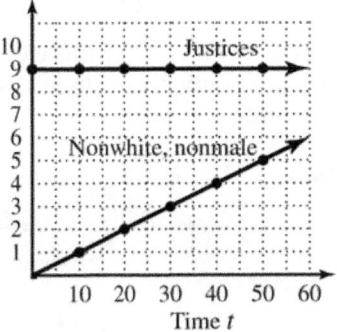

61. L_1: $m = \dfrac{6-0}{0-(-2)} = \dfrac{6}{2} = 3$

L_2: $m = \dfrac{5-8}{0-1} = \dfrac{-3}{-1} = 3$

Parallel

63. L_1: $m = \dfrac{-4-1}{-3-0} = \dfrac{-5}{-3} = \dfrac{5}{3}$

L_2: $m = \dfrac{4-0}{-4-0} = \dfrac{4}{-4} = -1$

Neither

65. L_1: $m = \dfrac{7-3}{8-6} = \dfrac{4}{2} = 2$

L_2: $m = \dfrac{2-0}{7-6} = \dfrac{2}{1} = 2$

Parallel

2.2 Linear Graphs and Rates of Change

67. $(-3, 7)$ $(2, 2)$
$m = \dfrac{2-7}{2-(-3)} = \dfrac{-5}{2+3} = \dfrac{-5}{5} = -1$;
$(2, 2)$ $(5, 5)$
$m = \dfrac{5-2}{5-2} = \dfrac{3}{3} = 1$
Right triangle because these two lines are perpendicular. Slopes: −1; 1

69. $(7, 0)$ $(-1, 0)$
$m = \dfrac{0-0}{-1-7} = 0$;
$(7, 0)$ $(7, 4)$
$m = \dfrac{4-0}{7-7}$ **Undefined**
Right triangle because these two lines are perpendicular. Slopes: 0; undefined.

71. $(-4, 3)$ $(-7, -1)$
$m = \dfrac{-1-3}{-7-(-4)} = \dfrac{-4}{-7+4} = \dfrac{-4}{-3} = \dfrac{4}{3}$;
$(-7, -1)$ $(3, -2)$
$m = \dfrac{-2-(-1)}{3-(-7)} = \dfrac{-2+1}{3+7} = \dfrac{-1}{10}$;
$(-4, 3)$ $(3, -2)$
$m = \dfrac{-2-3}{3-(-4)} = \dfrac{-5}{7}$
Not a right triangle. Lines are not perpendicular. Slopes: $\dfrac{4}{3}$; $\dfrac{-1}{10}$; $\dfrac{-5}{7}$

73. **a.** $L(30) = 0.15(30) + 73.7 = 78.2$ years
b. $L = 0.15T + 73.7$
$L - 73.7 = 0.15T$
$\dfrac{L - 73.7}{0.15} = T$
c. $79 = 0.15T + 73.7$
$5.3 = 0.15T$
$T = 35\dfrac{1}{3}$
$1980 + 35 = 2015$

75. $V = 8500 - 1250y$
a. $V = 8500 - 1250(4) = \$3500$
b. $2250 = 8500 - 1250y$
$-6250 = -1250y$
$5 = y$
5 years

77. Let h represent the water level, in inches. Let t represent the time, in months.
$h = -3t + 300$
a. $h = -3(9) + 300 = 273$ in.
b. Convert feet to inches:
$20(12) = 240$;
$240 = -3t + 300$
$-60 = -3t$
$20 = t$
20 months

79. $y = 386x + 3500$
a. $y = 386(10) + 3500$
$y = 7360$
$7,360
b. $9000 = 386x + 3500$
$5500 = 386x$
$14.25 \approx x$
$2000 + 14 = 2014$
Year 2014

81. $y = 0.6x + 18.1$
a. $y = 0.6(10) + 18.1$
$y = 6 + 18.1$
$y = 24.1$
24%
b. $30 = 0.6x + 18.1$
$11.9 = 0.6x$
$19.83 \approx x$
$1990 + 19.83 = 2009.83$
During the year 2009.

83. Slope of FM 1960: $\dfrac{38}{12}$;
Slope of FM 380: $\dfrac{30}{9.5}$;
Since $\dfrac{38}{12} \neq \dfrac{30}{9.5}$, the roads are not parallel and yes, the roads will meet.

Chapter 2: Relations, Functions and Graphs

85. a. (1999, 6.5), (2005, 44.5);
$\dfrac{\Delta s}{\Delta t} = \dfrac{19}{3} = \dfrac{6.\overline{3}}{1}$: screen time for kids 8 to 18 yrs old is increasing at a rate of over 6 h/yr.

b. Using the rate of change, $\dfrac{\Delta s}{\Delta t} = \dfrac{6.\overline{3}}{1}$

gives
$(2005+5, 44.5+5 \cdot 6.\overline{3}) \to (2010, 76.1\overline{6})$
; just over 76 h/week.

87. $4y + 2x = -5$
$4y = -2x - 5$
$y = -\dfrac{1}{2}x - \dfrac{5}{4};$
$3y + ax = -2$
$3y = -ax - 2$
$y = -\dfrac{a}{3}x - \dfrac{2}{3};$
$-\dfrac{a}{3} \cdot -\dfrac{1}{2} = -1$
$\dfrac{a}{6} = -1$
$a = -6$

89. $t_n = t_1 + (n-1)d$
a. $n = 21, t_1 = 2, d = 9 - 2 = 7$
$t_{21} = 2 + (21-1)7 = 142$
b. $n = 31, t_1 = 7, d = 4 - 7 = -3$
$t_{31} = 7 + (31-1)(-3) = -83$
c.
$n = 27, t_1 = 5.10, d = 5.25 - 5.10 = 0.15$
$t_{27} = 5.10 + (27-1)(0.15) = 9$
d. $n = 17, t_1 = \dfrac{3}{2}, d = \dfrac{9}{4} - \dfrac{3}{2} = \dfrac{3}{4}$
$t_{17} = \dfrac{3}{2} + (17-1)\left(\dfrac{3}{4}\right) = \dfrac{27}{2}$

91. a. $\sqrt{20} + 3\sqrt{45} - \sqrt{5} =$
$= (\sqrt{4} + 3\sqrt{9} - 1)\sqrt{5}$
$= (2 + 3(3) - 1)\sqrt{5}$
$= 10\sqrt{5}$

b. $(3+\sqrt{5})(3-\sqrt{5}) =$
$= 3^2 - (\sqrt{5})^2$
$= 9 - 5$
$= 4$

93. a. $x^3 - 3x^2 - 4x + 12 =$
$= x^2(x-3) - 4(x-3)$
$= (x-3)(x^2 - 4)$
$= (x-3)(x-2)(x+2)$

b. $x^2 - 23x - 24 =$
$= x^2 + x - 24x - 24$
$= x(x+1) - 24(x+1)$
$= (x+1)(x-24)$

c. $x^3 - 125 = (x-5)(x^2 + 5x + 25)$

2.3 Graphs and Special Forms of Linear Equations

2.3 Exercises

1. $-\dfrac{7}{4}$; $(0, 3)$

3. Answers will vary.

5. $4x + 5y = 10$
   $5y = -4x + 10$
   $y = -\dfrac{4}{5}x + 2$

x	$y = -\dfrac{4}{5}x + 2$
-5	$y = -\dfrac{4}{5}(-5) + 2 = 4 + 2 = 6$
-2	$y = -\dfrac{4}{5}(-2) + 2 = \dfrac{8}{5} + 2 = \dfrac{18}{5}$
0	$y = -\dfrac{4}{5}(0) + 2 = 0 + 2 = 2$
1	$y = -\dfrac{4}{5}(1) + 2 = -\dfrac{4}{5} + 2 = \dfrac{6}{5}$
3	$y = -\dfrac{4}{5}(3) + 2 = -\dfrac{12}{5} + 2 = -\dfrac{2}{5}$

7. $-0.4x + 0.2y = 1.4$
   $0.2y = 0.4x + 1.4$
   $y = 2x + 7$

x	$y = 2x + 7$
-5	$y = 2(-5) + 7 = -10 + 7 = -3$
-2	$y = 2(-2) + 7 = -4 + 7 = 3$
0	$y = 2(0) + 7 = 0 + 7 = 7$
1	$y = 2(1) + 7 = 2 + 7 = 9$
3	$y = 2(3) + 7 = 6 + 7 = 13$

9. $\dfrac{1}{3}x + \dfrac{1}{5}y = -1$
   $\dfrac{1}{5}y = -\dfrac{1}{3}x - 1$
   $y = -\dfrac{5}{3}x - 5$

x	$y = -\dfrac{5}{3}x - 5$
-5	$y = -\dfrac{5}{3}(-5) - 5 = \dfrac{25}{3} - 5 = \dfrac{10}{3}$
-2	$y = -\dfrac{5}{3}(-2) - 5 = \dfrac{10}{3} - 5 = -\dfrac{5}{3}$
0	$y = -\dfrac{5}{3}(0) - 5 = 0 - 5 = -5$
1	$y = -\dfrac{5}{3}(1) - 5 = -\dfrac{5}{3} - 5 = -\dfrac{20}{3}$
3	$y = -\dfrac{5}{3}(3) - 5 = -5 - 5 = -10$

11. $6x - 3y = 9$
    $-3y = -6x + 9$
    $y = 2x - 3$
    New Coefficient: 2
    New Constant: -3

13. $-0.5x - 0.3y = 2.1$
    $-0.3y = 0.5x + 2.1$
    $y = \dfrac{-5}{3}x - 7$
    New Coefficient: $\dfrac{-5}{3}$
    New Constant: -7

Chapter 2: Relations, Functions and Graphs

15. $\dfrac{5}{6}x + \dfrac{1}{7}y = -\dfrac{4}{7}$

$\dfrac{1}{7}y = -\dfrac{5}{6}x - \dfrac{4}{7}$

$y = -\dfrac{35}{6}x - 4$

New Coefficient: $-\dfrac{35}{6}$

New Constant: -4

17. $y = -\dfrac{4}{3}x + 5$

x	$y = -\dfrac{4}{3}x + 5$
0	$y = -\dfrac{4}{3}(0) + 5 = 0 + 5 = 5$
3	$y = -\dfrac{4}{3}(3) + 5 = -4 + 5 = 1$
6	$y = -\dfrac{4}{3}(6) + 5 = -8 + 5 = -3$

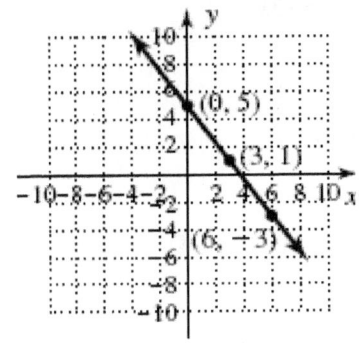

19. $y = -\dfrac{3}{2}x - 2$

x	$y = -\dfrac{3}{2}x - 2$
0	$y = -\dfrac{3}{2}(0) - 2 = 0 - 2 = -2$
2	$y = -\dfrac{3}{2}(2) - 2 = -3 - 2 = -5$
4	$y = -\dfrac{3}{2}(4) - 2 = -6 - 2 = -8$

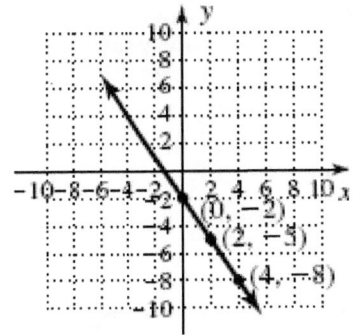

21. $y = -\dfrac{1}{6}x + 4$

x	$y = -\dfrac{1}{6}x + 4$
-6	$y = -\dfrac{1}{6}(-6) + 4 = 1 + 5 = 5$
0	$y = -\dfrac{1}{6}(0) + 4 = 0 + 4 = 4$
6	$y = -\dfrac{1}{6}(6) + 4 = -1 + 4 = 3$

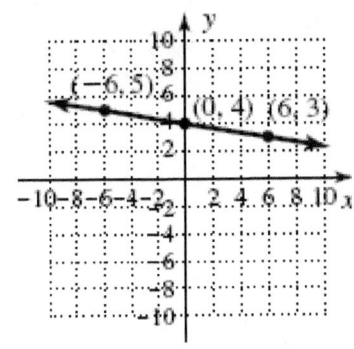

2.3 Graphs and Special Forms of Linear Equations

23. $3x + 4y = 12$

   x-intercept: (4, 0)   y-intercept: (0, 3)
   $3x + 4(0) = 12$ $3(0) + 4y = 12$
   $3x = 12$ $4y = 12$
   $x = 4$ $y = 3$

   a. $m = \dfrac{0-3}{4-0} = -\dfrac{3}{4}$

   b. $y = -\dfrac{3}{4}x + 3$

   c. The coefficient of x is the slope and the constant is the y-intercept.

25. $2x - 5y = 10$

   x-intercept: (5, 0)   y-intercept: (0, −2)
   $2x - 5(0) = 10$ $2(0) - 5y = 10$
   $2x = 10$ $-5y = 10$
   $x = 5$ $y = -2$

   a. $m = \dfrac{0-(-2)}{5-0} = \dfrac{2}{5}$

   b. $y = \dfrac{2}{5}x - 2$

   c. The coefficient of x is the slope and the constant is the y-intercept.

27. $4x - 5y = -15$

   x-intercept: $\left(-\dfrac{15}{4}, 0\right)$ y-intercept: (0, 3)
   $4x - 5(0) = -15$
   $4x = -15$
   $x = -\dfrac{15}{4}$
   $4(0) - 5y = -15$
   $-5y = -15$
   $y = 3$

   a. $m = \dfrac{0-3}{-\dfrac{15}{4}-0} = \dfrac{-3}{-\dfrac{15}{4}} = \dfrac{12}{15} = \dfrac{4}{5}$

   b. $y = \dfrac{4}{5}x + 3$

   c. The coefficient of x is the slope and the constant is the y-intercept.

29. $2x + 3y = 6$
    $3y = -2x + 6$
    $y = -\dfrac{2}{3}x + 2$
    $m = -\dfrac{2}{3}$; y-intercept (0, 2)

31. $5x + 4y = 20$
    $4y = -5x + 20$
    $y = -\dfrac{5}{4}x + 5$
    $m = -\dfrac{5}{4}$; y-intercept (0, 5)

33. $x = 3y$
    $y = \dfrac{1}{3}x$
    $m = \dfrac{1}{3}$; y-intercept (0, 0)

35. $3x + 4y - 12 = 0$
    $4y = -3x + 12$
    $y = -\dfrac{3}{4}x + 3$
    $m = -\dfrac{3}{4}$; y-intercept (0, 3)

37. $m = \dfrac{2}{3}$; y-intercept (0, 1)
    $y = mx + b$
    $y = \dfrac{2}{3}x + 1$

39. $m = -2$; y-intercept (0, −3)
    $y = mx + b$
    $y = -2x - 3$

41. $m = -\dfrac{3}{2}$; y-intercept (0, −4)
    $y = mx + b$
    $y = -\dfrac{3}{2}x - 4$

43. $m = 2$; (5, −3)
    $y - y_1 = m(x - x_1)$
    $y + 3 = 2(x - 5)$
    $y + 3 = 2x - 10$
    $y = 2x - 13$

86

Chapter 2: Relations, Functions and Graphs

45. $m = 250$; $(14, 4000)$
$y - y_1 = m(x - x_1)$
$y - 4000 = 250(x - 14)$
$y - 4000 = 250x - 3500$
$y = 250x + 500$
$f(x) = 250x + 500$

47. $y = \dfrac{2}{3}x + 3$

$m = \dfrac{2}{3}$; y-intercept $(0, 3)$

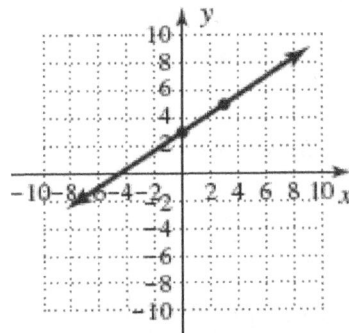

49. $y = -\dfrac{1}{3}x + 2$

$m = \dfrac{-1}{3}$; y-intercept $(0, 2)$

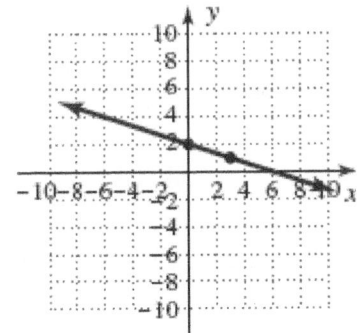

51. $y = 2x - 5$
$m = 2$; y-intercept $(0, -5)$

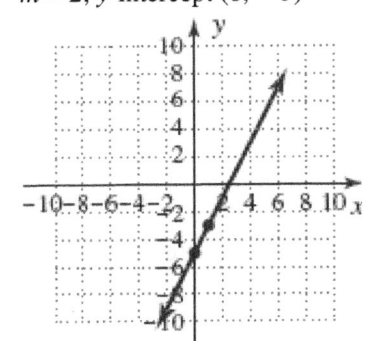

53. $f(x) = \dfrac{1}{2}x - 3$

$m = \dfrac{1}{2}$; y-intercept $(0, -3)$

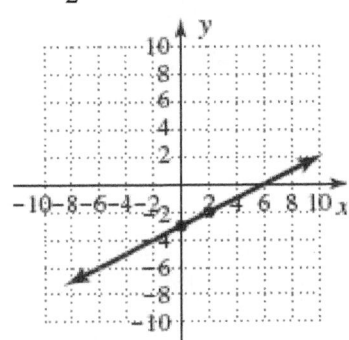

55. $3x + 5y = 20$
$5y = -3x + 20$
$y = -\dfrac{3}{5}x + 4$

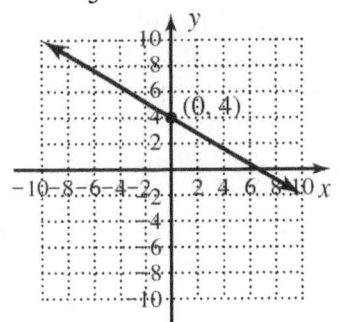

57. $2x - 3y = 15$
$-3y = -2x + 15$
$y = \dfrac{2}{3}x - 5$

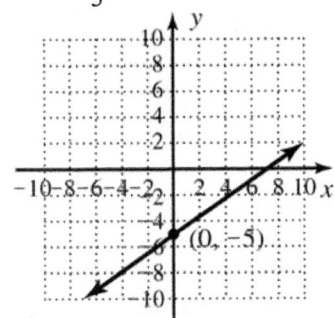

87

2.3 Graphs and Special Forms of Linear Equations

59. $2x - 5y = 10$
$-5y = -2x + 10$
$y = \frac{2}{5}x - 2$
$m = \frac{2}{5}$; y-intercept $(0, 4)$
$y = mx + b$
$y = \frac{2}{5}x + 4$

61. $5y - 3x = 9$
$5y = 3x + 9$
$y = \frac{3}{5}x + \frac{9}{5}$
$m = -\frac{5}{3}$; $(6, -3)$;
$y - y_1 = m(x - x_1)$
$y - (-3) = -\frac{5}{3}(x - 6)$
$y + 3 = -\frac{5}{3}x + 10$
$y = -\frac{5}{3}x + 7$

63. $12x + 5y = 65$
$5y = -12x + 65$
$y = -\frac{12}{5}x + 13$
$m = -\frac{12}{5}$; $(-2, -1)$
$y - y_1 = m(x - x_1)$
$y + 1 = -\frac{12}{5}(x + 2)$
$y + 1 = -\frac{12}{5}x - \frac{24}{5}$
$y = -\frac{12}{5}x - \frac{29}{5}$

65. $y = -3$ has slope of zero.
Slope of any line parallel to this line has the same slope, 0.
$y = mx + b$
$5 = 0(2) + b$
$5 = b$;
$y = 0x + 5$
$y = 5$

67. $4y - 5x = 8$
$4y = 5x + 8$
$y = \frac{5}{4}x + 2$;
$5y + 4x = -15$
$5y = -4x - 15$
$y = -\frac{4}{5}x - 3$
Perpendicular

69. $2x - 5y = 20$
$-5y = -2x + 20$
$y = \frac{2}{5}x - 4$;
$4x - 3y = 18$
$-3y = -4x + 18$
$y = \frac{4}{3}x - 6$
Neither

71. $3x + 4y = 12$
$4y = -3x + 12$
$y = -\frac{3}{4}x + 3$;
$6x + 8y = 2$
$8y = -6x + 2$
$y = -\frac{3}{4}x + \frac{1}{4}$
Parallel; slopes are the same.

Chapter 2: Relations, Functions and Graphs

73. $(-4,0),(5,4)$

$$m = \frac{4-0}{5-(-4)} = \frac{4}{9}$$

a. $y - 3 = \frac{4}{9}(x-(-1))$

$y - 3 = \frac{4}{9}(x+1)$

$y - 3 = \frac{4}{9}x + \frac{4}{9}$

$y = \frac{4}{9}x + \frac{31}{9}$

b. $y - 3 = \frac{-9}{4}(x-(-1))$

$y - 3 = \frac{-9}{4}(x+1)$

$y - 3 = \frac{-9}{4}x - \frac{9}{4}$

$y = \frac{-9}{4}x + \frac{3}{4}$

75. $(-2,3),(4,0)$

$$m = \frac{0-3}{4-(-2)} = \frac{-3}{6} = \frac{-1}{2}$$

a. $y-(-2) = \frac{-1}{2}(x-0)$

$y + 2 = \frac{-1}{2}x$

$y = \frac{-1}{2}x - 2$

b. $y-(-2) = 2(x-0)$

$y + 2 = 2x$

$y = 2x - 2$

77. $m = 2;\ P_1 = (2,-5)$

$y - y_1 = m(x - x_1)$

$y + 5 = 2(x-2)$

$y + 5 = 2x - 4$

$y = 2x - 9$

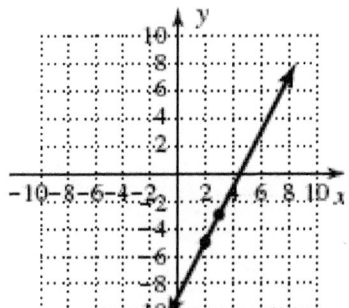

79. $P_1(3,-4), P_2(11,-1)$

$$m = \frac{-1-(-4)}{11-3} = \frac{3}{8};$$

$y - y_1 = m(x - x_1)$

$y-(-4) = \frac{3}{8}(x-3)$

$y + 4 = \frac{3}{8}x - \frac{9}{8}$

$y = \frac{3}{8}x - \frac{41}{8}$

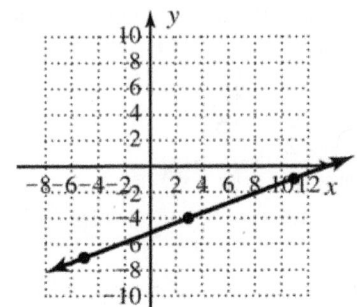

89

2.3 Graphs and Special Forms of Linear Equations

81. $m = 0.5$; $P_1 = (1.8, -3.1)$
$y - y_1 = m(x - x_1)$
$y + 3.1 = 0.5(x - 1.8)$
$y + 3.1 = 0.5x - 0.9$
$y = 0.5x - 4$

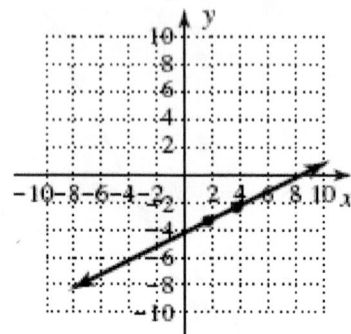

83. $m = \dfrac{6}{5}$; $(4, 2)$
$y - y_1 = m(x - x_1)$
$y - 2 = \dfrac{6}{5}(x - 4)$
For each 5000 additional sales, income rises $6000.

85. $m = -20$; $(0.5, 100)$
$y - y_1 = m(x - x_1)$
$y - 100 = -20(x - 0.5)$
For every hour of television, a student's final grade falls 20%.

87. $m = \dfrac{35}{2}$; $(0.5, 10)$
$y - y_1 = m(x - x_1)$
$y - 10 = \dfrac{35}{2}(x - 0.5)$
Every 2 inches of rainfall increases the number of cattle raised per acre by 35.

89. C

91. A

93. B

95. D

97. $ax + by = c$
$by = -ax + c$
$y = -\dfrac{a}{b}x + \dfrac{c}{b}$
Slope $m = -\dfrac{a}{b}$, y-intercept $= \dfrac{c}{b}$

  a. $3x + 4y = 8$
$m = -\dfrac{a}{b} = -\dfrac{3}{4}$;
$y-\text{int} = \dfrac{c}{b} = \dfrac{8}{4} = 2, (0, 2)$

  b. $2x + 5y = -15$
$m = -\dfrac{a}{b} = -\dfrac{2}{5}$;
$y-\text{int} = \dfrac{c}{b} = \dfrac{-15}{5} = -3, (0, -3)$

  c. $5x - 6y = -12$
$m = -\dfrac{a}{b} = -\dfrac{5}{-6} = \dfrac{5}{6}$;
$y-\text{int} = \dfrac{c}{b} = \dfrac{-12}{-6} = 2, (0, 2)$

  d. $3y - 5x = 9$
$m = -\dfrac{a}{b} = -\dfrac{-5}{3} = \dfrac{5}{3}$;
$y-\text{int} = \dfrac{c}{b} = \dfrac{9}{3} = 3, (0, 3)$

99. a. As the temperature increases 5°C, the velocity of sound waves increases 3 m/sec. At a temperature of 0°C, the velocity is 331 m/sec.

  b. $V(20) = \dfrac{3}{5}(20) + 331 = 343$ m/sec

  c. $361 = \dfrac{3}{5}C + 331$
$30 = \dfrac{3}{5}C$
$50 = C$
The temperature of the air is 50°C.

Chapter 2: Relations, Functions and Graphs

101. a. $m = \dfrac{210-190}{4-0} = \dfrac{20}{4} = 5$
Value depends on time
$V(t) = 5t + 190$
b. Every year, the coin increased in value by $5. The initial value was $190.
c. $V(8) = 5(8) + 190$
$= 40 + 190$
$= 230$
The penny will be worth $230.00.
d. $270 = 5t + 190$
$80 = 5t$
$16 = t$
After 16 yr

103. a. $m = \dfrac{220-143}{2008-2001} = \dfrac{77}{7} = 11$
$U = 11t + c$
$143 = 11(1) + c$
$c = 132$
$U = 11t + 132$
The number of Internet users depends on time: $U = 11t + 132$
b. $\dfrac{\Delta U}{\Delta t} = \dfrac{11}{1}$, the number of users grows by 11 million every year.
c. $11(10) + 132 = 242$, there will be about 242 million users in 2010.
d. $U = 300$ gives $300 = 11t + 132$, with $t \approx 15.3$; in the year 2015.

105. a. $m = \dfrac{9740 - 11,200}{8 - 4} = \dfrac{-1460}{4} = -365$
$E = -365d + 11,200$
Elevation depends on driving distance:
$E = -365d + 11,200$
b. $\dfrac{\Delta E}{\Delta d} = \dfrac{-365}{1}$, elevation decreases 365 ft each mile;
$-365(0) + 11,200 = 11,200$ ft tunnel elevation.
c. $-365(8) + 11,200 = 8280,$ the elevation would be 8280 ft.
d. $\dfrac{\Delta E}{\Delta d} = \dfrac{-365}{5280} \approx -0.069$ shows the grade is about 6.9%.

107. a. $3x + 2y = 12$
$2y = -3x + 12$
$y = -\dfrac{3}{2}x + 6$
b. $a = 3, b = 2, x = 6$, and $y = -7$ gives $(3)(6) + (2)(-7) = k$, with $k = 4$. The equation is $3x + 2y = 4$, or
$y = -\dfrac{3}{2}x + 2$; verified
c. $a = 3, b = 2, x = 6$, and $y = -7$ gives $(2)(6) - (3)(-7) = k$, with $k = 33$. The equation is $2x - 3y = 33$, or
$y = \dfrac{2}{3}x - 11$; verified

109.
Graph 1: D
Graph 2: A
Graph 3: C
Graph 4: B
Graph 5: F
Graph 6: H

111. a. $27^{\frac{2}{3}} = \left(\sqrt[3]{27}\right)^2 = 3^2 = 9$
b. $\sqrt{81x^2} = 9\sqrt{x^2} = 9|x|$

113. $A = \pi r^2$
Larger circle: Smaller Circle
$A = \pi(10)^2$ $A = \pi(8)^2$
$A = 100\pi$ $A = 64\pi$
$100\pi - 64\pi = 36\pi \approx 113.10$ yds^2

Chapter 2 Mid-Chapter Check

Mid-Chapter Check

1. $y = 2x^2 - 3$
   $y = 2(-6)^2 - 3 = 69$
   $y = 2(-4)^2 - 3 = 29$
   $y = 2(-2)^2 - 3 = 5$
   $y = 2(0)^2 - 3 = -3$
   $y = 2(2)^2 - 3 = 5$
   $y = 2(4)^2 - 3 = 29$
   $y = 2(6)^2 - 3 = 69$

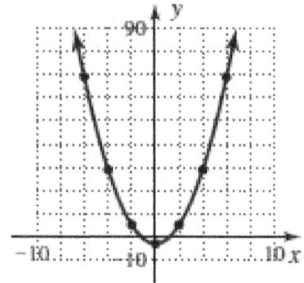

3. $(x-h)^2 + (y-12)^2 = r^2$
   $(x+5)^2 + (y-12)^2 = 169$
   Center: $(h, k) \to (-5, 12)$
   Radius: $r^2 = 169$
   $\sqrt{r^2} = \sqrt{169}$
   $r = 13$

5. $(-3, 8)$ and $(4, -10)$
   $m = \dfrac{-10-8}{4-(-3)} = \dfrac{-18}{7}$

7. a. $E(x) = 950 + 7.5x$
   b. $E(20) = 950 + 7.5(20) = 1100$
      $E(30) = 950 + 7.5(30) = 1175$
      $E(40) = 950 + 7.5(40) = 1250$
   c.

   d. $1300 > 950 + 7.5x$
      $350 > 7.5x$
      $x > 46.\overline{66}$
   Sahara must sell 47 snowboards to top $1300.

9. a. $m = \dfrac{30,000 - 21,000}{0 - 3} = \dfrac{9000}{-3} = -3000$
   Let V = the value of the car and t = the number of years after 2010.
   $V(t) = -3000t + 30,000$
   b. $V(5) = -3000(5) + 30,000$
      $= -15,000 + 30,000$
      $= 15,000$
   The car will be worth $15,000 in 2015
   c. 10% of the purchase price is 0.10 (30,000) = 3000
      $3000 = -3000t + 30,000$
      $-27,000 = -3000t$
      $t = 9$
   The car will be worth $3000 nine years after 2010 or in 2019.

2.4 Exercises

1. first

3. Answers will vary.

5. Function

7. Not a function. The Shaq is paired with two heights.

9. The summer temperatures "hit" 106° in two different years and we cannot be sure which year is intended.

11. Not a function; 4 is paired with 2, 7, and −5.

13. Function

Chapter 2: Relations, Functions and Graphs

15. Function

17. Not a function, -2 is paired with 3 and -4.

19. Function

21. Function

23. **Not a function, 0 is paired with 4 and -4.**

25. Function

27. **Not a function, 5 is paired with –1 and 1.**

29. Function

31.

x	$y = x$
-2	$y = -2$
-1	$y = -1$
0	$y = 0$
1	$y = 1$
2	$y = 2$

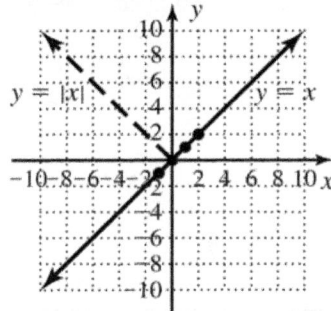

Function

33.

x	$y = (x+2)^2$
-4	$y = (-4+2)^2 = 4$
-3	$y = (-3+2)^2 = 1$
-2	$y = (-2+2)^2 = 0$
-1	$y = (-1+2)^2 = 1$
0	$y = (0+2)^2 = 4$
1	$y = (1+2)^2 = 9$

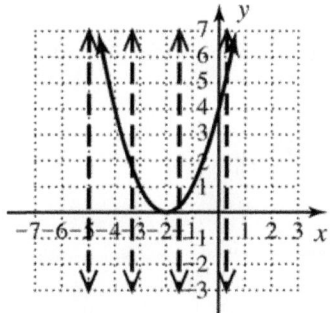

Function

35. Function; $x \in [-4,-5]$ $y \in [-2,3]$

37. Function; $x \in [-4,\infty)$ $y \in [-4,\infty)$

39. Function; $x \in [-4,4]$ $y \in [-5,-1]$

41. Function; $x \in (-\infty,\infty)$ $y \in (-\infty,\infty)$

43. Not a function; $x \in [-3,5]$ $y \in [-3,3]$

45. Not a function; $x \in (-\infty,3]$ $y \in (-\infty,\infty)$

47. $f(x) = \dfrac{3}{x-5}$
$x - 5 = 0$
$x = 5$
$x \in (-\infty,5) \cup (5,\infty)$

2.4 Functions, Function Notation, and the Graph of a Function

49. $h(a) = \sqrt{3a+5}$
$3a+5 \geq 0$
$3a \geq -5$
$a \geq -\dfrac{5}{3}$
$a \in \left[-\dfrac{5}{3}, \infty\right)$

51. $v(x) = \dfrac{x+2}{x^2-25}$
$x^2 - 25 = 0$
$x^2 = 25$
$x = \pm 5$
$x \in (-\infty,-5) \cup (-5,5) \cup (5,\infty)$

53. $u = \dfrac{v-5}{v^2-18}$
$v^2 - 18 = 0$
$v^2 = 18$
$v = \pm 3\sqrt{2}$
$v \in \left(-\infty,-3\sqrt{2}\right) \cup \left(-3\sqrt{2},3\sqrt{2}\right) \cup \left(3\sqrt{2},\infty\right)$

55. $y = \dfrac{17}{25}x + 123$
$x \in (-\infty, \infty)$

57. $m = n^2 - 3n - 10$
$n \in (-\infty, \infty)$

59. $y = 2|x| + 1$
$x \in (-\infty, \infty)$

61. $y_1 = \dfrac{x}{x^2-3x-10}$
$x^2 - 3x - 10 = 0$
$(x-5)(x+2) = 0$
$x = 5$ or $x = -2$
$x \in (-\infty,-2) \cup (-2,5) \cup (5,\infty)$

63. $y = \dfrac{\sqrt{x-2}}{2x-5}$, $x \geq 2$
$2x - 5 = 0$
$2x = 5$
$x = \dfrac{5}{2}$
$x \in \left[2, \dfrac{5}{2}\right) \cup \left(\dfrac{5}{2}, \infty\right)$

65. $h(x) = \dfrac{-2}{\sqrt{4+x}}$
Since the radicand must be non-negative and the denominator cannot equal zero, solve the inequality: $4+x > 0$, $x > -4$.
Domain: $x \in (-4, \infty)$

67. $g(x) = \sqrt{\dfrac{-4}{3-x}}$
Since the radicand must be non-negative, solve the inequality: $\dfrac{-4}{3-x} \geq 0, x \neq 3$
Use test points to each side of 3.
If $x = 0$, $\dfrac{-4}{3-0} \geq 0$ false
If $x = 4$, $\dfrac{-4}{3-4} \geq 0$ true
Domain: $x \in (3, \infty)$

69. $r(x) = \dfrac{2x-1}{\sqrt{3x-7}}$
Since the radicand must be non-negative and the denominator cannot equal zero, solve the
$3x - 7 > 0$
inequality: $3x > 7$
$x > \dfrac{7}{3}$
Domain: $x \in \left(\dfrac{7}{3}, \infty\right)$

Chapter 2: Relations, Functions and Graphs

71. $f(x) = \dfrac{1}{2}x + 3$

$f(-6) = \dfrac{1}{2}(-6) + 3 = -3 + 3 = 0$

$f\left(\dfrac{6}{5}\right) = \dfrac{1}{2}\left(\dfrac{6}{5}\right) + 3 = \dfrac{3}{5} + 3 = \dfrac{18}{5}$

$f(2c) = \dfrac{1}{2}(2c) + 3 = c + 3$

$f(c+1) = \dfrac{1}{2}(c+1) + 3 = \dfrac{c}{2} + \dfrac{1}{2} + 3 = \dfrac{c+7}{2}$

73. $f(x) = 5x^2 - 4x$

$f(-6) = 5(-6)^2 - 4(-6) = 180 + 24 = 204$

$f\left(\dfrac{6}{5}\right) = 5\left(\dfrac{6}{5}\right)^2 - 4\left(\dfrac{6}{5}\right) = \dfrac{36}{5} - \dfrac{24}{5} = \dfrac{12}{5}$

$f(2c) = 5(2c)^2 - 4(2c) = 20c^2 - 8c$

$f(c+1) = 5(c+1)^2 - 4(c+1) = 5c^2 + 6c + 1$

75. $h(x) = \dfrac{12}{x}$

$h(3) = \dfrac{12}{(3)} = 4$

$h\left(-\dfrac{2}{3}\right) = \dfrac{12}{\left(-\dfrac{2}{3}\right)} = -18$

$h(3a) = \dfrac{12}{3a} = \dfrac{4}{a}$

$h(a-2) = \dfrac{12}{a-2}$

77. $h(x) = \dfrac{5|x|}{x}$

$h(3) = \dfrac{5|3|}{3} = \dfrac{5(3)}{3} = 5$;

$h\left(-\dfrac{2}{3}\right) = \dfrac{5\left|-\dfrac{2}{3}\right|}{-\dfrac{2}{3}} = \dfrac{5\left(\dfrac{2}{3}\right)}{-\dfrac{2}{3}} = -5$;

$h(3a) = \dfrac{5|3a|}{3a} = \dfrac{15|a|}{3a} = \dfrac{5|a|}{a}$;

-5 if $a < 0$; 5 if $a > 0$

$h(a-2) = \dfrac{5|a-2|}{a-2}$

5 if $a > 2$ or -5 if $a < 2$

79. $g(r) = 2\pi r$

$g(0.4) = 2\pi(0.4) = 0.8\pi$;

$g\left(\dfrac{9}{4}\right) = 2\pi\left(\dfrac{9}{4}\right) = \dfrac{9}{2}\pi$;

$g(h) = 2\pi(h) = 2\pi h$

81. $g(r) = \pi r^2$

$g(0.4) = \pi(0.4)^2 = 0.16\pi$;

$g\left(\dfrac{9}{4}\right) = \pi\left(\dfrac{9}{4}\right)^2 = \dfrac{81}{16}\pi$;

$g(h) = \pi(h)^2 = \pi h^2$

83. $p(x) = \sqrt{2x-1}$

$p(5) = \sqrt{2(5)-1} = \sqrt{9} = 3$

$p\left(\dfrac{3}{2}\right) = \sqrt{2\left(\dfrac{3}{2}\right)-1} = \sqrt{2}$

$p(3a) = \sqrt{2(3a)-1} = \sqrt{6a-1}$

$p(a-1) = \sqrt{2(a-1)-1} = \sqrt{2a-3}$

85. $p(x) = \dfrac{3x^2-5}{x^2}$

$p(0.5) = \dfrac{3(0.5)^2 - 5}{(0.5)^2} = \dfrac{3(0.25)-5}{0.25}$

$= \dfrac{0.75-5}{0.25} = \dfrac{-4.25}{0.25} = -17$

$p\left(\dfrac{9}{4}\right) = \dfrac{3\left(\dfrac{9}{4}\right)^2 - 5}{\left(\dfrac{9}{4}\right)^2} = \dfrac{3\left(\dfrac{81}{16}\right)-5}{\dfrac{81}{16}}$

$= \dfrac{\dfrac{243}{16} - 5}{\dfrac{81}{16}} = \dfrac{\dfrac{163}{16}}{\dfrac{81}{16}} = \dfrac{163}{81}$;

$p(a) = \dfrac{3(a)^2 - 5}{(a)^2} = \dfrac{3a^2 - 5}{a^2}$

87. a. D:$\{-1, 0, 1, 2, 3, 4, 5\}$
b. R:$\{-2, -1, 0, 1, 2, 3, 4\}$
c. $f(2) = 1$
d. $f(-1) = 4$

2.4 Functions, Function Notation, and the Graph of a Function

89.
a. $x \in [-5, 5]$
b. $y \in [-3, 4]$
c. $f(2) = -2$
d. when $y = 1$, $x = 0$ and $x = -4$.

91.
a. $x \in [-3, \infty)$
b. $y \in (-\infty, 4]$
c. $f(2) = 2$
d. when $y = 2$, $x = 2$ and $x = -2$

93. $W(H) = \dfrac{9}{2}H - 151$

a. $W(75) = \dfrac{9}{2}(75) - 151 = 186.5$ lb

b. $W(72) = \dfrac{9}{2}(72) - 151 = 173$ lb
$210 - 173 = 37$ lb

95. $s = 29t + 96$

a. Let $t = 3, s = 29(3) + 96 = 183$;
Let $t = 5, s = 29(5) + 96 = 241$;
Let $t = 7, s = 29(7) + 96 = 299$;
Let $t = 9, s = 29(9) + 96 = 357$;
Let $t = 11, s = 29(11) + 96 = 415$;
$(3, 183), (5, 241), (7, 299),$
$(9, 357), (11, 415)$

b. Let $t = 13, s = 29(13) + 96 = 473$
Average amount spend in 2013 is $473.

c. Let $s = 500$,
$500 = 29t + 96$
$404 = 29t$
$13\dfrac{27}{29} = t$
In 2014, annual spending surpasses $500.

d.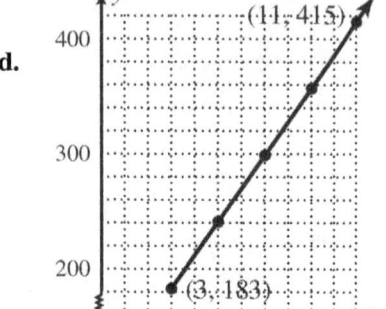

97.
a. $N(g) = 2.5g$
b. $g \in [0, 5]$; $N \in [0, 12.5]$

99.
a. $D \in [0, \infty)$
b. $V(7.5) = 100\pi(7.5) = 750\pi$
c. $V\left(\dfrac{8}{\pi}\right) = 100\pi\left(\dfrac{8}{\pi}\right) = 800$ cm^3

101.
a. $c(t) = 42.50t + 50$
b. $c(2.5) = 42.50(2.5) + 50 = \$156.25$
c. $262.50 = 42.50t + 50$
$212.50 = 42.50t$
$5\text{ hr} = t$
d. $500 = 42.50t + 50$
$450 = 42.50t$
$10.6\text{ hr} \approx t$
$t \in [0, 10.6]$; $c \in [0, 500]$

103.
a. Grass height depends on time:
$H(t) = 2.1t + 1.9$
b. $H(3) = 2.1(3) + 1.9 = 6.3 + 1.9 = 8.2$,
the grass will be 8.2 cm tall.
c. $H(t) = 14.5$, $14.5 = 2.1t + 1.9$ gives $t = 6$. He can avoid mowing the yard for 6 weeks.

105.
a. yes, it passes the vertical line test.
b. between 35 and 40
c. 2013

Chapter 2: Relations, Functions and Graphs

107. Negative outputs become positive.

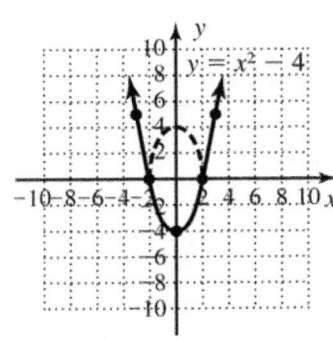

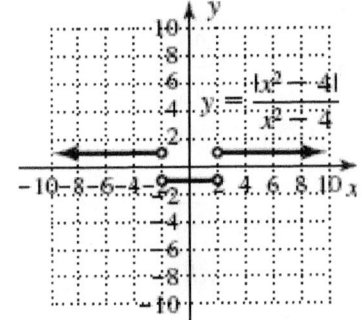

109. Center: $(4, -1)$ Radius 5.

$(x-4)^2 + (y+1)^2 = 25$

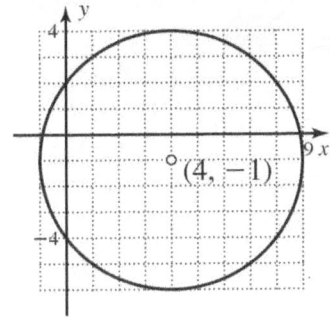

111. $3x^2 - 4x - 7 = 0$

$x = \dfrac{4 \pm \sqrt{(-4)^2 + 4(7)(3)}}{2(3)}$

$x = \dfrac{4 \pm \sqrt{16 + 84}}{6}$

$x = \dfrac{4 \pm \sqrt{100}}{6}$

$x = \dfrac{4 \pm 10}{6}$

$x = -1$ or $x = 2\dfrac{1}{3}$

Check:

$3(-1)^2 - 4(-1) - 7 = 0$

$3 + 4 - 7 = 0$

$0 = 0$

$3\left(2\dfrac{1}{3}\right)^2 - 4\left(2\dfrac{1}{3}\right) - 7 = 0$

$3\left(\dfrac{49}{9}\right) - 4\left(\dfrac{7}{3}\right) - 7 = 0$

$\dfrac{49}{3} - \dfrac{28}{3} - \dfrac{21}{3} = 0$

$0 = 0$

2.5 Exercises

1. even, y-axis, odd, origin

3. Answers will vary.

5.

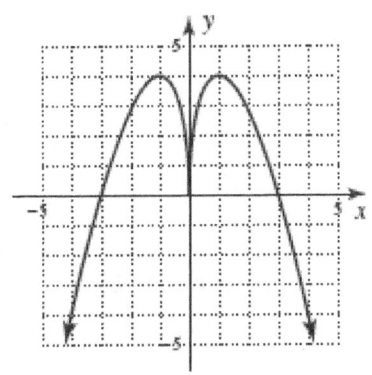

2.5 Analyzing the Graph of a Function

7. $f(x) = -7|x| + 3x^2 + 5$
$f(k) = -7|k| + 3(k)^2 + 5;$
$f(-k) = -7|-k| + 3(-k)^2 + 5$
$= -7|k| + 3(k)^2 + 5 = f(k);$
Even

9. $g(x) = \frac{1}{3}x^4 - 5x^2 + 1$
$g(k) = \frac{1}{3}(k)^4 - 5(k)^2 + 1$
$= \frac{1}{3}k^4 - 5k^2 + 1;$
$g(-k) = \frac{1}{3}(-k)^4 - 5(-k)^2 + 1$
$= \frac{1}{3}k^4 - 5k^2 + 1;$
$g(k) = g(-k)$
Even

11.

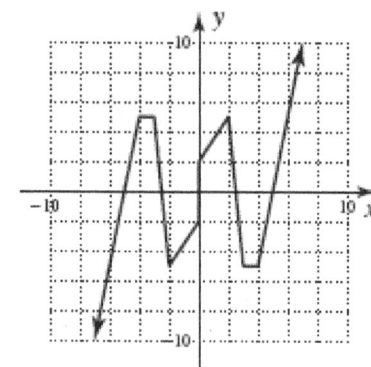

13. $f(x) = 4\sqrt[3]{x} - x$
$f(k) = 4\sqrt[3]{k} - k$
$f(-k) = 4\sqrt[3]{-k} - (-k)$
$= -4\sqrt[3]{k} + k = -(4\sqrt[3]{k} - k);$
$f(k) = -f(k)$
Odd

15. $p(x) = 3x^3 - 5x^2 + 1$
$p(k) = 3(k)^3 - 5(k)^2 + 1$
$= 3k^3 - 5k^2 + 1$
$p(-k) = 3(-k)^3 - 5(-k)^2 + 1$
$= -3k^3 - 5k^2 + 1$
$p(k) \neq -p(k);$ Not Odd

17. $w(x) = x^3 - x^2$
$w(-x) = (-x)^3 - (-x)^2$
$= -x^3 - x^2;$ neither

19. $p(x) = 2\sqrt[3]{x} - \frac{1}{4}x^3$
$p(-x) = 2\sqrt[3]{(-x)} - \frac{1}{4}(-x)^3$
$= -2\sqrt[3]{x} + \frac{1}{4}x^3 = -\left(2\sqrt[3]{x} - \frac{1}{4}x^3\right);$ odd

21. $v(x) = x^3 + 3|x|$
$v(-x) = (-x)^3 + 3|-x|$
$= -x^3 + 3|x|;$ neither

23. $h(x) = 4x\sqrt{x^2 - 6}$
$h(-x) = 4(-x)\sqrt{(-x)^2 - 6}$
$= -4x\sqrt{x^2 - 6} = -\left(4x\sqrt{x^2 - 6}\right)$
Odd

25. $f(x) = x^3 - 3x^2 - x + 3$
Verify Zeros: Let $f(x) = 0$
$0 = x^2(x - 3) - (x - 3)$
$0 = (x - 3)(x^2 - 1)$
$0 = (x - 3)(x + 1)(x - 1)$
Zeros: $(-1, 0), (1, 0), (3, 0)$
For $f(x) \geq 0$, $x \in [-1, 1] \cup [3, \infty)$

27. $g(x) = x^4 - 2x^2 + 1$
Verify Zeros: Let $g(x) = 0$
$0 = x^4 - 2x^2 + 1$
$0 = (x^2 - 1)(x^2 - 1)$
$0 = (x + 1)(x - 1)(x + 1)(x - 1)$
Zeros: $(-1, 0), (1, 0)$
For
$g(x) > 0, x \in (-\infty, -1) \cup (-1, 1) \cup (1, \infty)$

Chapter 2: Relations, Functions and Graphs

29. $p(x) = x^3 + 2x^2 - 4x - 8$
    Verify Zeros: Let $p(x) = 0$
    $0 = x^3 + 2x^2 - 4x - 8$
    $0 = x^2(x+2) - 4(x+2)$
    $0 = (x+2)(x^2 - 4)$
    $0 = (x+2)(x+2)(x-2)$
    Zeros: $(-2, 0), (2, 0)$
    For $p(x) \geq 0$, $x \in \{-2\} \cup [2, \infty)$

31. $q(x) = \sqrt{x+1} - 2$
    Verify Zeros: Let $q(x) = 0$
    $0 = \sqrt{x+1} - 2$
    $2 = \sqrt{x+1}$
    $4 = x+1$
    $0 = (x-3)$
    Zeros: $(3, 0)$
    $q(x) > 0$ for $x \in (3, \infty)$

33. $f(x) \uparrow : (-3, 1) \cup (4, 6)$
    $f(x) \downarrow : (-\infty, -3), (1, 4)$
    Constant : None

35. $f(x) \uparrow : (1, 4)$
    $f(x) \downarrow : (-2, 1) \cup (4, \infty)$
    Constant: $(-\infty, -2)$

37. $p(x) = 0.5(x+2)^3$
    a. $p(x) \uparrow : x \in (-\infty, \infty)$
        $p(x) \downarrow$: None
    b. down, up

39. $y = f(x)$
    a. $f(x) \uparrow : x \in (-3, 0) \cup (3, \infty)$
       $f(x) \downarrow : x \in (-\infty, -3) \cup (0, 3)$
    b. up, up

41. $H(x) = -5|x-2| + 5$
    a. $x \in (-\infty, \infty)$
        $y \in (-\infty, 5]$
    b. $(1, 0), (3, 0)$
    c. $H(x) \geq 0 : x \in [1, 3]$
        $H(x) \leq 0 : x \in (-\infty, 1] \cup [3, \infty)$
    d. $H(x) \uparrow : x \in (-\infty, 2)$
        $H(x) \downarrow : x \in (2, \infty)$
    e. local maximum: $y = 5$ at $(2, 5)$

43. $y = g(x)$
    a. $x \in (-\infty, \infty)$
        $y \in (-\infty, \infty)$
    b. $(-1, 0), (5, 0)$
    c. $g(x) \geq 0 : x \in [-1, \infty)$
        $g(x) \leq 0 : x \in (-\infty, -1] \cup \{5\}$
    d. $g(x) \uparrow : x \in (-\infty, 1) \cup (5, \infty)$
        $g(x) \downarrow : x \in (1, 5)$
    e. local maximum: $y = 6$ at $(1, 6)$
        local minimum: $y = 0$ at $(5, 0)$

45. $y = Y_1$
    a. $x \in [-4, \infty)$
        $y \in (-\infty, 3]$
    b. $(-4, 0), (2, 0)$
    c. $Y_1 \geq 0 : x \in [-4, 2]$
        $Y_1 \leq 0 : x \in [2, \infty)$
    d. $Y_1 \uparrow : x \in (-4, -2)$
        $Y_1 \downarrow : x \in (-2, \infty)$
    e. local maximum: $y = 3$ at $(-2, 3)$;
        endpoint min: $y = 0$ at $(-4, 0)$

47. $p(x) = (x+3)^3 + 1$
    a. $x \in \mathbb{R}$, $y \in \mathbb{R}$
    b. $x = -4$
    c. $p(x) \geq 0 : x \in [-4, \infty)$;
        $p(x) \leq 0 : x \in (-\infty, -4]$
    d. $p(x) \uparrow : x \in (-\infty, -3) \cup (-3, \infty)$
        $p(x) \downarrow$: never decreasing
    e. Local max: none
        Local min: none

2.5 Analyzing the Graph of a Function

49. $\dfrac{\Delta y}{\Delta x} = \dfrac{-3.6-(-3.6)}{-1-(-5)} = 0$

51. $\dfrac{\Delta y}{\Delta x} = \dfrac{-1.5-(-4)}{2-(-3)} = 0.5$

53. $\dfrac{\Delta y}{\Delta x} = \dfrac{-2.5-3.9}{1-(-3)} = -1.6$

55. $\dfrac{\Delta y}{\Delta x} = \dfrac{3.2-3.9}{4-(-3)} = -0.1$

57. a. $\dfrac{\Delta y}{\Delta x} = \dfrac{h(5)-h(2)}{5-2}$

$= \dfrac{-16(5)^2 + 160(5) - \left(-16(2)^2 + 160(2)\right)}{3}$

$= \dfrac{144}{3} = 48$ ft/sec

b. $\dfrac{\Delta y}{\Delta x} = \dfrac{h(5)-h(3)}{5-3}$

$= \dfrac{-16(5)^2 + 160(5) - \left(-16(3)^2 + 160(3)\right)}{2}$

$= \dfrac{64}{2} = 32$ ft/sec

c. $\dfrac{\Delta y}{\Delta x} = \dfrac{h(5)-h(4)}{5-4}$

$= \dfrac{-16(5)^2 + 160(5) - \left(-16(4)^2 + 160(4)\right)}{1}$

$= \dfrac{16}{1} = 16$ ft/sec

d. $\dfrac{\Delta y}{\Delta x} = \dfrac{h(7)-h(5)}{7-5}$

$= \dfrac{-16(7)^2 + 160(7) - \left(-16(5)^2 + 160(5)\right)}{2}$

$= \dfrac{-64}{2} = -32$ ft/sec

59. a. $\dfrac{\Delta y}{\Delta x} = \dfrac{h(6)-h(1)}{6-1}$

$= \dfrac{-4.9(6)^2 + 34.3(6) + 2.6 - \left(-4.9(1)^2 + 34.3(1) + 2.6\right)}{5}$

$= \dfrac{0}{5} = 0$ m/sec

b. $\dfrac{\Delta y}{\Delta x} = \dfrac{h(5)-h(2)}{5-2}$

$= \dfrac{-4.9(5)^2 + 34.3(5) + 2.6 - \left(-4.9(2)^2 + 34.3(2) + 2.6\right)}{3}$

$= \dfrac{0}{3} = 0$ m/sec

c. $\dfrac{\Delta y}{\Delta x} = \dfrac{h(3.5)-h(2.5)}{3.5-2.5}$

$= \dfrac{-4.9(3.5)^2 + 34.3(3.5) + 2.6 - \left(-4.9(2.5)^2 + 34.3(2.5) + 2.6\right)}{1}$

$= \dfrac{4.9}{1} = 4.9$ m/sec

d. $\dfrac{\Delta y}{\Delta x} = \dfrac{h(4.5)-h(3.5)}{4.5-3.5}$

$= \dfrac{-4.9(4.5)^2 + 34.3(4.5) + 2.6 - \left(-4.9(3.5)^2 + 34.3(3.5) + 2.6\right)}{1}$

$= \dfrac{-4.9}{1} = -4.9$ m/sec

61. Answers will vary.

63. Answers will vary.

Chapter 2: Relations, Functions and Graphs

65. We use a graphing calculator to plot the graph.

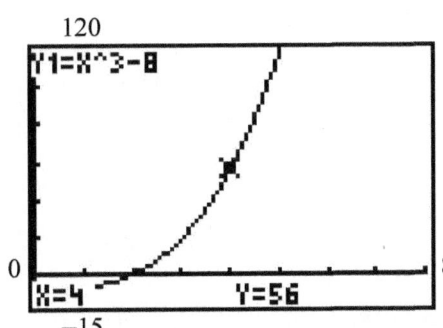

$$\frac{\Delta y}{\Delta x} = \frac{y(5) - y(2)}{5 - 2}$$
$$= \frac{5^3 - 8 - (2^3 - 8)}{3}$$
$$= 39$$

67. We use a graphing calculator to plot the graph.

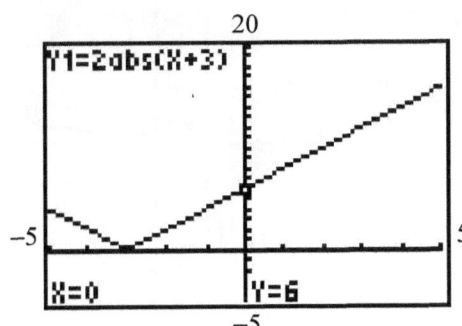

$$\frac{\Delta y}{\Delta x} = \frac{y(0) - y(-4)}{0 - (-4)}$$
$$= \frac{2|0 + 3| - 2|-4 + 3|}{4}$$
$$= 1$$

69. We use a graphing calculator to plot the graph.

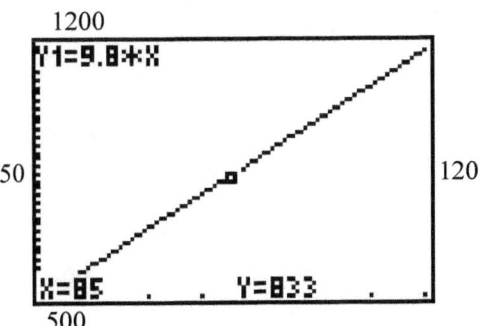

$$\frac{\Delta F}{\Delta m} = \frac{F(100) - F(70)}{100 - 70}$$
$$= \frac{9.8(100) - 9.8(70)}{30}$$
$$= 9.8$$

71. We use a graphing calculator to plot the graph.

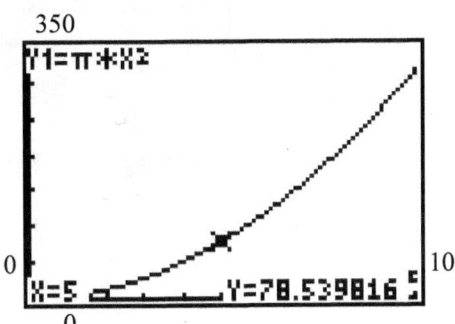

$$\frac{\Delta A}{\Delta r} = \frac{A(7) - A(5)}{7 - 5}$$
$$= \frac{\pi(7)^2 - \pi(5)^2}{2}$$
$$\approx 37.70$$

2.5 Analyzing the Graph of a Function

73. a. $g(x) = x^2 + 2x$

$$\frac{\Delta g}{\Delta x} = \frac{g(x+h) - g(x)}{h}$$

$$= \frac{[(x+h)^2 + 2(x+h)] - (x^2 + 2x)}{h}$$

$$= \frac{x^2 + 2xh + h^2 + 2x + 2h - x^2 - 2x}{h}$$

$$= \frac{2xh + h^2 + 2h}{h} = \frac{h(2x + h + 2)}{h} = 2x + 2 + h$$

b. For $[-3.0, -2.9]$, $x = -3.0$ and $h = 0.1$
Rate of change:
$2(-3.0) + 2 + 0.1 = -3.9$

c. For $[0.50, 0.51]$, $x = 0.50$ and $h = 0.01$
Rate of change:
$2(0.50) + 2 + 0.01 = 3.01$

d.

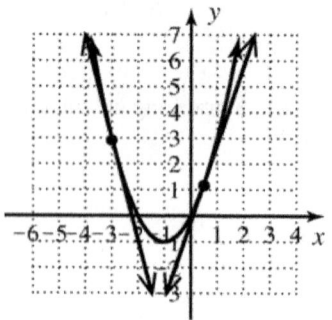

The rates of change have opposite signs, with the secant line to the left being more steep.

75. a. $g(x) = x^3 + 1$

$$\frac{\Delta g}{\Delta x} = \frac{g(x+h) - g(x)}{h}$$

$$= \frac{[(x+h)^3 + 1] - (x^3 + 1)}{h}$$

$$= \frac{x^3 + 3x^2h + 3xh^2 + h^3 + 1 - x^3 - 1}{h}$$

$$= \frac{3x^2h + 3xh^2 + h^3}{h}$$

$$= \frac{h(3x^2 + 3xh + h^2)}{h} = 3x^2 + 3xh + h^2$$

b. For $[-2.1, -2.0]$, $x = -2.1$ and $h = 0.1$
Rate of change:
$3(-2.1)^2 + 3(-2.1)(0.1) + (0.1)^2 = 12.61$

c. For $[0.40, 0.41]$, $x = 0.40$ and $h = 0.01$
Rate of change:
$3(0.40)^2 + 3(0.40)(0.01) + (0.01)^2 \approx 0.49$

d.

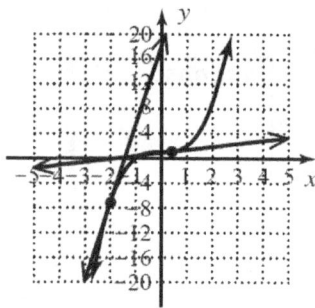

Both lines have a positive slope, but the line at $x = -2$ is much steeper.

Chapter 2: Relations, Functions and Graphs

77. a. $j(x) = \dfrac{1}{x^2}$

$\dfrac{\Delta j}{\Delta x} = \dfrac{j(x+h) - j(x)}{h}$

$= \dfrac{\dfrac{1}{(x+h)^2} - \dfrac{1}{x^2}}{h}$

$= \dfrac{x^2 - (x+h)^2}{h(x+h)^2 x^2}$

$= \dfrac{x^2 - x^2 - 2xh - h^2}{h(x+h)^2 x^2}$

$= \dfrac{h(-2x - h)}{h(x+h)^2 x^2}$

$\dfrac{\Delta j}{\Delta x} = \dfrac{-2x - h}{x^2 (x+h)^2}$

b. $[0.50, 0.51]$

$\dfrac{\Delta j}{\Delta x} = \dfrac{-2(0.5) - (0.01)}{(0.5)^2 (0.51)^2}$

$= \dfrac{-1 - 0.01}{0.065025}$

$\dfrac{\Delta j}{\Delta x} \approx -15.5$

c. $[1.50, 1.51]$

$\dfrac{\Delta j}{\Delta x} = \dfrac{-2(1.50) - (0.01)}{(1.50)^2 (1.51)^2}$

$= \dfrac{-3 - 0.01}{5.130225}$

$= -0.5867189$

$\dfrac{\Delta j}{\Delta x} \approx -0.6$

d. Answers will vary.

79. a. $g(x) = x^3 + 1$

$\dfrac{\Delta g}{\Delta x} = \dfrac{g(x+h) - g(x)}{h}$

$= \dfrac{(x+h)^3 + 1 - \left[x^3 + 1\right]}{h}$

$= \dfrac{x^3 + 3x^2 h + 3xh^2 + h^3 + 1 - x^3 - 1}{h}$

$= \dfrac{h(3x^2 + 3xh + h^2)}{h}$

$\dfrac{\Delta g}{\Delta x} = 3x^2 + 3xh + h^2$

b. $[-2.01, -2.00]$

$\dfrac{\Delta g}{\Delta x} = 3(-2.00)^2 + 3(-2.00)(-0.01) + (0.01)^2$

$= 12 + 0.06 + 0.0001$

$= 12.0601$

$\dfrac{\Delta g}{\Delta x} \approx 12.1$

c. $[0.40, 0.41]$

$\dfrac{\Delta g}{\Delta x} = 3(0.40)^2 + 3(0.40)(0.01) + (0.01)^2$

$= 0.48 + 0.012 + 0.0001$

$= 0.4921$

≈ 0.5

d. Answers will vary.

81. $F(x) = 4$

$\dfrac{\Delta F}{\Delta x} = \dfrac{F(x+h) - F(x)}{h}$

$= \dfrac{4 - 4}{h}$

$= 0$

2.5 Analyzing the Graph of a Function

83. $j(x) = x^2 + 3$

$$\frac{\Delta j}{\Delta x} = \frac{j(x+h) - j(x)}{h} = \frac{\left[(x+h)^2 + 3\right] - (x^2 + 3)}{h}$$

$$= \frac{x^2 + 2xh + h^2 + 3 - x^2 - 3}{h}$$

$$= \frac{2xh + h^2}{h} = \frac{h(2x+h)}{h} = 2x + h$$

85. $u(x) = x^3 - 1$

$$\frac{\Delta u}{\Delta x} = \frac{u(x+h) - u(x)}{h}$$

$$= \frac{\left[(x+h)^3 - 1\right] - (x^3 - 1)}{h}$$

$$= \frac{x^3 + 3x^2h + 3xh^2 + h^3 - 1 - x^3 + 1}{h}$$

$$= \frac{3x^2h + 3xh^2 + h^3}{h}$$

$$= \frac{h(3x^2 + 3xh + h^2)}{h}$$

$$= 3x^2 + 3xh + h^2$$

87. $F(x) = \frac{1}{x^2} + 3$

$$\frac{F(x+h) - F(x)}{h} = \frac{\left[\frac{1}{(x+h)^2} + 3\right] - \left(\frac{1}{x^2} + 3\right)}{h}$$

$$= \frac{\frac{1}{(x+h)^2} + 3 - \frac{1}{x^2} - 3}{h}$$

$$= \frac{x^2 - (x+h)^2}{x^2 h (x+h)^2}$$

$$= \frac{x^2 - x^2 - 2xh - h^2}{x^2 h (x+h)^2}$$

$$= \frac{h(-2x - h)}{x^2 h (x+h)^2}$$

$$= \frac{-2x - h}{x^2 (x+h)^2}$$

89. $G(x) = \frac{2}{3}$

$$\frac{G(x+h) - G(x)}{h} = \frac{\frac{2}{3} - \frac{2}{3}}{\frac{2}{3}} = 0$$

91. $p(x) = x^2 - 2$

$$\frac{p(x+h) - p(x)}{h}$$

$$= \frac{(x+h)^2 - 2 - (x^2 - 2)}{h}$$

$$= \frac{x^2 + 2hx + h^2 - 2 - x^2 + 2}{h}$$

$$= \frac{2xh + h^2}{h}$$

$$= 2x + h$$

93. $v(x) = 2x^3$

$$\frac{v(x+h) - v(x)}{h}$$

$$= \frac{2(x+h)^3 - 2x^3}{h}$$

$$= \frac{2(x^3 + 3hx^2 + 3h^2x + h^3) - 2x^3}{h}$$

$$= \frac{2x^3 + 6hx^2 + 6h^2x + 2h^3 - 2x^3}{h}$$

$$= \frac{6hx^2 + 6h^2x + 2h^3}{h}$$

$$= 6x^2 + 6hx + 2h^2$$

Chapter 2: Relations, Functions and Graphs

95. $G(x) = \dfrac{-3}{x^2}$

$\dfrac{G(x+h) - G(x)}{h}$

$= \dfrac{\dfrac{-3}{(x+h)^2} - \dfrac{-3}{x^2}}{h}$

$= \dfrac{\dfrac{-3}{(x+h)^2} \cdot \dfrac{x^2}{x^2} - \dfrac{-3}{x^2} \cdot \dfrac{(x+h)^2}{(x+h)^2}}{h}$

$= \dfrac{\dfrac{-3x^2}{x^2(x+h)^2} - \dfrac{-3(x+h)^2}{x^2(x+h)^2}}{h}$

$= \dfrac{\dfrac{-3x^2}{x^2(x+h)^2} - \dfrac{-3(x^2 + 2hx + h^2)}{x^2(x+h)^2}}{h}$

$= \dfrac{\dfrac{-3x^2}{x^2(x+h)^2} - \dfrac{-3x^2 - 6hx - 3h^2}{x^2(x+h)^2}}{h}$

$= \dfrac{\dfrac{-3x^2 - (-3x^2 - 6hx - 3h^2)}{x^2(x+h)^2}}{h}$

$= \dfrac{\dfrac{-3x^2 + 3x^2 + 6hx + 3h^2}{x^2(x+h)^2}}{h}$

$= \dfrac{\dfrac{6hx + 3h^2}{x^2(x+h)^2}}{h}$

$= \dfrac{6hx + 3h^2}{x^2(x+h)^2} \cdot \dfrac{1}{h}$

$= \dfrac{6x + 3h}{x^2(x+h)^2}$

$= \dfrac{3(2x+h)}{x^2(x+h)^2}$

97. $y = \sin(x)$
  a. $y \in [-1, 1]$
  b. $(-360, 0)(-180, 0), (0, 0),$
       $(180, 0), (360, 0)$
  c.
  $f(x) \uparrow: x \in (-360, -270) \cup (-90, 90) \cup (270, 360)$
  $f(x) \downarrow: x \in (-270, -90) \cup (90, 270)$
  d. Minimum: $(-90, -1)$ and $(270, -1)$
      Maximum: $(\bullet\, 270, 1)$ and $(90, 1)$
  e. Odd

  $y = \cos(x)$
  a. $y \in [-1, 1]$
  b. $(-270, 0)(-90, 0), (90, 0), (270, 0)$
  c. $f(x) \uparrow: x \in (-180, 0) \cup (180, 360)$
       $f(x) \downarrow: x \in (-360, -180) \cup (0, 180)$
  d. Minimum: $(-180, -1)$ and $(180, -1)$
      Maximum: $(\bullet\, 360, 1)\, (0, 1),$ and $(360, 1)$
  e. Even

99. a. $x \in [0, 260]$
       $y \in [0, 80]$
  b. 80 feet
  c. 120 feet
  d. Yes
  e. (0, 120)
  f. (120, 260)

101. $f(x) = x^{\frac{2}{3}} - 1$
  a. $x \in (-\infty, \infty)$
       $y \in [-1, \infty)$
  b. $(-1, 0), (1, 0)$
  c. $f(x) \geq 0 : x \in (-\infty, -1] \cup [1, \infty)$
       $f(x) < 0 : x \in (-1, 1)$
  d. $f(x) \uparrow: x \in (0, \infty)$
       $f(x) \downarrow: x \in (-\infty, 0)$
  e. end-behavior: up/up
  f. Minimum: $(0, -1)$

2.5 Analyzing the Graph of a Function

103.

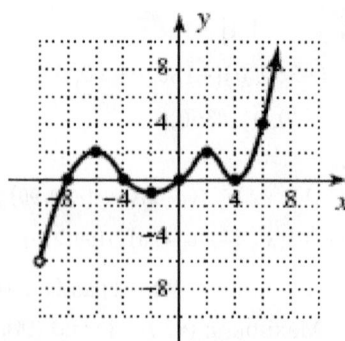

Zeroes: (–8, 0), (–4, 0), (0, 0), (4, 0)
Maximum: (–6, 2), (2, 2)
Minimum: (–10, –6), (–2, –1), (4, 0)

105. a. Use (25, 900) and (29, 1100) for the 25th to 29th.
The average weight of change:
$\dfrac{\Delta \text{weight}}{\Delta \text{time}} = \dfrac{1100-900}{29-25} = \dfrac{50}{1}$; Positive;
50 grams are gained each week.

b. Use (32, 1600) and (36, 2600) for the 32nd to 36th.
The average weight of change:
$\dfrac{\Delta \text{weight}}{\Delta \text{time}} = \dfrac{2600-1600}{36-32} = \dfrac{250}{1}$;
The weight gain is five times greater in the later weeks.

107. $h(t) = -16t^2 + 192t$

a. $h(1) = -16(1)^2 + 192(1) = 176$ ft

b. $h(2) = -16(2)^2 + 192(2) = 320$ ft

c. $\dfrac{\Delta h}{\Delta t} = \dfrac{h(2)-h(1)}{2-1} = \dfrac{320-176}{1}$
$= 144$ ft/sec

d. $\dfrac{\Delta h}{\Delta t} = \dfrac{h(11)-h(10)}{11-10} = \dfrac{176-320}{1}$
$= -144$ ft/sec
The arrow is returning to Earth.

109. $v = \sqrt{2gs}$, $v = \sqrt{2(32)s} = 8\sqrt{s}$

a. $v = \sqrt{2(32)(5)} = \sqrt{320} \approx 17.89$ ft/sec;
$v = \sqrt{2(32)(10)} = \sqrt{640} \approx 25.30$ ft/sec

b. $v = \sqrt{2(32)(15)} = \sqrt{960} \approx 30.98$ ft/sec;
$v = \sqrt{2(32)(20)} = \sqrt{1280} \approx 35.78$ ft/sec

c. Between $s = 5$ and $s = 10$

d. $\dfrac{\Delta v}{\Delta s} = \dfrac{v(10)-v(5)}{10-5} = \dfrac{25.30-17.89}{5}$
$= 1.482 \,(\text{ft/sec})/\text{ft}$;

$\dfrac{\Delta v}{\Delta s} = \dfrac{v(20)-v(15)}{20-15} = \dfrac{35.78-30.98}{5}$
$= 0.96 \,(\text{ft/sec})/\text{ft}$

For low heights, small increases in drop height result in dramatic increases in impact velocity.

111. $d(t) = -2t^2 + 27t$
$\dfrac{\Delta d}{\Delta t} = \dfrac{d(t+h)-d(t)}{h}$
$= \dfrac{-2(t+h)^2 + 27(t+h) - (-2t^2 + 27t)}{h}$
$= \dfrac{-4th - 2h^2 + 27h}{h}$
$= -4t - 2h + 27$

a. For [3, 3.01], $t = 3$ and $h = 0.01$
Rate of change:
$-4(3) - 2(0.01) + 27 \approx 15$
For [6, 6.01], $t = 6$ and $h = 0.01$
Rate of change:
$-4(6) - 2(0.01) + 27 \approx 3$
The demand growing in March was 5 times faster than in June.

b. For [8, 8.01], $t = 8$ and $h = 0.01$. The demand is decreasing in the month of August, because the rate of change is negative: $-4(8) - 2(0.01) + 27 \approx -5 < 0$.
It decreases at a rate of 5000 units/month.

Chapter 2: Relations, Functions and Graphs

113. a. The graph of an even function is symmetric about the y-axis. All functions of the form $y = x^{2n}$ are symmetric about the y-axis. Therefore, functions of the form $y = x^{2n}$ are even.

b. The graph of an odd function has rotational symmetry with respect to the origin. All functions of the form $y = x^{2n+1}$ have rotational symmetry with respect to the origin. Therefore, functions of the form $y = x^{2n+1}$ are odd.

115. Answers will vary.

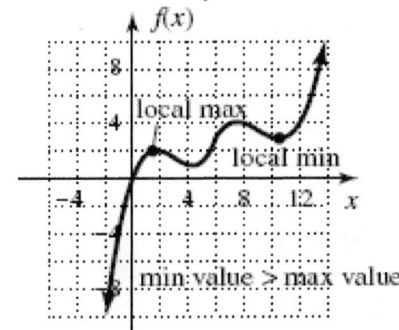

117. $x^2 - 8x - 20 = 0$
$(x-10)(x+2) = 0$
$x = 10;\ x = -2$

119. a. $\dfrac{3}{x+2} + \dfrac{3}{2-x}$

$\dfrac{3(2-x)}{(x+2)(2-x)} + \dfrac{3(x+2)}{(x+2)(2-x)}$

$\dfrac{6-3x+3x+6}{(x+2)(2-x)}$

Sum: $\dfrac{12}{4-x^2}$

b. $\dfrac{3}{x+2} \cdot \dfrac{3}{2-x}$

Product: $\dfrac{9}{4-x^2}$

2.6 Exercises

1. linear

3. positive

5. a.

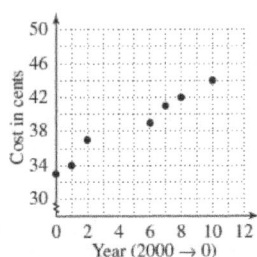

b. positive

7. a.

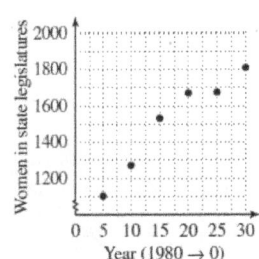

b. linear
c. positive

9. a.

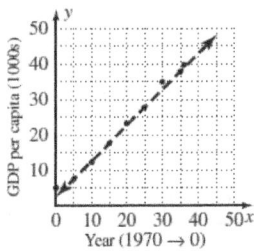

b. positive
c. strong

107

2.6 Linear Functions and Real Data

11. **a.** A, D, C, B

    b.

    A

    B

    C

    D

    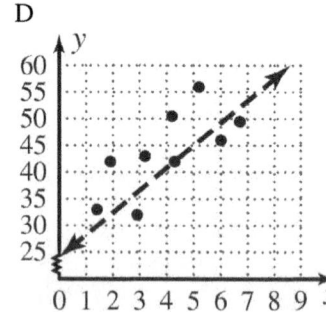

    c. positive, negative, negative, positive

    d. $m \approx \dfrac{50-35}{7-3} \approx 3.8$,

    $m \approx \dfrac{29-57}{7-1} \approx -4.6$,

    $m \approx \dfrac{45-50}{3-1} \approx -2.5$,

    $m \approx \dfrac{45-28}{5-1} \approx 4.2$

13. **a.** Linear
    b. Positive
    c. Strong
    d.

    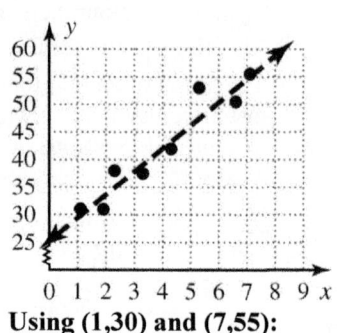

    Using (1,30) and (7,55):

    $m \approx \dfrac{55-30}{7-1} \approx 4.2$

15. **a.** Nonlinear
    b. Positive

17. **a.** Nonlinear
    b. Negative

19. **a.**

    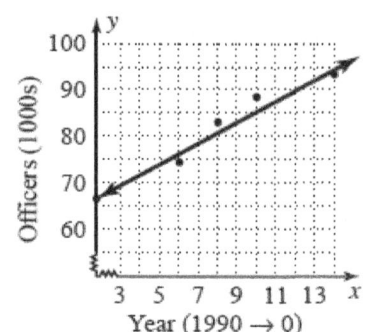

    b. positive

    c. (3, 68.8) (14, 93.4)

    $m = \dfrac{93.4-68.8}{14-3} = \dfrac{24.6}{11} = 2.24$

    $y - y_1 = m(x - x_1)$

    $y - 68.8 = 2.24(x - 3)$

    $y - 68.8 = 2.24x - 6.72$

    $y = 2.24x + 62.08$

    $f(x) = 2.4x + 62.3$.

    $f(5) = 2.4(5) + 62.3 = 74.3$

    The number of officers in 1995 is 74,300.

    $f(21) = 2.4(21) + 62.3 = 112.7$

    The number of officers in 2011 is 112,700.

Chapter 2: Relations, Functions and Graphs

21. Using (5, 7.6) and (36, 39.7):
$$m = \frac{39.7 - 7.6}{36 - 5} = \frac{32.1}{31} \approx 1.04$$
$$y - y_1 = m(x - x_1)$$
$$y \approx 1.04x + 2.42$$
$$y(40) \approx 1.04(40) + 2.42$$
$$y(40) \approx 44$$
GDP is 2010 is predicted to be just over 44,000.

23. a.

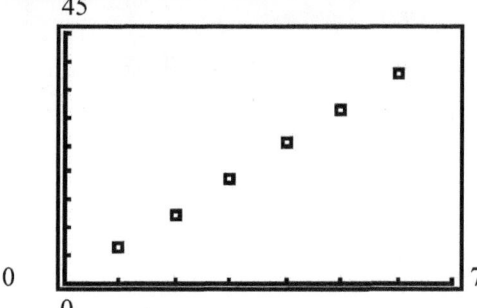

45

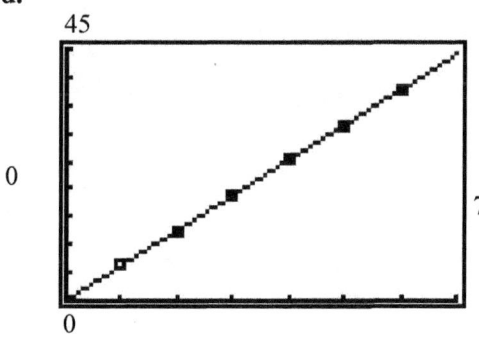

b. Positive
c. Perfect correlation
d.

$$m = \frac{2\pi(6) - 2\pi(1)}{6 - 1} = 2\pi\frac{5}{5} = 2\pi$$

25. a.

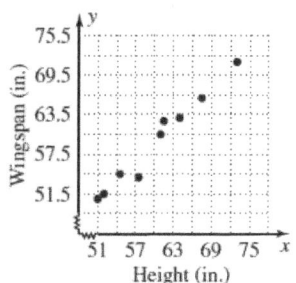

b. linear
c. positive
d. Using (73, 71.5) and (51, 50.75)
$$m = \frac{71.5 - 50.75}{73 - 51} = \frac{20.75}{22} = 0.94$$
$$y = y_1 = m(x - x_1)$$
$$y - 71.5 = 0.94(x - 73)$$
$$y - 71.5 = 0.94x - 68.62$$
$$y = 0.94x + 2.88$$
$$y = 0.96x + 1.55$$
$$y(65) = 0.96(65) + 1.55 = 63.95 \text{ in.}$$

27. a.

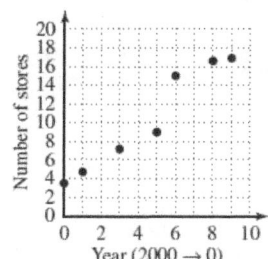

b. linear
c. positive
d. $y \approx 1.45x + 3.18$
$$y(15) \approx 1.45(15) + 3.18 \approx 24.93$$
About 24,900 stores.

2.6 Linear Functions and Real Data

29. a.

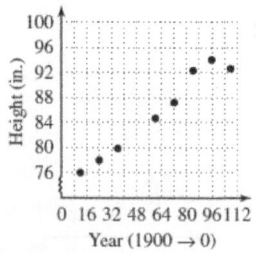

b. linear
c. positive
d. $y = 0.203x + 73.32$

$y(116) = 0.203(116) + 73.32 = 96.868$
About 96.9 in.

31. a.

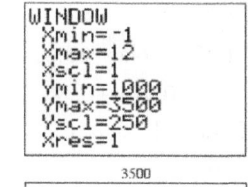

b. linear

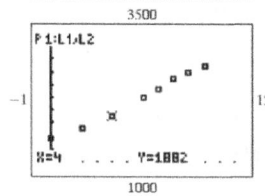

c.
$Y_1(15) \approx 3600.9$; Over 3600 billion .

d. For 4000:
$4000 \approx 148.29x + 1376.60$
$2623.4 \approx 148.29x$
$17.7 \approx x$
The volume will exceed 4000 billion in 2017.

33. a. $r \approx 0.9783$
b. $r \approx 0.9783$
c. They are almost identical; context, pattern of scatter plot, anticipated growth, etc.

35. No. Except for the endpoints of the domain, one x is mapped to two y's.

37. $A = P + Ptr$

$r = \dfrac{A - P}{Pt}$

Making Connections

1. d
3. a
5. b
7. c
9. f
11. d
13. f
15. a

Chapter 2: Relations, Functions and Graphs

Summary and Concept Review

1.
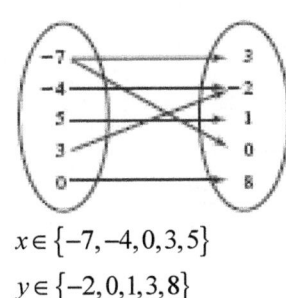

$x \in \{-7,-4,0,3,5\}$
$y \in \{-2,0,1,3,8\}$

3. $5x + 3y = -15$

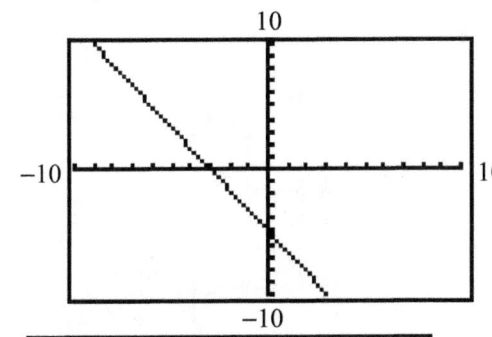

$(0,-5), (-3,0)$

5. $(19,25), (-14,-31)$

Midpoint: $\left(\dfrac{19+(-14)}{2}, \dfrac{25+(-31)}{2}\right)$

$= \left(\dfrac{5}{2}, \dfrac{-6}{2}\right) = \left(\dfrac{5}{2}, -3\right)$

7.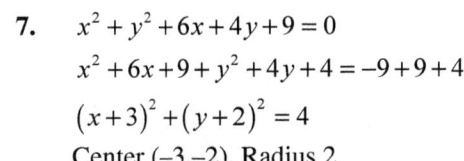

Center $(-3,-2)$, Radius 2

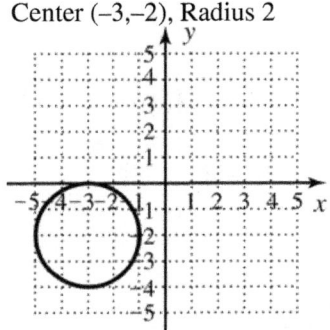

9. a. $(-4, 3)$ and $(5, -2)$

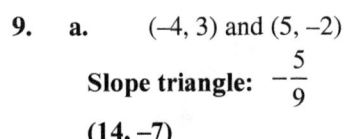

Slope triangle: $-\dfrac{5}{9}$

$(14, -7)$

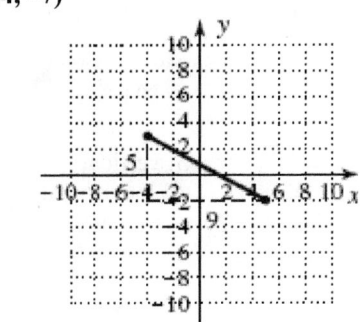

b. $(3, 4)$ and $(-6, 1)$

Slope triangle: $\dfrac{1}{3}$

$(0, 3)$

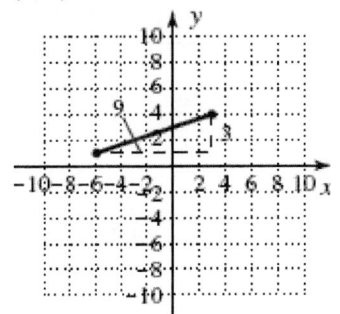

111

Chapter 2 Summary and Concept Review

11. a. $y = 3x - 2$

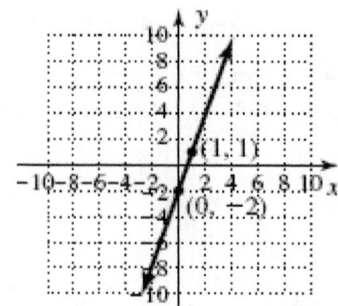

b. $y = -\dfrac{3}{2}x + 1$

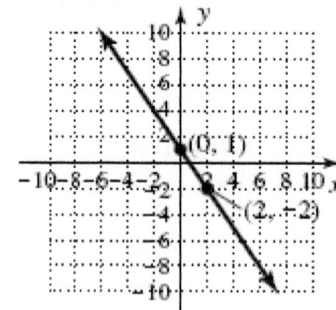

13. a. $x = 5$; vertical
b. $y = -4$; horizontal
c. $2y + x = 5$; neither

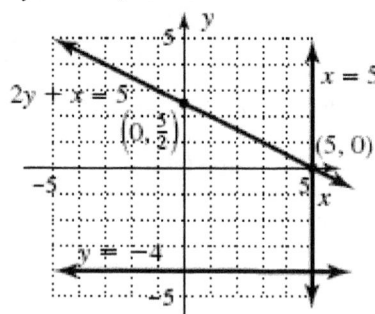

15. a. $4x + 3y - 12 = 0$
$3y = -4x + 12$
$y = -\dfrac{4}{3}x + 4$
$m = -\dfrac{4}{3}$; y–intercept $(0, 4)$

b. $5x - 3y = 15$
$-3y = -5x + 15$
$y = \dfrac{5}{3}x - 5$
$m = \dfrac{5}{3}$; y–intercept $(0, -5)$

17. a. $m = \dfrac{2}{3}$; $(1, 4)$

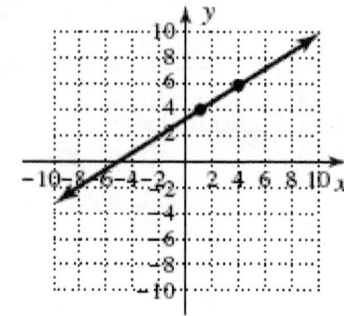

b. $m = -\dfrac{1}{2}$; $(-2, 3)$

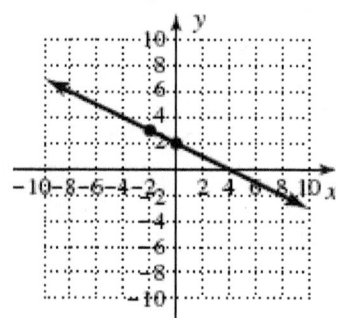

19. $(1, 2)$ and $(-3, 5)$
$m = \dfrac{5-2}{-3-1} = -\dfrac{3}{4}$
$y - 2 = -\dfrac{3}{4}(x - 1)$
$y - 2 = -\dfrac{3}{4}x + \dfrac{3}{4}$
$y = -\dfrac{3}{4}x + \dfrac{11}{4}$

21. $m = \dfrac{2}{5}$; y–intercept $(0, 2)$
$y = \dfrac{2}{5}x + 2$

When the rabbit population increases by 500, the wolf population increases by 200.

Chapter 2: Relations, Functions and Graphs

23. a. $f(x) = \sqrt{4x+5}$
$4x + 5 \geq 0$
$4x \geq -5$
$x \geq -\dfrac{5}{4}$
$x \in \left[-\dfrac{5}{4}, \infty\right)$

b. $g(x) = \dfrac{x-4}{x^2 - x - 6}$
$x^2 - x - 6 = 0$
$(x-3)(x+2) = 0$
$x - 3 = 0$ or $x + 2 = 0$
$x = 3$ or $x = -2$
These values must be excluded because they cause division by zero.
$x \in (-\infty, -2) \cup (-2, 3) \cup (3, \infty)$

25. It is a function.

27. $D: x \in (-\infty, \infty)$
$R: y \in [-5, \infty)$
$f(x) \uparrow: x \in (2, \infty)$
$f(x) \downarrow: x \in (-\infty, 2)$
$f(x) > 0 : x \in (-\infty, -1) \cup (5, \infty)$
$f(x) < 0 : x \in (-1, 5)$

29. $D: x \in (-\infty, \infty)$
$R: y \in (-\infty, \infty)$
$f(x) \uparrow: x \in (-\infty, -3) \cup (1, \infty)$
$f(x) \downarrow: x \in (-3, 1)$
$f(x) > 0 : x \in (-5, -1) \cup (4, \infty)$
$f(x) < 0 : x \in (-\infty, -5) \cup (-1, 4)$

31. Zeroes: (–6, 0), (0, 0), (6, 0), (9, 0)
Minimum: (–3, –8), (7.5, –2)
Maximum: (–6, 0), (3, 4)

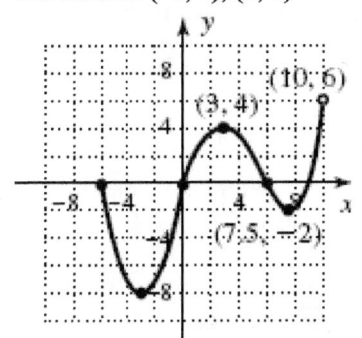

33. a. $f(x) = 0.35x + 56.1$

b.

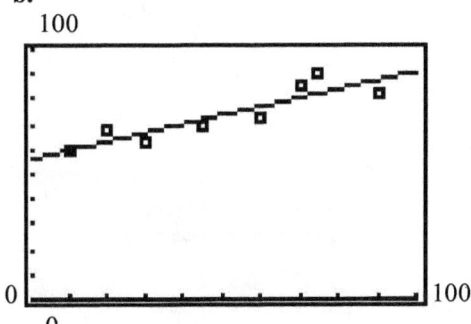

c. Strong

113

Chapter 2 Practice Test

Practice Test

1. a. $x = y^2 + 2y$
    b. $y = \sqrt{5-2x}$
    c. $|y| + 1 = x$
    d. $y = x^2 + 2x$

    a and c are non-functions, as they do not pass the vertical line test.

3. $x + 4y = 8$
    $4y = -x + 8$
    $y = -\dfrac{1}{4}x + 2$

    The slope is $-\dfrac{1}{4}$ and the y-intercept is 2.

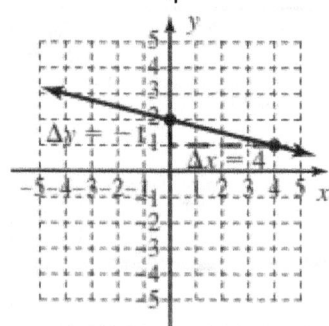

5. Let V represent velocity
    Let t represent time
    (2, 20) and (5, 40)
    $m = \dfrac{40-20}{5-2} = \dfrac{20}{3}$
    $V - 20 = \dfrac{20}{3}(t-2)$
    $V - 20 = \dfrac{20}{3}t - \dfrac{40}{3}$
    $V = \dfrac{20}{3}t + \dfrac{20}{3}$
    $V(9) = \dfrac{20}{3}(9) + \dfrac{20}{3} = 66\dfrac{2}{3}$

7. (–20, 15) and (35, –12)

    a. $M = \left(\dfrac{-20+35}{2}, \dfrac{15-12}{2}\right) = (7.5, 1.5)$

    b. $d = \sqrt{(-20-35)^2 + (15+12)^2}$
    $d = \sqrt{(-55)^2 + (27)^2}$
    $d = \sqrt{3025 + 729}$
    $d = \sqrt{3754}$
    $d \approx 61.27$ miles

9. a. $x \in \{-4, -2, 0, 2, 4, 6\}$
       $y \in \{-2, -1, 0, 1, 2, 3\}$

    b. $x \in [-2, 6]$
       $y \in [1, 4]$

11. $f(x) = \dfrac{2-x^2}{x^2}$

    a. $f\left(\dfrac{2}{3}\right) = \dfrac{2 - \left(\dfrac{2}{3}\right)^2}{\left(\dfrac{2}{3}\right)^2} = \dfrac{2 - \left(\dfrac{4}{9}\right)}{\dfrac{4}{9}}$
    $= \dfrac{\dfrac{14}{9}}{\dfrac{4}{9}} = \dfrac{14}{9} \div \dfrac{4}{9} = \dfrac{7}{2}$

    b. $f(a+3) = \dfrac{2-(a+3)^2}{(a+3)^2}$
    $= \dfrac{2-(a^2+6a+9)}{a^2+6a+9} = \dfrac{2-a^2-6a-9}{a^2+6a+9}$
    $= \dfrac{-a^2-6a-7}{a^2+6a+9}$

Chapter 2: Relations, Functions and Graphs

13.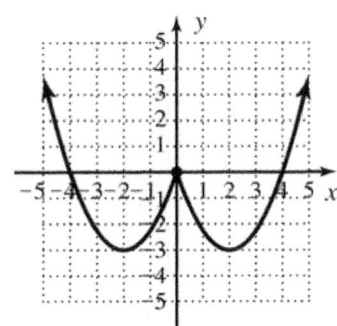

15. $f(-5) = 3\sqrt{4-(-5)} = 9$

$f(-3) = 3\sqrt{4-(-3)} = 3\sqrt{7} \approx 7.9$

$f(-1) = 3\sqrt{4-(-1)} = 3\sqrt{5} \approx 6.7$

$f(0) = 3\sqrt{4-(0)} = 6$

$f(1) = 3\sqrt{4-(1)} = 3\sqrt{3} \approx 5.2$

$f(3) = 3\sqrt{4-(3)} = 3$

$f(5) = 3\sqrt{4-(5)} =$ undefined

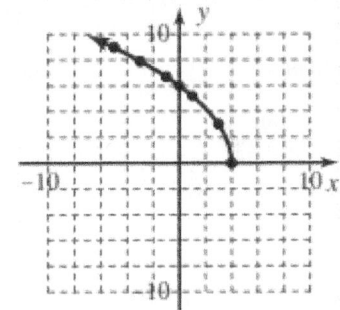

17. a. $r(t) = 2 + 8t^2$

$\dfrac{\Delta r}{\Delta t} = \dfrac{r(t+h) - r(t)}{h}$

$\dfrac{\Delta r}{\Delta t} = \dfrac{2 + 8(t+h)^2 - (2 + 8t^2)}{h}$

$= \dfrac{2 + 8t^2 + 16th + 8h^2 - 2 - 8t^2}{h}$

$= \dfrac{16th + 8h^2}{h}$

$= \dfrac{8h(2t+h)}{h}$

$= 16t + 8h$

b. $\dfrac{\Delta r}{\Delta t} = \dfrac{r(3) - r(0)}{3 - 0}$

$\dfrac{\Delta r}{\Delta t} = \dfrac{74 - 2}{3 - 0} = 24$; over this period, the rabbit population was growing at an average rate of 24 rabbits per year.

19. a.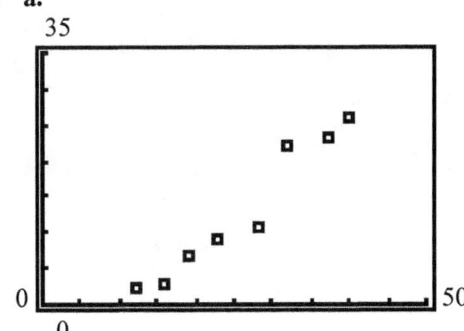

b. Linear
c. Positive

Calculator Exploration and Discovery

1. $(-1.5, 0)$, $(0, 1)$

3. $x \approx -2.87$, $x \approx 0.87$, min: $y = -7$ at $(-1, -7)$, no max

5. $x \approx 1.35$, $x \approx 6.65$, min: $y = -7$ at $(4, -7)$, no max

7. $x = -2$, $x \approx -0.41$, $x = 0$, $x \approx 2.41$, min: $y = -3.20$ at $(-1.47, -3.20)$, min: $y \approx -9.51$ at $(1.67, -9.51)$, max: $y = 0.20$ at $(-0.20, 0.20)$

Chapter 2 Strengthening Core Skills

Strengthening Core Skills

1. a. $m = \dfrac{7-5}{6-0} = \dfrac{1}{3}$; Increasing

   b. $y - 5 = \dfrac{1}{3}(x - 0)$

   $y = \dfrac{1}{3}x + 5$

   c. x-intercept: $(0, 5)$

   y-intercept: $(-15, 0)$

   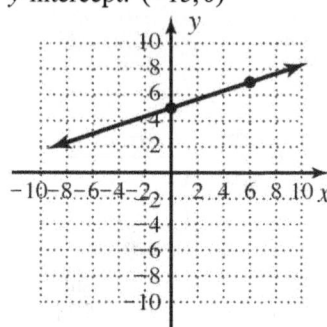

3. a. $m = \dfrac{5-2}{9-3} = \dfrac{1}{2}$; Decreasing

   b. $y - 2 = \dfrac{1}{2}(x - 3)$

   $y = \dfrac{1}{2}x + \dfrac{1}{2}$

   c. x-intercept: $\left(0, \dfrac{1}{2}\right)$

   y-intercept: $(-1, 0)$

   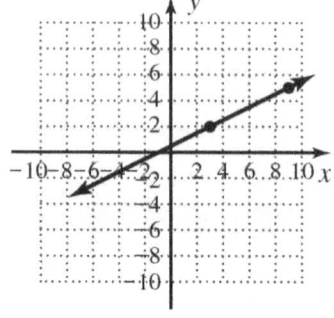

5. a. $m = \dfrac{-1-(5)}{6-(-2)} = -\dfrac{3}{4}$; Decreasing

   b. $y - 5 = -\dfrac{3}{4}(x - (-2))$

   $y = -\dfrac{3}{4}x + 3\dfrac{1}{2}$

   c. x-intercept: $\left(0, 3\dfrac{1}{2}\right)$

   y-intercept: $\left(\dfrac{14}{3}, 0\right)$

   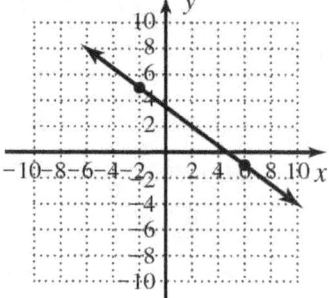

7. a. $m = \dfrac{2-4}{-3+3} = \dfrac{-2}{0}$; slope is undefined; none

   b. $x = -3$

   c. x-intercept: $(-3, 0)$; no y-intercept

   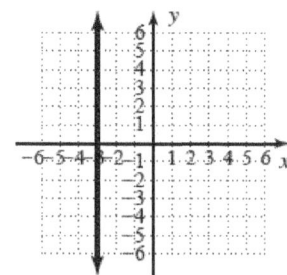

Chapter 2: Relations, Functions and Graphs

Cumulative Review: Chapters R–2

1. $(x^3 - 5x^2 + 2x - 10) \div (x-5)$
$= \dfrac{x^2(x-5) + 2(x-5)}{x-5}$
$= \dfrac{(x-5)(x^2+2)}{x-5}$
$= x^2 + 2$

3. $A = \pi r^2$
$69 = \pi r^2$
$\dfrac{69}{\pi} = r^2$
$21.96 \approx r^2$
$4.686 \approx r$;
$C = 2\pi r$
$C = 2\pi(4.686)$
$C \approx 29.45$ cm

5. $-2(3-x) + 5x = 4(x+1) - 7$
$-6 + 2x + 5x = 4x + 4 - 7$
$7x - 6 = 4x - 3$
$3x = 3$
$x = 1$

7. **a.** $(-4, 7)$ and $(2, 5)$
$m = \dfrac{7-5}{-4-2} = \dfrac{2}{-6} = -\dfrac{1}{3}$
b. $3x - 5y = 20$
$-5y = -3x + 20$
$y = \dfrac{3}{5}x - 4$
$m = \dfrac{3}{5}$

9. $(-3, 2)$; $m = \dfrac{1}{2}$

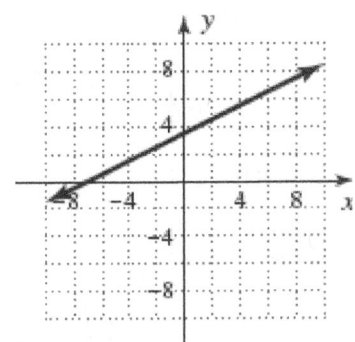

$y - 2 = \dfrac{1}{2}(x+3)$
$y - 2 = \dfrac{1}{2}x + \dfrac{3}{2}$
$y = \dfrac{1}{2}x + \dfrac{7}{2}$

11. $f(x) = 3x^2 - 6x$
$\dfrac{\Delta y}{\Delta x} = \dfrac{f(2) - f(-1)}{2 - (-1)}$
$\dfrac{\Delta y}{\Delta x} = \dfrac{9 - 0}{-1 - 2} = \dfrac{9}{-3} = -3$

13. **a.** $D: x \in [-7, \infty)$
$R: y \in [-6, \infty)$
b. $f(-3) = 3$
$f(-1) = 0$
$f(1) = -3$
$f(3) = -6$
c. $x = -5, x = -1, x = 5$
d. $f(x) < 0 : x \in [-7, -5) \cup (-1, 5)$
$f(x) > 0 : x \in (-5, -1) \cup (5, \infty)$
e. $f(x) \uparrow : x \in (-7, -3) \cup (3, \infty)$
$f(x) \downarrow : x \in (-3, 3)$
f. Local max $(-3, 3)$
Local min: $(3, -6)$

Cumulative Review: Chapters R–2

15. a. $\dfrac{-2}{x^2-3x-10}+\dfrac{1}{x+2}$

$=\dfrac{-2}{(x-5)(x+2)}+\dfrac{1}{x+2}$

$=\dfrac{-2}{(x-5)(x+2)}+\dfrac{1(x-5)}{(x-5)(x+2)}$

$=\dfrac{-2+x-5}{(x-5)(x+2)}$

$=\dfrac{x-7}{(x-5)(x+2)}$

b. $\dfrac{b^2}{4a^2}-\dfrac{c}{a}=\dfrac{b^2}{4a^2}-\dfrac{4ac}{4a^2}=\dfrac{b^2-4ac}{4a^2}$

17. Intercepts: (3, 0) and (0, 2)

$m=\dfrac{2-0}{0-3}=-\dfrac{2}{3}$

$y-2=-\dfrac{2}{3}(x-0)$

$y=-\dfrac{2}{3}x+2$

19. $2x^2+49=-20x$

$2x^2+20x+49=0$

$2x^2+20x=-49$

$x^2+10x=\dfrac{-49}{2}$

$x^2+10x+25=-\dfrac{49}{2}+25$

$(x+5)^2=\dfrac{1}{2}$

$x+5=\pm\sqrt{\dfrac{1}{2}}$

$x+5=\pm\dfrac{\sqrt{2}}{2}$

$x=-5\pm\dfrac{\sqrt{2}}{2}$;

$x\approx -4.293$

$x\approx -5.707$

21. Let w represent the width.
Let l represent the length.

$A=lw$

$1457=(w+16)w$

$0=w^2+16w-1457$

$0=(w-31)(w+47)$

$w=31$ cm; $l=47$ cm

23. a. $6x^2-7x=20$

$6x^2-7x-20=0$

$(3x+4)(2x-5)=0$

$x=-\dfrac{4}{3};\ x=\dfrac{5}{2}$

b. $x^3+5x^2-15=3x$

$x^3+5x^2-15=3x$

$x=-5;\ x=\sqrt{3};\ x=-\sqrt{3}$

25. (–4, 5), (4, –1), (0, 8)

$d=\sqrt{(-4-4)^2+(5+1)^2}$

$d=\sqrt{(-8)^2+(6)^2}$

$d=\sqrt{100}$

$d=10$;

$d=\sqrt{(4-0)^2+(-1-8)^2}$

$d=\sqrt{(4)^2+(-9)^2}$

$d=\sqrt{97}$

$d\approx 9.85$;

$d=\sqrt{(-4-0)^2+(5-8)^2}$

$d=\sqrt{(-4)^2+(-3)^2}$

$d=\sqrt{25}$

$d=5$;

$P=10+\sqrt{97}+5=15+\sqrt{97}$

$\approx 15+9.85\approx 24.85$ units
No it is not a right triangle.

$5^2+\left(\sqrt{97}\right)^2\ne 10^2$

Chapter 3 More on Functions

3.1 Exercises

1. $(-5, -9)$; upward

3. Answers will vary.

5. $f(x) = x^2 + 6x + 5$
   a. squaring
   b. The graph appears to have a vertex at $(-3,-4)$.
   c. As $x \to -\infty$, $y \to \infty$ (up)
      As $x \to \infty$, $y \to \infty$ (up)
      up/up
   d. The graph appears to cross the x-axis at $x = -5, -1$.
      x-intercepts $(-5, 0)$ and $(-1, 0)$
      At $x = 0$, the value of the function appears to be 5.
      y-intercept $(0, 5)$
   e. On the graph, a minimum is at the vertex $(-3,-4)$.
   f. On the graph, $f(x)$ is defined for all x.
      D: $x \in \mathbb{R}$
      On the graph, $f(x)$ is defined just above the vertex $(-3,-4)$.
      R: $y \in [-4, \infty)$
   g. On the graph, $f(x)$ is positive above the roots $x = -5, -1$.
      $x \in (-\infty, -5) \cup (-1, \infty)$
      On the graph, $f(x)$ is negative below the roots $x = -5, -1$.
      $x \in (-5, -1)$
   h. On the graph, $f(x)$ is increasing on the right of the vertex $(-3, -4)$.
      $x \in (-3, \infty)$
      On the graph, $f(x)$ is decreasing on the left of the vertex $(-3, -4)$.
      $x \in (-\infty, -3)$

7. $h(x) = -3|x - 2| + 3$
   a. absolute value
   b. The graph appears to have a vertex at $(2, 3)$.
   c. As $x \to -\infty$, $y \to -\infty$ (down)
      As $x \to \infty$, $y \to -\infty$ (down)
   d. The graph appears to cross the x-axis at $(1, 0)$ and $(3, 0)$.
      x-intercepts $(1, 0), (3, 0)$
      At $x = 0$, the value of the function appears to be -3.
      y-intercept $(0, -3)$
   e. On the graph, the point $(2, 3)$ appears to be a maximum.
   f. On the graph, $h(x)$ is defined for all x.
      D: $x \in (-\infty, \infty)$
      On the graph, $h(x)$ is defined starting from the vertex $(2, 3)$.
      R: $y \in (-\infty, 3]$
   g. On the graph, $h(x)$ is positive above the intercepts $(1, 0)$ and $(3, 0)$.
      $x \in (1, 3)$
      On the graph, $h(x)$ is negative below the intercepts $(1, 0)$ and $(3, 0)$.
      $x \in (-\infty, 1) \cup (3, \infty)$
   h. On the graph, $h(x)$ is increasing on the left of the vertex $(2, 3)$.
      $x \in (-\infty, 2)$
      On the graph, $h(x)$ is decreasing on the right of the vertex $(2, 3)$.
      $x \in (2, \infty)$

3.1 The Toolbox Functions and Transformations

9. $q(x) = -\sqrt[3]{x} + 1$
  a. cube root
  b. The graph appears to have an inflection point at $(0,1)$.
  c. As $x \to -\infty$, $y \to \infty$ (up)
     As $x \to \infty$, $y \to -\infty$ (down)
  d. The graph appears to cross the x-axis at $(1, 0)$.
     x-intercept $(1, 0)$
     At $x=0$, the value of the function appears to be 1.
     y-intercept $(0,1)$
  e. On the graph, there appears to be no maximum or minimum.
  f. On the graph, $q(x)$ is defined for all x.
     D: $x \in (-\infty, \infty)$
     On the graph, $q(x)$ is defined for all y.
     R: $y \in (-\infty, \infty)$
  g. On the graph, $q(x)$ is positive above the intercept $(1, 0)$.
     $x \in (-\infty, 1)$
     On the graph, $q(x)$ is negative below the intercept $(1, 0)$.
     $x \in (1, \infty)$
  h. On the graph, $q(x)$ is decreasing everywhere on the domain.
     $x \in (-\infty, \infty)$

11. a. The graph looks like a quadratic tipped on its side; square root
  b. The graph appears to have an initial point at $(-4, -2)$.
  c. As $x \to \infty$, $y \to \infty$ (up)
  d. The graph appears to cross the x-axis at $(-3, 0)$.
     x-intercept $(-3, 0)$
     At $x = 0$, the value of the function appears to be 2.
     y-intercept $(0, 2)$
  e. On the graph, there appears to be a minimum at $(-4, -2)$.
  f. On the graph, the function is defined on the right of, and including, 4.
     D: $x \in [-4, \infty)$
     On the graph, the function is defined above, and including, -2.
     R: $y \in [-2, \infty)$
  g. On the graph, the function is positive above the intercept $(-3, 0)$.
     $x \in (-3, \infty)$

On the graph, the function is negative below the intercept $(-3, 0)$.
     $x \in [-4, -3)$
  h. On the graph, the function is increasing everywhere on the domain.
     $x \in (-4, \infty)$

13. a. The graph is an S-shaped curve; cubing
  b. The graph appears to have an inflection point at $(-1, -1)$.
  c. As $x \to -\infty$, $y \to \infty$ (up)
     As $x \to \infty$, $y \to -\infty$ (down)
  d. The graph appears to cross the x-axis at $(-2, 0)$.
     x-intercept $(-2, 0)$
     At $x = 0$, the value of the function appears to be -2.
     y-intercept $(0, -2)$
  e. On the graph, there appears to be no maximum or minimum.
  f. On the graph, the function is defined for all x.
     D: $x \in (-\infty, \infty)$
     On the graph, the function is defined for all y.
     R: $y \in (-\infty, \infty)$
  g. On the graph, the function is positive above the intercept $(-2, 0)$.
     $x \in (-\infty, -2)$
     On the graph, the function is negative below the intercept $(-2, 0)$.
     $x \in (-2, \infty)$
  h. On the graph, the function is decreasing everywhere on the domain.
     $x \in (-\infty, \infty)$

15. $f(x) = x^3 - 2$
Shifts down 2 units.

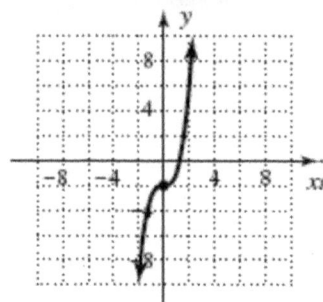

Chapter 3: More on Functions

17. $h(x) = x^2 + 3$
Shifts up 3 units.

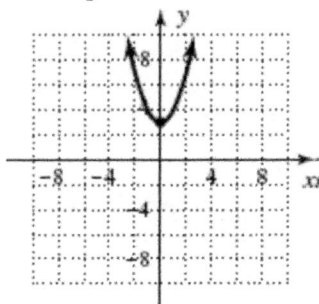

19. $p(x) = (x-3)^2$
Shifts right 3 units.

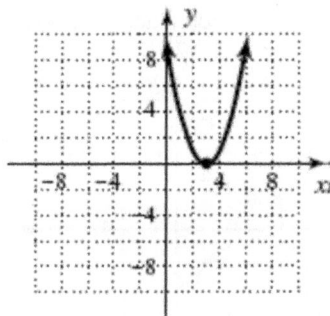

21. $h(x) = |x+3|$
Shifts left 3 units.

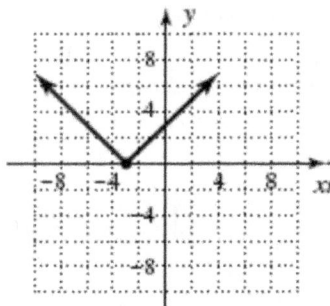

23. $g(x) = -|x|$
Reflects across the x–axis.

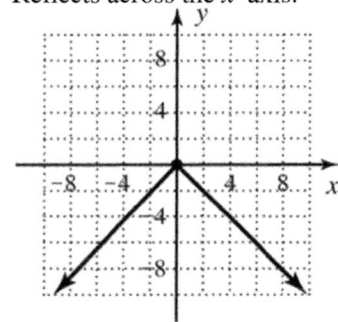

25. $f(x) = \sqrt[3]{-x}$
Reflects across the y–axis.

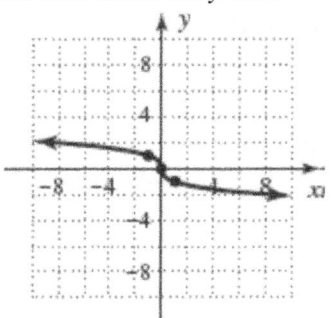

27. $f(x) = 4\sqrt[3]{x}$
Stretches upward and downward.

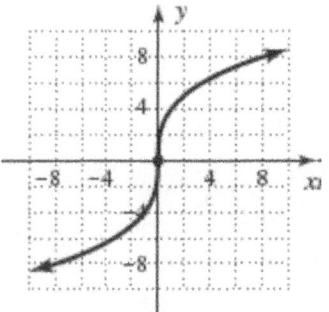

29. $p(x) = \frac{1}{3}x^3$
Compresses downward.

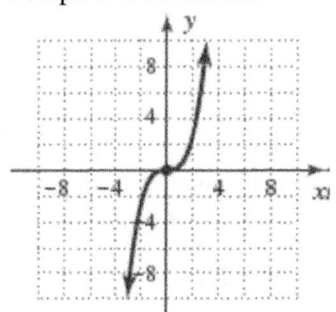

31. $f(x) = \frac{1}{2}x^3$; g

33. $f(x) = -(x-3)^2 + 2$; i

35. $f(x) = |x+4| + 1$; e

37. $f(x) = -\sqrt{x+6} - 1$; j

121

3.1 The Toolbox Functions and Transformations

39. $f(x) = (x-4)^2 - 3$; 1

41. $f(x) = \sqrt{x+3} - 1$; c

43. $f(x) = \sqrt{x+2} - 1$
Left 2, down 1
Initial point: (−2, −1)

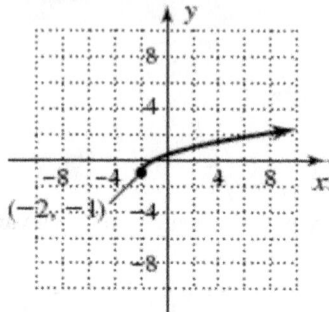

45. $h(x) = -(x+3)^2 - 2$
Left 3, reflected across x–axis, down 2
Vertex: (−3, −2)

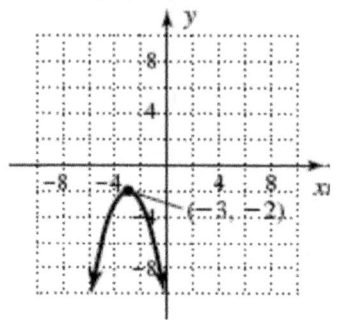

47. $p(x) = (x+3)^3 - 1$
Left 3, down 1
Inflection point: (−3, −1)

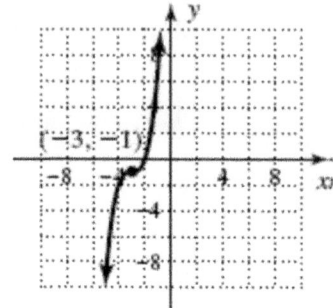

49. $Y_1 = \sqrt[3]{x+1} - 2$
Left 1, down 2
Inflection point: (−1, −2)

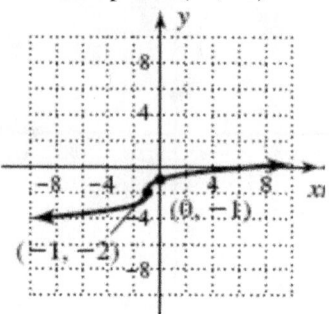

51. $f(x) = -|x+3| - 2$
Left 3, reflected across x–axis, down 2
Vertex: (−3, −2)

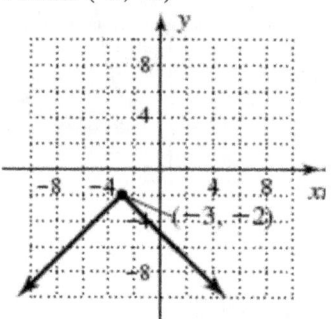

53. $h(x) = -2(x+1)^2 - 3$
Left 1, stretched vertically, reflected across x–axis, down 3
Vertex: (−1, −3)

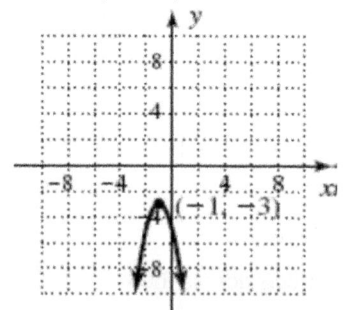

Chapter 3: More on Functions

55. $p(x) = -\dfrac{1}{3}(x+2)^3 - 1$

Left 2, compressed vertically, reflected across x–axis, down 1
Inflection point: (–2, –1)

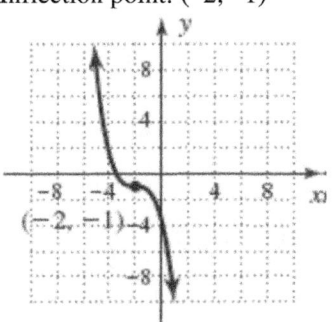

57. $y = \sqrt[3]{x}$ (parent function)

$y = \sqrt[3]{-x}$ (reflect across x-axis)

$y = \sqrt[3]{-x+3}$ (right 3)

$y = \dfrac{1}{2}\sqrt[3]{-x+3}$ (compress vertically)

$y = \dfrac{1}{2}\sqrt[3]{-x+3} - 1$ (down 1)

The inflection point (0, 0) was translated right to (3, 0) and then down to (3, –1).

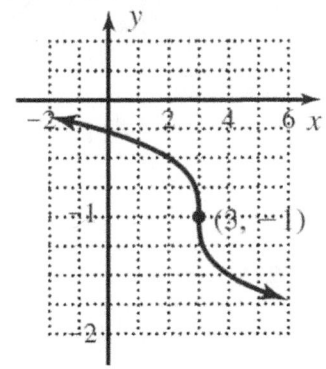

59. $Y_1 = -2\sqrt{-x-1} + 3$

Reflected across y–axis, left 1, reflected across x–axis, stretched vertically, up 3
Initial point: (–1, 3)

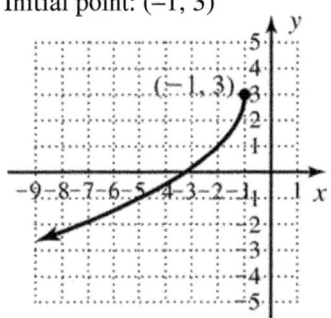

61. $H(x) = \dfrac{1}{2}|x+2| - 3$

Left 2, compressed vertically, down 3
Vertex: (–2, –3)

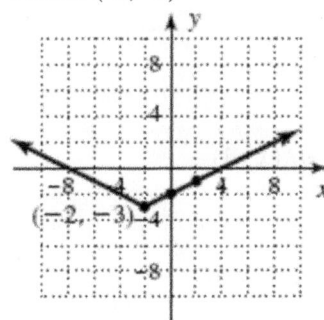

123

3.1 The Toolbox Functions and Transformations

63. a. $f(x-2)$

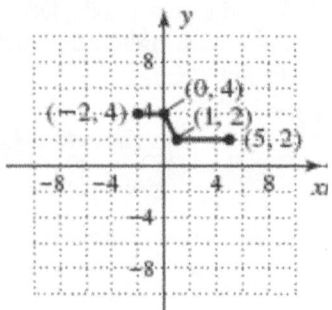

b. $-f(x)-3$

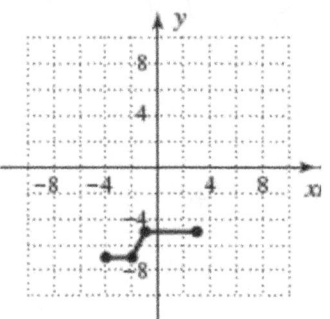

c. $\dfrac{1}{2}f(x+1)$

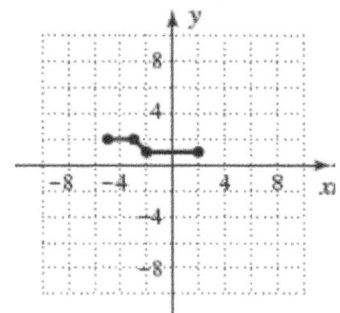

d. $f(-x)+1$

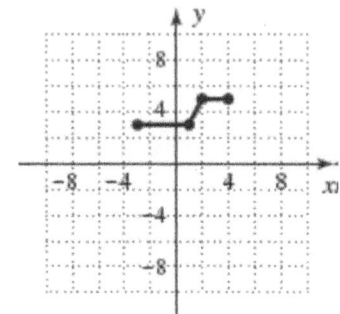

65. a. $h(x)+3$

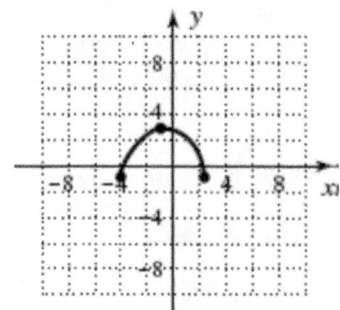

b. $-h(x-2)$

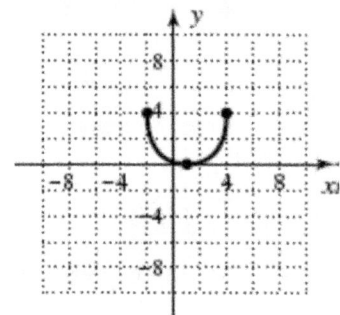

c. $h(x-2)-1$

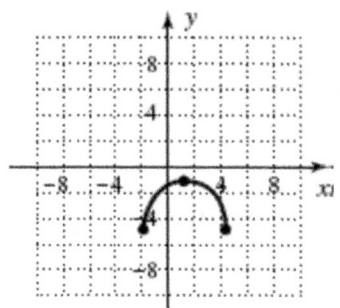

d. $\dfrac{1}{4}h(x)+5$

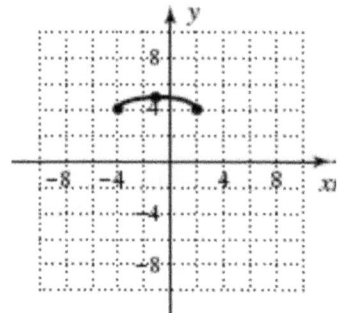

Chapter 3: More on Functions

67. a. $f(x) \to -2f(x)$
$(x,y) \to (x,-2y)$
$(-3,0) \to (-3,0)$
$(0,-4) \to (0,8)$
$(1,0) \to (1,0)$
The transformed intercepts are $(-3,0),(0,8),(1,0)$.

b. $f(x) \to f(-x) \to 3f(-x)$
$(x,y) \to (-x,y) \to (-x,3y)$
$(-3,0) \to (3,0) \to (3,0)$
$(0,-4) \to (0,-4) \to (0,-12)$
$(1,0) \to (-1,0) \to (-1,0)$
The transformed intercepts are $(3,0),(0,-12),(-1,0)$.

c. $f(x) \to f(x+2) \to -4f(x+2)$
$(x,y) \to (x-2,y) \to (x-2,-4y)$
$(-3,0) \to (-5,0) \to (-5,0)$
$(0,-4) \to (-2,-4) \to (-2,16)$
$(1,0) \to (-1,0) \to (-1,0)$
The transformed intercepts are $(-5,0),(-2,16),(-1,0)$.

d. $f(x) \to f(x-1) \to f(x-1)+5$
$(x,y) \to (x+1,y) \to (x+1,y+5)$
$(-3,0) \to (-2,0) \to (-2,5)$
$(0,-4) \to (1,-4) \to (1,1)$
$(1,0) \to (2,0) \to (2,5)$
The transformed intercepts are $(-2,5),(1,1),(2,5)$.

69. a. $f(x) \to 4f(x)$
$(x,y) \to (x,4y)$
$[2,y) \to [2,y)$
$(\infty,y) \to (\infty,y)$
$x \in [2,\infty)$
$(x,-\infty) \to (x,-\infty)$
$(x,3) \to (x,12)$
$y \in (-\infty,12)$

b. $f(x) \to f(-x) \to -f(-x)$
$(x,y) \to (-x,y) \to (-x,-y)$
$[2,y) \to [-2,y) \to [-2,-y)$
$(\infty,y) \to (-\infty,y) \to (-\infty,-y)$
$x \in (-\infty,-2]$
$(x,-\infty) \to (-x,-\infty) \to (-x,\infty)$
$(x,3) \to (-x,3) \to (-x,-3)$
$y \in (-3,\infty)$

c. $f(x) \to f(x+1) \to 2f(x+1)$
$(x,y) \to (x-1,y) \to (x-1,2y)$
$[2,y) \to [1,y) \to [1,2y)$
$(\infty,y) \to (\infty,y) \to (\infty,2y)$
$x \in [1,\infty)$
$(x,-\infty) \to (x-1,-\infty) \to (x-1,-\infty)$
$(x,3) \to (x-1,3) \to (x-1,6)$
$y \in (-\infty,6)$

d. $f(x) \to f(x-2) \to f(x-2)+3$
$(x,y) \to (x+2,y) \to (x+2,y+3)$
$[2,y) \to [4,y) \to [4,y+3)$
$(\infty,y) \to (\infty,y) \to (\infty,y+3)$
$x \in [4,\infty)$
$(x,-\infty) \to (x+2,-\infty) \to (x+2,-\infty)$
$(x,3) \to (x+2,3) \to (x+2,6)$
$y \in (-\infty,6)$

3.1 The Toolbox Functions and Transformations

71.

$f(x) \to f(x-3) \to 2f(x-3) \to 2f(x-3)-4$
$(x,y) \to (x+3,y) \to (x+3,2y) \to (x+3,2y-4)$
$(x,y) \to (x+3,2y-4)$

a. Down end-behavior (left):
$x \to -\infty,\ y \to -\infty$
$(-\infty,-\infty) \to (-\infty,-\infty)$

The down end-behavior is unchanged by the transformation.
Up end-behavior (right):
$x \to \infty,\ y \to \infty$
$(\infty,\infty) \to (\infty,\infty)$
The up end-behavior is unchanged by the transformation.
down/up

b. $(-\infty, y) \to (-\infty, 2y-4)$
$(-2, y) \to (1, 2y-4)$
$(4, y) \to (7, 2y-4)$
$(\infty, y) \to (\infty, 2y-4)$
increasing: $x \in (-\infty, 1) \cup (7, \infty)$
decreasing: $x \in (1, 7)$

c. $(-2,3) \to (-2+3, 2\cdot 3+4) \to (1,2)$
max at $(1,2)$
$(4,-3) \to (4+3, 2(-3)-4) \to (7,-10)$
min at $(7,-10)$

73. Vertex: (2, 0)
Point: (0, –4)
$y = a(x-h)^2 + k$
$-4 = a(0-2)^2 + 0$
$-4 = 4a$
$-1 = a;$
$y = -(x-2)^2$

75. Node: (–3, 0)
Point: (6, 4.5)
$y = a\sqrt{x-h} + k$
$4.5 = a\sqrt{6-(-3)} + 0$
$4.5 = 3a$
$1.5 = a;$
$y = 1.5\sqrt{x+3}$

77. Vertex: (–4, 0)
Point: (1, 4)
$y = a|x-h| + k$
$4 = a|1+4| + 0$
$4 = 5a$
$\dfrac{4}{5} = a;$
$y = \dfrac{4}{5}|x+4|$

79. a.

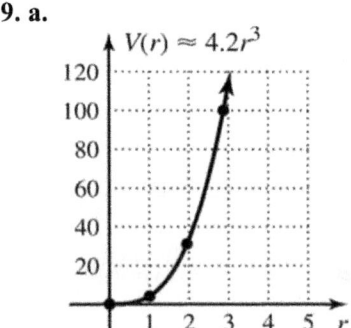

Chapter 3: More on Functions

b. At $r = 2.5$ in., $V(r) \approx 65$ in³ from the graph.

Algebraically,
$$V(2.5) = \frac{4}{3}\pi(2.5)^3$$
$$\approx 1.333(3.14)(15.625)$$
$$\approx 65.4$$

Yes, the graphical result and the algebraic result are close.

c. $V = \frac{4}{3}\pi r^3$

$$r^3 = \frac{3}{4\pi}V$$

$$r = \sqrt[3]{\frac{3}{4\pi}V}$$

d. $r = \sqrt[3]{\frac{3}{4\pi}V}$

$$r = \sqrt[3]{\frac{3}{4\pi}(288\pi)}$$

$$r = \sqrt[3]{216}$$

$$r = 6 \text{ in.}$$

81. a. $T(x) = \frac{1}{4}\sqrt{x}$

The graph can be obtained from $y = \sqrt{x}$ if it is compressed vertically.

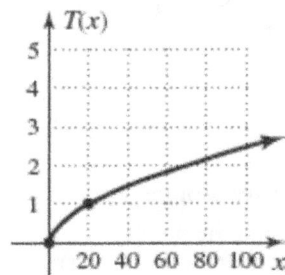

b. $T(81) = \frac{1}{4}\sqrt{81} = \frac{1}{4}(9) = 2.25 \sec$

Yes, the point (81, 2.25) is on the graph.

83. $P(v) = \frac{8}{125}v^3$

a. The graph can be obtained from $y = v^3$ if it is compressed vertically.

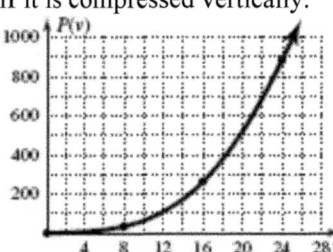

b. $P(15) = \frac{8}{125}(15)^3 = 216$ W

Yes, the point (15,216) is on the graph.

85. $d(t) = 2t^2$

a. Vertical stretch by a factor of 2

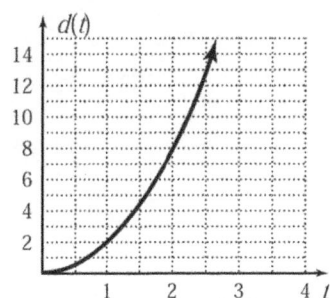

b. $d(2.5) = 2(2.5)^2 = 2(6.25) = 12.5$ ft

Yes, the point (2.5, 12.5) is on the graph.

3.1 The Toolbox Functions and Transformations

87. a.

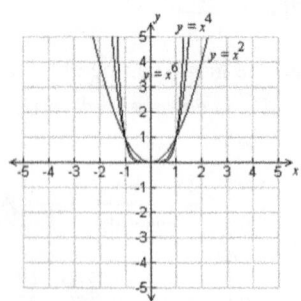

All curves of the form $y = x^{2n}$ pass through the points $(-1,1), (0,0),$ and $(1,1)$.

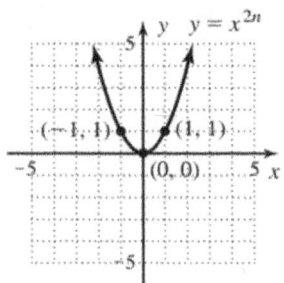

b.

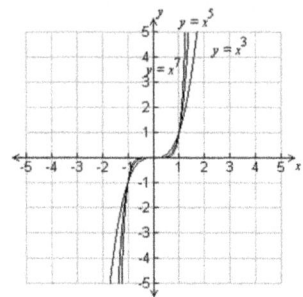

All curves of the form $y = x^{2n+1}$ pass through the points $(-1,-1), (0,0),$ and $(1,1)$.

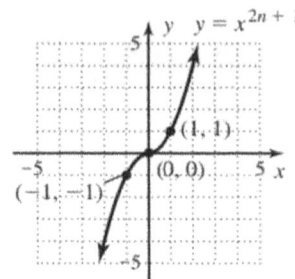

c.

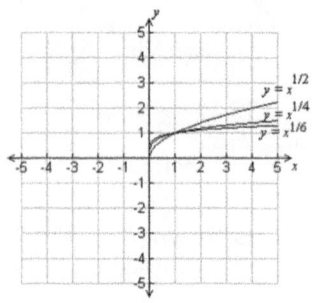

All curves of the form $y = x^{\frac{1}{2n}}$ pass through the points $(0,0)$ and $(1,1)$.

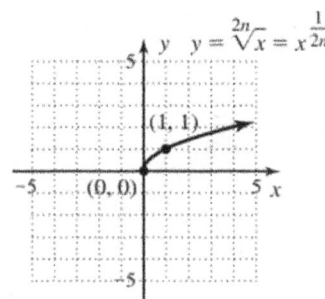

d.

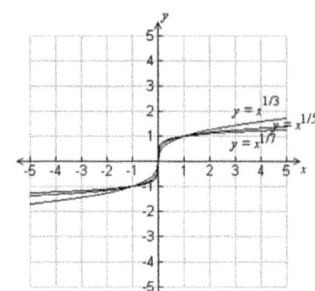

All curves of the form $y = x^{\frac{1}{2n+1}}$ pass through the points $(-1,-1), (0,0),$ and $(1,1)$.

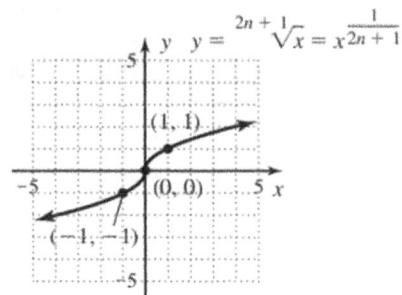

Chapter 3: More on Functions

89. a. $f(x) = x^2$

$f(x) = (3x)^2$; horizontal compression of 3

$f(x) = (3x)^2 = 3^2 x^2 = 9x^2$; vertical stretch of 9

b. $g(x) = x^3$

$g(x) = (2x)^3$; horizontal compression of 2

$g(x) = (2x)^3 = 2^3 x^3 = 8x^3$; vertical stretch of 8

c. $h(x) = |5x|$

$h(x) = |5x|$; horizontal compression of 5

$h(x) = |5x| = |5| \cdot |x| = 5|x|$; vertical stretch of 5

d. $p(x) = \sqrt[3]{27x}$

$p(x) = \sqrt[3]{27x}$; horizontal compression of 27

$p(x) = \sqrt[3]{27x} = \sqrt[3]{27} \cdot \sqrt[3]{x} = 3\sqrt[3]{x}$; vertical compression of 3

91. a. Graph $y = x^2$ and $y = (x+3)^2$.

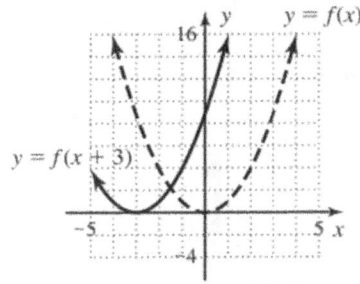

The transformed graph is shifted left by 3.

b. Graph $y = x^2$ and $y = x^2 + 3$.

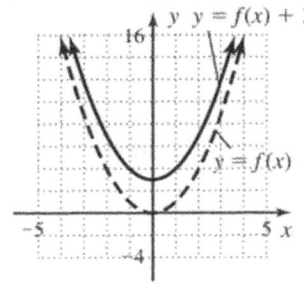

The transformed graph is shifted up by 3.

c. Adding $f(3)$ to $f(x)$ shifts the graph of $f(x)$ up by $f(3)$. Since $f(x) = x^2$, $f(3) = 9$. So, $f(x) + f(3)$ is shifted up by 9.

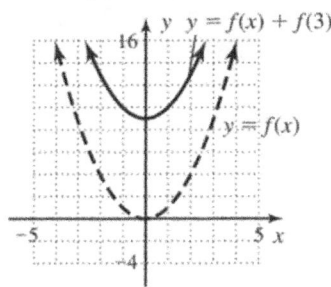

d. The graph of $y = f(x + h)$ is the graph of $y = f(x)$ shifted left h units.
The graph of $y = f(x) + h$ is the graph of $y = f(x)$ shifted up h units.
In general, $f(x + h) \neq f(x) + h$.

The graph of $y = f(x + h)$ is the graph of $y = f(x)$ shifted left h units.
The graph of $y = f(x) + f(h)$ is the graph of $y = f(x)$ shifted up $f(h)$ units.
In general, $f(x + h) \neq f(x) + f(h)$.

93. $f(x) = x^2 - 4$

$F(x) = |x^2 - 4|$

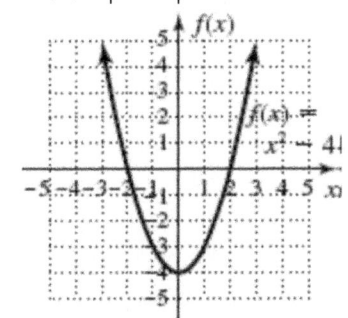

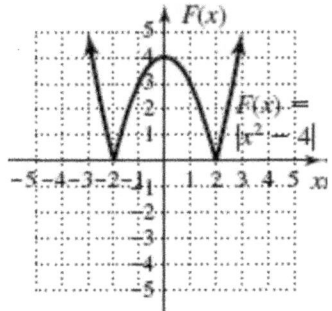

Any points in QIII and IV will reflected across the x-axis and thus move to QI and II.

3.1 The Toolbox Functions and Transformations

95. $\dfrac{2}{3}x + \dfrac{1}{4} = \dfrac{1}{2}x - \dfrac{7}{12}$

$12\left(\dfrac{2}{3}x + \dfrac{1}{4} = \dfrac{1}{2}x - \dfrac{7}{12}\right)$

$8x + 3 = 6x - 7$

$2x = -10$

$x = -5$

97. $f(x) = (x-4)^2 + 3$

Quadratic, opens upward, Vertex (4,3)

$f(x) \downarrow : (-\infty, 4)$;

$f(x) \uparrow : (4, \infty)$

3.2 Exercises

1. vertical; $y = 2$

3. Answers will vary.

5. $V(x) = \dfrac{1}{(x-1)} + 2$

a. as $x \to \infty, y \to 2$;
   as $x \to -\infty, y \to 2$;

b. as $x \to 1^-, y \to -\infty$;
   as $x \to 1^+, y \to \infty$;

7. $Q(x) = \dfrac{1}{(x+2)^2} + 1$

a. as $x \to \infty, y \to 1$;
   as $x \to -\infty, y \to 1$;

b. as $x \to -2^-, y \to \infty$;
   as $x \to -2^+, y \to \infty$;

9. $y \to -2^+$

11. $y \to -\infty$

13. $x \to -1, y \to \pm\infty$

15. $f(x) = \dfrac{1}{x} - 1$

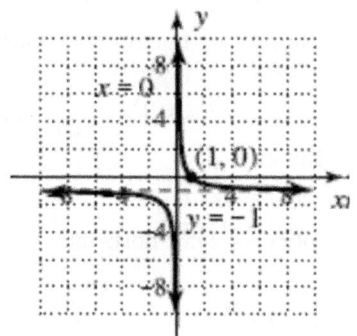

Down 1

$x \in (-\infty, 0) \cup (0, \infty)$

$y \in (-\infty, -1) \cup (-1, \infty)$

17. $h(x) = \dfrac{1}{x+2}$

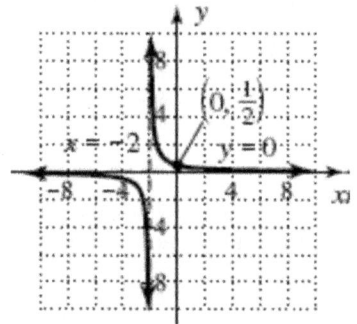

Left 2

$x \in (-\infty, -2) \cup (-2, \infty)$

$y \in (-\infty, 0) \cup (0, \infty)$

Chapter 3: More on Functions

19. $g(x) = \dfrac{-1}{x-2}$

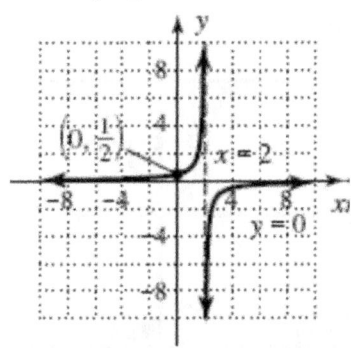

Reflected across x-axis, right 2
$x \in (-\infty, 2) \cup (2, \infty)$
$y \in (-\infty, 0) \cup (0, \infty)$

21. $f(x) = \dfrac{1}{x+2} - 1$

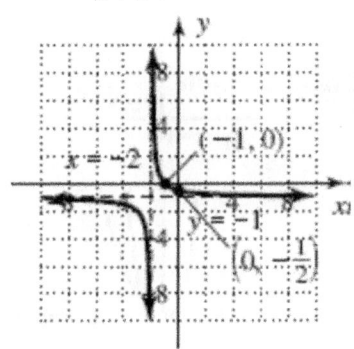

Left 2, down 1
$x \in (-\infty, -2) \cup (-2, \infty)$
$y \in (-\infty, -1) \cup (-1, \infty)$

23. $h(x) = \dfrac{1}{(x-1)^2}$

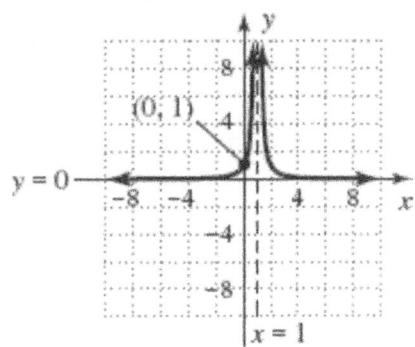

Right 1
$x \in (-\infty, 1) \cup (1, \infty)$
$y \in (0, \infty)$

25. $g(x) = \dfrac{-1}{(x+2)^2}$

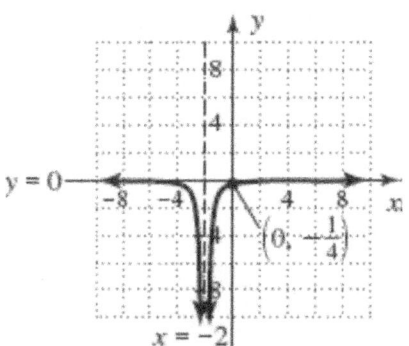

Reflected across x-axis, left 2
$x \in (-\infty, -2) \cup (-2, \infty)$
$y \in (-\infty, 0)$

27. $f(x) = \dfrac{1}{x^2} - 2$

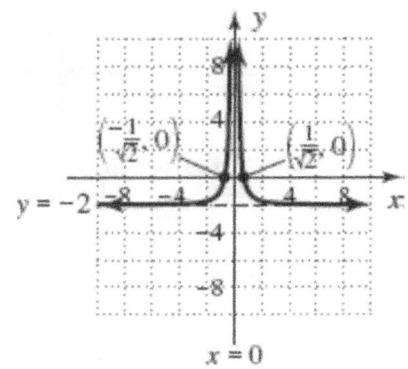

Down 2
$x \in (-\infty, 0) \cup (0, \infty)$
$y \in (-2, \infty)$

29. $h(x) = 1 + \dfrac{1}{(x+2)^2}$

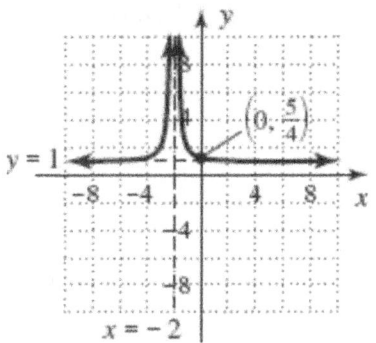

Left 2, up 1
$x \in (-\infty, -2) \cup (-2, \infty)$
$y \in (1, \infty)$

131

3.2 Basic Rational Functions and Power Functions

31. reciprocal quadratic,

$$S(x) = \frac{1}{(x+1)^2} - 2$$

33. reciprocal function,

$$Q(x) = \frac{1}{(x+1)} - 2$$

35. reciprocal quadratic,

$$f(x) = \frac{1}{(x+2)^2} - 5$$

37. $f(x) = x^2$, $g(x) = x^3$
$g(x)$
a. $\{0,1\}$

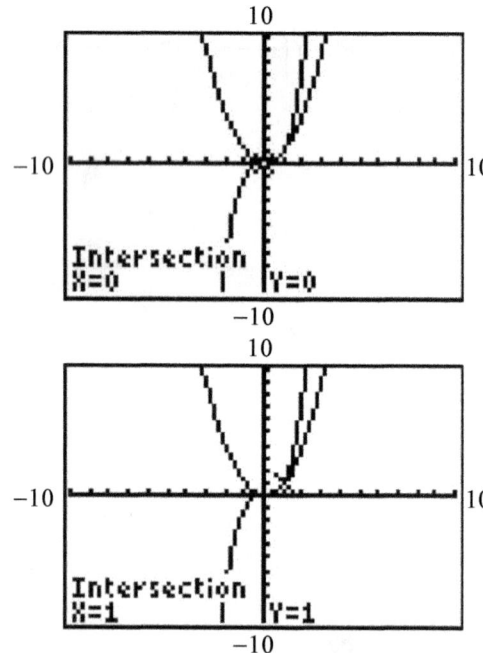

b. $x \in (-\infty, 0) \cup (0,1)$
c. $x \in (1, \infty)$

39. $f(x) = x^4$, $g(x) = x^2$
$f(x)$
a. $\{0, \pm 1\}$

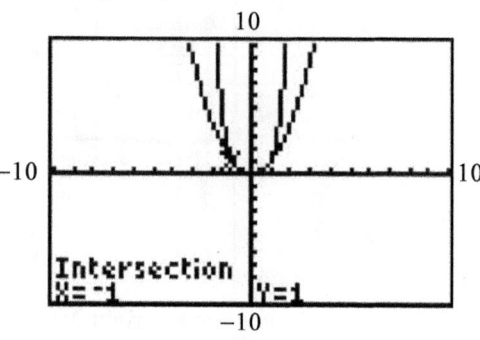

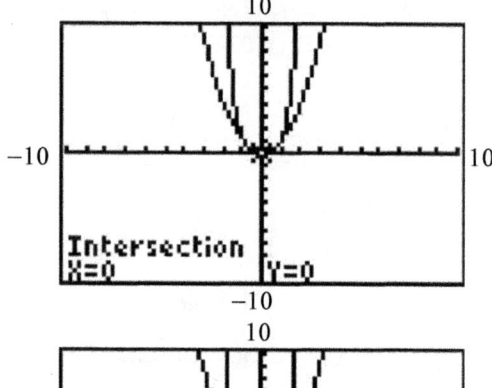

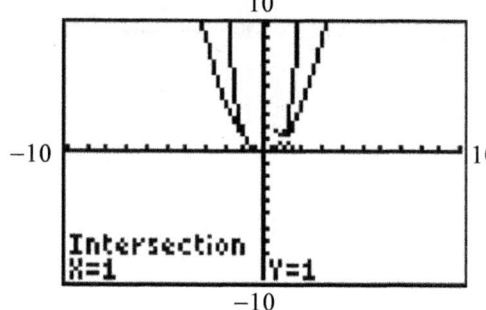

b. $x \in (-\infty, -1) \cup (1, \infty)$
c. $x \in (-1, 0) \cup (0, 1)$

Chapter 3: More on Functions

41. $f(x) = x^{\frac{2}{3}}$, $g(x) = x^{\frac{4}{5}}$
   $g(x)$
   a. $\{0, \pm 1\}$

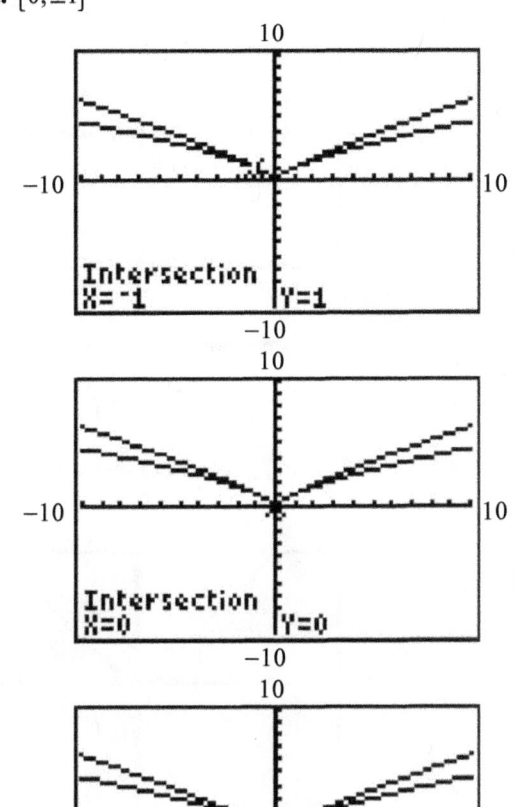

   b. $x \in (-1, 0) \cup (0, 1)$
   c. $x \in (-\infty, -1) \cup (1, \infty)$

43. $f(x) = \sqrt[6]{x}$, $g(x) = \sqrt[3]{x}$
   $g(x)$
   a. $\{0, 1\}$

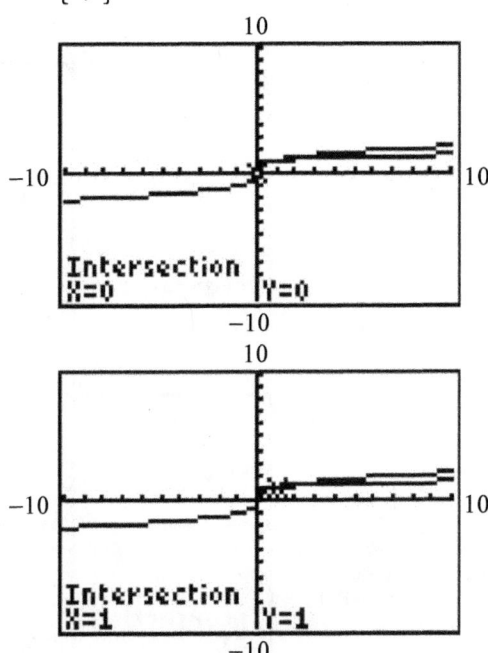

   b. $x \in (0, 1)$
   c. $x \in (1, \infty)$

3.2 Basic Rational Functions and Power Functions

45. $f(x) = \sqrt[3]{x^2}$, $g(x) = x^{\frac{5}{4}}$
  $g(x)$
  a. $\{0, 1\}$

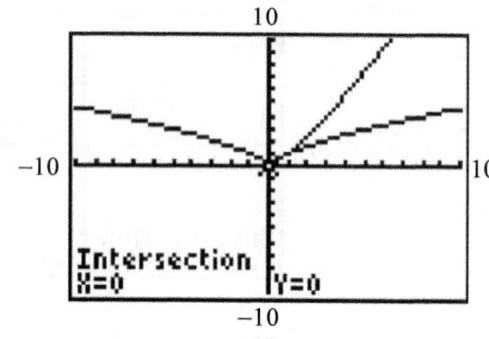
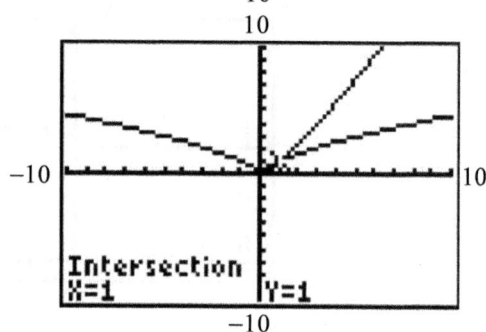

  b. $x \in (0, 1)$
  c. $x \in (1, \infty)$

47. $[0, \infty)$

49. $(-\infty, \infty)$

51. $(-\infty, \infty)$

53. **a.** undefined
  b. defined
  c. defined
  d. defined

55. **a.** defined
  b. defined
  c. undefined
  d. defined

57. $f(x) = x^{\frac{7}{8}}$, $F(x) = (x+1)^{\frac{7}{8}} - 2$

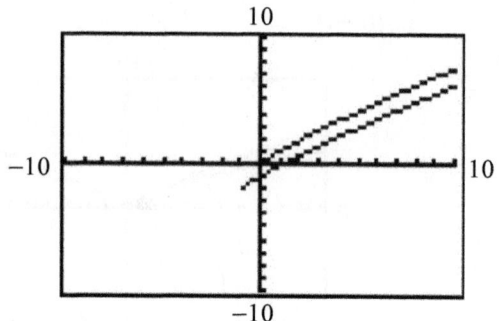

From the parent graph $f(x)$, $F(x)$ left 1, down 2.

59. $p(x) = x^{\frac{6}{5}}$, $P(x) = -(x-2)^{\frac{6}{5}}$

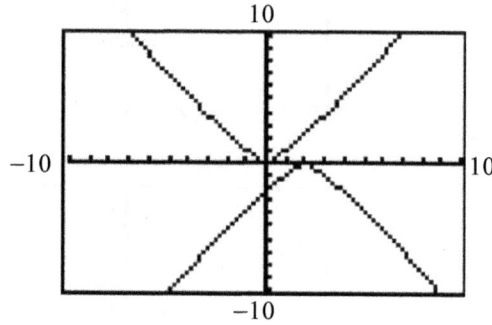

From the parent graph $p(x)$, $P(x)$ right 2, reflected across x-axis.

61. $F = \dfrac{km_1 m_2}{d^2}$

a. F becomes very small.

b. $F = \dfrac{1}{d^2}$

d	$F(d) = \dfrac{1}{d^2}$
1	$F(1) = \dfrac{1}{(1)^2} = 1$
2	$F(2) = \dfrac{1}{(2)^2} = \dfrac{1}{4}$
3	$F(3) = \dfrac{1}{(3)^2} = \dfrac{1}{9}$
4	$F(4) = \dfrac{1}{(4)^2} = \dfrac{1}{16}$

$F = \dfrac{1}{d^2}$ belongs to the family

$F(x) = \dfrac{1}{x^2}$

c. $F = \dfrac{km_1 m_2}{d^2}$

$Fd^2 = km_1 m_2$

$m_2 = Fd^2 \dfrac{1}{km_1}$

$m_2 = \dfrac{d^2 F}{km_1}$

63. $D(p) = \dfrac{75}{p}$

a. As the number of predators increases, the deer population decreases.

$D(1) = \dfrac{75}{1} = 75$;

$D(3) = \dfrac{75}{3} = 25$;

$D(5) = \dfrac{75}{5} = 15$

b. If the number of predators becomes very large, the deer population approaches 0.

c.

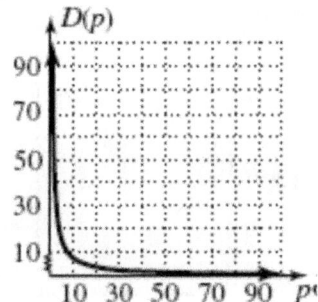

If the number of predators becomes very small, the deer population increases.

As p decreases, D becomes very large:

$p \to 0, \ D \to \infty$

3.2 Basic Rational Functions and Power Functions

65. $I(d) = \dfrac{2500}{d^2}$

a. As the distance from the light bulb increases, the intensity of light decreases.

$I(5) = \dfrac{2500}{(5)^2} = 100$;

$I(10) = \dfrac{2500}{(10)^2} = 25$;

$I(15) = \dfrac{2500}{(15)^2} = 11.1$

b. If the intensity of light is increasing, the observer is moving toward the light source.

c.

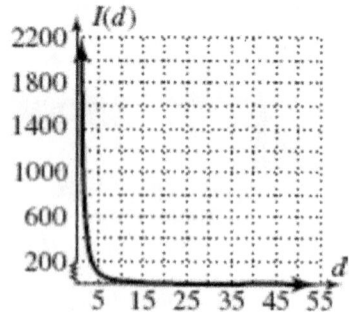

If the distance from the light bulb is very small, the intensity of light is very great.
As d decreases, Intensity becomes large: $d \to 0$, $I \to \infty$

67. $C(p) = \dfrac{8000}{100-p} - 80$

a. $C(20) = \dfrac{8000}{100-20} - 80 = \$20,000$;

$C(50) = \dfrac{8000}{100-50} - 80 = \$80,000$;

$C(80) = \dfrac{8000}{100-80} - 80 = \$320,000$

Cost increases dramatically

b.

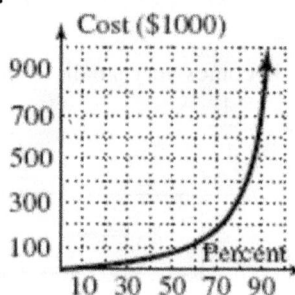

c. As $p \to 100^-$, $C \to \infty$

69. $V(s) = 8\sqrt{s}$

a. $V(1000) = 8 \cdot \sqrt{1000} \approx 253$ ft/sec

b. $V^2 = 64s$

$s(V) = \dfrac{1}{64}V^2$

$s(225) = \dfrac{1}{64}225^2 \approx 791$ ft

71. a. $S(5.58) = 0.75 \cdot (5.58)^{1.5} \approx 10$

b. $S(h) = 0.75h^{1.5}$

$S^{\frac{1}{1.5}} = 0.75^{\frac{1}{1.5}} h$

$S^{0.67} = 0.75^{0.67} h$

$h(S) = \dfrac{1}{0.83}S^{0.67}$

$h(14) = \dfrac{1}{0.83}14^{0.67} \approx 7$ ft, 1 in.

Chapter 3: More on Functions

73. a.

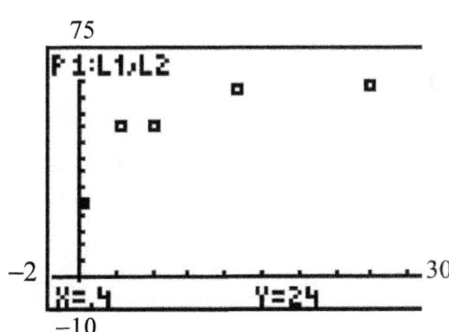

b. $P(w) = 32.251w^{0.246}$

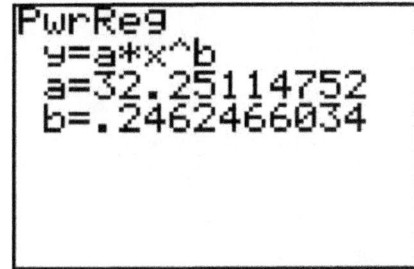

c. $P(15.5) = 32.251 \cdot 15.5^{0.246} \approx 63$ days

d. $P^{0.754} = 32.251^{0.754} w$

$w(P) = \dfrac{1}{13.72} P^{0.754}$

$w(52) = \dfrac{1}{13.72} 52^{0.754} \approx 6.9$ kg

75. a.

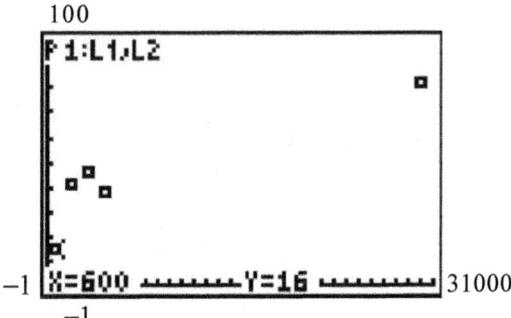

b. $S(a) = 1.687a^{0.386}$

c. $S(2300) = 1.687 \cdot 2300^{0.386} \approx 33$ species

d. $S^{0.614} = 1.687^{0.614} a$

$a(S) = \dfrac{1}{1.38} S^{0.614}$

$a(98) = \dfrac{1}{1.38} 98^{0.614} \approx 37,200$ mi^2

3.2 Basic Rational Functions and Power Functions

77. $y = \dfrac{1}{x}$

$yx = 1$

$S(1) = y(1) \cdot 1 = 1$
$S(2) = y(2) \cdot 2 = 1$
$S(3) = y(3) \cdot 3 = 1$
$S(4) = y(4) \cdot 4 = 1$
$S(5) = y(5) \cdot 5 = 1$
$S(6) = y(6) \cdot 6 = 1$
$S(x) = y(x)x = 1$

The area is always 1 unit^2.

$y = \dfrac{1}{x^2}$

$yx = \dfrac{1}{x}$

$S(1) = y(1) \cdot 1 = 1$

$S(2) = y(2) \cdot 2 = \dfrac{1}{2}$

$S(3) = y(3) \cdot 3 = \dfrac{1}{3}$

$S(4) = y(4) \cdot 4 = \dfrac{1}{4}$

$S(5) = y(5) \cdot 5 = \dfrac{1}{5}$

$S(6) = y(6) \cdot 6 = \dfrac{1}{6}$

$S(x) = y(x)x = \dfrac{1}{x}$

The area is always $\dfrac{1}{x}$ units^2.

79. $2x + 3y = 15$

$3y = 15 - 2x$

$y = 5 - \dfrac{2}{3}x$

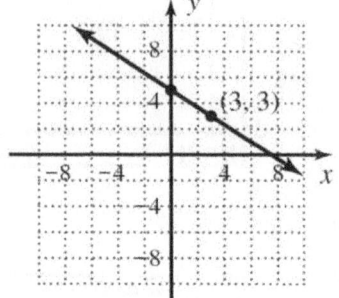

81. $E = mc^2$

$\sqrt{E} = \sqrt{m}c$

$c = \sqrt{\dfrac{E}{m}}$

3.3 Exercises

1. decreases

3. Answers will vary.

5. $d = kt$

7. $F = ka$

9. $y = kx$

$0.6 = k(24)$

$0.025 = k$

$y = 0.025x$

x	$f(x) = 0.025x$
500	$f(500) = 0.025(500) = 12.5$
650	$16.25 = 0.025x$ $650 = x$
750	$f(750) = 0.025(750) = 18.75$

Chapter 3: More on Functions

11. $P = kd$
$4 = k(9)$
$\dfrac{4}{9} = k$
$k \approx 0.44$
$P \approx 0.44d;$
$P = \dfrac{4}{9}d = \dfrac{4}{9}(60) \approx 27$ psi;
$k \approx 0.44$ psi/ft (or ≈ 0.44 increase in pressure for each 1 ft increase in depth)

13. a. $S = kh$
$192 = k(47)$
$\dfrac{192}{47} = k$
$S = \dfrac{192}{47}h$

b.

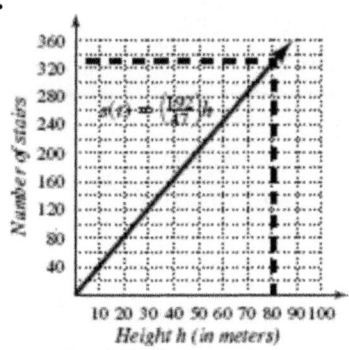

$S \approx 330$ Stairs

c. $S = \dfrac{192}{47}(81) = 331;$ yes

15. [ounces] = k[gallons] $= \dfrac{128}{1}\left(\dfrac{1}{4}\right) = 32$ oz

17. [tablespoons] = k[pinches]
$= \dfrac{1}{48}(3)$
$= \dfrac{1}{16}$ T

19. [pounds] = k[kilograms per cubic meter]
$= \dfrac{1}{16}(1000)$
≈ 62.5 lb/ft^3

21. $V = ks^3$

23. $P = kc^2$

25. $p = kq^4$
$800 = k(5)^4$
$\dfrac{800}{(5)^4} = k$
$1.28 = k$
$p = 1.28q^4$

q	$p(q) = 1.28q^4$
1.5	$6.48 = 1.28q^4$ $\dfrac{6.48}{1.28} = q^4$ $(5.0625)^{1/4} = q$ $1.5 = q$
2.5	$p(2.5) = 1.28(2.5)^4 = 50$
10	$12{,}800 = 1.28q^4$ $\dfrac{12{,}800}{1.28} = q^4$ $(10{,}000)^{1/4} = q$ $10 = q$

3.3 Variation: The Toolbox Functions in Action

27. a. Area varies directly as a side squared.
  b. $A = ks^2$
  c.
  75,000,000

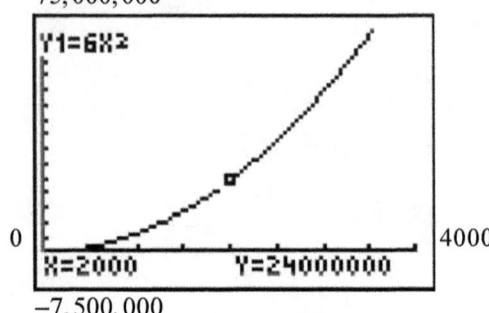

  −7,500,000

  d.

X	Y1
0	0
5	150
10	600
15	1350
20	2400
25	3750
30	5400

  X=0

  e. $3528 = k(14\sqrt{3})^2$
  $3528 = 588k$
  $\dfrac{3528}{588} = k$
  $6 = k$;
  $A = 6s^2$;
  $A = 6(3036)^2$;
  $A = 55,303,776 \text{ m}^2$

29. a. Distance varies directly as time squared.
  b. $d = kt^2$
  c.
  500

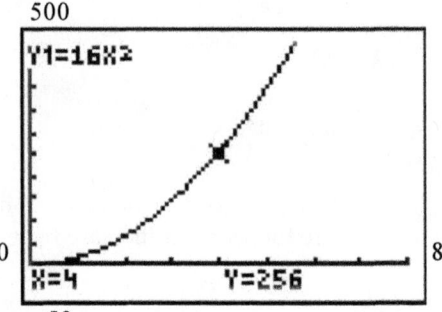

  −50

  d.

X	Y1
1	16
1.5	36
2	64
2.5	100
3	144
3.5	196
4	256

  X=4

  e. $d = kt^2$
  $169 = k(3.25)^2$
  $169 = 10.5625k$
  $16 = k$;
  $d = 16t^2$
  $196 = 16t^2$
  $12.25 = t^2$
  $3.5 \sec = t$
  $d = 16(2.75)^2$
  $d = 121$

140

Chapter 3: More on Functions

31. $F = \dfrac{k}{d^2}$

33. $S = \dfrac{k}{L}$

35. $Y = \dfrac{k}{Z^2}$

$1369 = \dfrac{k}{3^2}$

$12{,}321 = k;$

$Y = \dfrac{12{,}321}{Z^2}$

Z	Y
37	$Y(37) = \dfrac{12{,}321}{37^2} = 9$
74	$2.25 = \dfrac{12{,}321}{Z^2}$ $2.25Z^2 = 12{,}321$ $Z = 74$
111	$Y(111) = \dfrac{12{,}321}{111^2} = 1$

37. $w = \dfrac{k}{r^2}$

$75 = \dfrac{k}{(6400)^2}$

$3{,}072{,}000{,}000 = k;$

$w = \dfrac{3{,}072{,}000{,}000}{r^2}$

$w = \dfrac{3{,}072{,}000{,}000}{(8000)^2}$

$w = 48$ kg

39. $I = krt$

41. $A = kh(B+b)$

43. $R = \dfrac{kL}{A}$

45. $C = \dfrac{kR}{S^2}$

$21 = \dfrac{k(7)}{(1.5)^2}$

$47.25 = 7k$

$6.75 = k;$

$C = \dfrac{6.75R}{S^2}$

R	S	C
120	6	22.5
200	12.5	8.64
350	15	10.5

$22.5 = \dfrac{6.75(120)}{S^2}$

$22.5S^2 = 810$

$S = 6;$

$C = \dfrac{6.75(200)}{(12.5)^2} = \dfrac{1350}{156.25} = 8.64;$

$10.5 = \dfrac{6.75R}{(15)^2}$

$2362.5 = 6.75R$

$350 = R$

47. $E = kmv^2$

$200 = k(1)(20)^2$

$\dfrac{200}{400} = k$

$0.5 = k$

$E = 0.5mv^2;$

$E = 0.5(1)(20 \cdot 2)^2 = 0.5(40)^2 = 800$ J

49. c

51. d

3.3 Variation: The Toolbox Functions in Action

53. a. Force varies jointly with the square of the velocity and the cross-sectional area.
b. $F = kv^2 A$
$$F = kv^2 A$$
$$175 = k(176)^2(14)$$
$$\frac{175}{433664} = k$$
$$0.0004 \approx k$$
c. $F = 0.0004v^2 A =$
$$0.0004\left(\frac{176}{4}\right)^2\left(\frac{14}{4}\right)$$
$$\approx 2.7 \text{ lb}$$

55. $T = \dfrac{k}{V}$
$$4 = \frac{k}{12}$$
$$48 = k;$$
$$T = \frac{48}{V};$$
$$T = \frac{48}{1.5}$$
$$T = 32 \text{ volunteers}$$

57. $M = kE$
$$16 = k(96)$$
$$\frac{16}{96} = k$$
$$\frac{1}{6} = k;$$
$$M = \frac{1}{6}E;$$
$$M = \frac{1}{6}(250)$$
$$M \approx 41.7 \text{ kg}$$

59. $D = k\sqrt{S}$
$$108 = k\sqrt{25}$$
$$21.6 = k;$$
$$D = 21.6\sqrt{S};$$
$$D = 21.6\sqrt{45}$$
$$D \approx 144.9 \text{ ft}$$

61. $C = kLD$
$$76.50 = k(36)\left(\frac{1}{4}\right)$$
$$76.50 = 9k$$
$$8.5 = k;$$
$$C = 8.5LD;$$
$$C = 8.5(24)\left(\frac{3}{8}\right)$$
$$C = \$76.50$$

63. $C = \dfrac{kp_1 p_2}{d^2}$
$$300 = \frac{k(340,000)(420,000)}{430^2}$$
$$55,470,000 = 1.428 \times 10^{11} k$$
$$5.547 \times 10^7 = 1.428 \times 10^{11} k$$
$$3.885 \times 10^{-4} = k$$
$$C \approx \frac{(3.885 \times 10^{-4}) p_1 p_2}{d^2};$$
$$C \approx \frac{(3.885 \times 10^{-4})(190,000)(600,000)}{430^2}$$
$$\approx 239.5$$
About 240 calls are made.

65. $V = k \cdot l \cdot w^2$
$$12.27 = k \cdot (3.75) \cdot (2.50)^2$$
$$\frac{12.27}{(3.75) \cdot (2.50)^2} = k;$$
a. $V = \dfrac{12.27}{3.75(2.50)^2} \cdot (4.65) \cdot (3.10)^2$
$$V \approx 23.39 \text{ cm}^3$$
b. $\dfrac{23.39}{12.27} \approx 1.91$ or 191%

67. a. $M = k(w)h^2\left(\dfrac{1}{L}\right)$
b. $270 = k(18)(2)^2\left(\dfrac{1}{8}\right)$
$$270 = 9k$$
$$30 = k;$$
$$M = 30(18)(2)^2\left(\frac{1}{12}\right) = 180 \text{ lb}$$

Chapter 3: More on Functions

69. $S = \dfrac{kr}{g}$

$130 = \dfrac{k(5000)}{0.7}$

$91 = k(5000)$

$0.0182 = k$

$S \approx \dfrac{0.0182r}{g}$;

$S = \dfrac{0.0182r}{g} = \dfrac{0.0182(3000)}{1.8} \approx 30$ mph

71. a. $F = k\dfrac{m_1 m_2}{d^2}$

$F = (6.67 \times 10^{-11})\dfrac{(1000)(1000)}{10^2}$

$F = (6.67 \times 10^{-11})(10000)$

$F = (6.67 \times 10^{-11})(1.0 \times 10^4)$

$F = 6.67 \times 10^{-7}$ N

b. $F = (6.67 \times 10^{-11})\dfrac{(10)(10)}{1000^2}$

$F = (6.67 \times 10^{-11})(.0001)$

$F = (6.67 \times 10^{-11})(1.0 \times 10^{-4})$

$F = 6.67 \times 10^{-15}$ N

73. a. $\dfrac{y_1}{x_1} = \dfrac{y_2}{x_2}$

$\dfrac{y_1 x_2}{x_1} = y_2$

$y_2 = \left(\dfrac{x_2}{x_1}\right)y_1$

b. $M_2 = \left(\dfrac{E_2}{E_1}\right)M_1$

$= \left(\dfrac{170}{140}\right)53.2$

≈ 64.6

75. $x^3 + 6x^2 + 8x = 0$

$x(x^2 + 6x + 8) = 0$;

$a = 1,\ b = 6,\ c = 8$

$x = \dfrac{-6 \pm \sqrt{(6)^2 - 4(1)(8)}}{2(1)}$

$x = \dfrac{-6 \pm \sqrt{36 - 32}}{2}$

$x = \dfrac{-6 \pm \sqrt{4}}{2}$

$x = \dfrac{-6 \pm 2}{2}$;

$x = -4;\ x = -2;\ x = 0$

77. $f(x) = -2|x - 3| + 5$

Right 3, up 5, reflected across the x-axis.

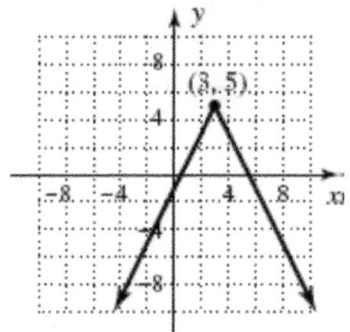

Mid-Chapter Check

1. $g(x) = \sqrt{x + 4} + 2$

3. $p(x) = (x - 3)^2$, $q(x) = -(x - 3)^2$,

$r(x) = -\dfrac{1}{2}(x - 3)^2$

x	p	q	r
1	4	−4	−2
2	1	−1	−1/2
3	0	0	0
4	1	−1	−1/2
5	4	−4	−2

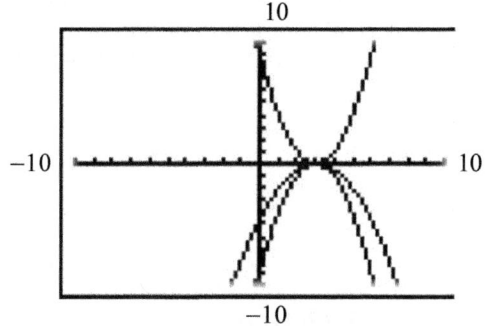

$q(x)$ is a reflection of $p(x)$ across the x-axis, and $r(x)$ is the same as $q(x)$, but compressed by a factor of $\dfrac{1}{2}$.

Chapter 3   Mid-Chapter Check

5. a. ∞
   b. 2

7. $G(h) = 100 - \dfrac{200}{h+4}$

   a. $G(0) = 100 - \dfrac{200}{0+4} = 100 - 50 = 50$

   b. $G(1) = 100 - \dfrac{200}{1+4} = 100 - 40 = 60$

   c.
   $$80 = 100 - \dfrac{200}{h+4}$$
   $$-20 = -\dfrac{200}{h+4}$$
   $$-20(h+4) = -200$$
   $$h+4 = 10$$
   $$h = 6 \text{ hr}$$

   d.
   $$90 = 100 - \dfrac{200}{h+4}$$
   $$-10 = -\dfrac{200}{h+4}$$
   $$-10(h+4) = -200$$
   $$h+4 = 20$$
   $$h = 16 \text{ hr}$$

   e.
   $$100 \stackrel{?}{=} 100 - \dfrac{200}{h+4}$$
   $$0 \stackrel{?}{=} -\dfrac{200}{h+4}$$
   $$0(h+4) \stackrel{?}{=} -200$$
   $$0 \neq -200$$
   No; using this model, you cannot make a score of 100.

9. $BMI = \dfrac{kw}{h^2}$

   $28.9 = \dfrac{k(190)}{(68)^2}$

   $k = \dfrac{28.9}{190}(68)^2$

   $k = 703.33$

   $BMI = \dfrac{703.33w}{h^2}$

   $= \dfrac{703.33(190-40)}{(68)^2}$

   $= \dfrac{703.33(150)}{(68)^2}$

   ≈ 22.8

3.4 Exercises

1. smooth

3. Each piece must be continuous on the corresponding interval, and the function values at the endpoints of each interval must be equal. Answers will vary.

5. a. $f(x) = \begin{cases} x^2 - 6x + 10 & 0 \leq x \leq 5 \\ \dfrac{3}{2}x - \dfrac{5}{2} & 5 < x \leq 9 \end{cases}$

   b. $x \in [0,9]$ $y \in [1,11]$

7. $x \in (2,4] \cup (6,\infty)$
   $y \in (-\infty, 3) \cup [4, 10)$

9. $h(x) = \begin{cases} -2 & x < -2 \\ |x| & -2 \leq x < 3 \\ 5 & x \geq 3 \end{cases}$

   $h(-5) = -2$;

   $h(-2) = |-2| = 2$;

   $h\left(-\dfrac{1}{2}\right) = \left|-\dfrac{1}{2}\right| = \dfrac{1}{2}$;

   $h(0) = |0| = 0$;

   $h(2.999) = |2.999| = 2.999$;

   $h(3) = 5$

144

Chapter 3: More on Functions

11. $p(x) = \begin{cases} 5 & x < -3 \\ x^2 - 4 & -3 \leq x \leq 3 \\ 2x+1 & x > 3 \end{cases}$

$p(-5) = 5$;

$p(-3) = (-3)^2 - 4 = 9 - 4 = 5$;

$p(-2) = (-2)^2 - 4 = 4 - 4 = 0$;

$p(0) = (0)^2 - 4 = 0 - 4 = -4$;

$p(3) = (3)^2 - 4 = 9 - 4 = 5$;

$p(5) = 2(5) + 1 = 10 + 1 = 11$

13. $g(x) = \begin{cases} -(x-1)^2 + 5 & -2 \leq x \leq 4 \\ 2x - 12 & x > 4 \end{cases}$

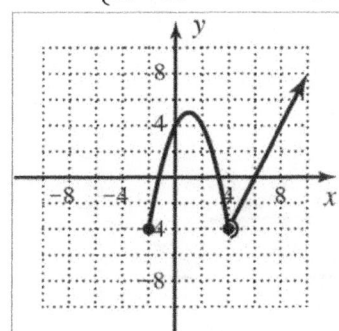

$D: x \in [-2, \infty)$

$R: y \in [-4, \infty)$

15. $H(x) = \begin{cases} -x+3 & x < 1 \\ -|x-5|+6 & 1 \leq x < 9 \end{cases}$

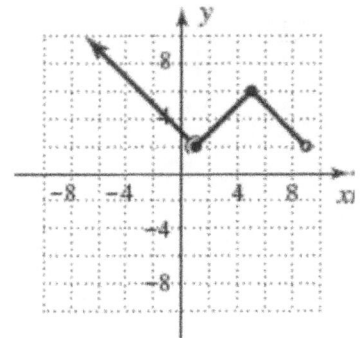

$D: x \in (-\infty, 9)$

$R: y \in [2, \infty)$

17. $f(x) = \begin{cases} -x - 3 & x < -3 \\ 9 - x^2 & -3 \leq x < 2 \\ 4 & x \geq 2 \end{cases}$

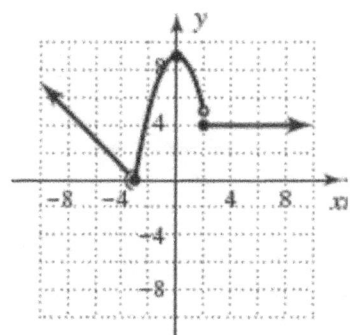

$D: x \in (-\infty, \infty)$

$R: y \in [0, \infty)$

19. $p(x) = \begin{cases} \dfrac{1}{2}x + 1 & x \neq 4 \\ 2 & x = 4 \end{cases}$

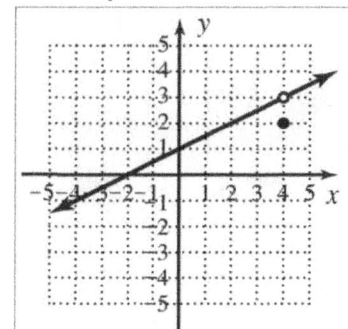

$D: x \in (-\infty, \infty)$

$R: y \in (-\infty, 3) \cup (3, \infty)$

3.4 Piecewise-Defined Functions

21. $f(x) = \begin{cases} \dfrac{x^2-9}{x+3} & x \neq -3 \\ c & x = -3 \end{cases}$

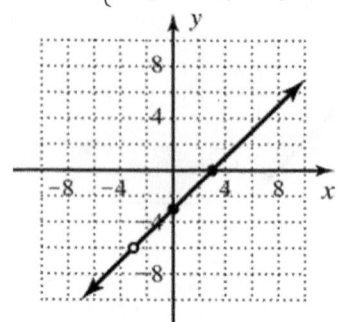

$D: x \in (-\infty, \infty)$
$R: y \in (-\infty, -6) \cup (-6, \infty)$
Discontinuity at $x = -3$
Redefine $f(x) = -6$ at $x = -3$; $c = -6$

23. $f(x) = \begin{cases} \dfrac{x^3-1}{x-1} & x \neq 1 \\ c & x = 1 \end{cases}$

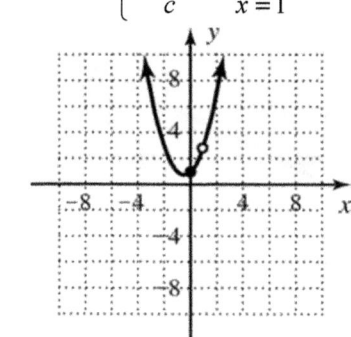

$D: x \in (-\infty, \infty)$
$R: y \in [0.75, \infty)$
Discontinuity at $x = 1$
Redefine $f(x) = 3$ at $x = 1$; $c = 3$

25.

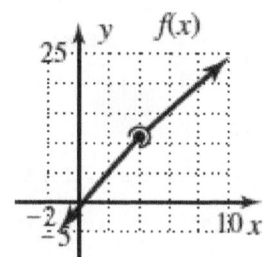

Discontinuity at $x = 4$
Redefine $f(x) = 11$ at $x = 4$, $(4, 11)$;
$c = \dfrac{9}{4}$

27.

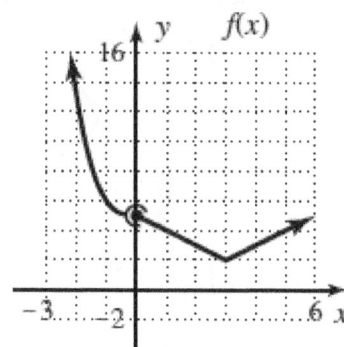

Discontinuity at $x = 0$
Redefine $f(x) = 5$ at $x = 0$, $(0, 5)$;
$c = 2$

29. Left line contains the points $(-4, -3)$ and $(2, 0)$.
$m = \dfrac{0-(-3)}{2-(-4)} = \dfrac{1}{2}$;
$y - 0 = \dfrac{1}{2}(x-2)$
$y = \dfrac{1}{2}x - 1$;

Right line contains the points $(2, 0)$ and $(3, 3)$. $m = \dfrac{3-0}{3-2} = 3$;
$y - 0 = 3(x-2)$
$y = 3x - 6$;

$f(x) = \begin{cases} \dfrac{1}{2}x - 1 & -4 \leq x < 2 \\ 3x - 6 & x \geq 2 \end{cases}$

Chapter 3: More on Functions

31. The first equation is a quadratic with vertex $(-1,-4)$, opening up.
$$y = (x+1)^2 - 4$$
The line is bounded by $(1,2)$ and contains $(4,5)$.
$$m = \frac{5-2}{4-1} = 1$$
$$y - 2 = 1(x-1)$$
$$y = x + 1;$$
$$p(x) = \begin{cases} (x+1)^2 - 4, & x \leq 1 \\ x+1, & x > 1 \end{cases}$$

33. The first equation is an absolute value function with vertex $(-3,-2)$:
$$y = |x+3| - 2;$$ The second equation is a quadratic vertex $(0,-5)$, opening up:
$$y = x^2 - 5;$$
$$f(x) = \begin{cases} |x+3| - 2, & x < 1 \\ x^2 - 5, & x \geq 1 \end{cases}$$

35. The first equation is a square root function with the vertex $(-1,-3)$, reflected about the y-axis and shifted down by 3 units:
$$y = \sqrt{-x-1} - 3;$$ The line passes through the origin and is bounded by $(-1,2)$ and $(1,-2)$: $m = \frac{-2-2}{1+1} = -2$, $y = -2x$; The third equation is a square root function with the vertex $(1,3)$, reflected about the x-axis and shifted up by 3 units: $y = -\sqrt{x-1} + 3$;
$$p(x) = \begin{cases} \sqrt{-x-1} - 3, & x < -1 \\ -2x, & -1 \leq x \leq 1 \\ -\sqrt{x-1} + 3, & x > 1 \end{cases}$$

37. $|x| = \begin{cases} -x & x < 0 \\ x & x \geq 0 \end{cases}$

$$f(x) = \frac{|x|}{x}$$

Graph is discontinuous at $x = 0$.

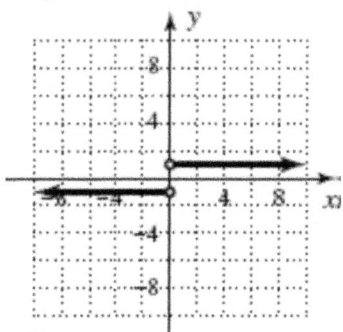

If $x < 0$, $f(x) = -1$.
If $x > 0$, $f(x) = 1$.

39. a. $S(t) = \begin{cases} -t^2 + 6t & 0 \leq t \leq 5 \\ 5 & t > 5 \end{cases}$

b. $S(t) \in [0,9]$

41. $P(t) = \begin{cases} -0.03t^2 + 1.28t + 1.68 & 0 \leq t \leq 30 \\ 1.89t - 43.5 & 30 < t < 50 \\ 51.2 & t \geq 50 \end{cases}$

a.

Year (0 to 1950)	Percent
5	$P(5)$ $= -0.03(5)^2 + 1.28(5) + 1.68$ $= 7.33$
15	$P(15)$ $= -0.03(15)^2 + 1.28(15) + 1.68$ $= 14.13$
25	$P(25)$ $= -0.03(25)^2 + 1.28(25) + 1.68$ $= 14.93$
35	$P(35) = 1.89(35) - 43.5 = 22.65$
45	$P(45) = 1.89(45) - 43.5 = 41.55$
55	$P(55) = 51.20$
65	$P(65) = 51.2$

3.4 Piecewise-Defined Functions

$P(5) = -0.03(5)^2 + 1.28(5) + 1.68$
$\quad = 7.33$

$P(15) = -0.03(15)^2 + 1.28(15) + 1.68$
$\quad = 14.13$

$P(25) = -0.03(25)^2 + 1.28(25) + 1.68$
$\quad = 14.93$

$P(35) = 1.89(35) - 43.5 = 22.65$

$P(45) = 1.89(45) - 43.5 = 41.55$

$P(55) = 51.2$

$P(65) = 51.2$

b. Each piece gives a slightly different value due to rounding of coefficients in each model. At $t = 30$ we use the "first" piece:

$P(30) = -0.03(30)^2 + 1.28(30) + 1.68$
$\quad = 13.08$

43.a. $C(h) = \begin{cases} 0.09h & 0 \le h \le 1000 \\ 0.18h - 90 & h > 1000 \end{cases}$

b.

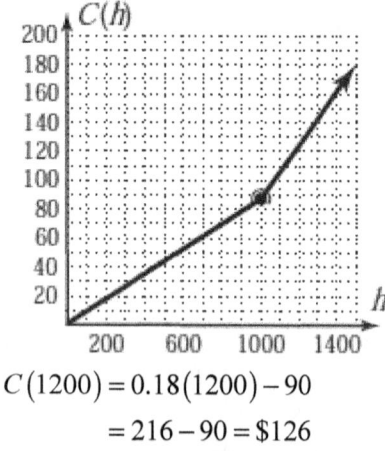

$C(1200) = 0.18(1200) - 90$
$\quad = 216 - 90 = \$126$

45. $C(t) = \begin{cases} 0.75t & 0 \le t \le 25 \\ 1.5t - 18.75 & t > 25 \end{cases}$

$C(45) = 1.5(45) - 18.75 = \$48.75$

47. $S(t) = \begin{cases} -1.35t^2 + 31.9t + 152 & 0 \le t \le 12 \\ 2.6t^2 - 81.5t + 939 & 12 < t \le 22 \end{cases}$

$S(25) = 2.6(25)^2 - 81.5(25) + 939$
$\quad = 2.6(625) - 2037.5 + 939$
$\quad = \$526.5 \text{ billion}$

$S(30) = 2.6(30)^2 - 81.5(30) + 939$
$\quad = 2.6(900) - 2445 + 939$
$\quad \approx \$834 \text{ billion}$

$S(35) = 2.6(35)^2 - 81.5(35) + 939$
$\quad = 2.6(1225) - 2852.5 + 939$
$\quad = \$1271.5 \text{ billion}$

49. $C(m) = \begin{cases} 3.3m & 0 \le m \le 30 \\ 3.3(30) + 7(m-30) & m > 30 \end{cases}$

$C(m) = \begin{cases} 3.3m & 0 \le m \le 30 \\ 7m - 111 & m > 30 \end{cases}$

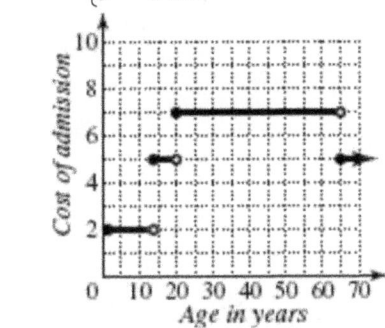

$C(46) = 7(46) - 111 = \$2.11$

51. $C(a) = \begin{cases} 0 & a < 2 \\ 2 & 2 \le a < 13 \\ 5 & 13 \le a < 20 \\ 7 & 20 \le a < 65 \\ 5 & a \ge 65 \end{cases}$

One grandparent: $C(70) = 5$;

Two adults: $C(44) = 7; C(45) = 7$;

Three teenagers: $3 \cdot 5 = 15$;
Two children: $2 \cdot 2 = 4$;
One infant: 0
Total Cost: $5 + 7 + 7 + 15 + 4 + 0 = \$38$

53. a. $C(w) = 17\lceil w - 1 \rceil + 88$

For an envelope weighing between 0 and 1 oz, the cost is $0.88. Each step interval increases by 0.17.

b. $0 < w \le 13$

c. 88 cents

d. 173 cents

e. 173 cents

f. 173 cents

g. 190 cents

55. $h(x) = |x - 2| - |x + 3|$

x	$h(x) = |x-2| - |x+3|$
−5	$h(-5) = |-5-2| - |-5+3| = 7 - 2 = 5$
−4	$h(-4) = |-4-2| - |-4+3| = 6 - 1 = 5$
−3	$h(-3) = |-3-2| - |-3+3| = 5 - 0 = 5$
−2	$h(-2) = |-2-2| - |-2+3| = 4 - 1 = 3$
−1	$h(-1) = |-1-2| - |-1+3| = 3 - 2 = 1$
0	$h(0) = |0-2| - |0+3| = 2 - 3 = -1$
1	$h(1) = |1-2| - |1+3| = 1 - 4 = -3$
2	$h(2) = |2-2| - |2+3| = 0 - 5 = -5$
3	$h(3) = |3-2| - |3+3| = 1 - 6 = -5$
4	$h(4) = |4-2| - |4+3| = 2 - 7 = -5$
5	$h(5) = |5-2| - |5+3| = 3 - 8 = -5$

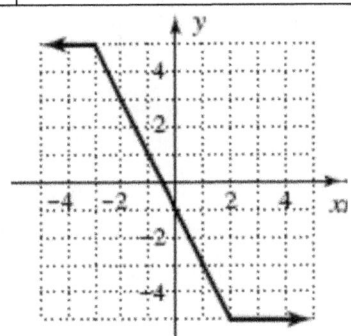

The function is continuous.

3.4 Piecewise-Defined Functions

57. no; $f(x)$ has a removable discontinuity at $x = -2$; $g(x)$ has a nonremovable discontinuity at $x = -2$;

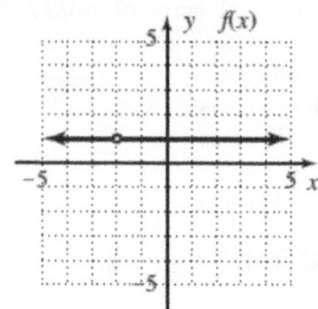

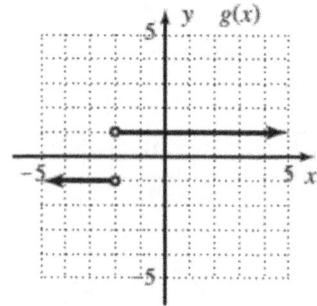

59. a.

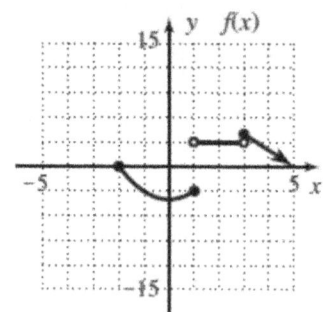

b.

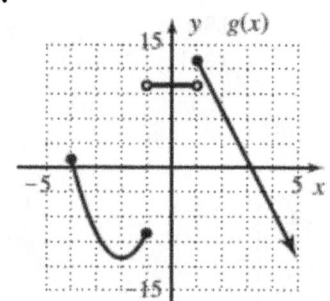

c. $g(x) = \begin{cases} 3(x+2)^2 - 11 & -4 \leq x \leq -1 \\ 10 & -1 < x < 1 \\ -6x + 19 & x \geq 1 \end{cases}$

61. $\dfrac{3}{x-2} + 1 = \dfrac{30}{x^2 - 4}$

$\left(\dfrac{3}{x-2} + 1 = \dfrac{30}{(x-2)(x+2)} \right)(x-2)(x+2)$

$3(x+2) + 1(x-2)(x+2) = 30$

$3x + 6 + x^2 - 4 = 30$

$x^2 + 3x - 28 = 0$

$(x+7)(x-4) = 0$

$x = -7;\ x = 4$

63. $3x + 4y = 8$

$4y = -3x + 8$

$y = -\dfrac{3}{4}x + 2$

$m = -\dfrac{3}{4}$, slope of a line perpendicular to the given line is $\dfrac{4}{3}$.

Slope $\dfrac{4}{3}$ passing through $(0, -2)$:

$y = \dfrac{4}{3}x - 2$

Chapter 3: More on Functions

3.5 Exercises

1. $f(5) \cdot g(5)$, $(f \cdot g)(5)$

3. The domain of h is the empty set, since the domains of f and g do not intersect.

5. **a.** Domain:
   $f(x) = 2x^2 - x - 3; x \in \mathbb{R}$;
   $g(x) = x^2 + 5x; x \in \mathbb{R}$;
   $h(x) = f(x) - g(x); x \in \mathbb{R}$
   b. $h(-2) = f(-2) - g(-2)$
   $= 2(-2)^2 - (-2) - 3 - \left((-2)^2 + 5(-2)\right)$
   $= 7 - (-6) = 13$

7. $h(x) = f(x) - g(x)$
   a. $h(x) = 2x^2 - x - 3 - (x^2 + 5x)$
   $= 2x^2 - x - 3 - x^2 - 5x$
   $= x^2 - 6x - 3$
   b. $h(-2) = (-2)^2 - 6(-2) - 3 = 13$
   c. Same result

9. **a.** Domain of $f(x) = \sqrt{x-3}$
   $x - 3 \geq 0$
   $x \geq 3$; $[3, \infty)$
   Domain of $g(x): x \in \mathbb{R}$;
   Domain of $h(x): x \in [3, \infty)$
   b. $h(x) = (f+g)(x)$
   $= f(x) + g(x)$
   $= \sqrt{x-3} + 2x^3 - 54$
   c. $h(4) = \sqrt{4-3} + 2(4)^3 - 54 = 75$;
   $h(2) = \sqrt{2-3} + 2(2)^3 - 54$
   $= \sqrt{-1} + 16 - 54$
   $\sqrt{-1}$ is not a real number;
   2 is not in the domain of $h(x)$.

11. **a.** Domain of $p(x) = \sqrt{x+5}$
    $x + 5 \geq 0$
    $x \geq -5$; $x \in [-5, \infty)$
    Domain of $q(x) = \sqrt{3-x}$
    $3 - x \geq 0$
    $-x \geq -3$
    $x \leq 3$; $x \in (-\infty, 3]$
    Domain of $r(x): x \in [-5, 3]$
    b. $r(x) = (p+q)(x)$
    $= p(x) + q(x)$
    $= \sqrt{x+5} + \sqrt{3-x}$
    c. $r(2) = \sqrt{2+5} + \sqrt{3-2} = \sqrt{7} + 1$
    $r(4) = \sqrt{4+5} + \sqrt{3-4} = \sqrt{9} + \sqrt{-1}$
    $\sqrt{-1}$ is not a real number;
    4 is not in the domain of $r(x)$.

13. **a.** Domain of $f(x) = \sqrt{x+4}$
    $x + 4 \geq 0$
    $x \geq -4$; $x \in [-4, \infty)$
    Domain of $g(x) = 2x + 3 : x \in \mathbb{R}$
    Domain of $h(x): x \in [-4, \infty)$
    b. $h(x) = (f \cdot g)(x)$
    $= f(x) \cdot g(x)$
    $= \sqrt{x+4}(2x+3)$
    c. $h(-4) = \sqrt{-4+4}(2(-4)+3) = 0$;
    $h(21) = \sqrt{21+4}(2(21)+3) = 225$

15. **a.** Domain of $p(x) = \sqrt{x+1}$
    $x + 1 \geq 0$
    $x \geq -1$; $x \in [-1, \infty)$
    Domain of $q(x) = \sqrt{7-x}$
    $7 - x \geq 0$
    $-x \geq -7$
    $x \leq 7$; $x \in (-\infty, 7]$
    Domain of $r(x): x \in [-1, 7]$
    b. $r(x) = (p \cdot q)(x)$
    $= p(x) \cdot q(x)$
    $= \sqrt{x+1} \cdot \sqrt{7-x}$
    $= \sqrt{-x^2 + 6x + 7}$

3.5 The Algebra and Composition of Functions

c. $r(15) = \sqrt{-(15)^2 + 6(15) + 7} = \sqrt{-128}$

$\sqrt{-128}$ is not a real number;
15 is not in the domain of $r(x)$.

$r(3) = \sqrt{-(3)^2 + 6(3) + 7} = \sqrt{16} = 4$

17. a. Domain of $f(x) = x+1: x \in \mathbb{R}$
Domain of $g(x) = x-5: x \in \mathbb{R}$
Domain of
$h(x) = \dfrac{x+1}{x-5}, x \neq 5$
$x \in (-\infty, 5) \cup (5, \infty)$

b. $h(x) = \dfrac{f}{g}(x) = \dfrac{x+1}{x-5}; \; x \neq 1$

19. a. Domain of $f(x) = x^2 - 16: x \in \mathbb{R}$
Domain of $g(x) = x+4: x \in \mathbb{R}$
Domain of $h(x) = \dfrac{x^2 - 16}{x+4}, x \neq -4$
$x \in (-\infty, -4) \cup (-4, \infty)$

b. $h(x) = \dfrac{f}{g}(x) = \dfrac{x^2 - 16}{x+4}$

$h(x) = \dfrac{(x+4)(x-4)}{x+4} = x - 4; \; x \neq -4$

21. a. Domain of
$f(x) = x^3 + 4x^2 - 2x - 8: x \in \mathbb{R}$
Domain of $g(x) = x+4, x \in \mathbb{R}$
Domain of
$h(x) = \dfrac{x^3 + 4x^2 - 2x - 8}{x+4}, x \neq -4$
$x \in (-\infty, -4) \cup (-4, \infty)$

b. $h(x) = \dfrac{f}{g}(x) = \dfrac{x^3 + 4x^2 - 2x - 8}{x+4}$

$h(x) = \dfrac{x^2(x+4) - 2(x+4)}{x+4}$

$= \dfrac{(x+4)(x^2 - 2)}{x+4} = x^2 - 2; \; x \neq -4$

23. a. Domain of $f(x) = x^3 - 7x^2 + 6x: x \in \mathbb{R}$
Domain of $g(x) = x-1: x \in \mathbb{R}$
Domain of
$h(x) = \dfrac{x^3 - 7x^2 + 6x}{x-1}, x \neq 1$
$x \in (-\infty, 1) \cup (1, \infty)$

b. $h(x) = \dfrac{f}{g}(x) = \dfrac{x^3 - 7x^2 + 6x}{x-1}$

$h(x) = \dfrac{x(x^2 - 7x + 6)}{x-1}$

$= \dfrac{x(x-6)(x-1)}{x-1} = x(x-6)$

$= x^2 - 6x; \; x \neq 1$

25. a. Domain of $p(x) = 1 - x: x \in \mathbb{R}$
Domain of $q(x) = \sqrt{3-x}$,
$3 - x \geq 0$
$-x \geq -3$
$x \leq 3; \; x \in (-\infty, 3]$

Domain of $r(x) = \dfrac{1-x}{\sqrt{3-x}}$,
$3 - x > 0$
$-x > -3$
$x < 3; \; x \in (-\infty, 3)$

b. $r(x) = \dfrac{p}{q}(x) = \dfrac{1-x}{\sqrt{3-x}}$

c. $r(6) = \dfrac{1-6}{\sqrt{3-6}} = \dfrac{-5}{\sqrt{-3}}$

$\sqrt{-3}$ is not a real number;
6 is not in the domain of $r(x)$.

$r(-6) = \dfrac{1-(-6)}{\sqrt{3+6}} = \dfrac{7}{\sqrt{9}} = \dfrac{7}{3}$

Chapter 3: More on Functions

27. a. Domain of $p(x) = x^2 - 36 : x \in \mathbb{R}$
Domain of $q(x) = \sqrt{2x+13}$,
$2x + 13 \geq 0$
$2x \geq -13$
$x \geq -\frac{13}{2}; x \in \left[-\frac{13}{2}, \infty\right)$
Domain of $r(x) = \frac{x^2 - 36}{\sqrt{2x+13}}$,
$2x + 13 > 0$
$2x > -13$
$x > -\frac{13}{2}; x \in \left(-\frac{13}{2}, \infty\right)$

b. $r(x) = \frac{p}{q}(x) = \frac{x^2 - 36}{\sqrt{2x+13}}$

c. $r(6) = \frac{6^2 - 36}{\sqrt{2(6)+13}} = \frac{0}{\sqrt{25}} = 0$
$r(-6) = \frac{(-6)^2 - 36}{\sqrt{2(-6)+13}} = \frac{0}{\sqrt{1}} = 0$

29. a. $f(x) = \frac{6x}{x-3}, g(x) = \frac{3x}{x+2}$
$h(x) = \frac{f(x)}{g(x)} = \frac{\frac{6x}{x-3}}{\frac{3x}{x+2}}$
$= \frac{6x}{x-3} \div \frac{3x}{x+2} = \frac{6x}{x-3} \cdot \frac{x+2}{3x}$
$= \frac{2(x+2)}{x-3} = \frac{2x+4}{x-3}$

b. Domain of $h(x) = \frac{2x+4}{x-3}, x \neq 3$
$x \in (-\infty, 3) \cup (3, \infty)$

c. $x + 2 \neq 0$
$x \neq -2$;
$\frac{3x}{x+2} \neq 0$
$x \neq 0$

31. a. $f(x) = \frac{x^2 - 5x - 6}{x^2 - 5x + 6}, g(x) = \frac{x^2 - 1}{x^2 - 4}$
$h(x) = \frac{f(x)}{g(x)} = \frac{\frac{x^2 - 5x - 6}{x^2 - 5x + 6}}{\frac{x^2 - 1}{x^2 - 4}}$
$= \frac{x^2 - 5x - 6}{x^2 - 5x + 6} \div \frac{x^2 - 1}{x^2 - 4} = \frac{x^2 - 5x - 6}{x^2 - 5x + 6} \cdot \frac{x^2 - 4}{x^2 - 1}$
$= \frac{(x+1)(x-6)}{(x-2)(x-3)} \cdot \frac{(x+2)(x-2)}{(x+1)(x-1)} = \frac{(x-6)(x+2)}{(x-3)(x-1)}$
$= \frac{x^2 - 4x - 12}{x^2 - 4x + 3}$

b. Domain of
$h(x) = \frac{x^2 - 4x - 12}{x^2 - 4x + 3}, x \neq 3, x \neq 1$
$x \in (-\infty, 1) \cup (1, 3) \cup (3, \infty)$

c. $x^2 - 4 \neq 0$
$x \neq -2, x \neq 2$;
$\frac{x^2 - 1}{x^2 - 4} \neq 0$
$x \neq -1$

33. $f(x) = 2x + 3$ **and** $g(x) = x - 2$
Sum:
$f(x) + g(x) = 2x + 3 + x - 2 = 3x + 1$
Domain contains all values of x.
$D: x \in (-\infty, \infty)$
Difference:
$f(x) - g(x) = 2x + 3 - (x - 2)$
$= 2x + 3 - x + 2 = x + 5$
Domain contains all values of x.
$D: x \in (-\infty, \infty)$
Product:
$f(x) \cdot g(x) = (2x + 3)(x - 2)$
$= 2x^2 - 4x + 3x - 6$
$= 2x^2 - x - 6$
Domain contains all values of x.
$D: x \in (-\infty, \infty)$
Quotient:
$\frac{f(x)}{g(x)} = \frac{2x+3}{x-2}$
$x - 2 \neq 0$
$x \neq 2$
$D: x \in (-\infty, 2) \cup (2, \infty)$

3.5 The Algebra and Composition of Functions

35. $f(x) = x^2 + 2x - 3$ and $g(x) = x - 1$
Sum:
$f(x) + g(x) = x^2 + 2x - 3 + x - 1$
$= x^2 + 3x - 4$
Domain contains all values of x.
$D: x \in (-\infty, \infty)$

Difference:
$f(x) - g(x) = x^2 + 2x - 3 - (x - 1)$
$= x^2 + 2x - 3 - x + 1$
$= x^2 + x - 2$
Domain contains all values of x.
$D: x \in (-\infty, \infty)$

Product:
$f(x) \cdot g(x) = (x^2 + 2x - 3)(x - 1)$
$= x^3 - x^2 + 2x^2 - 2x - 3x + 3$
$= x^3 + x^2 - 5x + 3$
Domain contains all values of x.
$D: x \in (-\infty, \infty)$

Quotient:
$\dfrac{f(x)}{g(x)} = \dfrac{x^2 + 2x - 3}{x - 1}$
$= \dfrac{(x+3)(x-1)}{x-1} = x + 3$
$x - 1 \neq 0$
$x \neq 1$
$D: x \in (-\infty, 1) \cup (1, \infty)$

37. $f(x) = x + 2$ and $g(x) = \sqrt{x+6}$
Sum:
$f(x) + g(x) = x + 2 + \sqrt{x+6}$
$x + 6 \geq 0$
$x \geq -6$
$D: x \in [-6, \infty)$

Difference:
$f(x) - g(x) = x + 2 - \sqrt{x+6}$
$x + 6 \geq 0$
$x \geq -6$
$D: x \in [-6, \infty)$

Product:
$f(x) \cdot g(x) = (x+2)\sqrt{x+6}$
$x + 6 \geq 0$
$x \geq -6$
$D: x \in [-6, \infty)$

Quotient:
$\dfrac{f(x)}{g(x)} = \dfrac{x+2}{\sqrt{x+6}}$
$x + 6 > 0$
$x > -6$
$D: x \in (-6, \infty)$

39. $f(x) = \dfrac{2}{x-3}$ and $g(x) = \dfrac{5}{x+2}$
Sum:
$f(x) + g(x) = \dfrac{2}{x-3} + \dfrac{5}{x+2}$
$= \dfrac{2(x+2) + 5(x-3)}{(x-3)(x+2)}$
$= \dfrac{2x + 4 + 5x - 15}{(x-3)(x+2)}$
$= \dfrac{7x - 11}{(x-3)(x+2)}$
$x - 3 \neq 0 \quad x + 2 \neq 0$
$x \neq 3 \quad x \neq -2$
$D: x \in (-\infty, -2) \cup (-2, 3) \cup (3, \infty)$

Difference:
$f(x) - g(x) = \dfrac{2}{x-3} - \dfrac{5}{x+2}$
$= \dfrac{2(x+2) - 5(x-3)}{(x-3)(x+2)}$
$= \dfrac{2x + 4 - 5x + 15}{(x-3)(x+2)}$
$= \dfrac{-3x + 19}{(x-3)(x+2)}$
$x - 3 \neq 0 \quad x + 2 \neq 0$
$x \neq 3 \quad x \neq -2$
$D: x \in (-\infty, -2) \cup (-2, 3) \cup (3, \infty)$

Product:
$f(x) \cdot g(x) = \left(\dfrac{2}{x-3}\right)\left(\dfrac{5}{x+2}\right)$
$= \dfrac{10}{(x-3)(x+2)}$
$= \dfrac{10}{x^2 - x - 6}$
$x - 3 \neq 0 \quad x + 2 \neq 0$
$x \neq 3 \quad x \neq -2$
$D: x \in (-\infty, -2) \cup (-2, 3) \cup (3, \infty)$

Chapter 3: More on Functions

Quotient:

$$\frac{f(x)}{g(x)} = \frac{\frac{2}{x-3}}{\frac{5}{x+2}} = \left(\frac{2}{x-3}\right)\left(\frac{x+2}{5}\right)$$

$$= \frac{2(x+2)}{5(x-3)} = \frac{2x+4}{5x-15}$$

$x - 3 \neq 0 \quad x + 2 \neq 0$

$x \neq 3 \quad\quad x \neq -2$

$D: x \in (-\infty, -2) \cup (-2, 3) \cup (3, \infty)$

41. $f(x) = x^2 - 5x - 14$

$f(-2) = (-2)^2 - 5(-2) - 14 = 4 + 10 - 14 = 0;$

$f(7) = (7)^2 - 5(7) - 14 = 49 - 35 - 14 = 0;$

$f(2) = (2)^2 - 5(2) - 14 = 4 - 10 - 14 = -20;$

$f(a-2) = (a-2)^2 - 5(a-2) - 14$

$= a^2 - 4a + 4 - 5a + 10 - 14$

$= a^2 - 9a$

43. $f(x) = \sqrt{x+3}$ and $g(x) = 2x - 5$

a. $h(x) = (f \circ g)(x) = f[g(x)]$

$= \sqrt{g(x) + 3}$

$= \sqrt{(2x-5) + 3}$

$= \sqrt{2x - 2}$

b. $H(x) = (g \circ f)(x) = g[f(x)]$

$= 2(f(x)) - 5$

$= 2\sqrt{x+3} - 5$

c. $2x - 2 \geq 0$

$2x \geq 2$

$x \geq 1$

Domain of $h: x \in [1, \infty)$

$x + 3 \geq 0$

$x \geq -3$

Domain of $H: x \in [-3, \infty)$

45. $f(x) = \sqrt{x-3}$ and $g(x) = 3x + 4$

a. $h(x) = (f \circ g)(x)$

$h(x) = f[g(x)]$

$h(x) = \sqrt{g(x) - 3}$

$= \sqrt{3x + 4 - 3}$

$= \sqrt{3x + 1}$

b. $H(x) = (g \circ f)(x)$

$H(x) = g[f(x)]$

$H(x) = 3(f(x)) + 4$

$= 3\sqrt{x-3} + 4$

c. $3x + 1 \geq 0$

$3x \geq -1$

$x \geq -\frac{1}{3}$

Domain of h: $\left\{x \mid x \geq -\frac{1}{3}\right\}$

or $\left[-\frac{1}{3}, \infty\right)$;

$x - 3 \geq 0$

$x \geq 3$

Domain of H: $\{x \mid x \geq 3\}$

or $[3, \infty)$

47. $f(x) = x^2 - 3x$ and $g(x) = x + 2$

a. $h(x) = (f \circ g)(x)$

$h(x) = f[g(x)]$

$h(x) = (g(x))^2 - 3(g(x))$

$= (x+2)^2 - 3(x+2)$

$= x^2 + 4x + 4 - 3x - 6$

$= x^2 + x - 2$

b. $H(x) = (g \circ f)(x)$

$H(x) = g[f(x)]$

$H(x) = (f(x)) + 2$

$= x^2 - 3x + 2$

c. Domain of h: $(-\infty, \infty)$

Domain of H: $(-\infty, \infty)$

3.5 The Algebra and Composition of Functions

49. $f(x) = x^2 + x - 4$ and $g(x) = x + 3$

a. $h(x) = (f \circ g)(x)$
$h(x) = f[g(x)]$
$h(x) = (g(x))^2 + g(x) - 4$
$= (x+3)^2 + x + 3 - 4$
$= x^2 + 6x + 9 + x - 1$
$= x^2 + 7x + 8$

b. $H(x) = (g \circ f)(x)$
$H(x) = g[f(x)]$
$H(x) = f(x) + 3$
$= x^2 + x - 4 + 3$
$= x^2 + x - 1$

c. Domain of h: $(-\infty, \infty)$
Domain of H: $(-\infty, \infty)$

51. $f(x) = |x| - 5$ and $g(x) = -3x + 1$

a. $h(x) = (f \circ g)(x)$
$h(x) = f[g(x)]$
$h(x) = |g(x)| - 5$
$= |-3x + 1| - 5$

b. $H(x) = (g \circ f)(x)$
$H(x) = g[f(x)]$
$H(x) = -3(f(x)) + 1$
$= -3(|x| - 5) + 1$
$= -3|x| + 15 + 1$
$= -3|x| + 16$

c. Domain of h: $(-\infty, \infty)$
Domain of H: $(-\infty, \infty)$

53. $f(x) = \dfrac{2x}{x+3}$ and $g(x) = \dfrac{5}{x}$

a.

$(f \circ g)(x)$: For $g(x)$ to be defined, $x \neq 0$.

For $f[g(x)] = \dfrac{2g(x)}{g(x) + 3}$,

$g(x) \neq -3$ so $x \neq -\dfrac{5}{3}$.

Domain: $\left\{ x \mid x \neq 0, x \neq -\dfrac{5}{3} \right\}$

b.

$(g \circ f)(x)$: For $f(x)$ to be defined, $x \neq -3$.

For $g[f(x)] = \dfrac{5}{f(x)}$,

$f(x) \neq 0$ so $x \neq 0$.

Domain: $\{x \mid x \neq 0, x \neq -3\}$

c. $(f \circ g)(x) = f[g(x)]$

$= \dfrac{2(g(x))}{g(x) + 3} = \dfrac{2\left(\dfrac{5}{x}\right)}{\dfrac{5}{x} + 3} = \dfrac{\dfrac{10}{x}}{\dfrac{5 + 3x}{x}}$

$= \dfrac{10x}{x(5 + 3x)} = \dfrac{10}{5 + 3x}$

$(g \circ f)(x) = g[f(x)]$

$= \dfrac{5}{f(x)} = \dfrac{5}{\dfrac{2x}{x+3}} = \dfrac{5(x+3)}{2x} = \dfrac{5x + 15}{2x}$

156

Chapter 3: More on Functions

55. $f(x) = \dfrac{4}{x}$ and $g(x) = \dfrac{1}{x-5}$

a.
$(f \circ g)(x)$: For $g(x)$ to be defined, $x \neq 5$

For $f[g(x)] = \dfrac{4}{g(x)}$,

$g(x) \neq 0$ and $g(x)$ is never zero.

Domain: $\{x | x \neq 5\}$

b.
$(g \circ f)(x)$: For $f(x)$ to be defined, $x \neq 0$.

For $g[f(x)] = \dfrac{1}{f(x)-5}$,

$f(x) \neq 5$ so $x \neq \dfrac{4}{5}$.

Domain: $\left\{x \middle| x \neq 0, x \neq \dfrac{4}{5}\right\}$

c. $h(x) = (f \circ g)(x)$

$h(x) = f[g(x)]$

$h(x) = \dfrac{4}{g(x)}$

$= \dfrac{4}{\dfrac{1}{x-5}}$

$= 4(x-5)$

$= 4x - 20$

$H(x) = (g \circ f)(x)$

$H(x) = g[f(x)]$

$H(x) = \dfrac{1}{f(x)-5}$

$= \dfrac{1}{\dfrac{4}{x}-5}$

$= \dfrac{1}{\dfrac{4-5x}{x}}$

$= \dfrac{x}{4-5x}$

57. $f(x) = x^2 - 8$ and $g(x) = x+2$

$h(x) = (f \circ g)(x)$

a. $(f \circ g)(x) = f[g(x)]$

$= (g(x))^2 - 8$

$= (x+2)^2 - 8$

$= x^2 + 4x + 4 - 8$

$= x^2 + 4x - 4$;

$h(x) = x^2 + 4x - 4$

$h(5) = (5)^2 + 4(5) - 4 = 25 + 20 - 4 = 41$

b. $g(5) = 5 + 2 = 7$

$f[g(5)] = f(7)$

$= (7)^2 - 8 = 49 - 8 = 41$

59. $h(x) = 5(x^3+7)^8$

$g(x) = x^3 + 7$

$(f \circ g)(x) = h(x)$

$f[g(x)] = 5(x^3+7)^8$

$f[(x^3+7)] = 5(x^3+7)^8$

$f(x) = 5x^8$

61. $h(x) = \sqrt{2x+3} - 5$

$f(x) = \sqrt{x} - 5$

$(f \circ g)(x) = h(x)$

$f[g(x)] = \sqrt{2x+3} - 5$

$\sqrt{g(x)} - 5 = \sqrt{2x+3} - 5$

$g(x) = 2x + 3$

63. $h(x) = \left(\sqrt{x-2}+1\right)^3 - 5$

Answers may vary.

$g(x) = \sqrt{x-2} + 1, f(x) = x^3 - 5$

3.5 The Algebra and Composition of Functions

65. $f(x) = 2x-1, g(x) = x^2-1, h(x) = x+4$

$j(x) = f\{g[h(x)]\}$
$j(x) = f[(x+4)^2 - 1]$
$= 2[(x+4)^2 - 1] - 1$
$= 2(x+4)^2 - 2 - 1$
$= 2(x+4)^2 - 3$
$= 2(x^2 + 8x + 16) - 3$
$= 2x^2 + 16x + 29$

$k(x) = g\{f[h(x)]\}$
$k(x) = g[2(x+4) - 1]$
$= g[2x+8-1] = g[2x+7]$
$= (2x+7)^2 - 1$
$= 4x^2 + 28x + 48$

67. $f(x) = 2x+3, g(x) = \dfrac{x-3}{2}$

a. $(f \circ f)(x) = f(f(x))$
$= 2(2x+3) + 3 = 4x+9$

b. $(g \circ g)(x) = g(g(x))$
$= \dfrac{\frac{x-3}{2} - 3}{2} = \dfrac{x-3-6}{4} = \dfrac{x-9}{4}$

c. $(f \circ g)(x) = f(g(x))$
$= 2\left(\dfrac{x-3}{2}\right) + 3 = x-3+3 = x$

d. $(g \circ f)(x) = g(f(x))$
$= \dfrac{2x+3-3}{2} = \dfrac{2x}{2} = x$

69. a. $C(5) = 6000$
b. $T(8) = 3000$
c. $C(9) + T(9) = 6000 + 2000 = 8000$
d. $C(9) - T(9);$
$C(9) - T(9) = 6000 - 2000 = 4000$

71. a. $R(2) = \$1$ billion
b. $C(8) = \$5$ billion

c. $R(t) = C(t)$
Broke even 2003, 2007, 2010
d. $C(t) > R(t):$
$t \in (2000, 2003) \cup (2007, 2010)$
e. $R(t) > C(t), t \in (2003, 2007)$
f. $R(5) - C(5);$
$R(5) - C(5) = 5 - 1 = \$4$ billion

73. a. $(f+g)(-4) = f(-4) + g(-4)$
$= 5 + (-1) = 4$
b. $(f \cdot g)(1) = f(1) \cdot g(1) = 0(3) = 0$
c. $(f-g)(4) = f(4) - g(4) = 5 - 3 = 2$
d. $(f+g)(0) = f(0) + g(0) = 1 + 2 = 3$
e. $\left(\dfrac{f}{g}\right)(2) = \dfrac{f(2)}{g(2)} = \dfrac{-1}{3}$
f. $(f \cdot g)(-2) = f(-2) \cdot g(-2) = 3(2) = 6$
g. $(g \cdot f)(2) = g(2) \cdot f(2) = 3(-1) = -3$
h. $(g-f)(-1) = g(-1) - f(-1)$
$= 1 - 2 = -1$
i. $(g+f)(8) = g(8) + f(8) = 2 + (-1) = 1$
j. $\left(\dfrac{g}{f}\right)(7) = \dfrac{g(7)}{f(7)} = \dfrac{0}{1} = 0$
k. $(g \circ f)(4) = g[f(4)] = g(5) = 0$
l. $(f \circ g)(4) = f[g(4)] = f(3) = 2$

75. $h(x) = f(x) - g(x)$
$= 5 - \left(\dfrac{2}{3}x + 1\right) = 5 - \dfrac{2}{3}x - 1$
$= -\dfrac{2}{3}x + 4$

77. $h(x) = f(x) - g(x)$
$= (5x - x^2) - x = 4x - x^2$

79. a. $A = 40\pi r + 2\pi r^2$
$A = 2\pi r(20 + r);$
$A(r) = (f \cdot g)(r)$
$f(r) = 2\pi r, g(r) = 20 + r$

b. $A(5) = 2\pi(5)(20+5)$
$= 10\pi(25) = 250\pi \text{ units}^2;$
$f(5) \cdot g(5) = (2\pi(5)) \cdot (20+5)$
$= (10\pi)(25) = 250\pi \text{ units}^2;$
The result is the same.

Chapter 3: More on Functions

81. a. Revenue: $R(x) = 40,000x$
Cost: $C(x) = 108,000 + 28,000x$
$P(x) = R(x) - C(x)$
$= 40,000x - 108,000 - 28,000x$
$= 12,000x - 108,000$

b. Break even when $P(x) = 0$
$12,000x - 108,000 = 0$
$12,000x = 108,000$
$x = 9$
Nine boats must be sold to break even.

c. $P(15) = 12,000(15) - 108,000$
$= 180,000 - 108,000$
$= \$72,000$

83. a. $P(n) = R(n) - C(n)$
$P(n) = 11.45n - 0.1n^2$

b. $P(12) = 11.45(12) - 0.1(12)^2$
$= 137.4 - 14.4 = \$123$

c. $P(60) = 11.45(60) - 0.1(60)^2$
$= 687 - 360 = \$327$

d. At $n = 115$, costs exceed revenue, $C(115) > R(115)$.

85. a. The total time is the sum of the two functions,
$$T(d) = t_1(d) + t_2(d) = \frac{\sqrt{d}}{4} + \frac{d}{1116}$$

b. $T(230) = \dfrac{\sqrt{230}}{4} + \dfrac{230}{1116} \approx 4$ sec

c. We use graphing calculator to find how deep the well is:

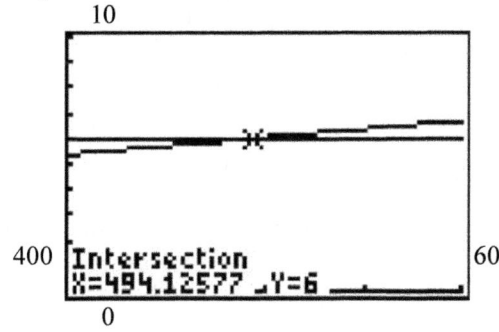

The graph indicates that $d \approx 494$ ft.

87. a. $f(x) = 0.5x - 14$; $g(x) = 2x + 23$
$h(x) = (f \circ g)(x) = f[g(x)]$
$h(x) = 0.5(g(x)) - 14$
$= 0.5(2x + 23) - 14$
$= x + 11.5 - 14$
$= x - 2.5$

b. $h(x) = x - 2.5$
$h(13) = 13 - 2.5 = 10.5$

c. $h(x) = x - 2.5$
$13.5 = x - 2.5$
$15 = x$

89. $r(t) = 2t$; $A = \pi r^2$

a. $A(t) = (A \circ r)(t) = A[r(t)]$
$= \pi(r(t))^2$
$= \pi(2t)^2$
$= 4\pi t^2$

b. $A(60) = 4\pi(60)^2 = 14,400\pi$ m^2

91. a. $L(0) = 500 - 0.015(0) = 500$ lions
$H(500) = 650 - 0.5(500) = 400$ hyenas

b. $(H \circ L)(x) = H[L(x)]$
$= 650 - 0.5L$
$= 650 - 0.5(500 - 0.015x)$
$= 400 + 0.0075x$
$H(16000) = 400 + 0.0075(16000)$
$= 520$ hyenas

c. $H(x) = 400 + 0.0075x = 625$ hyenas
$0.0075x = 225$
$x = 30000$ human

93. Answers will vary.

3.5 The Algebra and Composition of Functions

95. a. $h(x) = \dfrac{1}{x^2 - 4} = \dfrac{1}{(x+2)(x-2)}$;

$x \neq -2, x \neq 2$

$D: x \in (-\infty, -2) \cup (-2, 2) \cup (2, \infty)$

x	$h(x)$	$(f \circ g)(x)$
−3	1/5	1/5
−2	undefined	undefined
−1	−1/3	−1/3
0	−1/4	undefined
1	−1/3	−1/3
2	undefined	undefined
3	1/5	1/5

b. $(f \circ g)(x) = f[g(x)]$

$= \dfrac{1}{(\sqrt{x^2 - 1})^2 - 3}$

$= \dfrac{1}{x^2 - 1 - 3}$

$= \dfrac{1}{x^2 - 4}$

$= h(x)$

Verified; $(f \circ g)(x) = h(x)$.

c. $D: x \in (-\infty, -2) \cup (-2, -1] \cup [1, 2) \cup (2, \infty)$;

$g(x) = \sqrt{x^2 - 1}$ is undefined when $x = 0$, therefore $(f \circ g)(x)$ is also undefined at $x = 0$.
Answers will vary.

97. $f(x) = \sqrt{x}$; $g(x) = \sqrt[3]{x}$; $h(x) = |x|$

a.

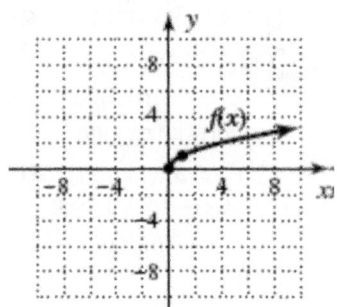

b.

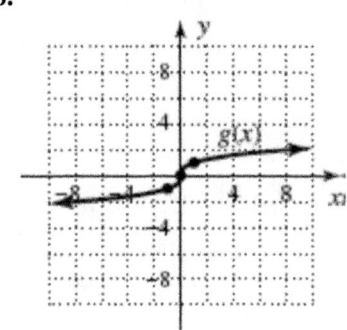

c.

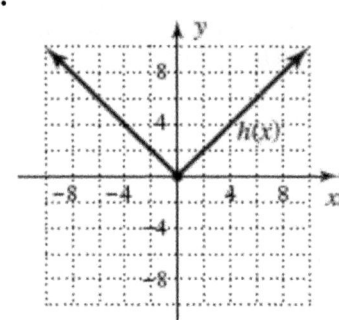

99. $-2x + 3y = 9$

$3y = 2x + 9$

$y = \dfrac{2}{3}x + 3$

$m = \dfrac{2}{3}$;

Slope of a line perpendicular is $-\dfrac{3}{2}$.

y– intercept $(0,0)$;

Equation: $y = -\dfrac{3}{2}x$

Chapter 3: More on Functions

3.6 Exercises

1. maximum, $y = 12$

3. Answers will vary.

5. $d = \sqrt{(x-3)^2 + (y-4)^2}$; $y = 4 - x^2$
$$d(x) = \sqrt{(x-3)^2 + \left[(4-x^2) - 4\right]^2}$$
$$= \sqrt{(x-3)^2 + (-x^2)^2}$$
$$= \sqrt{(x-3)^2 + x^4}$$

7. $A = lw = 50$
$l = \dfrac{50}{w}$
$P = 2w + 2l$
$P(w) = 2w + 2\dfrac{50}{w}$
$= 2w + \dfrac{100}{w}$
$= \dfrac{2w^2 + 100}{w}$

9. $A = 0.5xy$; $y = x^4$
$A(x) = 0.5x(x^4) = 0.5x^5$

11. $A = 0.5xy$; $y = 8 - 2x^2$
$A(x) = 0.5x(8 - 2x^2) = 4x - x^3$

13. $y = \sqrt{9 - x^2}$
    a. $A = lw = 2xy$
    $A(x) = 2x\sqrt{9 - x^2}$
    b. $P = 2l + 2w = 2(2x) + 2y$
    $P(x) = 4x + 2\sqrt{9 - x^2}$

15. The equation of a line with y-intercept $(0, 5)$ and slope $-\dfrac{5}{12}$ is $y = -\dfrac{5}{12}x + 5$.
$A = bh = xy$
$A(x) = x\left(-\dfrac{5}{12}x + 5\right)$
$= -\dfrac{5}{12}x^2 + 5x$
The domain of the function, $0 < x < 12$

17. The equation of a circle with center $(0, 0)$ and radius $r = 5$ is $y = \sqrt{25 - x^2}$.
$A = lw = 4xy$
$A(x) = 4x\sqrt{25 - x^2}$

19. Using the laws of similar triangles,
$\dfrac{h}{24} = \dfrac{8 - r}{8}$
$8h = 192 - 24r$
$h = 24 - 3r$
Volume of a cylinder: $V = \pi r^2 h$
$V(r) = \pi r^2 (24 - 3r) = 3\pi r^2 (8 - r)$

21. Figure 1: f, h, m
Figure 2: a, g, k, o
Figure 3: f, r
Figure 4: i, n, s
Figure 5: a, g
Figure 6: b, d
Figure 7: e, l
Figure 8: j, n, p, s
Figure 9: q
Figure 10: c, t

23. a. $A = \dfrac{bh}{2}$
$2A = bh$
$h = \dfrac{2A}{b}$

    b. $V = \dfrac{1}{3}\pi r^2 h$
    $3V = \pi r^2 h$
    $h = \dfrac{3V}{\pi r^2}$

    c. $SA = \pi r \sqrt{r^2 + h^2}$
    $\dfrac{SA}{\pi r} = \sqrt{r^2 + h^2}$
    $\left(\dfrac{SA}{\pi r}\right)^2 = r^2 + h^2$
    $h^2 = \left(\dfrac{SA}{\pi r}\right)^2 - r^2$
    $h = \sqrt{\left(\dfrac{SA}{\pi r}\right)^2 - r^2}$

3.6 Another Look at Formulas, Functions, and Problem Solving

d.
$$SA = 2(lw+lh+wh)$$
$$SA = 2lw+2lh+2wh$$
$$SA = 2lw+h(2l+2w)$$
$$SA-2lw = h(2l+2w)$$
$$h = \frac{SA-2lw}{2l+2w}$$

25. $y = \sqrt{9-x^2}$; $A = lw = xy$

$A(x) = x\sqrt{9-x^2}$

Using the maximum feature on a graphing calculator,

$A(x) = x\sqrt{9-x^2}$ reaches a maximum at about $(2.12, 9)$.

$A = lw$
$9 \approx (2.12)w$
$w \approx 4.24$
$l \approx 2.12$ units, $w \approx 4.24$ units,
$A = 9$ units^2

27. $y = 4-x^2$; $(-7,6)$;

$d = \sqrt{(x+7)^2 + (y-6)^2}$

$d(x) = \sqrt{(x+7)^2 + \left[(4-x^2)-6\right]^2}$

$= \sqrt{(x+7)^2 + (-x^2-2)^2}$

Using the minimum feature on a graphing calculator, $d(x) = \sqrt{(x+7)^2 + (-x^2-2)^2}$ reaches a minimum at about $(-1, 6.71)$.
For $x = -1$, $y = 4-x^2 = 4-(-1)^2 = 3$
The minimum distance, $d \approx 6.71$ units, occurs at the point $(-1, 3)$.

29. The equation of a line with y-intercept $(0,8)$ and slope $-\frac{8}{15}$, is $y = -\frac{8}{15}x+8$.

$A = bh = xy$

$A(x) = x\left(-\frac{8}{15}x+8\right) = -\frac{8}{15}x^2 + 8x$

Using the maximum feature on a graphing calculator, $A(x) = -\frac{8}{15}x^2 + 8x$ reaches a maximum at $(7.5, 30)$.

$A = lw$
$30 \approx 7.5w$
$w \approx 4$
$l = 7.5$ cm, $w = 4$ cm ; $A = 30$ cm^2

31. The equation of a circle with center $(0,0)$ and radius $r = 12$ is $y = \sqrt{144-x^2}$.

$A = lw = 4xy$

$A(x) = 4x\sqrt{144-x^2}$

Using the maximum feature on a graphing calculator, $A(x) = 4x\sqrt{144-x^2}$ reaches a maximum at about $(16.97, 288)$.

$A = lw$
$288 \approx 16.97w$
$w \approx 16.97$
$l \approx 16.97$ in., $w \approx 16.97$ in., $A \approx 288$ in.^{2}

33. For the cone, let $H = 18$ and $R = 6$.
Let h be the height and r be the radius of the cylinder. Using the laws of similar triangles,

$$\frac{h}{18} = \frac{6-r}{6}$$

$6h = 108-18r$
$h = 18-3r$

Volume of the cylinder: $V = \pi r^2 h$

$V(r) = \pi r^2(18-3r) = 3\pi r^2(6-r)$

Using the maximum feature on a graphing calculator, $V(r) = 3\pi r^2(6-r)$ reaches a maximum at about $(4, 302)$.

$V = \pi r^2 h$
$302 = \pi(4)^2 h$
$h \approx 6$
$r = 4$ in., $h \approx 6$ in., $V \approx 302$ in.^{3}

Chapter 3: More on Functions

35. a. Let x be length of the first piece used for the equilateral triangular earrings. The area of equilateral triangular earrings will be

$$A_1 = \frac{s^2\sqrt{3}}{4} = \frac{\left(\frac{x}{3}\right)^2 \cdot \sqrt{3}}{4} = \frac{x^2\sqrt{3}}{36}$$

The second piece used for the square earrings has length $15 - x$. The area of the square earrings will be

$$A_2 = s^2 = \left(\frac{15-x}{4}\right)^2 = \frac{(15-x)^2}{16}$$

Solve using the intersect feature on your graphing calculator.
$A_1 = A_2$

$$\frac{x^2\sqrt{3}}{36} = \frac{(15-x)^2}{16}$$

The graphs intersect at the approximate point $(7.99, 3.07)$. The cut should be made about 7.99 cm from the end. The area will be about $A \approx 3.07$ cm^2.

b. Using the minimum feature on a graphing calculator,

$$A(x) = A_1 + A_2 = \frac{x^2\sqrt{3}}{36} + \frac{(15-x)^2}{16}$$

reaches a minimum at about $(8.48, 6.12)$.
The cut should be made about 8.48 cm from the end. The area will be about $A \approx 6.12$ cm^2.

37. a. Surface area = Areas of top and bottom + Area of the side
= 2(area of top) + (perimeter of top)(height)
$S = 2(\pi r^2) + (2\pi r)h$

b. Volume of the cylinder: $V = \pi r^2 h$

$55(231) = \pi r^2 h$

$$\frac{12,705}{\pi r^2} = h$$

$S(r) = 2\pi r^2 + 2\pi rh$

$$= 2\pi r^2 + 2\pi r\left(\frac{12,705}{\pi r^2}\right)$$

$$= 2\pi r^2 + \frac{25,410}{r}$$

c. Using the minimum feature on a graphing calculator,

$$S(r) = 2\pi r^2 + \frac{25,410}{r}$$ reaches a

minimum at about $(12.6, 3014.5)$.

$$h = \frac{12,705}{\pi r^2} = \frac{12,705}{\pi(12.6)^2} \approx 25.5$$

$r \approx 12.6$ in., $h \approx 25.5$ in.

39. a. Use the Pythagorean theorem to find the distance through the underbrush.

$c^2 = a^2 + b^2$

$c^2 = x^2 + 200^2$

$c = \sqrt{x^2 + 200^2}$

Using the distance formula $T = \frac{D}{R}$, let

T_u be the time it took to run at 4 yd/sec through the underbrush.

$$T_u = \frac{\sqrt{x^2 + 200^2}}{4}$$

Let T_o be the time it took to run at 7 yd/sec through the open.

$$T_o = \frac{500 - x}{7}$$

The total running time is given by

$$T = T_o + T_u = \frac{500 - x}{7} + \frac{\sqrt{x^2 + 200^2}}{4}$$

b. Using the minimum feature on a graphing calculator,

$$T(x) = \frac{500 - x}{7} + \frac{\sqrt{x^2 + 200^2}}{4}$$ reaches

a minimum at about $(139, 112)$.
She should exit the woods at $x \approx 139$ yd, leaving $500 - 139 = 361$ yd left to run.

3.6 Another Look at Formulas, Functions, and Problem Solving

41. a.

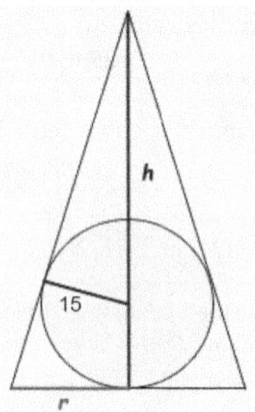

Using the laws of similar triangles,

$$\frac{15}{h-15} = \frac{r}{\sqrt{r^2+h^2}}$$

$$\frac{225}{(h-15)^2} = \frac{r^2}{r^2+h^2}$$

$$225r^2 + 225h^2 = (h-15)^2 r^2$$

$$225h^2 = (h-15)^2 r^2 - 225r^2$$

$$225h^2 = \left[(h-15)^2 - 225\right]r^2$$

$$r^2 = \frac{225h^2}{(h-15)^2 - 225}$$

$$= \frac{225h^2}{h^2-30h} = \frac{225h^2}{h(h-30)} = \frac{225h}{h-30}$$

Volume of a cone: $V = \frac{1}{3}\pi r^2 h$

$$V(h) = \frac{1}{3}\pi \left(\frac{225h}{h-30}\right)h = \frac{75\pi h^2}{h-30}$$

b. Using the minimum feature on a graphing calculator, $V(h) = \frac{75\pi h^2}{h-30}$ reaches a minimum at about $(60, 28{,}274)$.

$$V = \frac{1}{3}\pi r^2 h$$

$$28{,}274 = \frac{1}{3}\pi r^2 (60)$$

$$r \approx 21.2$$

$r = 21.2$ cm, $h \approx 60$ cm,
$V = 28{,}274$ cm^3

43. $x^2 + 11 = 8x$

$x^2 - 8x = -11$

$x^2 - 8x + 16 = -11 + 16$

$x^2 - 8x + 16 = 5$

$(x-4)^2 = 5$

$x - 4 = \pm\sqrt{5}$

$x = 4 \pm \sqrt{5}$

45. $S = \frac{kR}{P}$

$49 = \frac{7k}{58}$

$7k = 2842$

$k = 406$

$S = \frac{406R}{P}$

$S = \frac{406(9)}{84} = 43.5$

43.5 thousand (43,500) units would be sold.

Making Connections

1. g
3. a
5. d
7. a
9. c
11. d
13. f
15. b

Chapter 3: More on Functions

Summary and Concept Review

1. Squaring function
   a. up on left/up on the right
   b. x-intercepts: (−4,0), (0,0)
      y-intercept: (0,0)
   c. Vertex: (−2,−4)
   d. $x \in (-\infty, \infty), y \in [-4, \infty)$

3. Cubing function
   a. down on left/up on right
   b. x-intercepts: (2,0)
      y-intercept: (0, −2)
   c. Inflection point: (1,0)
   d. $x \in (-\infty, \infty), y \in (-\infty, \infty)$

5. Cube root
   a. up on left/ down on right
   b. x-intercept: (1,0)
      y-intercept: (0,1)
   c. Inflection: (1,0)
   d. $x \in (-\infty, \infty), y \in (-\infty, \infty)$

7. $f(x) = 2|x+3|$; Absolute Value

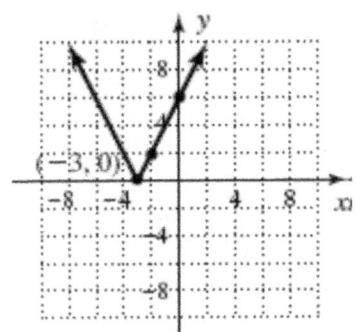

9. $f(x) = \sqrt{x-5} + 2$; Square Root

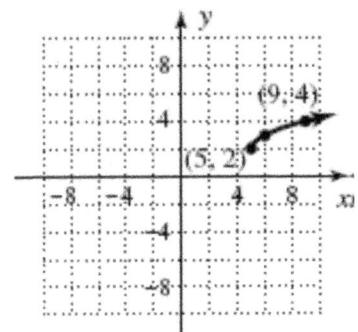

11. a. $f(x-2)$
    Right 2

    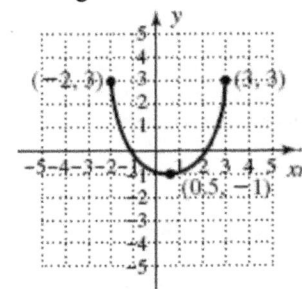

    b. $-f(x) + 4$
    Reflect, up 4

    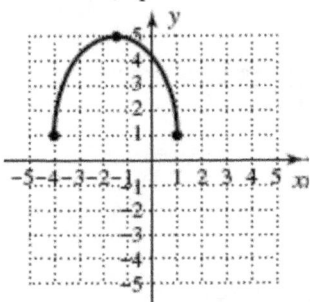

    c. $\frac{1}{2} f(x)$
    Compressed down

    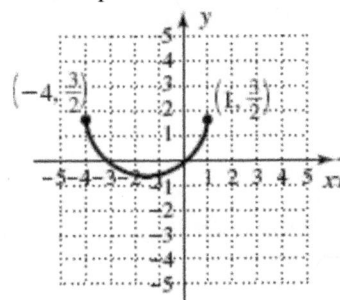

13. $h(x) = \dfrac{-1}{(x-2)^2} - 3$

    Right 2, reflect, down 3

    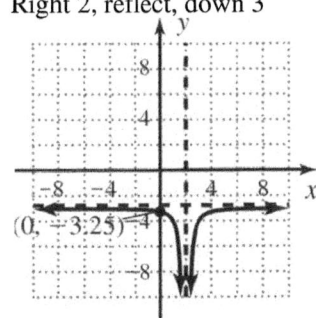

    y-intercept: $(0, -3.25)$

    x-intercepts: none

Chapter 3   Summary and Concept Review

15. $f(x) = x^{\frac{5}{3}}$

The domain is $[0, \infty)$.

$g(x) = x^{\frac{1}{2}}$

The domain is $[0, \infty)$.

$h(x) = x^{\pi}$

The domain is $[0, \infty)$.

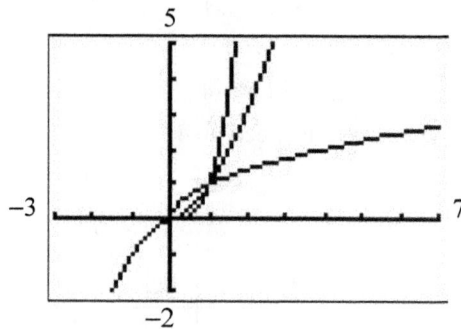

17. $y = k\sqrt[3]{x}$;

$52.5 = k\sqrt[3]{27}$

$\frac{52.5}{3} = k$

$17.5 = k$;

$y = 17.5\sqrt[3]{x}$;

x	y
216	105
0.343	12.25
729	157.5

19. $t = \frac{kuv}{w}$

$30 = \frac{k(2)(3)}{5}$

$t = \frac{25uv}{w}$;

$t = \frac{25(8)(12)}{15} = 160$

21. a. $Y_1 = 5$; $Y_2 = -x + 1$; $Y_3 = 3\sqrt{x-3} - 1$

$f(x) = \begin{cases} 5 & x \leq -4 \\ -x+1 & -4 < x \leq 3 \\ 3\sqrt{x-3}-1 & x > 3 \end{cases}$

b. $R : y \in [-2, \infty)$

23. $p(x) = \begin{cases} -4 & x < -2 \\ -|x|-2 & -2 \leq x < 3 \\ 3\sqrt{x}-9 & x \geq 3 \end{cases}$

$p(-4) = -4$;

$p(-2) = -|-2|-2 = -2-2 = -4$;

$p(2.5) = -|2.5|-2 = -2.5-2 = -4.5$;

$p(2.99) = -|2.99|-2 = -2.99-2 = -4.99$;

$p(3) = 3\sqrt{3}-9$;

$p(3.5) = 3\sqrt{3.5}-9$

25.

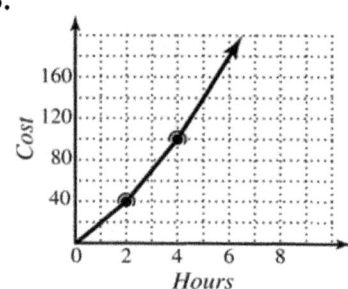

$f(x) = \begin{cases} 20x & x \leq 2 \\ 30x-20 & 2 < x \leq 4 \\ 40x-60 & x > 4 \end{cases}$

$f(5) = 40(5) - 60 = 200 - 60 = \$140$

27. $f(x) = x^2 + 4x$ and $g(x) = 3x - 2$

$(f \cdot g)(3) = f(3) \cdot g(3)$

$= \left((3)^2 + 4(3)\right)(3(3)-2)$

$= (9+12)(9-2)$

$= (21)(7)$

$= 147$

Chapter 3: More on Functions

29. $p(x) = 4x-3$; $q(x) = x^2+2x$;
$(p \circ q)(x) = p[q(x)]$
$= 4(q(x))-3$
$= 4(x^2+2x)-3$
$= 4x^2+8x-3$

31. $p(x) = 4x-3$; $q(x) = x^2+2x$; and
$r(x) = \dfrac{x+3}{4}$;
$(p \circ r)(x) = p[r(x)]$
$= 4(r(x))-3$
$= 4\left(\dfrac{x+3}{4}\right)-3$
$= x+3-3$
$= x$;
$(r \circ p)(x) = r[p(x)]$
$= \dfrac{p(x)+3}{4}$
$= \dfrac{4x-3+3}{4}$
$= \dfrac{4x}{4}$
$= x$

33. $h(x) = x^{\frac{2}{3}} - 3x^{\frac{1}{3}} - 10$
$f(x) = x^2 - 3x - 10$
$g(x) = x^{\frac{1}{3}}$

35. a. The function that represents the total profit made from sales of the phones is
$P(x) = R(n) - C(n)$
$= 84.95n - (-0.002n^2 + 20n + 30000)$
$= 0.002n^2 + 64.95n - 30000$

b. $P(400) = 0.002(400)^2 +$
$+64.95(400) - 30000$
$= -\$3700$

c. $P(5000) = 0.002(5000)^2 +$
$+64.95(5000) - 30000$
$= \$334750$

d. $P(x) = 0$

$0.002n^2 + 64.95n - 30000 = 0$
$n = \dfrac{-64.95 \pm \sqrt{64.95^2 + 4(0.002)(30000)}}{2(0.002)}$
$n = \dfrac{-64.95 \pm 66.772}{0.004}$
$n \approx 456$ or $n \approx -32931$
$n = 456$ phone sales

37. a. $2L + 2W = 600$
$L = \dfrac{600 - 2W}{2} = 300 - W$
$A(W) = LW$
$= (300 - W)W$
$= 300W - W^2$

b. The dimensions will be maximized when $W = L$.
$W = L$
$W = 300 - W$
$2W = 300$
$W = L = 150$ ft

c. The area will be maximized when $W = L = 150$.
$A(150) = 300(150) - (150)^2$
$= 22,500$ ft^2

Chapter 3   Practice Test

Practice Test

1. Graph I
   a. Square Root
   b. $x \in [-4, \infty)$
      $y \in [-3, \infty)$
   c. x–intercept: $(-2, 0)$
      y–intercept: $(0, 1)$
   d. Up on right
   e. $(-2, \infty)$
   f. $[-4, -2)$

   Graph II
   a. Cubic
   b. $x \in (-\infty, \infty)$
      $y \in (-\infty, \infty)$
   c. x–intercept: $(2, 0)$
      y–intercept: $(0, -1)$
   d. Down on left, up on right
   e. $(2, \infty)$
   f. $(-\infty, 2)$

   Graph III
   a. Absolute value
   b. $x \in (-\infty, \infty)$
      $y \in (-\infty, 4]$
   c. x–intercepts: $(-1, 0)$ and $(3, 0)$
      y–intercept: $(0, 2)$
   d. Down/down
   e. $(-1, 3)$
   f. $(-\infty, -1) \cup (3, \infty)$

   Graph IV
   a. Quadratic
   b. $x \in (-\infty, \infty)$
      $y \in [-5.5, \infty]$
   c. x–intercepts: $(0, 0)$ and $(5, 0)$
      y–intercept: $(0, 0)$
   d. Up/up
   e. $(-\infty, 0) \cup (5, \infty)$
   f. $(0, 5)$

3. $g(x) = -(x+3)^2 - 2$
   Left 3, reflected across x–axis, down 2

   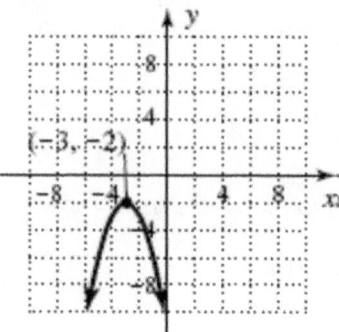

5. a. $(-\infty, \infty)$
   b. $[0, \infty)$
   c. $[0, \infty)$

7. a.
   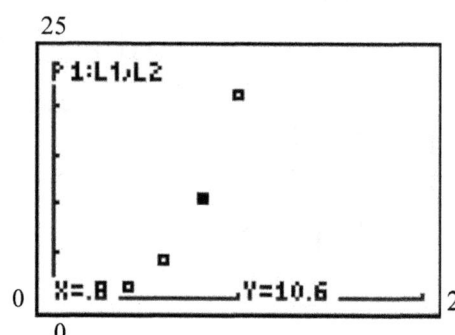

   b. $S(t) = 17.27t^{2.50}$

   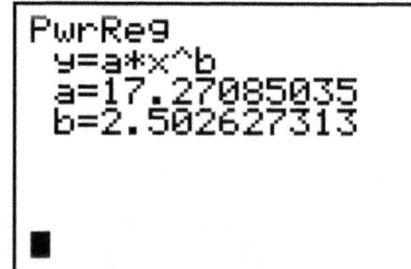

   c. $S(0.5) = 17.27(0.5)^{2.50} = 3.05$ mm
   d. $15 = 17.27t^{2.50}$
   $$\frac{15}{17.27} = t^{2.50}$$
   $$\left(\frac{15}{17.27}\right)^{\frac{1}{2.50}} = t$$
   $t = 0.95$ sec

Chapter 3: More on Functions

9. **a.** $h(x) = \begin{cases} 4 & x < -2 \\ 2x & -2 \leq x \leq 2 \\ x^2 & x > 2 \end{cases}$

   $h(-3) = 4$,
   $h(-2) = 2(-2) = -4$,
   $h\left(\dfrac{5}{2}\right) = \left(\dfrac{5}{2}\right)^2 = 6.25$

   b.
   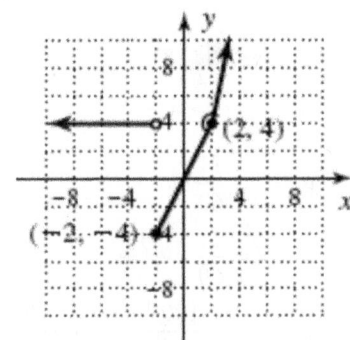

11. $A = kd^2v^3$
    $2300 = k10^2 12^3$
    $0.013 \approx k$;
    $A = 0.013 d^2 v^3$;
    $A = 0.013(6)^2 (15)^3 = 1617$ KWH/year

13. $L = k\dfrac{a^2 b^2}{l}$;
    $624 = k\dfrac{(3)^2(4)^2}{10}$
    $43.3 \approx k$;
    $L = 43.3\dfrac{a^2 b^2}{l}$;
    $L = 43.3\dfrac{(3)^2(4)^2}{12} = 520$ lb

15. $f(x) = \sqrt{2-x}$; $g(x) = x - 1$

    a. $(f \cdot g)(x) = f(x)g(x) = \sqrt{2-x} \cdot (x-1)$;
    $x \in (-\infty, 2]$

    b. $\left(\dfrac{f}{g}\right)(x) = \dfrac{f(x)}{g(x)} = \dfrac{\sqrt{2-x}}{x-1}$;
    $x \in (-\infty, 1) \cup (1, 2]$

    c. $\left(\dfrac{g}{f}\right)(x) = \dfrac{g(x)}{f(x)} = \dfrac{x-1}{\sqrt{2-x}}$; $x \in (-\infty, 2)$

17. $r(t) = \sqrt{t}$; $V(r) = \dfrac{4}{3}\pi r^3$

    a. $(V \circ r)(t) = V[r(t)]$
    $V(t) = \dfrac{4}{3}\pi\left(\sqrt{t}\right)^3$

    b. $V(9) = \dfrac{4}{3}\pi\left(\sqrt{9}\right)^3$
    $V(9) = \dfrac{4}{3}\pi(27)$
    $V(9) = 36\pi$ in^3

19. **a.** Total volume = Volume of cylinder + Volume of cone
    $V = \pi r^2 H + \dfrac{1}{3}\pi r^2 h$
    Let $r = 12$ ft and $H = 3h$.
    $V(h) = \pi(12)^2(3h) + \dfrac{1}{3}\pi(12)^2 h$
    $= 432\pi h + 48\pi h$
    $= 480\pi h$

    b. $V(15) = 480\pi(15)$
    $\approx 480(3.1416)(15)$
    $\approx 22,619.5$

    The volume is about $22,619.5$ ft^3.

Chapter 3   Practice Test

Calculator Exploration and Discovery

1. shifted right 3 units; Answers will vary.

3. They are approaching 4; not defined

Strengthening Core Skills

1. D: $x \in (-\infty, \infty)$, R: $y \in (-\infty, 7]$

3. D: $x \in (-\infty, 9]$, R: $y \in [-3, \infty)$

Cumulative Review: Chapters R–3

1. $\dfrac{1}{R} = \dfrac{1}{R_1} + \dfrac{1}{R_2}$

   $RR_1R_2\left[\dfrac{1}{R}\right] = \left[\dfrac{1}{R_1} + \dfrac{1}{R_2}\right]RR_1R_2$

   $R_1R_2 = RR_2 + RR_1$

   $R_1R_2 = R(R_2 + R_1)$

   $\dfrac{R_1R_2}{R_1 + R_2} = R$

3. a. $x^3 - 1$
   $= (x-1)(x^2 + x + 1)$

   b. $x^3 - 3x^2 - 4x + 12$
   $= x^2(x-3) - 4(x-3)$
   $= (x-3)(x^2 - 4)$
   $= (x-3)(x+2)(x-2)$

5. $x + 3 < 5$ or $5 - x < 4$
   $x < 2$ or $-x < -1$
   $x < 2$ or $x > 1$
   $x \in (-\infty, \infty)$

7. $(2-3i)^2 - 4(2-3i) + 13 = 0$
   $4 - 12i + 9i^2 - 8 + 12i + 13 = 0$
   $4 - 12i - 9 - 8 + 12i + 13 = 0$
   $0 = 0$
   Verified

9. $(1, 17), (61, 28)$
   $m = \dfrac{28-17}{61-1} = \dfrac{11}{60}$;

   $y - 17 = \dfrac{11}{60}(x - 1)$

   $y - 17 = \dfrac{11}{60}x - \dfrac{11}{60}$

   $y = \dfrac{11}{60}x + \dfrac{1009}{60}$;

   $y = \dfrac{11}{60}(121) + \dfrac{1009}{60} = 39$ minutes;

   Driving time increases 11 minutes every 60 days.

11. a. (Answers will vary.)
    Using points $(1, -29)$ and $(6, -14)$ and point-slope form,
    $m = \dfrac{-14-(-29)}{6-1} = \dfrac{15}{5} = 3$
    $y - y_1 = m(x - x_1)$
    $y - (-29) = 3(x - 1)$
    $y + 29 = 3x - 3$
    $y = 3x - 32$

    b. A profit will be earned when $y > 0$.
    $3x - 32 > 0$
    $3x > 32$
    $x > 10.67$
    A profit will be earned in month 11.

Chapter 3: More on Functions

13. $f(x) = (x-3)^3 + 2$ and
$g(x) = (x-2)^{\frac{1}{3}} + 3$

a. $(f \circ g)(x) = f[g(x)]$
$= f[(x-2)^{\frac{1}{3}} + 3]$
$= \left\{[(x-2)^{\frac{1}{3}} + 3] - 3\right\}^3 + 2$
$= \left[(x-2)^{\frac{1}{3}}\right]^3 + 2$
$= x - 2 + 2$
$= x$

b. $(g \circ f)(x) = g[f(x)]$
$= g[(x-3)^3 + 2]$
$= \{[(x-3)^3 + 2] - 2\}^{\frac{1}{3}} + 3$
$= \left[(x-3)^3\right]^{\frac{1}{3}} + 3$
$= x - 3 + 3$
$= x$

15. $F(x) = -f(x+1) + 2$
Reflected in x-axis, left 1, up 2

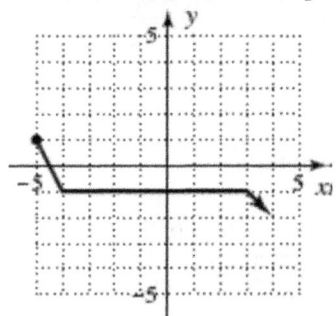

17. $Y = \dfrac{kX}{Z^2}$
$10 = \dfrac{k \cdot 32}{(4)^2}$
$5 = k$;
$Y = \dfrac{5X}{Z^2}$
$1.4 = \dfrac{5X}{(15)^2}$
$X = 63$

19. a. $f(4) = -1$
$g(2) = 4$
$(f \circ g)(2) = f(g(2)) = f(4) = -1$

b. $g(4) = 0$
$f(8) = 4$
$(g \circ f)(8) = g(f(8)) = g(4) = 0$

c. $(fg)(0) = f(0)g(0) = (-2)(4) = -8$
$\left(\dfrac{g}{f}\right)(0) = \dfrac{g(0)}{f(0)} = \dfrac{4}{-2} = -2$

d. $(f+g)(1) = f(1) + g(1) = -3 + 5 = 2$
$(g-f)(9) = g(9) - f(9) = 2 - 2 = 0$

21. a. Since the denominator of the power is odd, the domain of $f(x) = x^{\frac{2}{5}}$ is all real numbers.

b. Since denominator of the power is even, the domain of $f(x) = x^{\frac{5}{2}}$ is $x \in [0, \infty)$ ($x \geq 0$).

23. $-6 < 2x + 5 < 13$
$-11 < 2x < 8$
$-\dfrac{11}{2} < x < 4$
$x \in \left(-\dfrac{11}{2}, 4\right)$

25. a. false,
$(x+3)^2 = (x+3)(x+3) = x^2 + 6x + 9$

b. false,
$(5x^2y^3)^2 = (5)^2(x^2)^2(y^3)^2 = 25x^4y^6$

c. false, $-3^2 = -(3^2) = -9$

d. false, $\dfrac{x}{0}$ is undefined.

e. false, $3^{-2} = \dfrac{1}{3^2} = \dfrac{1}{9}$

f. false, $2 + 3 \cdot 5 = 2 + 15 = 17$

Chapter 4   Polynomial and Rational Functions

4.1 Exercises

1. extreme, vertex

3. Answers will vary.

5. $f(x) = x^2 + 4x - 5$
   $f(x) = (x^2 + 4x + 4) - 5 - 4$
   $f(x) = (x+2)^2 - 9;$

   $x = \dfrac{-4 \pm \sqrt{(4)^2 - 4(1)(-5)}}{2(1)}$

   $x = \dfrac{-4 \pm \sqrt{36}}{2}$

   $x = \dfrac{-4 \pm 6}{2}$

   $x = 1; \quad x = -5$
   Left 2, down 9
   x-intercepts: $(1, 0), (-5, 0)$
   y-intercept: $(0, -5)$
   Vertex: $(-2, -9)$

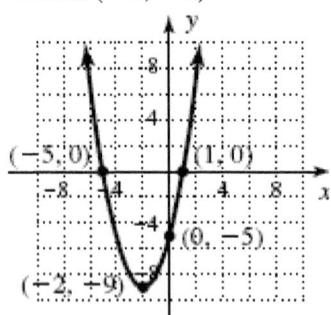

7. $h(x) = -x^2 + 2x + 3$
   $h(x) = -(x^2 - 2x + 1) + 3 + 1$
   $h(x) = -(x-1)^2 + 4;$

   $x = \dfrac{-2 \pm \sqrt{(2)^2 - 4(-1)(3)}}{2(-1)}$

   $x = \dfrac{-2 \pm \sqrt{16}}{-2}$

   $x = \dfrac{-2 \pm 4}{-2}$

   $x = -1; \quad x = 3$

   Reflected in x-axis, right 1, up 4
   x-intercepts: $(-1, 0), (3, 0)$
   y-intercept: $(0, 3)$
   Vertex: $(1, 4)$

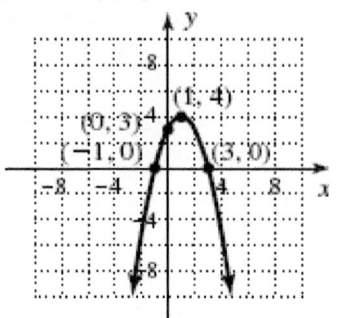

9. $Y_1 = 3x^2 + 6x - 5$
   $Y_1 = 3(x^2 + 2x) - 5$
   $Y_1 = 3(x^2 + 2x + 1) - 5 - 3$
   $Y_1 = 3(x+1)^2 - 8;$

   $x = \dfrac{-6 \pm \sqrt{(6)^2 - 4(3)(-5)}}{2(3)}$

   $x = \dfrac{-6 \pm \sqrt{96}}{6}$

   $x \approx 0.6; \quad x \approx -2.6$
   Left 1, down 8, stretched vertically
   x-intercepts: $(0.6, 0), (-2.6, 0)$
   y-intercept: $(0, -5)$
   Vertex: $(-1, -8)$

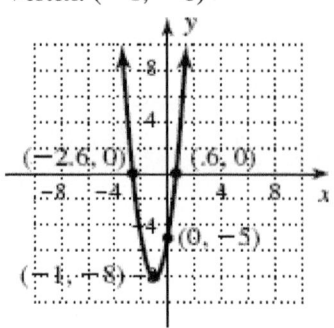

172

Chapter 4: Polynomial and Rational Functions

11. $f(x) = -2x^2 + 8x + 7$

$f(x) = -2(x^2 - 4x) + 7$

$f(x) = -2(x^2 - 4x + 4) + 7 + 8$

$f(x) = -2(x - 2)^2 + 15;$

$x = \dfrac{-8 \pm \sqrt{(8)^2 - 4(-2)(7)}}{2(-2)}$

$x = \dfrac{-8 \pm \sqrt{120}}{-4}$

$x \approx -0.7 \quad x \approx 4.7$

Reflected in x-axis, right 2, up 15, stretched vertically

x-intercepts: $(-0.7, 0)$, $(4.7, 0)$
y-intercept: $(0, 7)$
Vertex: $(2, 15)$

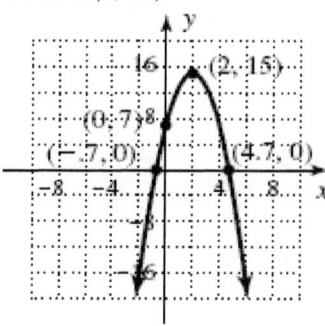

13. $p(x) = x^2 - 5x + 2$

$p(x) = \left(x^2 - 5x + \dfrac{25}{4}\right) + 2 - \dfrac{25}{4}$

$p(x) = \left(x - \dfrac{5}{2}\right)^2 - \dfrac{17}{4};$

$x = \dfrac{5 \pm \sqrt{(-5)^2 - 4(1)(2)}}{2(1)}$

$x = \dfrac{5 \pm \sqrt{17}}{2}$

$x \approx 4.56; \quad x \approx 0.44$

Right $\dfrac{5}{2}$, down $\dfrac{17}{4}$

x-intercepts: $(4.6, 0)$, $(0.4, 0)$
y-intercept: $(0, 2)$
Vertex: $\left(\dfrac{5}{2}, -\dfrac{17}{4}\right)$

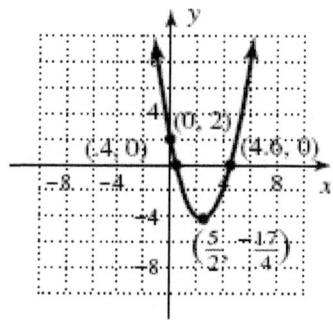

15. $q(x) = 4x^2 - 9x + 2$

$q(x) = 4\left(x^2 - \dfrac{9}{4}x\right) + 2$

$q(x) = 4\left(x^2 - \dfrac{9}{4}x + \dfrac{81}{64}\right) + 2 - \dfrac{81}{16}$

$q(x) = 4\left(x - \dfrac{9}{8}\right)^2 - \dfrac{49}{16};$

$x = \dfrac{9 \pm \sqrt{(-9)^2 - 4(4)(2)}}{2(4)}$

$x = \dfrac{9 \pm \sqrt{49}}{8}$

$x = \dfrac{9 \pm 7}{8}$

$x = 2; \quad x = \dfrac{1}{4}$

Right $\dfrac{9}{8}$, down $\dfrac{49}{16}$, stretched vertically

x-intercepts: $(2, 0)$, $\left(\dfrac{1}{4}, 0\right)$

y-intercept: $(0, 2)$

Vertex: $\left(\dfrac{9}{8}, -\dfrac{49}{16}\right)$

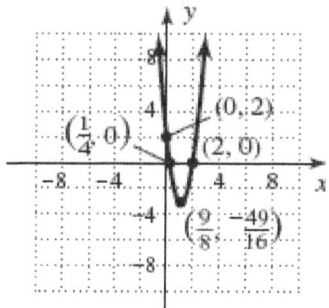

4.1 Quadratic Functions and Applications

17. $f(x) = x^2 + 2x - 6$
$f(x) = (x^2 + 2x) - 6$
$f(x) = (x^2 + 2x + 1) - 6 - 1$
$f(x) = (x+1)^2 - 7;$
$(x+1)^2 - 7 = 0$
$(x+1)^2 = 7$
$x + 1 = \pm\sqrt{7}$
$x = -1 \pm \sqrt{7}$
$x \approx 1.6; \; x \approx -3.6$
Left 1, down 7
x-intercepts: (1.6, 0), (-3.6, 0)
y-intercept: (0, −6)
Vertex: (−1, −7)

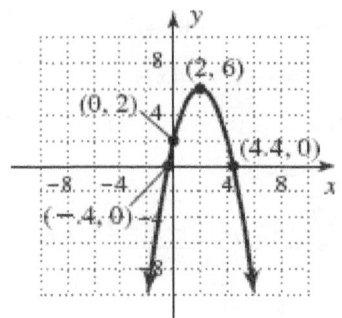

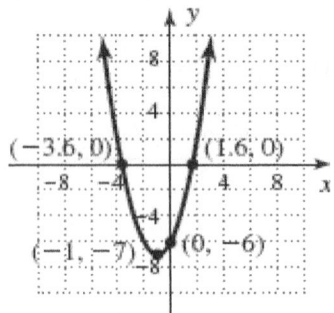

19. $h(x) = -x^2 + 4x + 2$
$h(x) = -(x^2 - 4x) + 2$
$h(x) = -(x^2 - 4x + 4) + 2 + 4$
$h(x) = -(x-2)^2 + 6;$
$-(x-2)^2 + 6 = 0$
$-(x-2)^2 = -6$
$(x-2)^2 = 6$
$x - 2 = \pm\sqrt{6}$
$x = 2 \pm \sqrt{6}$
$x \approx 4.4; \; x \approx -0.4$
Reflected across x-axis, right 2, up 6,
x-intercepts: (4.4, 0), (−0.4, 0)
y-intercept: (0, 2)
Vertex: (2, 6)

21. $f(x) = 4x^2 - 12x + 3$
$f(x) = 4(x^2 - 3x) + 3$
$f(x) = 4\left(x^2 - 3x + \dfrac{9}{4}\right) + 3 - 9$
$f(x) = 4\left(x - \dfrac{3}{2}\right)^2 - 6;$
$4\left(x - \dfrac{3}{2}\right)^2 - 6 = 0$
$4\left(x - \dfrac{3}{2}\right)^2 = 6$
$\left(x - \dfrac{3}{2}\right)^2 = \dfrac{3}{2}$
$x - \dfrac{3}{2} = \pm\dfrac{\sqrt{3}}{\sqrt{2}}$
$x = \dfrac{3}{2} \pm \dfrac{\sqrt{6}}{2}$
$x \approx 2.7; \; x \approx 0.3$
Right $\dfrac{3}{2}$, down 6, stretched vertically
x-intercepts: (2.7, 0), (0.3, 0)
y-intercept: (0, 3)
Vertex: $\left(\dfrac{3}{2}, -6\right)$

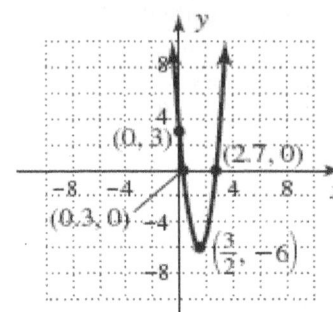

Chapter 4: Polynomial and Rational Functions

23. $p(x) = \frac{1}{2}x^2 + 3x - 5$

    $p(x) = \frac{1}{2}(x^2 + 6x) - 5$

    $p(x) = \frac{1}{2}(x^2 + 6x + 9) - 5 - \frac{9}{2}$

    $p(x) = \frac{1}{2}(x+3)^2 - \frac{19}{2}$;

    $\frac{1}{2}(x+3)^2 - \frac{19}{2} = 0$

    $\frac{1}{2}(x+3)^2 = \frac{19}{2}$

    $(x+3)^2 = 19$

    $x + 3 = \pm\sqrt{19}$

    $x = -3 \pm \sqrt{19}$

    $x \approx 1.4 \quad x \approx -7.4$

    Left 3, down $\frac{19}{2}$, compressed vertically

    x-intercepts: (1.4, 0), (−7.4, 0)

    y-intercept: (0, −5)

    Vertex: $\left(-3, \frac{-19}{2}\right)$

    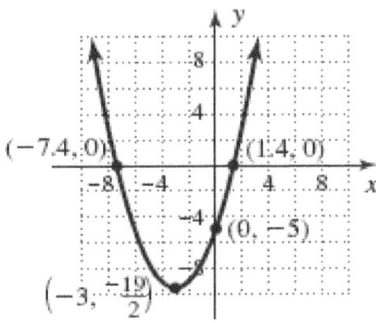

25. Compare to the graph of $y = x^2$, this graph is shifted right 2 and down 1:
    $y = a(x-2)^2 - 1$ where a is positive.
    Choose a point on the graph, using (3, 0)
    $y = a(x-2)^2 - 1$
    $0 = a(3-2)^2 - 1$
    $0 = a - 1$
    $1 = a$
    Equation: $y = 1(x-2)^2 - 1$

27. Compare to the graph of $y = x^2$, this graph is reflected across the x-axis, shifted to the left 2 and up 4: $y = a(x+2)^2 - 4$.
    Choose a point on the graph, using (0, 0)
    $0 = a(0+2)^2 + 4$
    $0 = a(4) + 4$
    $-4 = 4a$
    $a = -1$
    Equation: $y = -1(x+2)^2 + 4$

29. Compare to the graph of $y = x^2$, this graph is reflected across the x-axis, shifted left 2 and up 3:
    $y = a(x+2)^2 + 3$.
    Choose a point on the graph, using (0, −3)
    $-3 = a(0+2)^2 + 3$
    $-3 = 4a + 3$
    $-6 = 4a$
    $\frac{-3}{2} = a$
    Equation: $y = -\frac{3}{2}(x+2)^2 + 3$

31. i. a. $y = (x+3)^2 - 5$

    $(x+3)^2 - 5 = 0$

    $(x+3)^2 = 5$

    $x + 3 = \pm\sqrt{5}$

    $x = -3 \pm \sqrt{5}$

    b. $x = -3 \pm \sqrt{\frac{-5}{1}}$

    $x = -3 \pm \sqrt{5}$

    ii. a. $y = -(x-4)^2 + 3$

    $-(x-4)^2 + 3 = 0$

    $-(x-4)^2 = -3$

    $(x-4)^2 = 3$

    $x - 4 = \pm\sqrt{3}$

    $x = 4 \pm \sqrt{3}$

175

4.1 Quadratic Functions and Applications

    b. $x = 4 \pm \sqrt{-\dfrac{3}{-1}}$

        $x = 4 \pm \sqrt{3}$

iii. **a.** $y = 2(x+4)^2 - 7$

        $2(x+4)^2 - 7 = 0$

        $2(x+4)^2 = 7$

        $(x+4)^2 = \dfrac{7}{2}$

        $x + 4 = \pm\sqrt{\dfrac{7}{2}}$

        $x = -4 \pm \dfrac{\sqrt{14}}{2}$

    b. $x = -4 \pm \sqrt{-\dfrac{-7}{2}}$

        $x = -4 \pm \sqrt{\dfrac{7}{2}}$

        $x = -4 \pm \dfrac{\sqrt{14}}{2}$

iv. **a.** $y = -3(x-2)^2 + 6$

        $-3(x-2)^2 + 6 = 0$

        $-3(x-2)^2 = -6$

        $(x-2)^2 = 2$

        $x - 2 = \pm\sqrt{2}$

        $x = 2 \pm \sqrt{2}$

    b. $x = 2 \pm \sqrt{-\dfrac{6}{-3}}$

        $x = 2 \pm \sqrt{2}$

v. **a.** $s(t) = 0.2(t+0.7)^2 - 0.8$

        $0.2(t+0.7)^2 - 0.8 = 0$

        $0.2(t+0.7)^2 = 0.8$

        $(t+0.7)^2 = 4$

        $t + 0.7 = \pm 2$

        $t = -0.7 \pm 2$

    $t = -2.7; \; t = 1.3$

    b. $t = -0.7 \pm \sqrt{-\dfrac{-0.8}{0.2}}$

        $t = -0.7 \pm \sqrt{4}$

        $t = -0.7 \pm 2$

        $t = -2.7; t = 1.3$

vi. **a.** $r(t) = -0.5(t-0.6)^2 + 2$

        $-0.5(t-0.6)^2 + 2 = 0$

        $-0.5(t-0.6)^2 = -2$

        $(t-0.6)^2 = 4$

        $t - 0.6 = \pm 2$

        $t = 0.6 \pm 2$

    $t = -1.4; \; t = 2.6$

    b. $t = 0.6 \pm \sqrt{-\dfrac{2}{-0.5}}$

        $t = 0.6 \pm \sqrt{4}$

        $t = 0.6 \pm 2$

        $t = -1.4; t = 2.6$

Chapter 4: Polynomial and Rational Functions

33. $P(x) = -10x^2 + 3500x - 66000$

   a. (0, −66000) When no cars are produced, there is a daily profit loss of $66,000.

   b. $P(x) = -10x^2 + 3500x - 66000$
   $-10x^2 + 3500x - 66000 = 0$
   $-10(x^2 - 350 + 6600) = 0$
   $-10(x - 20)(x - 330) = 0$
   $x = 20; \quad x = 330$
   (20, 0) and (330, 0)
   No profit will be made if either 20 or fewer, or 330 or more, cars are produced.

   c. $x = \dfrac{-b}{2a} = \dfrac{-3500}{-20} = 175$ cars

   d. $P(175) = -10(175)^2 + 3500(175) - 66000$
   $P(175) = \$240{,}250$

35. $P(x) = -x^2 + 46x - 88$

   a. $-x^2 + 46x - 88 = 0$
   $-(x - 2)(x - 44) = 0$
   $x = 2; \quad x = 44;$
   $2

   b. $44

   c. $8800

   d. $x = \dfrac{-b}{2a} = \dfrac{-46}{-2} = \$23$;
   $P(23) = -(23)^2 + 46(23) - 88 = 441$
   $44,100

37. $C(x) = 2x + 35; \quad R(x) = -x^2 + 122x - 365$
   $P(x) = R(x) - C(x)$
   $P(x) = -x^2 + 122x - 365 - 2x - 35$
   $P(x) = -x^2 + 120x - 400;$
   $x = \dfrac{-b}{2a} = \dfrac{-120}{-2} = 60$
   6000 toys;
   $P(60) = -(60)^2 + 120(60) - 400 = 3200$
   $3,200

39. a. $h(t) = -16t^2 + 240t + 544$

   b. 544 feet; that is when the fuel is exhausted.

   c. $h(5) = -16(5)^2 + 240(5) + 544 = 1344$ feet

   d. $h(10) = -16(10)^2 + 240(10) + 544$
   $= 1344$ feet

   e. It is coming back down.

   f. $x = \dfrac{-b}{2a} = \dfrac{-240}{-32} = 7.5$
   $h(7.5) = -16(7.5)^2 + 240(7.5) + 544$
   $= 1444$ feet

   g. $0 = -16t^2 + 240t + 544$
   $0 = t^2 - 15t - 34$
   $0 = (t - 17)(t + 2)$
   $t = 17$
   17 secs

41. $h(d) = -0.02d^2 + 1.64d + 14.4$

   a. 14.4 feet

   b. $x = \dfrac{-b}{2a} = \dfrac{-1.64}{-.04} = 41$ feet

   c. $h(41) = -0.02(41)^2 + 1.64(41) + 14.4$
   $= 48.02$ feet

   d. $-0.02d^2 + 1.64d + 14.4 = 0$
   $-0.02(d^2 - 82d - 720) = 0$
   $-0.02(d - 90)(d + 8) = 0$
   $d = 90$ feet

4.1 Quadratic Functions and Applications

43. a. 25 feet

b. $-16t^2 + 52t + 25 = 15$
$-16t^2 + 52t + 10 = 0$
$t = \dfrac{-52 \pm \sqrt{52^2 - 4(-16)(10)}}{2(-16)}$
$= \dfrac{-52 \pm \sqrt{3344}}{-32}$
$= \dfrac{-52 \pm (57.83)}{-32}$
$= \dfrac{-52 - 57.83}{-32}$
≈ 3.43 sec

c. $t = -\dfrac{b}{2a} = -\dfrac{52}{2(-16)} = 1.625$ sec
$h(1.625) = -16(1.625)^2 + 52(1.625) + 25$
$= 67.25$ ft

45. a. Let x represent the width
$100 - x$ represent the length
$A(x) = x(100 - x)$
$= 100x - x^2$
x value of vertex $= -\dfrac{100}{2(-1)} = 50$ ft
50 ft x 50 ft
$A(50) = 100(50) - (50)^2$
$= 5000 - 2500$
$= 2500$ ft^2

b. $A(x) = x(200 - 2x)$
$= 200x - 2x^2$
x value of vertex $= -\dfrac{200}{2(-2)} = 50$ ft ;
$200 - 2x = 200 - 2(50) = 100$ length;
50 ft x 100 ft;
$A(50) = 200(50) - 2(50)^2$
$= 10000 - 5000$
$= 5000$ ft^2

47. a. Let w represent the width,
l represent the length
$P = 2l + 3w = 126$
$l = \dfrac{126 - 3w}{2}$
$A(w) = wl + \dfrac{1}{2}wh$
$= w\left(\dfrac{126 - 3w}{2}\right) + \dfrac{1}{2}w(0.866w)$
$= 63w - \dfrac{3}{2}w^2 + 0.433w^2$
$= -1.067w^2 + 63w$
$w = -\dfrac{b}{2a} = -\dfrac{63}{2(-1.067)} = 29.5"$
$l = \dfrac{126 - 3(29.5)}{2} = 18.7"$

b. $A(29.5) = -1.067(29.5)^2 + 63(29.5)$
$= 930$ in^2

49. a. Let k represent the number of time store owner decrease the price, p represent the revenue
$p(k) = (1.5 - 0.05k)(500 + 25k)$
$= -1.25k^2 + 12.5k + 750$
$k = -\dfrac{b}{2a} = -\dfrac{12.5}{2(-1.25)} = 5$
The price is $\$1.5 - \$0.05(5) = \$1.25$
$p(5) = -1.25(5)^2 + 12.5(5) + 750$
$= \$781.25$

b. $-1.25k^2 + 12.5k + 750 = 700$
$-1.25k^2 + 12.5k + 50 = 0$
$k = \dfrac{-12.5 \pm \sqrt{(12.5)^2 - 4(-1.25)(50)}}{2(-1.25)}$
$= \dfrac{-12.5 \pm \sqrt{406.25}}{-2.5}$
$= \dfrac{-12.5 \pm (20.16)}{-2.5}$
$= \dfrac{-12.5 - 20.16}{-2.5}$
≈ 13 times
The price is $\$1.5 - \$0.05(13) = \$0.85$

Chapter 4: Polynomial and Rational Functions

51. a. We use a graphing calculator to show that the scatterplot is gradually increasing, nonlinear pattern and a quadratic regression seems appropriate

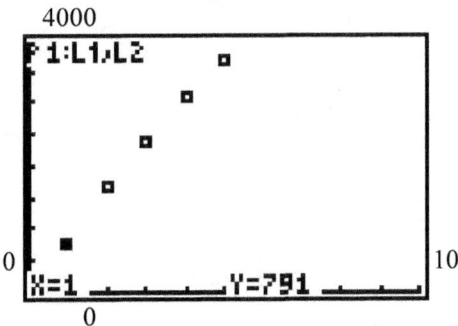

We find the regression equation
$R = -43.07t^2 + 976.53t - 126.8$

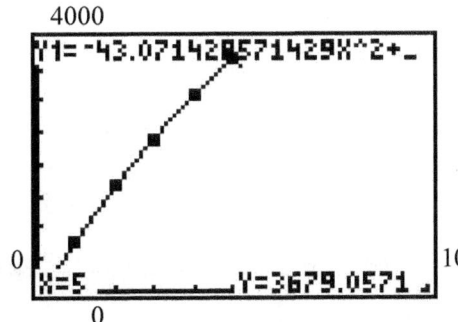

b. $y(7) = -43.07(7)^2 + 976.53(7) - 126.8$
$= 4598.48 \approx 4598$ participants

c. We use a graphing calculator to find the number of days it will take for the race to fill up.

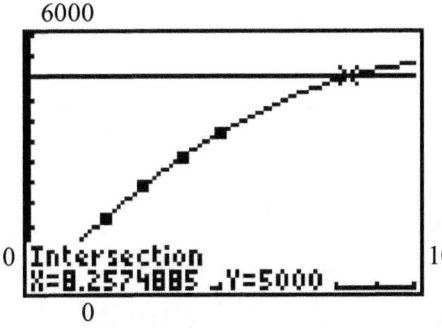

$t = 8.26$ days (early on the ninth day)

d. We use a graphing calculator to find the maximum number of participants that would have signed up had there been no limit.

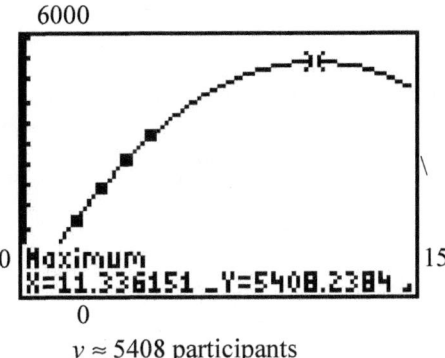

$y \approx 5408$ participants

53. Answers will vary.

4.1 Quadratic Functions and Applications

55. a. $f(x) = x^2 - 4x$

$2 = \dfrac{-b}{2a} = \dfrac{4}{2(1)} = 2$; verified

$-4 = f\left(\dfrac{-b}{2a}\right)$

$= (2)^2 - 4(2)$
$= 4 - 8$
$= -4$; verified

b. For $(2 \pm 1; -4 + 1^2)$

$f(1) = (1)^2 - 4(1) = -3$
$f(3) = (3)^2 - 4(3) = -3$

For $(2 \pm 2; -4 + 2^2)$

$f(0) = (0)^2 - 4(0) = 0$
$f(4) = (4)^2 - 4(4) = 0$

For $(2 \pm 3; -4 + 3^2)$

$f(-1) = (-1)^2 - 4(-1) = 5$
$f(5) = (5)^2 - 4(5) = 5$

Note: On a grid, for $(2 \pm 1; -4 + 1^2)$, you can count over 1 and up 1 from the vertex to find the point. For $(2 \pm 2; -4 + 2^2)$, count over 2 and up 4, and so on.

57. $-4x + 3y = 9$
$3y = 4x + 9$
$y = \dfrac{4}{3}x + 3$
$m = \dfrac{4}{3}$; y-int $(0,3)$

59. $-\sqrt[3]{x+1} - 3$

4.2 Exercises

1. $P(c)$, remainder

3. Answers will vary.

5. $\dfrac{x^3 - 5x^2 - 4x + 23}{x - 2}$

$\begin{array}{r} x^2 - 3x - 10 \\ x-2 \overline{\smash{\big)}\, x^3 - 5x^2 - 4x + 23} \\ \underline{x^3 - 2x^2} \\ -3x^2 - 4x \\ \underline{-3x^2 + 6x} \\ -10x + 23 \\ \underline{-10x + 20} \\ 3 \end{array}$

$x^3 - 5x^2 - 4x + 23 = (x-2)(x^2 - 3x - 10) + 3$

7. $(2x^3 + 5x^2 + 4x + 17) \div (x + 3)$

$\begin{array}{r} 2x^2 - x + 7 \\ x+3 \overline{\smash{\big)}\, 2x^3 + 5x^2 + 4x + 17} \\ \underline{2x^3 + 6x^2} \\ -1x^2 + 4x \\ \underline{-x^2 - 3x} \\ 7x + 17 \\ \underline{7x + 21} \\ -4 \end{array}$

$2x^3 + 5x^2 + 4x + 17 = (x+3)(2x^2 - x + 7) - 4$

9. $(x^3 - 8x^2 + 11x + 20) \div (x - 5)$

$\begin{array}{r} x^2 - 3x - 4 \\ x-5 \overline{\smash{\big)}\, x^3 - 8x^2 + 11x + 20} \\ \underline{x^3 - 5x^2} \\ -3x^2 + 11x \\ \underline{-3x^2 + 15x} \\ -4x + 20 \\ \underline{-4x + 20} \\ \end{array}$

$(x^3 - 8x^2 + 11x + 20) = (x-5)(x^2 - 3x - 4) + 0$

Chapter 4: Polynomial and Rational Functions

11. $\dfrac{2x^2-5x-3}{x-3}$

$\underline{3|}\ 2\ \ -5\ \ -3$
$\ \ \ \ 6\ \ \ \ 3$
$\overline{\ 2\ \ \ \ 1\ \ \ \ 0}$

a. $\dfrac{2x^2-5x-3}{x-3} = (2x+1) + \dfrac{0}{x-3}$

b. $2x^2-5x-3 = (x-3)(2x+1)+0$

13. $(x^3-7x^2+6x+8) \div (x-2)$

$\underline{2|}\ 1\ \ -7\ \ \ \ 6\ \ \ \ 8$
$\ \ \ \ 2\ -10\ -8$
$\overline{\ 1\ \ -5\ \ -4\ \ \ \ 0}$

a. $\dfrac{x^3-7x^2+16x+8}{x-2} = (x^2-5x-4) + \dfrac{0}{x-2}$

b. $x^3-7x^2+6x+8 = (x-2)(x^2-5x-4)+0$

15. $\dfrac{x^3-5x^2-4x+23}{x-2}$

$\underline{2|}\ 1\ -5\ -4\ \ 23$
$\ \ \ \ 2\ -6\ -20$
$\overline{\ 1\ -3\ -10\ \ \ 3}$

a. $\dfrac{x^3-5x^2-4x+23}{x-2} = (x^2-3x-10)+\dfrac{3}{x-2}$

b. $x^3-5x^2-4x+23 = (x-2)(x^2-3x-10)+3$

17. $(2x^3-5x^2-11x-17) \div (x-4)$

$\underline{4|}\ 2\ -5\ -11\ -17$
$\ \ \ \ 8\ \ 12\ \ \ \ 4$
$\overline{\ 2\ \ \ 3\ \ \ \ 1\ -13}$

a. $\dfrac{2x^3-5x^2-11x-17}{x-4} = (2x^2+3x+1) - \dfrac{13}{x-4}$

b. $2x^3-5x^2-11x-17 = (x-4)(2x^2+3x+1)-13$

19. $(x^3+5x^2+7) \div (x+1)$

$(x^3+5x^2+0x+7) \div (x+1)$

$\underline{-1|}\ 1\ \ 5\ \ \ \ 0\ \ \ \ 7$
$\ -1\ -4\ \ \ \ 4$
$\overline{\ 1\ \ 4\ -4\ \ 11}$

$x^3+5x^2+7 = (x+1)(x^2+4x-4)+11$

21. $(x^3-13x-12) \div (x-4)$

$(x^3-0x^2-13x-12) \div (x-4)$

$\underline{4|}\ 1\ \ 0\ -13\ -12$
$\ \ \ 4\ \ 16\ \ 12$
$\overline{\ 1\ \ 4\ \ \ 3\ \ \ 0}$

$x^3-13x-12 = (x-4)(x^2+4x+3)+0$

23. $\dfrac{3x^3-8x+12}{x-1}$

$(3x^3+0x^2-8x+12) \div (x-1)$

$\underline{1|}\ 3\ \ 0\ -8\ \ 12$
$\ \ \ 3\ \ 3\ -5$
$\overline{\ 3\ \ 3\ -5\ \ \ 7}$

$3x^3-8x+12 = (x-1)(3x^2+3x-5)+7$

25. $(n^3+27) \div (n+3)$

$(n^3+0n^2+0n+27) \div (n+3)$

$\underline{-3|}\ 1\ \ 0\ \ \ 0\ \ 27$
$\ -3\ \ 9\ -27$
$\overline{\ 1\ -3\ \ 9\ \ \ 0}$

$n^3+27 = (n+3)(n^2-3n+9)+0$

27. $(x^4+3x^3-16x-8) \div (x-2)$

$(x^4+3x^3+0x^2-16x-8) \div (x-2)$

$\underline{2|}\ 1\ \ 3\ \ \ 0\ -16\ -8$
$\ \ \ 2\ \ 10\ \ 20\ \ \ 8$
$\overline{\ 1\ \ 5\ \ 10\ \ \ 4\ \ \ 0}$

$x^4+3x^3-16x-8$
$= (x-2)(x^3+5x^2+10x+4)+0$

29. $\dfrac{2x^3+7x^2-x+26}{x^2+0x+3}$

$$\begin{array}{r} 2x+7 \\ x^2+0x+3\overline{\smash{\big)}2x^3+7x^2-x+26} \\ \underline{2x^3+0x^2+6x} \\ 7x^2-7x+26 \\ \underline{7x^2+0x+21} \\ -7x+5 \end{array}$$

$\dfrac{2x^3+7x^2-x+26}{x^2+3} = (2x+7) + \dfrac{-7x+5}{x^2+3}$

4.2 Synthetic Division; the Remainder and Factor Theorems

31. $\dfrac{x^4-5x^2-4x+7}{x^2-1}$

$$\begin{array}{r} x^2-4 \\ x^2+0x-1\overline{\smash{\big)}x^4+0x^3-5x^2-4x+7} \\ \underline{x^4+0x^3-x^2} \\ -4x^2-4x+7 \\ \underline{-4x^2+0x+4} \\ -4x+3 \end{array}$$

$\dfrac{x^4-5x^2-4x+7}{x^2-1}=(x^2-4)+\dfrac{-4x+3}{x^2-1}$

33. $P(x)=x^3-6x^2+5x+12$

   a. $P(-2)=-30$

   $\begin{array}{r|rrrr} -2 & 1 & -6 & 5 & 12 \\ & & -2 & 16 & -42 \\ \hline & 1 & -8 & 21 & \underline{|-30} \end{array}$

   b. $P(5)=12$

   $\begin{array}{r|rrrr} 5 & 1 & -6 & 5 & 12 \\ & & 5 & -5 & 0 \\ \hline & 1 & -1 & 0 & \underline{|12} \end{array}$

35. $p(x)=x^4-4x^2+x+1$

   a. $p(-2)=-1$

   $\begin{array}{r|rrrrr} -2 & 1 & 0 & -4 & 1 & 1 \\ & & -2 & 4 & 0 & -2 \\ \hline & 1 & -2 & 0 & 1 & \underline{|-1} \end{array}$

   b. $p(2)=3$

   $\begin{array}{r|rrrrr} 2 & 1 & 0 & -4 & 1 & 1 \\ & & 2 & 4 & 0 & 2 \\ \hline & 1 & 2 & 0 & 1 & \underline{|3} \end{array}$

37. $f(x)=2x^3-7x+33$

   a. $f(-2)=31$

   $\begin{array}{r|rrrr} -2 & 2 & 0 & -7 & 33 \\ & & -4 & 8 & -2 \\ \hline & 2 & -4 & 1 & 31 \end{array}$

   b. $f(-3)=0$

   $\begin{array}{r|rrrr} -3 & 2 & 0 & -7 & 33 \\ & & -6 & 18 & -33 \\ \hline & 2 & -6 & 11 & 0 \end{array}$

39. $h(x)=2x^3+3x^2-9x-10$

   a. $h\left(\dfrac{3}{2}\right)=-10$

   $\begin{array}{r|rrrr} \frac{3}{2} & 2 & 3 & -9 & -10 \\ & & 3 & 9 & 0 \\ \hline & 2 & 6 & 0 & \underline{|-10} \end{array}$

   b. $h\left(-\dfrac{5}{2}\right)=0$

   $\begin{array}{r|rrrr} -\frac{5}{2} & 2 & 3 & -9 & -10 \\ & & -5 & 5 & 10 \\ \hline & 2 & -2 & -4 & \underline{|0} \end{array}$

41. $P(x)=x^3+2x^2-5x-6;\ x=-3$
    verified

   $\begin{array}{r|rrrr} -3 & 1 & 2 & -5 & -6 \\ & & -3 & 3 & 6 \\ \hline & 1 & -1 & -2 & \underline{|0} \end{array}$

   $P(-3)=0$

43. $f(x)=x^3-7x+6;\ x=2$
    verified

   $\begin{array}{r|rrrr} 2 & 1 & 0 & -7 & 6 \\ & & 2 & 4 & -6 \\ \hline & 1 & 2 & -3 & \underline{|0} \end{array}$

   $P(2)=0$

45. $h(x)=9x^3+18x^2-4x-8;\ x=\dfrac{2}{3}$

   $\begin{array}{r|rrrr} \frac{2}{3} & 9 & 18 & -4 & -8 \\ & & 6 & 16 & 8 \\ \hline & 9 & 24 & 12 & 0 \end{array}$

   $P\left(\dfrac{2}{3}\right)=0$

47. $f(x)=x^3-3x^2-13x+15$

   a. $\begin{array}{r|rrrr} -3 & 1 & -3 & -13 & 15 \\ & & -3 & 18 & -15 \\ \hline & 1 & -6 & 5 & 0 \end{array}$

   yes, $(x+3)$ is a factor since remainder is 0.

   b. $\begin{array}{r|rrrr} 5 & 1 & -3 & -13 & 15 \\ & & 5 & 10 & -15 \\ \hline & 1 & 2 & -3 & 0 \end{array}$

   yes, $(x-5)$ is a factor since remainder is 0.

Chapter 4: Polynomial and Rational Functions

49. $g(x) = x^3 - 6x^2 + 3x + 10$

a.
$$\begin{array}{r|rrrr} -2 & 1 & -6 & 3 & 10 \\ & & -2 & 16 & -38 \\ \hline & 1 & -8 & 19 & -28 \end{array}$$
no, $(x+2)$ is not a factor since remainder is not 0.

b.
$$\begin{array}{r|rrrr} 5 & 1 & -6 & 3 & 10 \\ & & 5 & -5 & -10 \\ \hline & 1 & -1 & -2 & 0 \end{array}$$
yes, $(x-5)$ is a factor since remainder is 0.

51. $q(x) = -2x^3 - x^2 + 12x - 9$

a.
$$\begin{array}{r|rrrr} -3 & -2 & -1 & 12 & -9 \\ & & 6 & -15 & -9 \\ \hline & -2 & 5 & -3 & 0 \end{array}$$
yes, $(x+3)$ is a factor since remainder is 0.

b.
$$\begin{array}{r|rrrr} \frac{3}{2} & -2 & -1 & 12 & -9 \\ & & -3 & -6 & 9 \\ \hline & -2 & -4 & 6 & 0 \end{array}$$
yes, $(2x-3)$ is a factor since remainder is 0.

53. $-2, 3, -5$; degree 3
$P(x) = (x+2)(x-3)(x+5)$
$P(x) = (x^2 - x - 6)(x+5)$
$P(x) = x^3 + 5x^2 - x^2 - 5x - 6x - 30$
$P(x) = x^3 + 4x^2 - 11x - 30$

55. $-2, \sqrt{3}, -\sqrt{3}$; degree 3
$P(x) = (x+2)(x-\sqrt{3})(x+\sqrt{3})$
$P(x) = (x+2)(x^2 + \sqrt{3}x - \sqrt{3}x - 3)$
$P(x) = (x+2)(x^2 - 3)$
$P(x) = x^3 - 3x + 2x^2 - 6$
$P(x) = x^3 + 2x^2 - 3x - 6$

57. $-5, 2\sqrt{3}, -2\sqrt{3}$; degree 3
$P(x) = (x+5)(x-2\sqrt{3})(x+2\sqrt{3})$
$P(x) = (x+5)(x^2 + 2\sqrt{3}x - 2\sqrt{3}x - 12)$
$P(x) = (x+5)(x^2 - 12)$
$P(x) = x^3 - 12x + 5x^2 - 60$
$P(x) = x^3 + 5x^2 - 12x - 60$

59. $1, -2, \sqrt{10}, -\sqrt{10}$; degree 4
$P(x) = (x-1)(x+2)(x-\sqrt{10})(x+\sqrt{10})$

$P(x) = (x^2 + x - 2)(x^2 + \sqrt{10}x - \sqrt{10}x - 10)$
$P(x) = (x^2 + x - 2)(x^2 - 10)$
$P(x) = x^4 - 10x^2 + x^3 - 10x - 2x^2 + 20$
$P(x) = x^4 + x^3 - 12x^2 - 10x + 20$

61. $P(x) = x^3 - 5x^2 - 2x + 24$
$$\begin{array}{r|rrrr} -2 & 1 & -5 & -2 & 24 \\ & & -2 & 14 & -24 \\ \hline & 1 & -7 & 12 & 0 \end{array}$$
$P(x) = (x+2)(x^2 - 7x + 12)$
$P(x) = (x+2)(x-3)(x-4)$

63. $p(x) = x^4 + 2x^3 - 12x^2 - 18x + 27$
$$\begin{array}{r|rrrrr} -3 & 1 & 2 & -12 & -18 & 27 \\ & & -3 & 3 & 27 & -27 \\ \hline & 1 & -1 & -9 & 9 & 0 \end{array}$$
$p(x) = (x+3)(x^3 - x^2 - 9x + 9)$
$p(x) = (x+3)(x^2(x-1) - 9(x-1))$
$p(x) = (x+3)(x-1)(x^2 - 9)$
$p(x) = (x+3)(x-1)(x+3)(x-3)$
$p(x) = (x+3)^2(x-1)(x-3)$

65. $f(x) = 2x^3 + 11x^2 - x - 30$
$$\begin{array}{r|rrrr} \frac{3}{2} & 2 & 11 & -1 & -30 \\ & & 3 & 21 & 30 \\ \hline & 2 & 14 & 20 & 0 \end{array}$$
$f(x) = \left(x - \frac{3}{2}\right)(2x^2 + 14x + 20)$
$f(x) = \left(x - \frac{3}{2}\right)2(x^2 + 7x + 10)$
$f(x) = \left(x - \frac{3}{2}\right)2(x+2)(x+5)$
$f(x) = 2\left(x - \frac{3}{2}\right)(x+2)(x+5)$

4.2 Synthetic Division; the Remainder and Factor Theorems

67. $p(x) = x^3 - 3x^2 - 9x + 27$
$p(x) = x^2(x-3) - 9(x-3)$
$p(x) = (x-3)(x^2-9)$
$p(x) = (x-3)(x+3)(x-3)$
$p(x) = (x+3)(x-3)^2$

69. $p(x) = x^3 - 6x^2 + 12x - 8$
Possible Factors of 8, $\pm 1, \pm 2, \pm 4, \pm 8$
$p(x) = (x-2)(x^2 - 4x + 4)$
$p(x) = (x-2)(x-2)(x-2)$
$p(x) = (x-2)^3$

71. $V(x) = wlh$
$= (24-2x)(18-2x)x$
$= x(4x^2 - 84x + 432)$
$V(x) = 4x^3 - 84x^2 + 432x$

73. $P(w) = -0.1w^4 + 2w^3 - 14w^2 + 52w + 5$
$P(w) = -0.1w^4 + 2w^3 - 14w^2 + 52w + 5$
a. week 10, 22.5 thousand

$P(5) = -0.1(5)^4 + 2(5)^3 - 14(5)^2 + 52(5) + 5 = 102.5$
$P(10) = -0.1(10)^4 + 2(10)^3 - 14(10)^2 + 52(10) + 5 = 125$
b. one week before closing, 36 thousand

$P(1) = -0.1(1)^4 + 2(1)^3 - 14(1)^2 + 52(1) + 5 = 44.9$

$P(11) = -0.1(11)^4 + 2(11)^3 - 14(11)^2 + 52(11) + 5 = 80.9$
c. week 9

$P(7) = -0.1(7)^4 + 2(7)^3 - 14(7)^2 + 52(7) + 5 = 128.9$

$P(8) = -0.1(8)^4 + 2(8)^3 - 14(8)^2 + 52(8) + 5 = 139.4$

$P(9) = -0.1(9)^4 + 2(9)^3 - 14(9)^2 + 52(9) + 5 = 140.9$

75. $v(x) = x^3 + 11x^2 + 24x$
a. $v(3) = 198$
$\underline{3}|\ 1\ \ \ 11\ \ \ 24\ \ \ \ 0$
$\phantom{\underline{3}|\ 1\ \ \ }\ 3\ \ \ 42\ \ 198$
$\phantom{\underline{3}|\ }1\ \ 14\ \ 66\ \ 198$
Volume: 198 ft^3

b. $100 = x^3 + 11x^2 + 24x$
$0 = x^3 + 11x^2 + 24x - 100$
$\underline{2}|\ 1\ \ \ 11\ \ \ 24\ \ -100$
$\phantom{\underline{2}|\ 1\ \ \ }2\ \ \ 26\ \ \ 100$
$\phantom{\underline{2}|\ }1\ \ 13\ \ 50\ \ \ \ 0$
Height: 2 ft

c. $y = x^3 + 11x^2 + 24x - 1000$
Use graphing calculator to find the zero: (6.8437621, 0) Depth: about 7 ft

77. a. $\underline{2}|\ -0.2\ \ \ \ 5\ \ -40.2\ \ 109.2\ \ 80.6$
$\phantom{\underline{2}|\ -0.2\ \ }\ -0.4\ \ \ \ 9.2\ \ \ -62\ \ \ 94.4$
$\phantom{\underline{2}|\ }-0.2\ \ \ 4.6\ \ \ -31\ \ \ 47.2\ \ 175$
$C(2) = \$175.00$

b. $\underline{7}|\ -0.2\ \ \ \ 5\ \ -40.2\ \ 109.2\ \ 80.6$
$\phantom{\underline{7}|\ -0.2\ \ }\ -1.4\ \ \ 25.2\ \ -105\ \ 29.4$
$\phantom{\underline{7}|\ }-0.2\ \ \ 3.6\ \ \ -15\ \ \ 4.2\ \ 110$

$C(7) = \$110$; the cost is higher in February, perhaps due to the cost of heating the house during the winter.

79. $\underline{-2}|\ 1\ \ -3\ \ -5\ \ \ \ k$
$\phantom{\underline{-2}|\ 1\ }\ -2\ \ \ 10\ \ -10$
$\phantom{\underline{-2}|\ }1\ \ -5\ \ \ \ 5\ \ \ \ 0$
$k + (-10) = 0$
$k = 10$

81. $p(x) = x^3 - 3x^2 + k + 10$
$\underline{2}|\ 1\ \ -3\ \ \ k\ \ \ \ 10$
$\phantom{\underline{2}|\ 1\ }\ \ 2\ \ \ -2\ \ \ 2k-4$
$\phantom{\underline{2}|\ }1\ \ -1\ \ k-2\ \ \ 0$
$2k - 4 = -10$
$2k = -6$
$k = -3$

Chapter 4: Polynomial and Rational Functions

83.
$$\begin{array}{r|rrrr} -3 & 1 & 1 & 9 & 6 \\ & & -3 & 6 & -45 \\ \hline & 1 & -2 & 15 & -39 \end{array}$$

$$\frac{x^3 + x^2 + 9x + 6}{x+3} = (x^2 - 2x + 15) - \frac{39}{x+3}$$

Let $x = 10$,

$10^2 - 2(10) + 15 - \frac{39}{10+3} = 92$;

$\frac{1196}{10+3} = 92$;

The same!

85. a. $P(x) = x^3 - 4x^2 + 9x - 36$, $x = 3i$;

$$\begin{array}{r|rrrr} 3i & 1 & -4 & 9 & -36 \\ & & 3i & -9-12i & 36 \\ \hline & 1 & -4+3i & -12i & 0 \end{array}$$

Check:
$P(3i) = (3i)^3 - 4(3i)^2 + 9(3i) - 36$
$P(3i) = 27i^3 - 36i^2 + 27i - 36$
$P(3i) = -27i + 36 + 27i - 36 = 0$

b. $P(x) = x^4 + x^3 + 2x^2 + 4x - 8$, $x = -2i$

$$\begin{array}{r|rrrrr} -2i & 1 & 1 & 2 & 4 & -8 \\ & & -2i & -4-2i & -4+4i & 8 \\ \hline & 1 & 1-2i & -2-2i & 4i & 0 \end{array}$$

Check:
$P(-2i) = (-2i)^4 + (-2i)^3 + 2(-2i)^2 + 4(-2i) - 8$
$P(-2i) = 16i^4 - 8i^3 + 8i^2 - 8i - 8$
$P(-2i) = 16 + 8i - 8 - 8i - 8 = 0$

c. $P(x) = -x^3 + x^2 - 3x - 5$, $x = 1+2i$

$$\begin{array}{r|rrrr} 1+2i & -1 & 1 & -3 & -5 \\ & & -1-2i & 4-2i & 5 \\ \hline & -1 & -2i & 1-2i & 0 \end{array}$$

Check:
$P(1+2i) = -(1+2i)^3 + (1+2i)^2 - 3(1+2i) - 5$
$P(1+2i) = -(1+4i+4i^2)(1+2i) + 1 + 4i + 4i^2 - 3 - 6i - 5$
$P(1+2i) = -(-3+4i)(1+2i) - 2i - 11$
$P(1+2i) = -(-3 - 6i + 4i + 8i^2) - 2i - 11$
$P(1+2i) = 3 + 6i - 4i - 8i^2 - 2i - 11 = 0$

d.
$P(x) = -x^3 + x^2 - 8x - 10$, $x = 1+3i$

$$\begin{array}{r|rrrr} 1+3i & -1 & 1 & -8 & -10 \\ & & -1-3i & 9-3i & 10 \\ \hline & -1 & -3i & 1-3i & 0 \end{array}$$

Check:
$P(1+3i) = -(1+3i)^3 + (1+3i)^2 - 8(1+3i) - 10$
$P(1+3i) = -(1+6i+9i^2)(1+3i) + 1 + 6i + 9i^2 - 8 - 24i - 10$
$P(1+3i) = -(-8+6i)(1+3i) - 18i - 26$
$P(1+3i) = -(-8 - 24i + 6i + 18i^2) - 18i - 26$
$P(1+3i) = 8 + 24i - 6i - 18i^2 - 18i - 26 = 0$

87. $-2(3w^2 + 5) + 3 = -7w + w^2 - 7$
$-6w^2 - 10 + 3 = -7w + w^2 - 7$
$-6w^2 - 7 = -7w + w^2 - 7$
$0 = 7w^2 - 7w$
$0 = 7w(w-1)$
$7w = 0$ or $w - 1 = 0$
$w = 0$ or $w = 1$

89.

$\frac{\Delta y}{\Delta x} = \frac{(1.1)^2 - 4(1.1) - ((1.0)^2 - 4(1.0))}{1.1 - 1.0} \approx -1.9$

4.3 The Zeroes of Polynomial Functions

4.3 Exercises

1. n, complex

3. b, 4 is not a factor of 6

5. $f(x) = x^3 + 2x^2 - 8x - 5$
   a. $[-4, -3]$, yes
   $f(-4)$
   $= (-4)^3 + 2(-4)^2 - 8(-4) - 5 = -5;$
   $f(-3)$
   $= (-3)^3 + 2(-3)^2 - 8(-3) - 5 = 10$
   b. $[2, 3]$, yes
   $f(2) = (2)^3 + 2(2)^2 - 8(2) - 5 = -5;$
   $f(3) = (3)^3 + 2(3)^2 - 8(3) - 5 = 16$

7. $f(x) = x^3 - 3x + 1$
   $f(-4) = (-4)^3 - 3(-4) + 1 = -51$
   $f(-3) = (-3)^3 - 3(-3) + 1 = -17$
   $f(-2) = (-2)^3 - 3(-2) + 1 = -1$
   $f(-1) = (-1)^3 - 3(-1) + 1 = 3$
   $f(0) = (0)^3 - 3(0) + 1 = 1$
   $f(1) = (1)^3 - 3(1) + 1 = -1$
   $f(2) = (2)^3 - 3(2) + 1 = 3$
   $f(3) = (3)^3 - 3(3) + 1 = 19$
   $f(4) = (4)^3 - 3(4) + 1 = 53$
   Since $f(-2) < 0$ and $f(-1) > 0$, there must be at least one zero in the interval $(-2, -1)$.
   Since $f(0) > 0$ and $f(1) < 0$, there must be at least one zero in the interval $(0, 1)$.
   Since $f(1) < 0$ and $f(2) > 0$, there must be at least one zero in the interval $(1, 2)$.

9. $f(x) = 4x^3 - 19x - 15$
   $\dfrac{\{\pm 1, \pm 15, \pm 3, \pm 5\}}{\{\pm 1, \pm 4, \pm 2\}}$;
   $\left\{\pm 1, \pm 15, \pm 3, \pm 5, \pm \dfrac{1}{4}, \pm \dfrac{15}{4}, \right.$
   $\left. \pm \dfrac{3}{4}, \pm \dfrac{5}{4}, \pm \dfrac{1}{2}, \pm \dfrac{15}{2}, \pm \dfrac{3}{2}, \pm \dfrac{5}{2} \right\}$

11. $h(x) = 2x^3 - 5x^2 - 28x + 15$
    $\dfrac{\{\pm 1, \pm 15, \pm 3, \pm 5\}}{\{\pm 1, \pm 2\}}$;
    $\left\{\pm 1, \pm 15, \pm 3, \pm 5, \pm \dfrac{1}{2}, \pm \dfrac{15}{2}, \pm \dfrac{3}{2}, \pm \dfrac{5}{2}\right\}$

13. $p(x) = 6x^4 - 2x^3 + 5x^2 - 28$
    $\dfrac{\{\pm 1, \pm 28, \pm 2, \pm 14, \pm 4, \pm 7\}}{\{\pm 1, \pm 6, \pm 2, \pm 3\}}$;
    $\left\{\pm 1, \pm 28, \pm 2, \pm 14, \pm 4, \pm 7, \pm \dfrac{1}{6}, \pm \dfrac{14}{3}, \pm \dfrac{1}{3}, \pm \dfrac{7}{3}, \pm \dfrac{2}{3}, \right.$
    $\left. \pm \dfrac{7}{6}, \pm \dfrac{1}{2}, \pm \dfrac{7}{2}, \pm \dfrac{28}{3}, \pm \dfrac{4}{3} \right\}$

15. $h(t) = 32t^3 - 52t^2 + 17t + 3$
    $\dfrac{\{\pm 1, \pm 3\}}{\{\pm 1, \pm 32, \pm 2, \pm 16, \pm 4, \pm 8\}}$;
    $\left\{\pm 1, \pm \dfrac{1}{32}, \pm \dfrac{1}{2}, \pm \dfrac{1}{16}, \pm \dfrac{1}{4}, \pm \dfrac{1}{8}, \right.$
    $\left. \pm 3, \pm \dfrac{3}{32}, \pm \dfrac{3}{2}, \pm \dfrac{3}{16}, \pm \dfrac{3}{4}, \pm \dfrac{3}{8} \right\}$

17. $f(x) = x^3 - 13x + 12$
    Possible rational zeroes:
    $\dfrac{\{\pm 1, \pm 12, \pm 2, \pm 6, \pm 3, \pm 4\}}{\{\pm 1\}}$;
    $\{\pm 1, \pm 12, \pm 2, \pm 6, \pm 3, \pm 4\}$

    ```
    -4 | 1    0   -13   12
       |     -4    16  -12
       |_____
         1   -4    3  | 0
    ```
    $f(x) = (x + 4)(x^2 - 4x + 3)$
    $f(x) = (x + 4)(x - 1)(x - 3)$
    $x = -4, 1, 3$

19. $h(x) = x^3 - 19x - 30$
    Possible rational zeroes:
    $\dfrac{\{\pm 1, \pm 30, \pm 2, \pm 15, \pm 3, \pm 10, \pm 5, \pm 6\}}{\{\pm 1\}}$;
    $\{\pm 1, \pm 30, \pm 2, \pm 15, \pm 3, \pm 10, \pm 5, \pm 6\}$

    ```
    -3 | 1    0   -19   -30
       |     -3     9    30
       |_____
         1   -3   -10  | 0
    ```
    $h(x) = (x + 3)(x^2 - 3x - 10)$
    $h(x) = (x + 3)(x + 2)(x - 5)$
    $x = -3, -2, 5$

Chapter 4: Polynomial and Rational Functions

21. $p(x) = x^3 - 2x^2 - 11x + 12$
Possible rational zeroes:
$$\frac{\{\pm 1, \pm 12, \pm 2, \pm 6, \pm 3, \pm 4\}}{\{\pm 1\}};$$
$\{\pm 1, \pm 12, \pm 2, \pm 6, \pm 3, \pm 4\}$

$$\begin{array}{r|rrrr} -3 & 1 & -2 & -11 & 12 \\ & & -3 & 15 & -12 \\ \hline & 1 & -5 & 4 & \boxed{0} \end{array}$$

$p(x) = (x+3)(x^2 - 5x + 4)$
$p(x) = (x+3)(x-1)(x-4)$
$x = -3, 1, 4$

23. $r(x) = x^3 - 6x^2 - x + 30$
Possible rational zeroes:
$$\frac{\{\pm 1, \pm 30, \pm 2, \pm 15, \pm 3, \pm 10, \pm 5, \pm 6\}}{\{\pm 1\}}$$
$\{\pm 1, \pm 30, \pm 2, \pm 15, \pm 3, \pm 10, \pm 5, \pm 6\}$

$$\begin{array}{r|rrrr} -2 & 1 & -6 & -1 & 30 \\ & & -2 & 16 & -30 \\ \hline & 1 & -8 & 15 & \boxed{0} \end{array}$$

$r(x) = (x+2)(x^2 - 8x + 15)$
$r(x) = (x+2)(x-3)(x-5)$
$x = -2, 3, 5$

25. $f(x) = x^4 + 7x^3 - 7x^2 - 55x - 42$
$f(x) = x^4 + 7x^3 - 7x^2 - 55x - 42$
Possible rational zeroes:
$$\frac{\{\pm 1, \pm 42, \pm 2, \pm 21, \pm 3, \pm 14, \pm 6, \pm 7\}}{\{\pm 1\}};$$
$\{\pm 1, \pm 42, \pm 2, \pm 21, \pm 3, \pm 14, \pm 6, \pm 7\}$

$$\begin{array}{r|rrrrr} -7 & 1 & 7 & -7 & -55 & -42 \\ & & -7 & 0 & 49 & 42 \\ \hline & 1 & 0 & -7 & -6 & \boxed{0} \end{array}$$

$$\begin{array}{r|rrrr} -2 & 1 & 0 & -7 & -6 \\ & & -2 & 4 & 6 \\ \hline & 1 & -2 & -3 & \boxed{0} \end{array}$$

$f(x) = (x+7)(x+2)(x^2 - 2x - 3)$
$f(x) = (x+7)(x+2)(x+1)(x-3)$
$x = -7, -2, -1, 3$

27. $f(x) = 4x^3 - 7x + 3$
Possible rational zeroes: $\dfrac{\{\pm 1, \pm 3\}}{\{\pm 1, \pm 4, \pm 2\}}$

$$\begin{array}{r|rrrr} 1 & 4 & 0 & -7 & 3 \\ & & 4 & 4 & -3 \\ \hline & 4 & 4 & -3 & \boxed{0} \end{array}$$

$f(x) = (x-1)(4x^2 + 4x - 3)$
$f(x) = (x-1)(2x+3)(2x-1)$
$x = \dfrac{-3}{2}, \dfrac{1}{2}, 1$

29. $h(x) = 4x^3 + 8x^2 - 3x - 9$
Possible rational zeroes: $\dfrac{\{\pm 1, \pm 9, \pm 3\}}{\{\pm 1, \pm 4, \pm 2\}}$
$\left\{\pm 1, \pm 9, \pm 3, \pm\dfrac{1}{4}, \pm\dfrac{9}{4}, \pm\dfrac{3}{4}, \pm\dfrac{1}{2}, \pm\dfrac{9}{2}, \pm\dfrac{3}{2}\right\}$

$$\begin{array}{r|rrrr} 1 & 4 & 8 & -3 & -9 \\ & & 4 & 12 & 9 \\ \hline & 4 & 12 & 9 & \boxed{0} \end{array}$$

$h(x) = (x-1)(4x^2 + 12x + 9)$
$h(x) = (x-1)(2x+3)^2$
$x = \dfrac{-3}{2}, 1$

31. $Y_1 = 2x^3 - 3x^2 - 9x + 10$
Possible rational zeroes: $\dfrac{\{\pm 1, \pm 10, \pm 2, \pm 5\}}{\{\pm 1, \pm 2\}}$
$\left\{\pm 1, \pm 10, \pm 2, \pm 5, \pm\dfrac{1}{2}, \pm\dfrac{5}{2}\right\}$

$$\begin{array}{r|rrrr} 1 & 2 & -3 & -9 & 10 \\ & & 2 & -1 & -10 \\ \hline & 2 & -1 & -10 & \boxed{0} \end{array}$$

$Y_1 = (x-1)(2x^2 - x - 10)$
$Y_1 = (x-1)(x+2)(2x-5)$
$x = -2, 1, \dfrac{5}{2}$

4.3 The Zeroes of Polynomial Functions

33. $p(x) = 2x^4 + 3x^3 - 9x^2 - 15x - 5$

Possible rational zeroes: $\dfrac{\{\pm 1, \pm 5\}}{\{\pm 1, \pm 2\}}$

$\left\{\pm 1, \pm 5, \pm \dfrac{1}{2}, \pm \dfrac{5}{2}\right\}$

$\begin{array}{r|rrrrr} -1 & 2 & 3 & -9 & -15 & -5 \\ & & -2 & -1 & 10 & 5 \\ \hline & 2 & 1 & -10 & -5 & \underline{|0} \end{array}$

$p(x) = (x+1)\left(2x^3 + x^2 - 10x - 5\right)$

$p(x) = (x+1)\left(x^2(2x+1) - 5(2x+1)\right)$

$p(x) = (x+1)(2x+1)\left(x^2 - 5\right)$

$p(x) = (x+1)(2x+1)(x-\sqrt{5})(x+\sqrt{5})$

$x = -1, \dfrac{-1}{2}, \sqrt{5}, -\sqrt{5}$

35. $r(x) = 3x^4 + 4x^3 - 10x^2 - 8x + 8$

Possible rational zeroes:

$\dfrac{\{\pm 1, \pm 2, \pm 4, \pm 8\}}{\{\pm 1, \pm 3\}}$

$\left\{\pm 1, \pm 2, \pm 4, \pm 8, \pm \dfrac{1}{3}, \pm \dfrac{2}{3}, \pm \dfrac{4}{3}, \pm \dfrac{8}{3}\right\}$

$\begin{array}{r|rrrrr} -2 & 3 & 4 & -10 & -8 & 8 \\ & & -6 & 4 & 12 & -8 \\ \hline & 3 & -2 & -6 & 4 & \underline{|0} \end{array}$

$r(x) = (x+2)\left(3x^3 - 2x^2 - 6x + 4\right)$

$r(x) = (x+2)\left(x^2(3x-2) - 2(3x-2)\right)$

$r(x) = (x+2)(3x-2)\left(x^2 - 2\right)$

$r(x) = (x+2)(3x-2)(x+\sqrt{2})(x-\sqrt{2})$

$x = -2, \dfrac{2}{3}, -\sqrt{2}, \sqrt{2}$

37. $f(x) = x^3 - 2x^2 - 11x + 12$

a. Possible rational zeroes:

$\dfrac{\{\pm 1, \pm 2, \pm 3, \pm 4, \pm 6, \pm 12\}}{\{\pm 1\}}$

$\{\pm 1, \pm 2, \pm 3, \pm 4, \pm 6, \pm 12\}$

b.

Possible Positive	Possible Negative	Possible nonreal	Total
2	1	0	3
0	1	2	3

c. $\begin{array}{r|rrrr} -3 & 1 & -2 & -11 & 12 \\ & & -3 & 15 & -12 \\ \hline & 1 & -5 & 4 & \underline{|0} \end{array}$

$f(x) = (x+3)\left(x^2 - 5x + 4\right)$

$f(x) = (x+3)(x-4)(x-1)$

$x = -3, 1, 4$

Chapter 4: Polynomial and Rational Functions

39. $h(x) = x^4 + 3x^3 - 2x^2 - 12x - 8$

a. Possible rational zeroes:

$$\frac{\{\pm 1, \pm 2, \pm 4, \pm 8\}}{\{\pm 1\}}$$

$\{\pm 1, \pm 2, \pm 4, \pm 8\}$

b.

Possible Positive zeroes	Possible Negative zeroes	Possible nonreal zeroes	Total zeroes
1	3	0	4
1	1	2	4

c. $\underline{-1|}$ 1   3 -2 -12 -8
      -1 -2 4   8
    1   2 -4 -8 $\underline{|0}$

$h(x) = (x+1)(x^3 + 2x^2 - 4x - 8)$
$h(x) = (x+1)(x^2(x+2) - 4(x+2))$
$h(x) = (x+1)(x+2)(x+2)(x-2)$
$x = -2, -1, 2$

41. $p(x) = x^4 - 2x^3 - 19x^2 + 8x + 60$

a. Possible rational zeros:

$$\frac{\{\pm 1, \pm 2, \pm 3, \pm 4, \pm 5, \pm 6, \pm 10, \pm 12, \pm 15, \pm 20, \pm 30, \pm 60\}}{\{\pm 1\}}$$

$\{\pm 1, \pm 2, \pm 3, \pm 4, \pm 5, \pm 6, \pm 10, \pm 12, \pm 15, \pm 20, \pm 30, \pm 60\}$

b.

Possible Positive zeroes	Possible Negative zeroes	Possible nonreal zeroes	Total zeroes
2	0	2	4
0	2	2	4
2	2	0	4
0	0	4	4

c. $\underline{-3|}$ 1 -2 -19 8   60
      -3 15   12 -60
    1   -5 -4 20 $\underline{|0}$

$p(x) = (x+3)(x^3 - 5x^2 - 4x + 20)$
$p(x) = (x+3)(x^2(x-5) - 4(x-5))$
$p(x) = (x+3)(x-5)(x^2 - 4)$
$p(x) = (x+3)(x-5)(x+2)(x-2)$
$x = -3, -2, 2, 5$

4.3 The Zeroes of Polynomial Functions

43. $r(x) = 2x^4 + 5x^3 - 24x^2 - 28x + 80$

a.

$$\frac{\{\pm 1, \pm 2, \pm 4, \pm 5, \pm 8, \pm 10, \pm 16, \pm 20, \pm 40, \pm 80\}}{\{\pm 1, \pm 2\}}$$

$\{\pm 1, \pm 2, \pm 4, \pm 5, \pm 8, \pm 10, \pm 16, \pm 20, \pm 40, \pm 80, \pm \frac{1}{2}, \pm \frac{5}{2}\}$

b.

Possible Positive zeroes	Possible Negative zeroes	Possible nonreal zeroes	Total zeroes
2	0	2	4
0	2	2	4
2	2	0	4
0	0	4	4

c.
```
-4| 2   5  -24  -28   80
       -8   12   48  -80
      ─────────────────────
      2  -3  -12   20  |0
```
```
 2| 2  -3  -12   20
        4    2  -20
      ─────────────────
      2   1  -10  |0
```

$r(x) = (x+4)(2x^3 - 3x^2 - 12x + 20)$
$r(x) = (x+4)(x-2)(2x^2 + x - 10)$
$r(x) = (x+4)(x-2)(x-2)(2x+5)$

$x = -4, -\frac{5}{2}, 2$

45. $P(x) = x^4 + 5x^2 - 36$
$P(x) = (x^2 - 4)(x^2 + 9)$
$P(x) = (x-2)(x+2)(x+3i)(x-3i)$
Zeroes: $x = 2, x = -2, x = 3i, x = -3i$

47. $Q(x) = x^4 - 16$
$Q(x) = (x^2 + 4)(x^2 - 4)$
$Q(x) = (x+2i)(x-2i)(x-2)(x+2)$
Zeroes: $x = -2, x = 2, x = 2i, x = -2i$

49. $P(x) = x^3 + x^2 - x - 1$
$P(x) = x^2(x+1) - (x+1)$
$P(x) = (x+1)(x^2 - 1)$
$P(x) = (x+1)(x+1)(x-1)$
Zeroes: $x = -1, x = -1, x = 1$

51. $Q(x) = x^3 - 5x^2 - 25x + 125$
$Q(x) = x^2(x-5) - 25(x-5)$
$Q(x) = (x-5)(x^2 - 25)$
$Q(x) = (x-5)(x+5)(x-5)$
Zeroes: $x = 5, x = -5, x = 5$

53.
$p(x) = (x^2 - 10x + 25)(x^2 + 4x - 45)(x+9)$
$p(x) = (x-5)^2(x+9)(x-5)(x+9)$
$p(x) = (x-5)^3(x+9)^2$
Zeroes: $x = 5$, multiplicity 3,
$x = -9$, multiplicity 2

55. $P(x) = (x^2 - 5x - 14)(x^2 - 49)(x+2)$
$P(x) = (x-7)(x+2)(x-7)(x+7)(x+2)$
$P(x) = (x-7)^2(x+2)^2(x+7)$
Zeroes: $x = 7$, multiplicity 2,
$x = -2$, multiplicity 2,
$x = -7$, multiplicity 1

57. Degree 3, $x = 3, x = 2i$, $(x = -2i)$
$P(x) = (x-3)(x-2i)(x+2i)$
$P(x) = (x-3)(x^2 + 4)$
$P(x) = x^3 - 3x^2 + 4x - 12$

59. Degree 4, $x = -1, x = 2, x = i$, $(x = -i)$
$P(x) = (x+1)(x-2)(x-i)(x+i)$
$P(x) = (x^2 - x - 2)(x^2 + 1)$
$P(x) = x^4 - x^3 - 2x^2 + x^2 - x - 2$
$P(x) = x^4 - x^3 - x^2 - x - 2$

Chapter 4: Polynomial and Rational Functions

61. Degree 4, $x=3, x=2i$, $(x=3, x=-2i)$
$P(x) = (x-3)(x-3)(x-2i)(x+2i)$
$P(x) = (x^2 - 6x + 9)(x^2 + 4)$
$P(x) = x^4 + 4x^2 - 6x^3 - 24x + 9x^2 + 36$
$P(x) = x^4 - 6x^3 + 13x^2 - 24x + 36$

63. Degree 4, $x=-1, x=1+2i$,
$(x=-1, x=1-2i)$

$P(x) = (x+1)(x+1)(x-(1+2i))(x-(1-2i))$

$P(x) = (x^2 + 2x + 1)((x-1) - 2i)((x-1) + 2i)$
$P(x) = (x^2 + 2x + 1)((x-1)^2 - 4i^2)$
$P(x) = (x^2 + 2x + 1)((x-1)^2 + 4)$
$P(x) = (x^2 + 2x + 1)(x^2 - 2x + 1 + 4)$
$P(x) = (x^2 + 2x + 1)(x^2 - 2x + 5)$
$P(x) = x^4 - 2x^3 + 5x^2 + 2x^3 - 4x^2$
$\qquad + 10x + x^2 - 2x + 5$
$P(x) = x^4 + 2x^2 + 8x + 5$

65. $f(x) = 4x^3 - 16x^2 - 9x + 36$

Possible Positive zeroes	Possible Negative zeroes	Possible Complex zeroes	Total number of zeroes
2	1	0	3
0	1	2	3

Possible rational zeroes:
$\dfrac{\{\pm 1, \pm 36, \pm 2, \pm 18, \pm 3, \pm 12, \pm 4, \pm 9, \pm 6\}}{\{\pm 1, \pm 4, \pm 2\}}$;

$\{\pm 1, \pm 36, \pm 2, \pm 18, \pm 3, \pm 12, \pm 4, \pm 9, \pm 6,$
$\pm \dfrac{1}{4}, \pm \dfrac{1}{2}, \pm \dfrac{9}{2}, \pm \dfrac{3}{4}, \pm \dfrac{9}{4}, \pm \dfrac{3}{2}\}$

$\underline{4|}\ \ 4\ \ -16\ \ -9\ \ \ \ 36$
$\qquad\ \ \ \ \ \ \ 16\ \ \ \ \ 0\ \ -36$
$\qquad\overline{\ \ 4\ \ \ \ \ 0\ \ -9\ \ \ \underline{|0}}$

$f(x) = (x-4)(4x^2 - 9)$
$f(x) = (x-4)(2x-3)(2x+3)$
$x = \dfrac{-3}{2}, \dfrac{3}{2}, 4$

4.3 The Zeroes of Polynomial Functions

67. $p(x) = 4x^4 + 40x^3 - 93x^2 + 30x - 72$

Possible Positive zeroes	Possible Negative zeroes	Possible Complex zeroes	Total number of zeroes
3	1	0	4
1	1	2	4

Possible rational zeroes:

$$\frac{\{\pm 1, \pm 24, \pm 2, \pm 12, \pm 3, \pm 8, \pm 4, \pm 6, \pm 18, \pm 9, \pm 36, \pm 72\}}{\{\pm 1, \pm 4, \pm 2\}}$$

$$\{\pm 1, \pm 24, \pm 2, \pm 12, \pm 3, \pm 8, \pm 4, \pm 6, \pm 18, \pm 9, \pm 36, \pm 72$$
$$\pm \frac{1}{2}, \pm \frac{1}{4}, \pm \frac{3}{4}, \pm \frac{9}{4}, \pm \frac{3}{2}, \pm \frac{9}{2}\}$$

```
 2 | 4   40   -93   30   -72
   |      8   96     6    72
   |_4___48____3____36____0_
```

$p(x) = (x-2)(4x^3 + 48x^2 + 3x + 36)$
$p(x) = (x-2)(4x^2(x+12) + 3(x+12))$
$p(x) = (x-2)(x+12)(4x^2 + 3)$

$p(x) = (x-2)(x+12)\left(2x - \frac{\sqrt{3}}{2}i\right)\left(2x + \frac{\sqrt{3}}{2}i\right)$

69. $r(x) = x^4 - 5x^3 + 20x - 16$

Possible rational zeroes: $\dfrac{\{\pm 1, \pm 16, \pm 2, \pm 8, \pm 4\}}{\{\pm 1\}}$

$\{\pm 1, \pm 16, \pm 2, \pm 8, \pm 4\}$

```
 1 | 1   -5    0    20   -16
   |      1   -4   -4     16
   |_1___-4___-4___16_____0_
```

$f(x) = (x-1)(x^3 - 4x^2 - 4x + 16)$
$f(x) = (x-1)(x^2(x-4) - 4(x-4))$
$f(x) = (x-1)(x-4)(x^2 - 4)$
$f(x) = (x-1)(x+2)(x-2)$
$x = 1, 2, 4, -2$

71. $f(x) = 2x^4 - 9x^3 + 4x^2 + 21x - 18$

Possible rational zeroes:
$$\frac{\{\pm 1, \pm 18, \pm 2, \pm 9, \pm 3, \pm 6\}}{\{\pm 1, \pm 2\}}$$

$$\left\{\pm 1, \pm 18, \pm 2, \pm 9, \pm 3, \pm 6, \pm \frac{1}{2}, \pm \frac{9}{2}, \pm \frac{3}{2}\right\}$$

```
 1 | 2   -9    4    21   -18
   |      2   -7   -3     18
   |_2___-7___-3____18_____0_

 2 | 2   -7   -3    18
   |      4   -6   -18
   |_2___-3___-9_____0_
```

$f(x) = (x-1)(x-2)(2x^2 - 3x - 9)$
$f(x) = (x-1)(x-2)(x-3)(2x+3)$

$x = 1, 2, 3, \dfrac{-3}{2}$

73. $p(x) = 2x^4 + 3x^3 - 24x^2 - 68x - 48$

Possible rational zeroes:
$$\frac{\{\pm 1, \pm 48, \pm 2, \pm 24, \pm 3, \pm 16, \pm 4, \pm 12, \pm 6, \pm 8\}}{\{\pm 1, \pm 2\}}$$

$$\{\pm 1, \pm 48, \pm 2, \pm 24, \pm 3, \pm 16, \pm 4, \pm 12, \pm 6, \pm 8$$
$$\pm \frac{1}{2}, \pm \frac{3}{2}\}$$

```
-2 | 2    3   -24   -68   -48
   |     -4    12    44    48
   |_2___-1___-22___-24_____0_

 4 | 2   -1   -22   -24
   |      8    28    24
   |_2____7_____6_____0_
```

$2x^2 + 7x + 6 = (2x+3)(x+2)$

$p(x) = (x+2)^2(x-4)(2x+3)$

Zeroes: $x = -2$, multiplicity 2
$x = 4$, multiplicity 1
$x = -\dfrac{3}{2}$, multiplicity 1

Chapter 4: Polynomial and Rational Functions

75. $r(x) = 3x^4 - 20x^3 + 34x^2 + 12x - 45$
Possible rational zeroes:
$$\frac{\{\pm 1, \pm 45, \pm 3, \pm 15, \pm 5, \pm 9\}}{\{\pm 1, \pm 3\}}$$
$\{\pm 1, \pm 45, \pm 3, \pm 15, \pm 5, \pm 9$
$\pm \frac{1}{3}, \pm \frac{5}{3}\}$

$$\begin{array}{r|rrrrr} -1 & 3 & -20 & 34 & 12 & -45 \\ & & -3 & 23 & -57 & 45 \\ \hline & 3 & -23 & 57 & -45 & 0 \end{array}$$

$$\begin{array}{r|rrrr} 3 & 3 & -23 & 57 & -45 \\ & & 9 & -42 & 45 \\ \hline & 3 & -14 & 15 & 0 \end{array}$$

$3x^2 - 14x + 15 = (3x - 5)(x - 3)$
$r(x) = (x+1)(x-3)^2(3x-5)$
Zeroes: $x = 3$, multiplicity 2
$x = -1$, multiplicity 1
$x = \frac{5}{3}$, multiplicity 1

77. $r(x) = x^4 - x^3 - 14x^2 + 2x + 24$
Possible rational zeroes:
$$\frac{\{\pm 1, \pm 6, \pm 2, \pm 4, \pm 3, \pm 8, \pm 12, \pm 24\}}{\{\pm 1\}}$$
$\{\pm 1, \pm 6, \pm 2, \pm 4, \pm 3, \pm 8, \pm 12, \pm 24\}$

$$\begin{array}{r|rrrrr} 4 & 1 & -1 & -14 & 2 & 24 \\ & & 4 & 12 & -8 & -24 \\ \hline & 1 & 3 & -2 & -6 & 0 \end{array}$$

$r(x) = (x-4)(x^3 + 3x^2 - 2x - 6)$
$r(x) = (x-4)(x^2(x+3) - 2(x+3))$
$r(x) = (x-4)(x+3)(x^2 - 2)$
$r(x) = (x+3)(x-4)(x+\sqrt{2})(x-\sqrt{2})$
$x = -3, 4, \pm\sqrt{2}$

79. $r(x) = x^5 + 6x^2 - 49x + 42$
Possible rational zeroes:
$$\frac{\{\pm 1, \pm 42, \pm 2, \pm 21, \pm 3, \pm 14, \pm 6, \pm 7\}}{\{\pm 1\}}$$
$\{\pm 1, \pm 42, \pm 2, \pm 21, \pm 3, \pm 14, \pm 6, \pm 7\}$

$$\begin{array}{r|rrrrrr} 1 & 1 & 0 & 0 & 6 & -49 & 42 \\ & & 1 & 1 & 1 & 7 & -42 \\ \hline & 1 & 1 & 1 & 7 & -42 & 0 \end{array}$$

$$\begin{array}{r|rrrrr} 2 & 1 & 1 & 1 & 7 & -42 \\ & & 2 & 6 & 14 & 42 \\ \hline & 1 & 3 & 7 & 21 & 0 \end{array}$$

$r(x) = (x-1)(x-2)(x^3 + 3x^2 + 7x + 21)$
$r(x) = (x-1)(x-2)(x^2(x+3) + 7(x+3))$
$r(x) = (x-1)(x-2)(x+3)(x^2 + 7)$
$r(x) = (x-1)(x-2)(x+3)(x+\sqrt{7}i)(x-\sqrt{7}i)$
$x = 1, 2, -3, \pm\sqrt{7}i$

81. $p(x) = 2x^4 - x^3 + 3x^2 - 3x - 9$
Possible rational zeroes: $\dfrac{\{\pm 1, \pm 9, \pm 3\}}{\{\pm 1, \pm 2\}}$

$\{\pm 1, \pm 9, \pm 3, \pm \frac{1}{2}, \pm \frac{9}{2}, \pm \frac{3}{2}\}$

$$\begin{array}{r|rrrrr} -1 & 2 & -1 & 3 & -3 & -9 \\ & & -2 & 3 & -6 & 9 \\ \hline & 2 & -3 & 6 & -9 & 0 \end{array}$$

$p(x) = (x+1)(2x^3 - 3x^2 + 6x - 9)$
$p(x) = (x+1)(x^2(2x-3) + 3(2x-3))$
$p(x) = (x+1)(2x-3)(x^2 + 3)$
$p(x) = (x+1)(2x-3)(x+\sqrt{3}i)(x-\sqrt{3}i)$
$x = -1, \dfrac{3}{2}, \pm\sqrt{3}i$

4.3 The Zeroes of Polynomial Functions

83. $A(t) = 0.062x^3 - 1.117x^2 + 4.782x + 7.912$

a.
```
1|  0.062  -1.117   4.782   7.912
           0.062   -1.055   3.727
    ─────────────────────────────
    0.062  -1.055   3.727  |11.639
```
At $A(1) \approx 11.6$ million km²
```
10|  0.062  -1.117   4.782   7.912
              0.62    -4.97   -1.88
     ─────────────────────────────
     0.062  -0.497  -0.188  |6.032
```
At $A(10) \approx 6.0$ million km²

b.

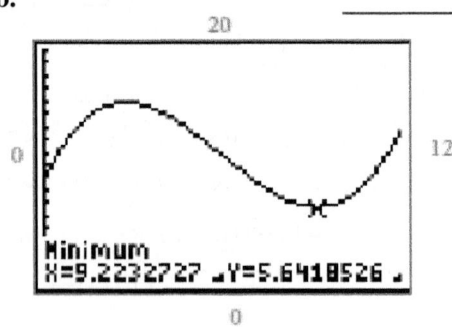

Month 9 (September), about 5.6 million km²

85. $A(d) = -d^4 + 28d^3 - 229d^2 + 462d + 720$

a.
```
1|  -1   28   -229    462    720
         -1    27   -202    260
    ─────────────────────────────
    -1   27   -202    260   |980
```

```
7|  -1   28   -229    462    720
         -7   147   -574   -784
    ─────────────────────────────
    -1   21    -82   -112   |-64
```

```
13| -1   28   -229    462    720
        -13   195   -442    260
    ─────────────────────────────
    -1   15    -34    20    |980
```

At $A(1) = 980$, the altitude was $2000 + 980 = 2980$ m

At $A(7) = -64$, the altitude was $2000 - 64 = 1936$ m

At $A(13) = 980$, the altitude was $2000 + 980 = 2980$ m

b. Find all the real zeroes of A. Find all the possible rational zeros between 0 and 16:

$$\frac{\{\pm 1, \pm 2, \pm 3, \pm 4, \pm 5, \pm 6, \pm 8, \pm 9, \pm 10, \pm 12, \pm 15, \pm 16\}}{\{\pm 1\}}$$

$= \{1, 2, 3, 4, 5, 6, 8, 9, 10, 12, 15, 16\}$

We already know that 1 is not a zero

```
6|  -1   28   -229    462    720
         -6   132   -582   -720
    ─────────────────────────────
    -1   22    -97   -120    |0
```

```
8|  -1   22    -97   -120
         -8   112    120
    ─────────────────────────
    -1   14     15     |0
```

$A(d) = (d-6)(d-8)(-d^2 + 14d + 15)$
$A(d) = (d-6)(d-8)(-(d-15))(d+1)$
$d = 6, 8, 15$

Chapter 4: Polynomial and Rational Functions

87. $f(x) = 4x^3 - 12x^2 - 24x + 32$
Possible rational zeroes:
$$\frac{\{\pm 1, \pm 32, \pm 2, \pm 16, \pm 4, \pm 8\}}{\{\pm 1, \pm 4, \pm 2\}};$$
$$\left\{\pm 1, \pm 32, \pm 2, \pm 16, \pm 4, \pm 8, \pm \frac{1}{4}, \pm \frac{1}{2}\right\}$$

```
-2 | 4  -12  -24   32
   |     -8   40  -32
   ----------------------
     4  -20   16    0
```

$f(x) = (x+2)(4x^2 - 20x + 16)$
$f(x) = 4(x+2)(x^2 - 5x + 4)$
$f(x) = 4(x+2)(x-4)(x-1)$
$x = -2, 1, 4$
Yes; grapher shows maximum and minimum values occur at the zeroes of f.

89. $v = x \cdot x \cdot (x-1) = x^3 - x^2$

a. $x^3 - x^2 = 48$
$x^3 - x^2 - 48 = 0$
Possible rational zeroes:
$$\frac{\{\pm 1, \pm 48, \pm 2, \pm 24, \pm 3, \pm 16, \pm 4, \pm 12, \pm 6, \pm 8\}}{\{\pm 1\}};$$
$\{\pm 1, \pm 48, \pm 2, \pm 24, \pm 3, \pm 16, \pm 4, \pm 12, \pm 6, \pm 8\}$

```
4 | 1  -1   0  -48
  |      4  12   48
  -------------------
    1   3  12    0
```
$x = 4$
$4 \text{ cm} \times 4 \text{ cm} \times 4 \text{ cm}$

b. $x^3 - x^2 = 100$
$x^3 - x^2 - 100 = 0$
Possible rational zeroes:
$\{\pm 1, \pm 100, \pm 2, \pm 50, \pm 4, \pm 25, \pm 5, \pm 20, \pm 10\}$

```
5 | 1  -1   0  -100
  |      5  20   100
  --------------------
    1   4  20     0
```

```
5 | 2  -4   0  -150
  |     10  30   150
  --------------------
    2   6  30     0
```
$x = 5$
$5 \text{cm} \times 5 \text{ cm} \times 5 \text{ cm}$

91. V= LWH
$2w(w)(w-2) = 150$
$2w^3 - 4w^2 - 150 = 0$
$2(w^3 - 2w^2 - 75) = 0$
Possible rational zeroes:
$\{\pm 1, \pm 75, \pm 3, \pm 25, \pm 5, \pm 15\}$

```
5 | 2  -4   0  -150
  |     10  30   150
  --------------------
    2   6  30     0
```
$w = 5$; $2w = 10$; $w - 2 = 3$
length 10 in., width 5 in., height 3 in.

93. $f(x) = \frac{1}{4}x^4 - 6x^3 + 42x^2 - 72x - 64$

$0 = \frac{1}{4}x^4 - 6x^3 + 42x^2 - 72x - 64$

$0 = x^4 - 24x^3 + 168x^2 - 288x - 256$
Using a grapher:
$x = 4, 8$, between 12 and 13
1994, 1998, 2002; 5 years

95. $f(x) = -0.4192x^2 + 18.9663x^3$
$\quad -319.9714x^2 + 2384.2x - 6615.8$
To solve $f(x) = 0$, find zeros using the graphing calculator.
a. $x = 8.97 \text{m}$, $x = 11.29 \text{m}$
$\quad x = 12.05 \text{m}$, $x = 12.94 \text{m}$
b. Find maximum (9.70, 3.71)
9.7 m will maximize the efficiency of the boat with rating 3.7.

97. $P(x) = 0.2x^3 - 0.24x^2 - 1.04x + 2.68$
a.
```
-10 | 0.02  -0.24  -1.04    2.68
    |        0.2    4.4   -33.6
    ---------------------------------
      0.02  -0.44   3.36  -30.92
```
alternate signs, -10 is a lower bound
b.
```
10 | 0.02  -0.24  -1.04    2.68
   |        0.2   -0.4   -14.4
   --------------------------------
     0.02  -0.04  -1.44  -11.72
```
no
c. about 14.88

4.3 The Zeroes of Polynomial Functions

99. a. $x^2 - 7$
$(x+\sqrt{7})(x-\sqrt{7}) = 0$
$x+\sqrt{7} = 0$ or $x-\sqrt{7} = 0$
$x = -\sqrt{7}$ or $x = \sqrt{7}$

b. $x^2 - 12 = 0$
$(x+\sqrt{12})(x-\sqrt{12}) = 0$
$x+\sqrt{12} = 0$ or $x-\sqrt{12} = 0$
$x = -\sqrt{12}$ or $x = \sqrt{12}$
$x = -2\sqrt{3}$ or $x = 2\sqrt{3}$

c. $x^2 - 18 = 0$
$(x+\sqrt{18})(x-\sqrt{18}) = 0$
$x+\sqrt{18} = 0$ or $x-\sqrt{18} = 0$
$x = -\sqrt{18}$ or $x = \sqrt{18}$
$x = -3\sqrt{2}$ or $x = 3\sqrt{2}$

101. a. $C(z) = z^3 + (1-4i)z^2 + (-6-4i)z + 24i$
$z = 4i;$

$$\begin{array}{r|rrrr} 4i & 1 & 1-4i & -6-4i & 24i \\ & & 4i & 4i & -24i \\ \hline & 1 & 1 & -6 & \underline{|0} \end{array}$$

$C(z) = (z-4i)(z^2+z-6)$
$C(z) = (z-4i)(z+3)(z-2)$

b.
$C(x) = x^3 + (5-9i)x^2 + (4-45i)x - 36i;$
$z = 9i;$

$$\begin{array}{r|rrrr} 9i & 1 & 5-9i & 4-45i & -36i \\ & & 9i & 45i & 36i \\ \hline & 1 & 1 & -6 & \underline{|0} \end{array}$$

$C(z) = (z-9i)(z^2+5z+4)$
$C(z) = (z-9i)(z+4)(z+1)$

c.
$C(z) = z^3 + (-2-i)z^2 + (5+4i)z + (-6+3i;)i$
$z = 2-i;$

$$\begin{array}{r|rrrr} 2-i & 1 & -2-i & 5+4i & -6+3i \\ & & 2-i & -2-4i & 6-3i \\ \hline & 1 & -2i & 3 & \underline{|0} \end{array}$$

$C(z) = (z-2+i)(z^2-2iz+3);$

$z = \dfrac{-(2i) \pm \sqrt{(-2i)^2 - 4(1)(3)}}{2(1)}$

$= \dfrac{2i \pm \sqrt{-16}}{2} = i \pm 2i = 3i \text{ or } -i;$

$C(z) = (z-2+i)(z-3i)(z+i)$

d.
$C(z) = z^3 - 2z^2 + (19+6i)z + (-20+30i);$
$z = 2-3i;$

$$\begin{array}{r|rrrr} 2-3i & 1 & -2 & 19+6i & -20+30i \\ & & 2-3i & -9-6i & 20-30i \\ \hline & 1 & -3i & 10 & \underline{|0} \end{array}$$

Chapter 4: Polynomial and Rational Functions

$C(z) = (z-2+3i)(z^2 -3iz+10);$

$z = \dfrac{-(-3i) \pm \sqrt{(-3i)^2 - 4(1)(10)}}{2(1)}$

$= \dfrac{3i \pm \sqrt{-49}}{2} = \dfrac{3i \pm 7i}{2} = 5i \text{ or } -2i;$

$C(z) = (z-2+3i)(z-5i)(z+2i)$

103. Let x represent the width.

Let $\dfrac{1200-4x}{2}$ represent the length

$x\left(\dfrac{1200-4x}{2}\right) = 600x - 2x^2$

a. Opens downward, x-coordinate of vertex: $x = \dfrac{-600}{2(-2)} = 150$ ft;

$\dfrac{1200 - 4(150)}{2} = 300$ ft

b. $\dfrac{300}{3} = 100;$

$100(150) = 15{,}000 \text{ ft}^2$

105. Node $(-4, -2)$

$r(x) = a\sqrt{x+4} - 2$

Passing through $(0, 2)$

$2 = a\sqrt{0+4} - 2$

$4 = 2a$

$2 = a;$

$r(x) = 2\sqrt{x+4} - 2$

Mid-Chapter Check

1. a.

$x^3 + 8x^2 + 7x - 14 = (x^2 + 6x - 5)(x+2) - 4$

$\begin{array}{r}
x^2 + 6x - 5 \\
x+2 \overline{\smash{\big)}\, x^3 + 8x^2 + 7x - 14} \\
\underline{-(x^3 + 2x^2)} \\
6x^2 + 7x \\
\underline{-(6x^2 + 12x)} \\
-5x - 14 \\
\underline{-(-5x - 10)} \\
-4
\end{array}$

b. $\dfrac{x^3 + 8x^2 + 7x - 14}{x+2} = x^2 + 6x - 5 - \dfrac{4}{x+2};$

3. $f(-2) = 7$

$\begin{array}{r|rrrrr}
-2 & -3 & 0 & 7 & -8 & 11 \\
  &   & 6 & -12 & 10 & -4 \\
\hline
  & -3 & 6 & -5 & 2 & \underline{|\,7\,}
\end{array}$

5. $g(2) = (2)^3 - 6(2) - 4 = -8;$

$g(3) = (3)^3 - 6(3) - 4 = 5;$

They have opposite signs.

7. $h(x) = x^4 + 3x^3 + 10x^2 + 6x - 20$

Possible Rational Roots:
$\{\pm 1, \pm 20, \pm 2, \pm 10, \pm 4, \pm 5\};$

$h(x) = (x+2)(x-1)(x^2 + 2x + 10)$

$x = -2, x = 1, x = -1 \pm 3i$

9. a. $R(x) = -400x^2 + 1600x + 42{,}500$

$(h, k) = \left(\dfrac{-b}{2a}, R\left(\dfrac{-b}{2a}\right)\right)$

$= \left(\dfrac{-1600}{2(-400)}, R\left(\dfrac{-1600}{2(-400)}\right)\right)$

$= (2, 44{,}100)$

After 2 price decreases, the price that generates the maximum revenue is $2500 - 2(200) = \$2100$.

b. After 2 price decreases of $200 each, the maximum revenue of $44,100 is achieved.

4.4 Graphing Polynomial Functions

4.4 Exercises

1. zero, m

3. Answers will vary.

5. polynomial, degree 5

7. not a polynomial, sharp turns

9. polynomial, degree 4

11. up/down

13. down/down

15. down/up, $(0, -2)$

17. down/down, $(0, -6)$

19. up/down, $(0, -6)$

21. a. even
    b. -3, odd; -1, even; 3, odd
    c. deg 4; $f(x) = (x+3)(x+1)^2(x-3)$
    d. D: $x \in \mathbb{R}$, R: $y \in [-9, \infty)$

23. a. even
    b. -3, odd; -1, odd; 2, odd; 4, odd
    c. deg 4; $f(x) = -(x+3)(x+1)(x-2)(x-4)$
    d. D: $x \in \mathbb{R}$, R: $y \in (-\infty, 25]$

25. a. odd
    b. -1, even; 3, odd
    c. deg 3; $f(x) = -(x+1)^2(x-3)$
    d. D: $x \in \mathbb{R}$, R: $y \in \mathbb{R}$

27. degree 6, up/up, $(0, -12)$

29. degree 5, up/down, $(0, -24)$

31. degree 6, up/up, $(0, -192)$

33. degree 5, up/down, $(0, 2)$

35. b

37. e

39. c

41. $f(x) = (x+3)(x+1)(x-2)$
    end behavior: down/up
    x-intercepts: $(-3,0), (-1,0)$, and $(2,0)$;
    crosses at all x-intercepts
    $f(0) = (0+3)(0+1)(0-2) = -6$
    y-intercept: $(0, -6)$

    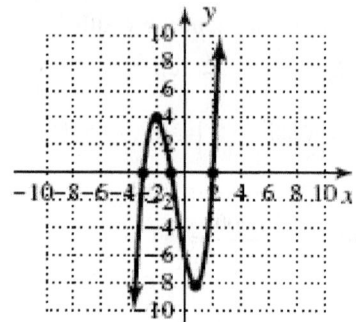

43. $p(x) = -(x+1)^2(x-3)$
    end behavior: up/down
    x-intercepts: $(-1,0)$ and $(3,0)$;
    crosses at $(3,0)$, bounces at $(-1,0)$
    $p(0) = -(0+1)^2(0-3) = 3$
    y-intercept: $(0, 3)$

    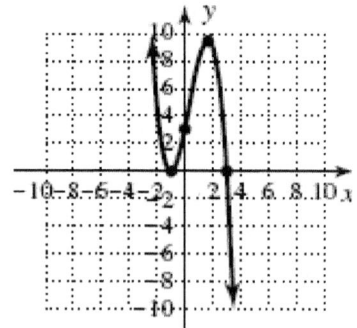

Chapter 4: Polynomial and Rational Functions

45. $Y_1 = (x+1)^2(3x-2)(x+3)$
end behavior: up/up
x-intercepts: $(-1,0), \left(\frac{2}{3},0\right)$ and $(-3,0)$;
crosses at $(-3,0)$ and $\left(\frac{2}{3},0\right)$,
bounces at $(-1,0)$
$Y_1 = (0+1)^2(3(0)-2)(0+3) = -6$
y-intercept: $(0,-6)$

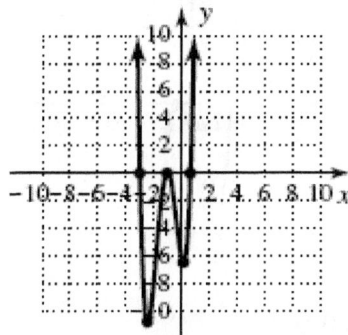

47. $r(x) = -(x+1)^2(x-2)^2(x-1)$
end behavior: up/down
x-intercepts: $(-1,0), (2,0)$ and $(1,0)$;
crosses at $(1,0)$, bounces at $(-1,0)$ and $(2,0)$
$r(0) = -(0+1)^2(0-2)^2(0-1) = 4$
y-intercept: $(0,4)$

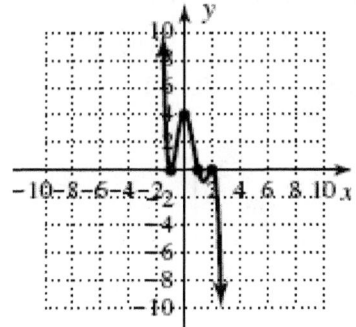

49. $f(x) = (2x+3)(x-1)^3$
end behavior: up/up
x-intercepts: $\left(-\frac{3}{2},0\right)$ and $(1,0)$;
crosses at all x-intercepts
$f(0) = (2(0)+3)(0-1)^3 = -3$
y-intercept: $(0,-3)$

51. $h(x) = (x+1)^3(x-3)(x-2)$
end behavior: down/up
x-intercepts: $(-1,0), (3,0)$ and $(2,0)$;
crosses at all x-intercepts
$h(0) = (0+1)^3(0-3)(0-2) = 6$
y-intercept: $(0,6)$

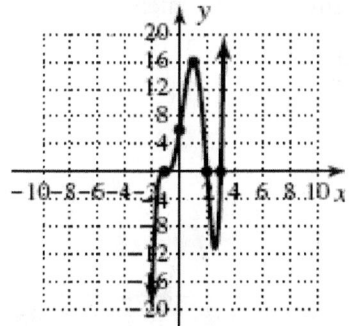

4.4 Graphing Polynomial Functions

53. $y = x^3 + 3x^2 - 4$
end behavior: down/up
Possible rational roots: $\{\pm 1, \pm 4, \pm 2\}$
$y = (x+2)^2(x-1)$
x-intercepts: $(-2,0)$ and $(1,0)$
crosses at $(1,0)$, bounces at $(-2,0)$;
$y = 0^3 + 3(0)^2 - 4 = -4$
y-intercept: $(0,-4)$

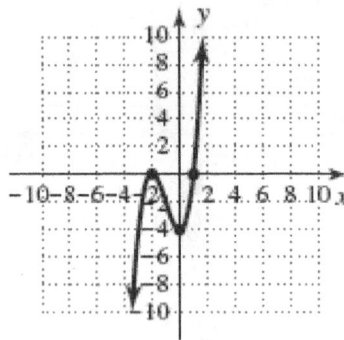

55. $f(x) = x^3 - 3x^2 - 6x + 8$
end behavior: down/up
Possible rational roots: $\{\pm 1, \pm 8, \pm 2, \pm 4\}$
$f(x) = (x+2)(x-1)(x-4)$
x-intercepts: $(-2,0), (1,0)$ and $(4,0)$
crosses at all x-intercepts;
$f(0) = 0^3 - 3(0)^2 - 6(0) + 8 = 8$
y-intercept: $(0,8)$

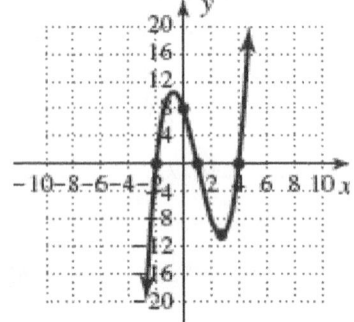

57. $h(x) = -x^3 - x^2 + 5x - 3$
end behavior: up/down
Possible rational roots: $\{\pm 1, \pm 3\}$
$h(x) = -1(x+3)(x-1)^2$
x-intercepts: $(-3,0)$ and $(1,0)$
crosses at $(-3,0)$, bounces at $(1,0)$;
$h(0) = -0^3 - (0)^2 + 5(0) - 3 = -3$
y-intercept: $(0,-3)$

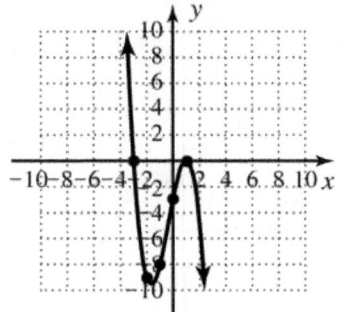

59. $p(x) = -x^4 + 10x^2 - 9$
end behavior: down/down
$p(x) = -1(x^2 - 9)(x^2 - 1)$

$p(x) = -1(x+3)(x-3)(x+1)(x-1)$
x-intercepts:
$(-3,0), (3,0), (-1,0)$ and $(1,0)$
crosses at all x-intercepts;
$p(0) = -0^4 + 10(0)^2 - 9 = -9$
y-intercept: $(0,-9)$

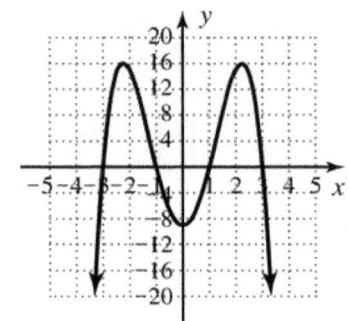

Chapter 4: Polynomial and Rational Functions

61. $r(x) = x^4 - 6x^3 + 8x^2 + 6x - 9$
end behavior: up/up
Possible rational roots: $\{\pm 1, \pm 9, \pm 3\}$
$r(x) = (x+1)(x-1)(x-3)^2$
x-intercepts: $(-1,0), (1,0),$ and $(3,0)$
crosses at $(-1,0)$ and $(1,0)$, bounces at $(3,0)$;
$r(x) = 0^4 - 6(0)^3 + 8(0)^2 + 6(0) - 9 = -9$
y-intercept: $(0,-9)$

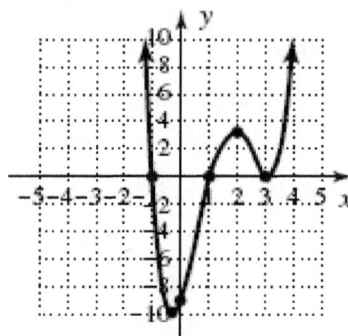

63. $F(x) = 2x^4 + 3x^3 - 9x^2$
$F(x) = x^2(2x^2 + 3x - 9)$
end behavior: up/up
Possible rational roots: $\dfrac{\{\pm 1, \pm 9, \pm 3\}}{\{\pm 1, \pm 2\}}$;
$\left\{\pm 1, \pm 9, \pm 3, \pm \dfrac{1}{2}, \pm \dfrac{9}{2}, \pm \dfrac{3}{2}\right\}$
$F(x) = x^2(x+3)(2x-3)$
x-intercepts:
$(0,0), (-3,0),$ and $\left(\dfrac{3}{2},0\right)$
crosses at $(--3,0)$ and $\left(\dfrac{3}{2},0\right)$ bounces at $(0,0)$;
$F(0) = 2(0)^4 + 3(0)^3 - 9(0)^2 = 0$
y-intercept: $(0,0)$

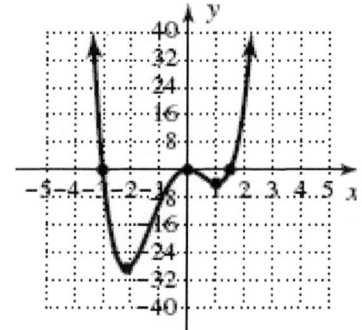

65. $f(x) = x^5 + 4x^4 - 16x^2 - 16x$
$f(x) = x(x^4 + 4x^3 - 16x - 16)$
end behavior: down/up
Possible rational roots: $\{\pm 1, \pm 16, \pm 2, \pm 8, \pm 4\}$
$f(x) = x(x+2)^3(x-2)$
x-intercepts:
$(0,0), (-2,0),$ and $(2,0)$
crosses at all x-intercepts;
$f(0) = (0)^5 + 4(0)^4 - 16(0)^2 - 16(0) = 0$
y-intercept: $(0,0)$

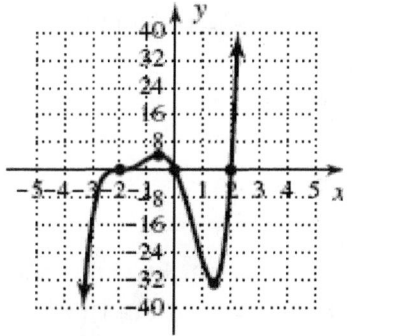

67. $h(x) = x^6 - 2x^5 - 4x^4 + 8x^3$
$h(x) = x^3(x^3 - 2x^2 - 4x + 8)$
$h(x) = x^3(x^2(x-2) - 4(x-2))$
$h(x) = x^3(x-2)(x^2 - 4)$
$h(x) = x^3(x-2)(x+2)(x-2)$
end behavior: up/up
x-intercepts:
$(0,0), (-2,0)$ and $(2,0)$
crosses at $(-2,0)$ and $(0,0)$, bounces at $(2,0)$;
$h(0) = (0)^6 - 2(0)^5 - 4(0)^4 + 8(0)^3 = 0$
y-intercept: $(0,0)$

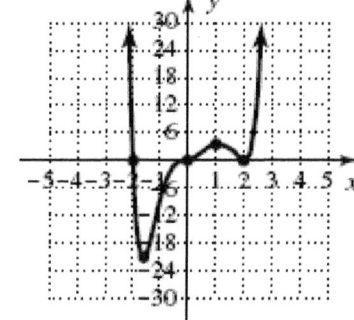

4.4 Graphing Polynomial Functions

69. $P(x) = a(x+4)(x-1)(x-3)$
y-intercept; (0,2)
$2 = a(0+4)(0-1)(0-3)$
$2 = 12a$
$\frac{1}{6} = a$;
$P(x) = \frac{1}{6}(x+4)(x-1)(x-3)$
$P(x) = \frac{1}{6}(x^3 - 13x + 12)$

71. a. $x^4 - 2x^3 - 13x^2 + 14x + 24 = 0$
$a = 1$
$b^2 - 2c = (-2)^2 - 2(-13) = 4 + 26 = 30$

$r_1^2 + r_2^2 + r_3^2 + r_4^2 = (-3)^2 + (-1)^2 + 2^2 + 4^2$
$r_1^2 + r_2^2 + r_3^2 + r_4^2 = 9 + 1 + 4 + 16 = 30$
$b^2 - 2c = r_1^2 + r_2^2 + r_3^2 + r_4^2 = 30$

b. $P(x) = (x+3)(x+1)(x-2)(x-4)$
$P(x) = (x^2 + 4x + 3)(x^2 - 6x + 8)$

$P(x) = x^4 - 6x^3 + 8x^2 + 4x^3 - 24x^2 + 32x + 3x^2 - 18x + 24$

$P(x) = x^4 - 2x^3 - 13x^2 + 14x + 24$
verified

73. $v(t) = -t^4 + 25t^3 - 192t^2 + 432t$
a.
$v(2) = -(2)^4 + 25(2)^3 - 192(2)^2 + 432(2) = 280$
280 vehicles above average;
$v(6) = -(6)^4 + 25(6)^3 - 192(6)^2 + 432(6) = -216$
216 vehicles below average;
$v(11) = -(11)^4 + 25(11)^3 - 192(11)^2 + 432(11) = 154$
154 vehicles below average

b. $0 = -t^4 + 25t^3 - 192t^2 + 432t$
$0 = -t(t^3 - 25t^2 + 192t - 432)$
Possible rational zeroes:
$\{\pm 1, \pm 432, \pm 2, \pm 216, \pm 3, \pm 144, \pm 4, \pm 108, \pm 6, \pm 72,$
$\pm 8, \pm 54, \pm 9, \pm 48, \pm 12, \pm 36, \pm 16, \pm 27, \pm 18, \pm 24\}$
$0 = t(t-4)(t-9)(t-12)$
$t = 0, t = 4, t = 9, t = 12$
6 am, 10 am, 3 pm, 6 pm

c.

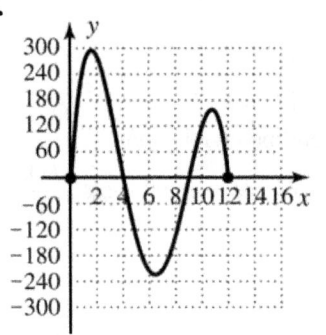

Max: about 300 vehicles above average at 7:30 A.M.;
Min: about 220 vehicles below average at 12 noon.

75. a. 3
b. $9 - 4 = 5$
c. $B(x) = a(x-4)(x-9)$;
y-intercept: (1,6);
$6 = a(1-4)(1-9)$
$\frac{1}{4} = a$;
$B(x) = \frac{1}{4}x(x-4)(x-9)$
$B(8) = \frac{1}{4}(8)(8-4)(8-9) = -\$80,000$

Chapter 4: Polynomial and Rational Functions

77. a.

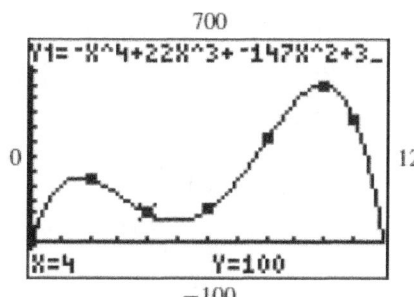

b. $t \approx 1.7$ (7:42 A.M.), 227 vehicles;
$t \approx 9.9$ (3:54 P.M.), 551 vehicles;
c. $t \approx 7.93$ (1:56 P.M.) and $t \approx 11.27$ (5:16 P.M.)

79. a. $f(x) \to \infty$, $f(x) \to -\infty$
b. $g(x) \to \infty$, $g(x) \to -\infty$; $x^4 \geq 0$, for all x

81. $x^5 - x^4 - x^3 + x^2 - 2x + 3 = 0$
Possible rational roots: $\{\pm 1, \pm 3\}$
Testing these four roots by synthetic division shows there are no rational roots.
Verified

83. $h(x) = (f \circ g)(x) = \left(\dfrac{1}{x}\right)^2 - 2\left(\dfrac{1}{x}\right)$
$= \dfrac{1}{x^2} - \dfrac{2}{x} = \dfrac{1-2x}{x^2}$;
$D: x \in \{x | x \neq 0\}$;
$H(x) = (g \circ f)(x) = \dfrac{1}{x^2 - 2x}$;
$D: x \in \{x | x \neq 0, x \neq 2\}$

85. a. $-(2x+5)-(6-x)+3 = x-3(x+2)$
$-2x-5-6+x+3 = x-3x-6$
$-x-8 = -2x-6$
$x = 2$

b. $\sqrt{x+1} + 3 = \sqrt{2x} + 2$
$\sqrt{x+1} = \sqrt{2x} - 1$
$\left(\sqrt{x+1}\right)^2 = \left(\sqrt{2x} - 1\right)^2$
$x+1 = 2x - 2\sqrt{2x} + 1$
$-x = -2\sqrt{2x}$
$(-x)^2 = \left(-2\sqrt{2x}\right)^2$
$x^2 = 4(2x)$
$x^2 - 8x = 0$
$x(x-8) = 0$
$x = 0$ or $x - 8 = 0$
$x = 8$
$x = 8$ ($x = 0$ does not check)

c. $\dfrac{2}{x-3} + 5 = \dfrac{21}{x^2-9} + 4$
$\dfrac{2}{x-3} + 5 = \dfrac{21}{(x+3)(x-3)} + 4$
$(x-3)(x+3)\left[\dfrac{2}{x-3} + 5\right] = \left[\dfrac{21}{(x+3)(x-3)} + 4\right]$
$2(x+3) + 5(x^2-9) = 21 + 4(x^2-9)$
$2x+6+5x^2-45 = 21+4x^2-36$
$2x+5x^2-39 = 4x^2-15$
$x^2+2x-24 = 0$
$(x+6)(x-4) = 0$
$x+6 = 0$ or $x-4 = 0$
$x = -6$ or $x = 4$

4.5 Graphing Rational Functions

4.5 Exercises

1. as $x \to -\infty, y \to 2$

3. horizontal, vertical, Answers will vary.

5. $x - 3 = 0$
   $x = 3$
   $D: x \in (-\infty, 3) \cup (3, \infty)$

7. $2x^2 + 3x - 5 = 0$
   $(2x + 5)(x - 1) = 0$
   $2x + 5 = 0$ or $x - 1 = 0$
   $2x = -5$ or $x = 1$
   $x = -\frac{5}{2}$ or $x = 1$
   $D: x \in \left(-\infty, -\frac{5}{2}\right) \cup \left(-\frac{5}{2}, 1\right) \cup (1, \infty)$

9. $x^2 + x + 1 = 0, b^2 - 4ac < 0$
   no vertical asymptotes
   $D: x \in (-\infty, \infty)$

11. $x^2 - x - 6 = 0$
    $(x - 3)(x + 2) = 0$
    $x - 3 = 0$ or $x + 2 = 0$
    $x = 3$ or $x = -2$
    yes   yes

13. $x^2 - 6x + 9 = 0$
    $(x - 3)(x - 3) = 0$
    $x - 3 = 0$
    $x = 3$
    no

15. $x^3 + 2x^2 - 4x - 8 = 0$
    $x^2(x + 2) - 4(x + 2) = 0$
    $(x + 2)(x^2 - 4) = 0$
    $(x + 2)(x + 2)(x - 2) = 0$
    $x + 2 = 0$ or $x - 2 = 0$
    $x = -2$ or $x = 2$
    no   yes

17. $Y_1 = \dfrac{2x - 3}{x^2 + 1}$
    a. $HA: y = 0$
    b. $2x - 3 = 0$
    $x = \dfrac{3}{2}$
    crosses at $\left(\dfrac{3}{2}, 0\right)$

19. $r(x) = \dfrac{4x^2 - 9}{x^2 - 3x - 18}$
    a. $HA: y = 4$
    b. $4x^2 - 9 = 4(x^2 - 3x - 18)$
    $4x^2 - 9 = 4x^2 - 12x - 72$
    $12x = -63$
    $12x = -63$
    $x = -\dfrac{63}{12} = -\dfrac{21}{4}$
    crosses at $\left(-\dfrac{21}{4}, 4\right)$

21. $p(x) = \dfrac{3x^2 - 5}{x^2 - 1}$
    a. $HA: y = 3$
    b. $3x^2 - 5 = 3(x^2 - 1)$
    $3x^2 - 5 = 3x^2 - 3$
    does not cross

23. $v(x) = \dfrac{8x}{x^2 + 1}$
    $q(x) = 0$, $r(x) = 8x$
    Graph will cross horizontal asymptote at $x = 0$

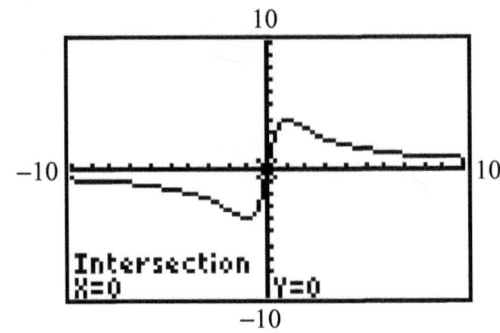

Chapter 4: Polynomial and Rational Functions

25. $g(x) = \dfrac{2x^2 - 8x}{x^2 - 4}$

$\dfrac{2x^2 - 8x}{x^2 - 4} = \dfrac{2(x^2 - 4) - 8x + 8}{x^2 - 4} = 2 + \dfrac{-8x + 8}{x^2 - 4}$

$q(x) = 2$, $r(x) = -8x + 8$

Graph will cross horizontal asymptote at $x = 1$

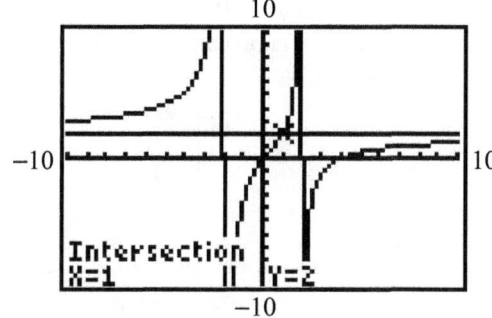

27. $f(x) = \dfrac{x^2 - 3x}{x^2 - 5}$

$f(x) = \dfrac{x(x-3)}{x^2 - 5}$

x-intercepts: $(0, 0)$ cross, $(3, 0)$ cross;
y-intercept: $(0, 0)$

29. $g(x) = \dfrac{x^2 + 3x - 4}{x^2 - 1}$

$g(x) = \dfrac{(x+4)(x-1)}{(x+1)(x-1)}$

x-intercept: $(-4, 0)$ cross;
y-intercept: $(0, 4)$

31. $h(x) = \dfrac{x^3 - 6x^2 + 9x}{4 - x^2}$

$h(x) = \dfrac{x(x^2 - 6x + 9)}{4 - x^2}$

$h(x) = \dfrac{x(x-3)(x-3)}{(2+x)(2-x)}$

x-intercepts: $(0, 0)$ cross, $(3, 0)$ bounce;
y-intercept: $(0, 0)$

33. $f(x) = \dfrac{x+3}{x-1}$

$f(0) = \dfrac{(0)+3}{(0)-1} = -3$;

y-intercept: $(0, -3)$;
$x - 1 = 0$
vertical asymptote: $x = 1$
x-intercept: $(-3, 0)$
horizontal asymptote: $y = 1$
deg num = deg den

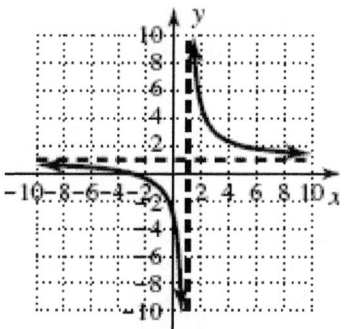

35. $F(x) = \dfrac{8x}{x^2 + 4}$

$F(0) = \dfrac{8(0)}{(0)^2 + 4} = 0$;

y-intercept: $(0,0)$;
$x^2 + 4 \neq 0$
vertical asymptote: none
x-intercept: $(0,0)$
horizontal asymptote: $y = 0$
deg num < deg den

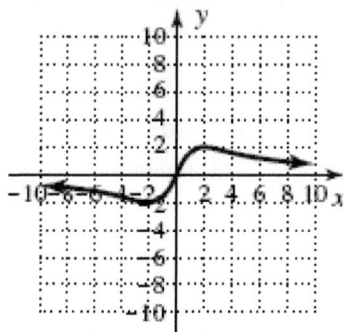

4.5 Graphing Rational Functions

37. $p(x) = \dfrac{-2x^2}{x^2 - 4}$

$p(0) = \dfrac{-2(0)^2}{(0)^2 - 4} = 0;$

y-intercept: $(0,0)$;

$x^2 - 4 = 0$
$(x+2)(x-2) = 0$
vertical asymptote: $x = -2$ and $x = 2$
x-intercept: $(0,0)$
horizontal asymptote: $y = -2$
deg num = deg den

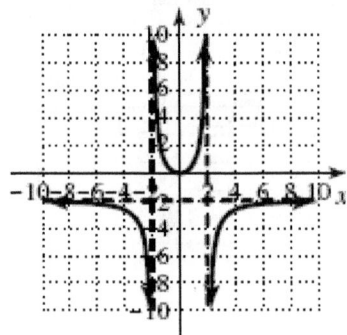

39. $q(x) = \dfrac{2x - x^2}{x^2 + 4x - 5}$

$q(0) = \dfrac{2(0) - (0)^2}{(0)^2 + 4(0) - 5} = 0;$

y-intercept: $(0,0)$;

$x^2 + 4x - 5 = 0$
$(x+5)(x-1) = 0$
vertical asymptotes: $x = -5$ and $x = 1$

$2x - x^2 = 0$
$x(2 - x) = 0$
$x = 0$ or $x = 2$
x-intercepts: $(0,0), (2,0)$
horizontal asymptote: $y = -1$
deg num = deg den

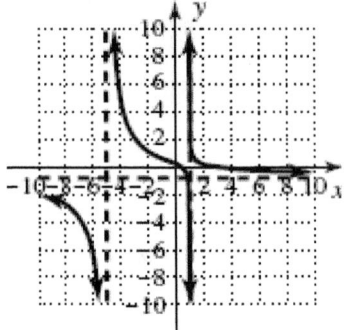

41. $h(x) = \dfrac{-3x}{x^2 - 6x + 9}$

$h(0) = \dfrac{-3(0)}{(0)^2 - 6(0) + 9} = 0;$

y-intercept: $(0,0)$;

$x^2 - 6x + 9 = 0$
$(x-3)(x-3) = 0$
vertical asymptote: $x = 3$
x-intercept: $(0,0)$
horizontal asymptote: $y = 0$
deg num < deg den

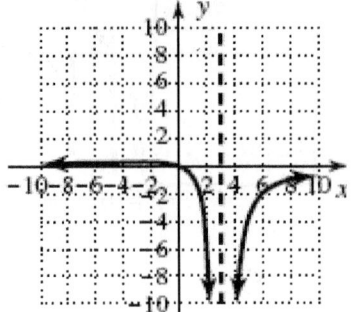

43. $r(x) = \dfrac{x - 1}{x^2 - 3x - 4}$

$r(0) = \dfrac{(0) - 1}{(0)^2 - 3(0) - 4} = \dfrac{1}{4}$

y-intercept: $\left(0, \dfrac{1}{4}\right);$

$x^2 - 3x - 4 = 0$
$(x-4)(x+1) = 0$
vertical asymptotes: $x = 4$ and $x = -1$
x-intercept: $(1, 0)$
horizontal asymptote: $y = 0$
deg num < deg den

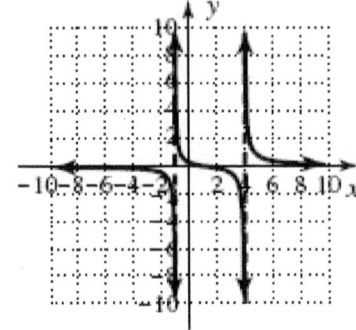

Chapter 4: Polynomial and Rational Functions

45. $s(x) = \dfrac{x^2-4}{x^2-1}$

$s(0) = \dfrac{(0)^2-4}{(0)^2-1} = 4$

y-intercept: $(0,4)$;

$s(x) = \dfrac{(x+2)(x-2)}{(x+1)(x-1)}$

vertical asymptotes: $x = -1$ and $x = 1$
x-intercepts: $(-2,0)$ and $(2,0)$
horizontal asymptote: $y = 1$
deg num = deg den

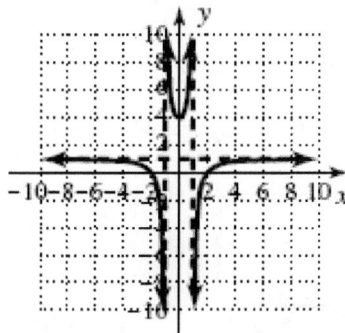

47. VA: $x = -2, x = 3$
HA: $y = 1$

$f(x) = \dfrac{(x-4)(x+1)}{(x+2)(x-3)}$

49. VA: $x = -3, x = 3$
HA: $y = -1$

$f(x) = \dfrac{x^2-4}{9-x^2}$

51. $v(x) = \dfrac{x^2-4}{x}$

No intercept with y;
vertical asymptotes: $x = 0$

$v(x) = \dfrac{(x-2)(x+2)}{x}$

x-intercepts: $(2,0)$ and $(-2,0)$
deg num > deg den

x	y
-7	$\dfrac{(-7)^2-4}{-7} = -\dfrac{45}{7}$
-5	$\dfrac{(-5)^2-4}{-5} = -\dfrac{21}{5}$
-3	$\dfrac{(-3)^2-4}{-3} = -\dfrac{5}{3}$
-1	$\dfrac{(-1)^2-4}{-1} = 3$
0.5	$\dfrac{(0.5)^2-4}{0.5} = -7.5$
1	$\dfrac{(1)^2-4}{1} = -3$
3	$\dfrac{(3)^2-4}{3} = \dfrac{5}{3}$
5	$\dfrac{(5)^2-4}{5} = \dfrac{21}{5}$
7	$\dfrac{(7)^2-4}{7} = \dfrac{45}{7}$

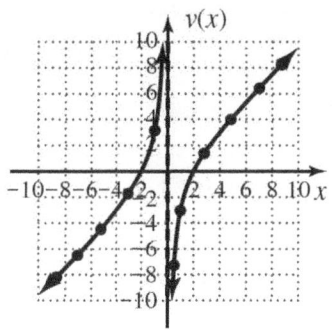

4.5 Graphing Rational Functions

53. $g(x) = \dfrac{x^2}{x-1}$

$g(0) = \dfrac{(0)^2}{0-1} = 0$

y-intercept: $(0,0)$;
vertical asymptotes: $x = 1$
x-intercepts: $(0,0)$
deg num > deg den

x	y
-6	$\dfrac{(-6)^2}{-6-1} = -\dfrac{36}{7}$
-4	$\dfrac{(-4)^2}{-4-1} = -\dfrac{16}{5}$
-1	$\dfrac{(-1)^2}{-1-1} = -\dfrac{1}{2}$
2	$\dfrac{(2)^2}{2-1} = 4$
4	$\dfrac{(4)^2}{4-1} = \dfrac{16}{3}$
6	$\dfrac{(6)^2}{6-1} = \dfrac{36}{5}$
8	$\dfrac{(8)^2}{8-1} = \dfrac{64}{7}$

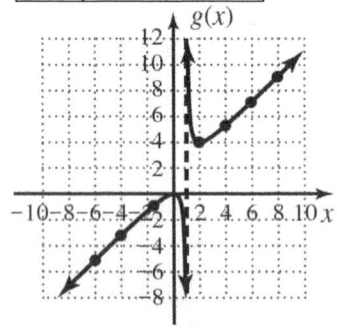

55. $g(x) = \dfrac{x^2 + 4x + 4}{x+3}$

$x^2 + 4x + 4 = 0$
$(x+2)(x+2) = 0$
$x + 2 = 0$
$x = -2$
x-intercept: $(-2, 0)$
y-intercept: none;

$$\begin{array}{r} x+1 \\ x+3\overline{\smash{)}x^2+4x+4} \\ \underline{-(x^2+3x)} \\ x+4 \\ \underline{-(x+3)} \\ 1 \end{array}$$

Oblique Asymptote: $y = x + 1$
$x + 3 = 0$
Vertical Asymptote: $x = -3$

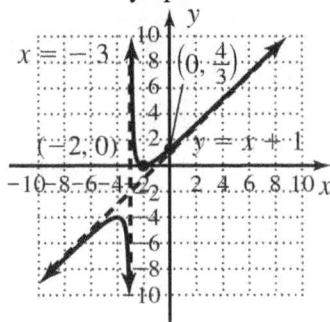

Chapter 4: Polynomial and Rational Functions

57. $p(x) = \dfrac{x^4 + 4}{x^2 + 1}$

$x^4 + 4 = 0$

Possible rational roots: $\dfrac{\pm 1, \pm 4, \pm 2}{\pm 1}$;

$\pm 1, \pm 4, \pm 2$

$x^4 + 4 \neq 0$ (complex solutions)

x-intercept: none

y-intercept: $(0, 4)$;

$$\begin{array}{r} x^2 - 1 \\ x^2+1 \overline{\smash{\big)}\, x^4 + 0x^2 + 4} \\ \underline{-(x^4 + x^2)} \\ -x^2 + 4 \\ \underline{-(-x^2 - 1)} \\ 5 \end{array}$$

Oblique Asymptote: $y = x^2 - 1$

$x^2 + 1 \neq 0$ (complex solutions)

Vertical Asymptote: none

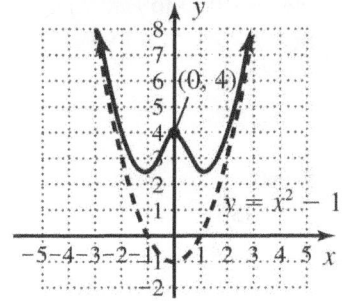

59. $q(x) = \dfrac{10 + 9x^2 - x^4}{x^2 + 5}$

$10 + 9x^2 - x^4$

$(10 - x^2)(1 + x^2) = 0$

$10 - x^2 = 0$ or $1 + x^2 \neq 0$

$10 = x^2$

$\pm\sqrt{10} = x$

x-intercepts: $\left(-\sqrt{10}, 0\right)$ and $\left(\sqrt{10}, 0\right)$

y-intercept: $(0, 2)$;

$$\begin{array}{r} -x^2 + 14 \\ x^2+5 \overline{\smash{\big)}\, -x^4 + 9x^2 + 10} \\ \underline{-(-x^4 - 5x^2)} \\ 14x^2 + 10 \\ \underline{-(14x^2 + 70)} \\ -60 \end{array}$$

Oblique Asymptote: $y = -x^2 + 14$

$x^2 + 5 \neq 0$ (complex solutions)

Vertical Asymptote: none

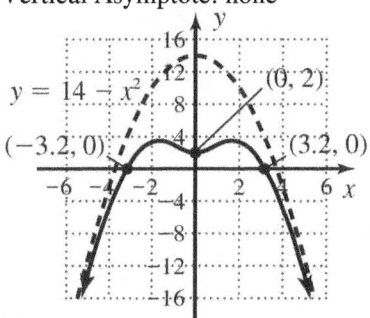

61. $C(x) = \dfrac{250x}{100 - x}$

a. It is impossible to remove 100% of the pollutants.

b. $250 thousand, $277.80 thousand

c. 90%

63. $C(h) = \dfrac{2h^2 + h}{h^3 + 70}$

a. According to the graph, 5 hours; about 0.28

b. $\dfrac{\Delta C}{\Delta h} = \dfrac{C(10) - C(8)}{10 - 8} = \dfrac{0.196 - 0.234}{2}$

$\dfrac{\Delta C}{\Delta h} = -0.019$;

$\dfrac{\Delta C}{\Delta h} = \dfrac{C(22) - C(20)}{22 - 20} = \dfrac{0.0924 - 0.102}{2}$

$\dfrac{\Delta C}{\Delta h} = -0.005$

As number of hours increases, the rate of change decreases.

c. Horizontal asymptote:

As $h \to \infty$, $C \to 0^+$

4.5 Graphing Rational Functions

65. $C(p) = \dfrac{80p}{100-p}$

a. $C(20) = \dfrac{80(20)}{100-20} = 20$; $20,000

$C(50) = \dfrac{80(50)}{100-50} = 80$; $80,000

$C(80) = \dfrac{80(80)}{100-80} = 320$; $320,000

Cost increases dramatically

b.
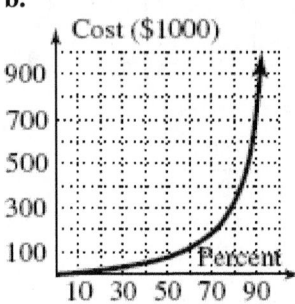

c. As $p \to 100^-$, $C \to \infty$

67. $W(t) = \dfrac{6t+40}{t}$

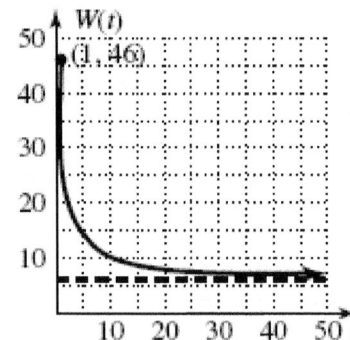

a. 2; 10
b. 10; 20
c. On the average, the number of words remembered for life is 6.

69. a. $C(x) = \dfrac{40+3x}{160+4x}$

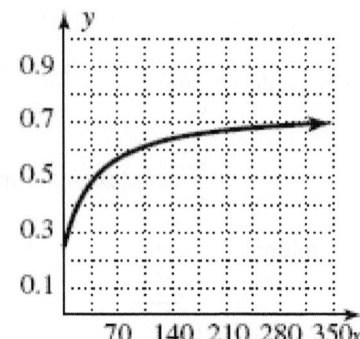

b. 35%, 62.5%, 160 gallons
c. 160 gallons; 200 gallons
d. 70%, 75%

71. $G(n) = \dfrac{336 + n(95)}{4+n}$

a. $90 = \dfrac{336 + n(95)}{4+n}$

$90(4+n) = 336 + n(95)$
$360 + 90n = 336 + 95n$
$24 = 5n$
$\dfrac{24}{5} = n$

5 tests

b. $93 = \dfrac{336 + n(95)}{4+n}$

$93(4+n) = 336 + n(95)$
$372 + 93n = 336 + 95n$
$36 = 2n$
$18 = n$

c. HA: $y = 95$

$95 = \dfrac{336 + n(95)}{4+n}$

$95(4+n) = 336 + n(95)$
$380 + 95n = 336 + 95n$
$380 \neq 336$

The horizontal asymptote at $y = 95$ means her average grade will approach 95 as the number of tests taken increases; no.

d. $93 = \dfrac{336 + n(100)}{4+n}$

$93(4+n) = 336 + n(100)$
$372 + 93n = 336 + 100n$
$36 = 7n$
$n \approx 6$

Chapter 4: Polynomial and Rational Functions

73. $A(x) = \dfrac{125x + 50000}{x}$; $[0, 5000]$

   a. $C(500) = \$225$;
      $C(1000) = \$175$

   b. $150 = \dfrac{125x + 50000}{x}$
      $150x = 125x + 50000$
      $25x = 50000$
      $x = 2000$ heaters

   c. $137.50 = \dfrac{125x + 50000}{x}$
      $137.50x = 125x + 50000$
      $12.50x = 50000$
      $x = 4000$ heaters

   d. The horizontal asymptote at $y = 125$ means the average cost approaches $125 as monthly production gets very large. Due to the limitations on production (maximum of 5000 heaters) the average cost will never fall below $A(5000) = 135$.

75. a. $A(x) = \dfrac{4x^2 + 53x + 250}{x}$
       Vertical Asymptote: $x = 0$
       Oblique Asymptote: $q(x) = 4x + 53$

   b. Oblique Asymptote: $q(x) = 4x + 53$
       Avg Cost: $307, $186, $148.33
   c. 8, $116.25
   d.

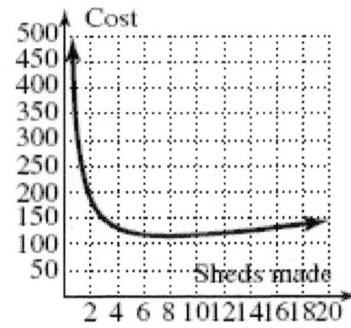

77. a. $S = \dfrac{\pi r^3 + 2V}{r}$

   b. $S = \dfrac{\pi r^3 + 180}{r}$
      $90 = \dfrac{\pi r^3 + 180}{r}$
      $90r = \pi r^3 + 180$
      $0 = \pi r^3 - 90r + 180$

   Using a graphing calculator, $r \approx 3.1$ in., $h = 3.0$ in.

79. $3x - 4y = 12$
    $-4y = -3x + 12$
    $y = \dfrac{3}{4}x - 3$; slope is $\dfrac{3}{4}$;

    Slope of perpendicular is $-\dfrac{4}{3}$;

    $y - (-3) = -\dfrac{4}{3}(x - 2)$
    $y + 3 = -\dfrac{4}{3}x + \dfrac{8}{3}$
    $y = -\dfrac{4}{3}x - \dfrac{1}{3}$

81. $12x^2 + 55x - 48 = 0$
    $x = \dfrac{-55 \pm \sqrt{(55)^2 - 4(12)(-48)}}{2(12)}$
    $x = \dfrac{-55 \pm \sqrt{3025 + 2304}}{24}$
    $x = \dfrac{-55 \pm \sqrt{5329}}{24}$
    $x = \dfrac{3}{4}$; $x = -\dfrac{16}{3}$
    $(4x - 3)(3x + 16) = 0$

211

4.6 Polynomial and Rational Inequalities

4.6 Exercises

1. vertical, multiplicity

3. Answers will vary.

5. $f(x) = -x^2 + 4x;\ f(x) > 0$
$-x^2 + 4x = 0$
$-x(x-4) = 0$
$x = 0;\ x = 4$
Concave down
$x \in (0, 4)$

7. $h(x) = x^2 + 4x - 5;\ h(x) \geq 0$
$x^2 + 4x - 5 = 0$
$(x+5)(x-1) = 0$
$x = -5;\ x = 1$
Concave up
$x \in (-\infty, -5] \cup [1, \infty)$

9. $q(x) = 2x^2 - 5x - 7;\ q(x) < 0$
$2x^2 - 5x - 7 = 0$
$(2x - 7)(x+1) = 0$
$x = \dfrac{7}{2};\ x = -1$
Concave up
$x \in \left(-1, \dfrac{7}{2}\right)$

11. $7 \geq x^2$
$7 = x^2$
$\pm\sqrt{7} = x$
Concave up
$x \in \left[-\sqrt{7}, \sqrt{7}\right]$

13. $3x^2 \geq -2x + 5$
$3x^2 + 2x - 5 = 0$
$(3x+5)(x-1) = 0$
$x = \dfrac{-5}{3};\ x = 1$
Concave up
$x \in \left(-\infty, \dfrac{-5}{3}\right] \cup [1, \infty)$

15. $s(x) = x^2 - 8x + 16;\ s(x) \geq 0$
$x^2 - 8x + 16 = 0$
$(x-4)(x-4) = 0$
$x = 4$
Concave up
$x \in (-\infty, \infty)$

17. $r(x) = 4x^2 + 12x + 9;\ r(x) < 0$
$4x^2 + 12x + 9 = 0$
$(2x+3)(2x+3) = 0$
$x = -\dfrac{3}{2}$
Concave up
No solution

19. $g(x) = -x^2 + 10x - 25;\ g(x) < 0$
$-x^2 + 10x - 25 = 0$
$-\left(x^2 - 10x + 25\right) = 0$
$-(x-5)(x-5) = 0$
$x = 5$
Concave down
$x \in (-\infty, 5) \cup (5, \infty)$

21. $-x^2 > 2$
$-x^2 = 2$
$x^2 = -2$
$x = \sqrt{-2}$
No x-intercepts
Concave down
No solution

23. $(x+3)(x-1) < 0$
$(x+3)(x-1) = 0$
$x + 3 = 0$ or $x - 1 = 0$
$x = -3$ or $x = 1$
Plotting these solutions creates three intervals on the x-axis. Selecting a test value from each interval (in bold) gives figure:

$x = -4 \quad x = 0 \quad x = 2$
$f(-4) = 5 \quad f(0) = -3 \quad f(2) = 5$
$f(x) > 0 \quad f(x) < 0 \quad f(x) > 0$
$x \in (-3, 1)$

Chapter 4: Polynomial and Rational Functions

25. $2x^2 - x - 6 \geq 0$

$2x^2 - x - 6 = 0$

$2x^2 - 4x + 3x - 6 = 0$

$2x(x-2) + 3(x-2) = 0$

$(2x+3)(x-2) = 0$

$2x + 3 = 0$ or $x - 2 = 0$

$x = -\dfrac{3}{2}$ or $x = 2$

Plotting these solutions creates three intervals on the x-axis. Selecting a test value from each interval (in bold) gives figure:

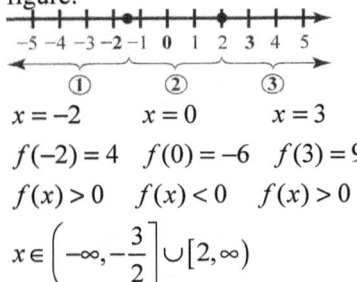

$x = -2 \qquad x = 0 \qquad x = 3$

$f(-2) = 4 \quad f(0) = -6 \quad f(3) = 9$

$f(x) > 0 \quad f(x) < 0 \quad f(x) > 0$

$x \in \left(-\infty, -\dfrac{3}{2}\right] \cup [2, \infty)$

27. $x^2 + 14x + 49 \geq 0$

$(x+7)^2 = 0$

$x + 7 = 0$

$x = -7$

Plotting these solutions creates two intervals on the x-axis. Selecting a test value from each interval (in bold) gives figure:

$x = -8 \qquad x = 0$

$f(-8) = 1 \qquad f(1) = 49$

$f(x) > 0 \qquad f(x) > 0$

$x \in (-\infty, \infty)$

29. $h(x) = \sqrt{x^2 - 25}$

$x^2 - 25 \geq 0$

To find zeroes, solve

$x^2 = 25$

$x = \pm 5$

Use a number line diagram, plot (-5, 0) and (5, 0). Sketch a parabola opening upward. The graph is above the x-axis when domain is $x \in (-\infty, -5] \cup [5, \infty)$

31. $q(x) = \sqrt{x^2 - 5x}$

$x^2 - 5x \geq 0$

To find zeroes, solve

$x^2 - 5x = 0$

$x(x-5) = 0$

$x = 0$ or $x = 5$

Use a number line diagram, plot (0, 0) and (5, 0). Sketch a parabola opening upward. The graph is above the x-axis when domain is: $x \in (-\infty, 0] \cup [5, \infty)$

33. a

35. b

37. $(x+3)(x-5) < 0$

$x \in (-3, 5)$

39. $(x+1)^2(x-4) \geq 0$

$x \in [4, \infty) \cup \{-1\}$

41. $(x+2)^3(x-2)^2(x-4) \geq 0$

$x \in (-\infty, -2] \cup \{2\} \cup [4, \infty)$

43. $x^2 + 4x + 1 < 0$

$x = \dfrac{-(4) \pm \sqrt{(4)^2 - 4(1)(1)}}{2(1)} = \dfrac{-4 \pm \sqrt{12}}{2}$

$= \dfrac{-4 \pm 2\sqrt{3}}{2} = -2 \pm \sqrt{3}$;

$x \in \left(-2-\sqrt{3}, -2+\sqrt{3}\right)$

213

4.6 Polynomial and Rational Inequalities

45. $x^2 - 2x \geq 15$
$x^2 - 2x - 15 \geq 0$
$(x-5)(x+3) \geq 0$
$x \in (-\infty, -3] \cup [5, \infty)$

47. $x^3 \geq 9x$
$x^3 - 9x \geq 0$
$x(x^2 - 9) \geq 0$
$x(x+3)(x-3) \geq 0$
$x \in [-3, 0] \cup [3, \infty)$

49. $x^3 - 7x + 6 > 0$
Possible rational roots: $\dfrac{\{\pm 1, \pm 6, \pm 2, \pm 3\}}{\{\pm 1\}}$;
$\{\pm 1, \pm 6, \pm 2, \pm 3\}$

```
1 | 1   0   -7    6
  |     1    1   -6
    1   1   -6   |0
```

$(x-1)(x^2 + x - 6) > 0$
$(x-1)(x+3)(x-2) > 0$

neg pos neg pos
 -3   1   2

$x \in (-3, 1) \cup (2, \infty)$

51. $x^4 - 10x^2 > -9$
$x^4 - 10x^2 + 9 > 0$
$(x^2 - 1)(x^2 - 9) > 0$
$(x+1)(x-1)(x+3)(x-3) > 0$

pos neg pos neg pos
 -3 -1   1   3

$x \in (-\infty, -3) \cup (-1, 1) \cup (3, \infty)$

53. $x^4 - 9x^2 > 4x - 12$
$x^4 - 9x^2 - 4x + 12 > 0$
Possible rational roots:
$\dfrac{\{\pm 1, \pm 12, \pm 2, \pm 6, \pm 3, \pm 4\}}{\{\pm 1\}}$;
$\{\pm 1, \pm 12, \pm 2, \pm 6, \pm 3, \pm 4\}$

```
1 | 1   0   -9   -4   12
  |     1    1   -8  -12
    1   1   -8  -12   |0

3 | 1   1   -8  -12
  |     3   12   12
    1   4    4   |0
```

$(x-1)(x-3)(x^2 + 4x + 4) > 0$
$(x-1)(x-3)(x+2)^2 > 0$

pos pos neg pos
 -2   1   3

$x \in (-\infty, -2) \cup (-2, 1) \cup (3, \infty)$

55. $-4x + 12 < -x^3 + 3x^2$
$x^3 - 3x^2 - 4x + 12 < 0$
$x^2(x-3) - 4(x-3) < 0$
$(x-3)(x^2 - 4) < 0$
$(x-3)(x+2)(x-2) < 0$
$x \in (-\infty, -2) \cup (2, 3)$

57. $\dfrac{x+3}{x-2} \leq 0$

pos neg pos
 -3   2

$x \in [-3, 2)$

59. $\dfrac{x+1}{x^2 + 4x + 4} < 0$
$\dfrac{x+1}{(x+2)^2} < 0$

neg neg pos
 -2   -1

$x \in (-\infty, -2) \cup (-2, -1)$

Chapter 4: Polynomial and Rational Functions

61. $\dfrac{2-x}{x^2-x-6} \geq 0$

$\dfrac{2-x}{(x-3)(x+2)} \geq 0$

pos | neg | pos | neg
-2 — 2 — 3

$x \in (-\infty,-2) \cup [2,3)$

63. $\dfrac{2x-x^2}{x^2+4x-5} < 0$

$\dfrac{x(2-x)}{(x+5)(x-1)} < 0$

neg | pos | neg | pos | neg
-5 — 0 — 1 — 2

$x \in (-\infty,-5) \cup (0,1) \cup (2,\infty)$

65. $\dfrac{x^2-4}{x^3-13x+12} \geq 0$

Possible rational roots of denominator:

$\dfrac{\{\pm 1, \pm 12, \pm 2, \pm 6, \pm 3, \pm 4\}}{\{\pm 1\}}$;

$\{\pm 1, \pm 12, \pm 2, \pm 6, \pm 3, \pm 4\}$

$\begin{array}{r|rrrr} 1 & 1 & 0 & -13 & 12 \\ & & 1 & 1 & -12 \\ \hline & 1 & 1 & -12 & 0 \end{array}$

$x^3 - 13x + 12 = (x-1)(x^2 + x - 12)$
$= (x-1)(x+4)(x-3)$;

$\dfrac{(x+2)(x-2)}{(x-1)(x+4)(x-3)} \geq 0$

neg | pos | neg | pos | neg | pos
-4 — -2 — 1 — 2 — 3

$x \in (-4,-2] \cup (1,2] \cup (3,\infty)$

67. $\dfrac{2}{x-2} \leq \dfrac{1}{x}$

$\dfrac{2}{x-2} - \dfrac{1}{x} \leq 0$

$\dfrac{2x-x+2}{x(x-2)} \leq 0$

$\dfrac{x+2}{x(x-2)} \leq 0$

neg | pos | neg | pos
-2 — 0 — 2

$x \in (-\infty,-2] \cup (0,2)$

69. $\dfrac{x-3}{x+17} > \dfrac{1}{x-1}$

$\dfrac{x-3}{x+17} - \dfrac{1}{x-1} > 0$

$\dfrac{(x-3)(x-1) - 1(x+17)}{(x+17)(x-1)} > 0$

$\dfrac{x^2 - 4x + 3 - x - 17}{(x+17)(x-1)} > 0$

$\dfrac{x^2 - 5x - 14}{(x+17)(x-1)} > 0$

$\dfrac{(x-7)(x+2)}{(x+17)(x-1)} > 0$

pos | neg | pos | neg | pos
-17 — -2 — 1 — 7

$x \in (-\infty,-17) \cup (-2,1) \cup (7,\infty)$

71. $\dfrac{x+1}{x-2} \geq \dfrac{x+2}{x+3}$

$\dfrac{x+1}{x-2} - \dfrac{x+2}{x+3} \geq 0$

$\dfrac{(x+1)(x+3) - (x+2)(x-2)}{(x-2)(x+3)} \geq 0$

$\dfrac{x^2 + 4x + 3 - x^2 + 4}{(x-2)(x+3)} \geq 0$

$\dfrac{4x+7}{(x-2)(x+3)} \geq 0$

neg | pos | neg | pos
-3 — $-\tfrac{7}{4}$ — 2

$x \in \left(-3, -\dfrac{7}{4}\right] \cup (2,\infty)$

4.6 Polynomial and Rational Inequalities

73. $\dfrac{x+2}{x^2+9} > 0$

x^2+9 has no real roots

```
      neg        pos
  ─────────○──────────▶
           -2
```

$x \in (-2, \infty)$

75. $\dfrac{x^4 - 5x^2 - 36}{x^2 - 2x + 1} > 0$

$\dfrac{(x^2-9)(x^2+4)}{(x-1)^2} > 0$

$\dfrac{(x+3)(x-3)(x^2+4)}{(x-1)^2} > 0$

$x^2 + 4$ has no real roots

```
  pos   neg neg   pos
 ──○─────○───○─────▶
   -3    1   3
```

$x \in (-\infty, -3) \cup (3, \infty)$

77. b

79. b

81. a. $x \in (-\infty, 3) \cup (3, \infty)$

  b. $x \in (-\infty, 3)$

  c. $x \in (3, \infty)$

  d. $x \in \left(-\infty, \dfrac{3}{2}\right) \cup (3, \infty)$

83. $d(x) = k(x^3 - 192x + 1024)$

a. $\dfrac{k(x^3 - 3(8)^2 x + 2(8)^3)}{k} < 189$

$x^3 - 192x + 1024 < 189$

$x^3 - 192x + 835 < 0$

Possible rational roots:
$\pm 1, \pm 835, \pm 5, \pm 167$

$(x-5)(x^2 + 5x - 167) < 0$

$x \in (5, 8]$

b. $(4)^3 - 192(4) + 1024 = 320$ units

c. $\dfrac{k(x^3 - 3(8)^2 x + 2(8)^3)}{k} > 475$

$x^3 - 192x + 1024 > 475$

$x^3 - 192x + 549 > 0$

Possible rational roots:
$\dfrac{\{\pm 1, \pm 3, \pm 9, \pm 61, \pm 183, \pm 549\}}{\{\pm 1\}}$

$(x-3)(x^2 + 3x - 183) > 0$

$x \in [0, 3)$

d. $\dfrac{k(x^3 - 3(8)^2 x + 2(8)^3)}{k} \le 648$

$x^3 - 192x + 1024 \le 648$

$x^3 - 192x + 376 \le 0$

Possible rational roots:
$\dfrac{\{\pm 1, \pm 2, \pm 4, \pm 8, \pm 47, \pm 94, \pm 188, \pm 376\}}{\{\pm 1\}}$

$(x-2)(x^2 + 2x - 188) \le 0$

2 feet

Chapter 4: Polynomial and Rational Functions

85. a. $R = \dfrac{2D}{t_1 + t_2}$

$40 = \dfrac{2(80)}{t_1 + t_2}$

$1 = \dfrac{4}{t_1 + t_2}$

$1 = \dfrac{4}{\dfrac{80}{r_1} + \dfrac{80}{r_2}}$

$1 = \dfrac{4r_1 r_2}{80r_1 + 80r_2}$

$80r_1 + 80r_2 = 4r_1 r_2$

$20r_1 + 20r_2 = r_1 r_2$

$20r_2 - r_1 r_2 = -20r_1$

$r_2(20 - r_1) = -20r_1$

$r_2 = \dfrac{-20r_1}{20 - r_1}$

$r_2 = \dfrac{20r_1}{r_1 - 20}$

Verified

b. Horizontal: $r_2 = 20$, as r_1 increases, r_2 decreases to maintain $R = 40$.

Vertical: $r_1 = 20$, as r_1 decreases, r_2 increases to maintain $R = 40$.

c. $\dfrac{20r_1}{r_1 - 20} > r_1$

$\dfrac{20r_1}{r_1 - 20} - r_1 > 0$

$\dfrac{20r_1}{r_1 - 20} - \dfrac{r_1(r_1 - 20)}{r_1 - 20} > 0$

$\dfrac{20r_1 - r_1^2 + 20r_1}{r_1 - 20} > 0$

$\dfrac{40r_1 - r_1^2}{r_1 - 20} > 0$

$\dfrac{r_1(40 - r_1)}{r_1 - 20} > 0$

Critical points: 0, 20, 40
$r_1 \in (20, 40)$

87. $R(t) = 0.01t^2 + 0.1t + 30$

a. $0.01t^2 + 0.1t + 30 < 42$
$0.01t^2 + 0.1t - 12 < 0$
$t^2 + 10t - 1200 < 0$
$(t + 40)(t - 30) < 0$
$[0°, 30°)$

b. $R(t) = 0.01t^2 + 0.1t + 20$
$0.01t^2 + 0.1t + 30 > 36$
$0.01t^2 + 0.1t - 6 > 0$
$t^2 + 10t - 600 > 0$
$(t - 20)(t + 30) > 0$
$(20°, \infty)$

c. $0.01t^2 + 0.1t + 30 > 60$
$0.01t^2 + 0.1t - 30 > 0$
$t^2 + 10t - 3000 > 0$
$(t + 60)(t - 50) > 0$
$(50°, \infty)$

89. $F(x) = x^3 - 3x^2 - 6x + 8$
$x^3 - 3x^2 - 6x + 8 > 0$
Possible rational roots: $\{\pm 1, \pm 8, \pm 2, \pm 4\}$
$(x + 2)(x - 1)(x - 4) > 0$
$F(x) > 0$ for $x \in (-2, 1) \cup (4, \infty)$

91. $x(x + 2)(x - 1)^2 > 0;\ \dfrac{x(x + 2)}{(x - 1)^2} > 0$

93. $y = f(x + 2) - 3$

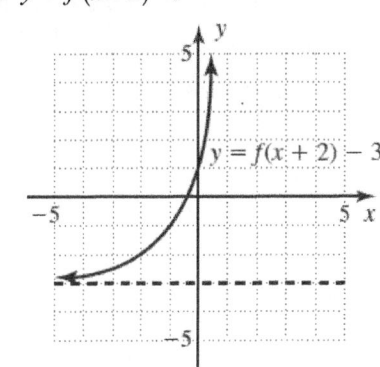

4.6 Polynomial and Rational Inequalities

95. $f(x) = \dfrac{x^2 + 2x - 8}{x+4}$

$f(x) = \dfrac{(x+4)(x-2)}{x+4} = x - 2$

$f(x) = -6$ when $x = -4$

$F(x) = \begin{cases} f(x) & x \neq -4 \\ -6 & x = -4 \end{cases}$

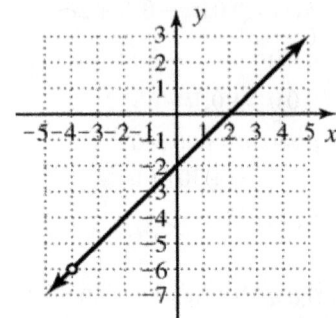

Making Connections

1. e
3. b
5. a
7. h
9. d
11. d, f
13. g
15. c

Summary and Concept Review

1. $f(x) = x^2 + 8x + 15$
$= 1(x^2 + 8x + 16) - 16 + 15$
$= (x+4)^2 - 1$

$(h, k) = \left(\dfrac{-b}{2a}, g\left(\dfrac{-b}{2a}\right) \right)$

$= \left(\dfrac{-8}{2(1)}, g\left(\dfrac{-8}{2(1)}\right) \right)$

$= (-4, -1)$

The graph of f is the graph of the parent function shifted 4 units left, and 1 unit down. The graph opens upward with the vertex at $(-4, -1)$. Find the x-intercepts:

$0 = x^2 + 8x + 15$
$= (x+5)(x+3)$

The x-intercepts are at $(-3, 0)$ and $(-5, 0)$.

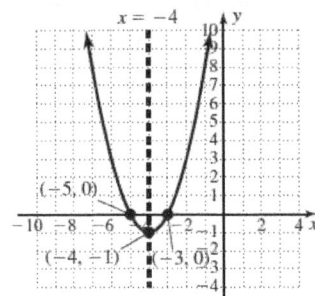

Chapter 4: Polynomial and Rational Functions

3. $h(x) = 4x^2 - 12x + 3$

$$(h,k) = \left(\frac{-b}{2a}, g\left(\frac{-b}{2a}\right)\right)$$

$$= \left(\frac{12}{2(4)}, g\left(\frac{12}{2(4)}\right)\right)$$

$$= \left(\frac{3}{2}, -6\right)$$

The vertex is at $\left(\frac{3}{2}, -6\right)$. The y-intercept is $(0, 3)$. Use the quadratic equation to find the x-intercepts:

$$x = \frac{-b \pm \sqrt{b^2 - 4ac}}{2a}$$

$$= \frac{-(-12) \pm \sqrt{(-12)^2 - 4(4)(3)}}{2(4)}$$

$$= \frac{12 \pm \sqrt{96}}{8}$$

$x \approx 2.72$ or $x \approx 0.28$

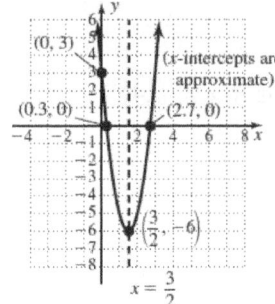

5. $\dfrac{x^3 + 4x^2 - 5x - 6}{x - 2}$

$$\begin{array}{r}
x^2 + 6x + 7 \\
x-2 \overline{\smash{)}x^3 + 4x^2 - 5x - 6} \\
\underline{-(x^3 - 2x^2)} \\
6x^2 - 5x \\
\underline{-(6x^2 - 12x)} \\
7x - 6 \\
\underline{-(7x - 14)} \\
8
\end{array}$$

$q(x) = x^2 + 6x + 7$
$R = 8$

7. $p(x) = x^3 + 2x^2 - 11x - 12$

Possible rational roots:
$\pm 1, \pm 12, \pm 2, \pm 6, \pm 3, \pm 4$

$$\begin{array}{r|rrrr}
-4 & 1 & 2 & -11 & -12 \\
 &   & -4 & 8 & 12 \\ \hline
 & 1 & -2 & -3 & \underline{|0}
\end{array}$$

$p(x) = (x+4)(x^2 - 2x - 3)$
$p(x) = (x+4)(x+1)(x-3)$

9. $P(x) = 4x^3 + 8x^2 - 3x - 1$

$$\begin{array}{r|rrrr}
\frac{1}{2} & 4 & 8 & -3 & -1 \\
 &   & 2 & 5 & 1 \\ \hline
 & 4 & 10 & 2 & \underline{|0}
\end{array}$$

Since $R = 0$, $\dfrac{1}{2}$ is a root and $\left(x - \dfrac{1}{2}\right)$ is a factor.

11. $P(x) = (x-1)(x+\sqrt{5})(x-\sqrt{5})$
$P(x) = (x-1)(x^2 - 5)$
$P(x) = x^3 - 5x - x^2 + 5$
$P(x) = x^3 - x^2 - 5x + 5$

13. $p(x) = 4x^3 - 16x^2 + 11x + 10$

Possible rational roots:
$\dfrac{\{\pm 1, \pm 10, \pm 2, \pm 5\}}{\{\pm 1, \pm 2, \pm 4\}}$

$\left\{\pm 1, \pm 10, \pm 2, \pm 5, \pm \dfrac{1}{2}, \pm \dfrac{5}{2}, \pm \dfrac{1}{4}, \pm \dfrac{5}{4}\right\}$

15. $P(x) = 2x^3 - 3x^2 - 17x - 12$

Possible rational roots:
$\dfrac{\{\pm 1, \pm 12, \pm 2, \pm 6, \pm 3, \pm 4\}}{\{\pm 1\}}$

$$\begin{array}{r|rrrr}
4 & 2 & -3 & -17 & -12 \\
 &   & 8 & 20 & 12 \\ \hline
 & 2 & 5 & 3 & 0
\end{array}$$

$P(x) = (x-4)(2x^2 + 5x + 3)$
$P(x) = (x-4)(x+1)(2x+3)$

219

Chapter 4   Summary and Concept Review

17. $P(x) = x^4 - 3x^3 - 8x^2 + 12x + 6$
    $[-2,-1]$
    $P(-2) = (-2)^4 - 3(-2)^3 - 8(-2)^2 + 12(-2) + 6 = -10$;
    $P(-1) = (-1)^4 - 3(-1)^3 - 8(-1)^2 + 12(-1) + 6 = -10$;
    $[1,2]$
    $P(1) = (1)^4 - 3(1)^3 - 8(1)^2 + 12(1) + 6 = 8$;
    $P(2) = (2)^4 - 3(2)^3 - 8(2)^2 + 12(2) + 6 = -10$;
    $[2,3]$
    $P(3) = (3)^4 - 3(3)^3 - 8(3)^2 + 12(3) + 6 = -30$;
    $[4,5]$
    $P(4) = (4)^4 - 3(4)^3 - 8(4)^2 + 12(4) + 6 = -10$;
    $P(5) = (5)^4 - 3(5)^3 - 8(5)^2 + 12(5) + 6 = 116$
    Sign changes in intervals: $[1,2]$, $[4,5]$

19. $f(x) = -3x^5 + 2x^4 + 9x - 4$
    $f(0) = -3(0)^5 + 2(0)^4 + 9(0) - 4 = -4$
    degree 5; up/down; $(0,-4)$

21. $p(x) = (x+1)^3(x-2)^2$
    end behavior: down/up
    bounce at $(2,0)$; cross at $(-1,0)$
    $p(0) = (0+1)^3(0-2)^2 = 4$
    y-intercept: $(0,4)$

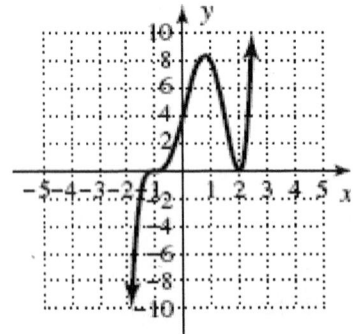

23. $h(x) = x^4 - 6x^3 + 8x^2 + 6x - 9$
    end behavior: up/up
    Possible rational roots: $\dfrac{\{\pm 1, \pm 9, \pm 3\}}{\{\pm 1\}}$
    $h(x) = (x+1)(x-1)(x-3)^2$
    bounce at $(3,0)$; cross at $(-1,0)$ and $(1,0)$
    y-intercept: $(0,-9)$

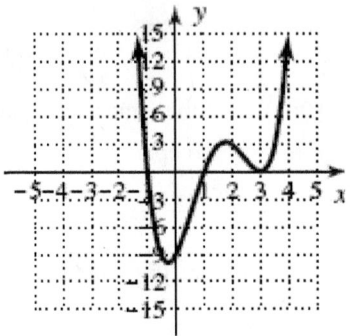

25. $V(x) = \dfrac{x^2 - 9}{x^2 - 3x - 4}$
    $V(x) = \dfrac{(x+3)(x-3)}{(x-4)(x+1)}$
    a. $\{x \mid x \in R, x \neq -1, 4\}$
    b. HA: $y = 1$
       (deg num = deg den)
       VA: $x = -1$, $x = 4$
    c. $V(0) = \dfrac{0^2 - 9}{0^2 - 3(0) - 4} = \dfrac{9}{4}$
       y-intercept $\left(0, \dfrac{9}{4}\right)$;
       x-intercepts: $(-3, 0)$ and $(3, 0)$
    d. $V(1) = \dfrac{1^2 - 9}{1^2 - 3(1) - 4} = \dfrac{4}{3}$

27. $v(x) = \dfrac{x^2 - 4x}{x^2 - 4}$

$v(0) = \dfrac{(0)^2 - 4(0)}{(0)^2 - 4} = 0;$

y-intercept: $(0,0)$

$v(x) = \dfrac{x(x-4)}{(x+2)(x-2)};$

vertical asymptotes: $x = -2$ and $x = 2$
x-intercepts: $(0,0)$ and $(4,0)$
horizontal asymptote: $y = 1$
(deg num = deg den)

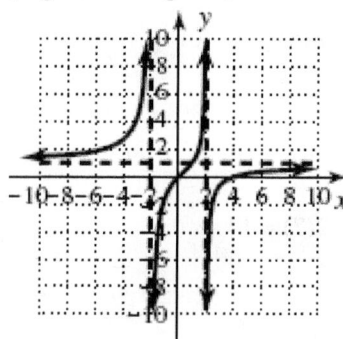

29. $h(x) = \dfrac{x^2 - 2x}{x - 3}$

$h(0) = \dfrac{(0)^2 - 2(0)}{(0) - 3} = 0;$

y-intercept: $(0,0)$

$h(x) = \dfrac{x(x-2)}{x-3};$

vertical asymptote: $x = 3$
x-intercepts: $(0,0)$ and $(2,0)$
horizontal asymptote: none
(deg num > deg den)
oblique asymptote: $y = x + 1$

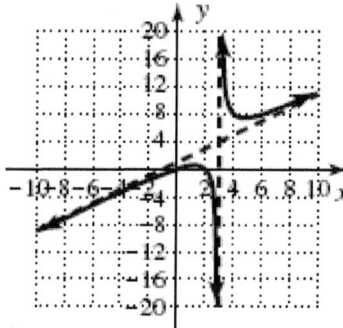

31. $V(x) = \dfrac{(x+3)(x-4)}{(x+2)(x-3)}$

$V(x) = \dfrac{x^2 - x - 12}{x^2 - x - 6};$

$V(0) = \dfrac{(0)^2 - (0) - 12}{(0)^2 - (0) - 6} = 2$

33. $A(x) = \dfrac{x^2 - 2x + 6}{x}$

a.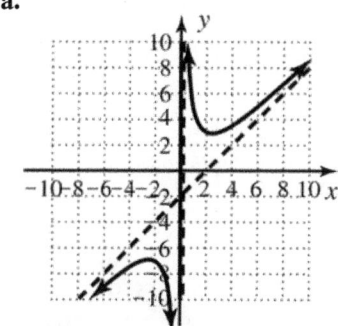

b. about 2450 favors
c. $A(2.45) \approx 2.90$
about $2.90 each

35. $\dfrac{x^2 - 3x - 10}{x - 2} \geq 0$

$\dfrac{(x-5)(x+2)}{x-2} \geq 0$

neg pos neg pos
 -2   2   5

Outputs are positive for
$x \in [-2, 2) \cup [5, \infty)$

Chapter 4 Practice Test

Practice Test

1. **a.** $f(x) = -x^2 + 10x - 16$
   $f(x) = -(x^2 - 10x) - 16$
   $f(x) = -(x^2 - 10x + 25) - 16 + 25$
   $f(x) = -(x-5)^2 + 9$;
   Vertex: (5, 9), opens downward.
   $f(0) = -0^2 + 10(0) - 16 = -16$
   y-intercept (0, −16)
   $0 = -x^2 + 10x - 16$
   $x^2 - 10x + 16 = 0$
   $(x-8)(x-2) = 0$
   $x = 8$ or $x = 2$
   x-intercepts (8, 0) and (2, 0)

   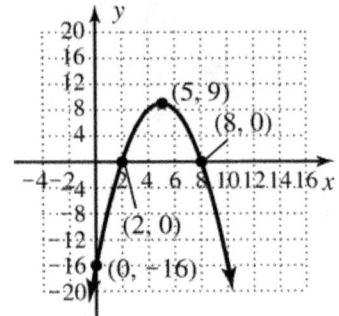

   b. $g(x) = \frac{1}{2}x^2 + 4x + 16$
   $g(x) = \frac{1}{2}(x^2 + 8x) + 16$
   $g(x) = \frac{1}{2}(x^2 + 8x + 16) + 16 - 8$
   $g(x) = \frac{1}{2}(x+4)^2 + 8$;
   Vertex: (−4, 8), opens upward.
   $g(0) = \frac{1}{2}(0)^2 + 4(0) + 16 = 16$
   y-intercept (0, 16)
   $0 = \frac{1}{2}x^2 + 4x + 16$
   $0 = x^2 + 8x + 32$
   $b^2 - 4ac = 64 - 4(1)(32) < 0$
   No x-intercepts

   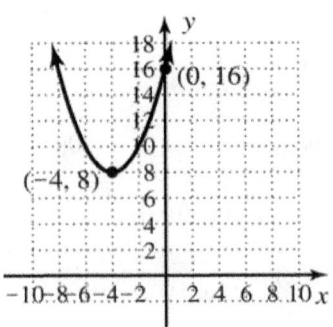

3. $d(t) = t^2 - 14t$

   a. $d(4) = (4)^2 - 14(4) = -40$
   40 ft
   $d(6) = (6)^2 - 14(6) = -48$
   48 ft

   b. $d(t) = t^2 - 14t + 49 - 49$
   $d(t) = (t-7)^2 - 49$
   49 ft

   c. 2(7) = 14 seconds

5. $\dfrac{x^3 + 4x^2 - 5x - 20}{x+2} = x^2 + 2x - 9 + \dfrac{-2}{x+2}$

   $\begin{array}{r|rrrr} -2 & 1 & 4 & -5 & -20 \\ & & -2 & -4 & 18 \\ \hline & 1 & 2 & -9 & \underline{|-2} \end{array}$

7. $f(x) = 2x^3 + 4x^2 - 5x + 2$
   $f(-3) = -1$

   $\begin{array}{r|rrrr} -3 & 2 & 4 & -5 & 2 \\ & & -6 & 6 & -3 \\ \hline & 2 & -2 & 1 & \underline{|-1} \end{array}$

9. $Q(x) = (x^2 - 3x + 2)(x^3 - 2x^2 - x + 2)$
   $Q(x) = (x-2)(x-1)(x^2(x-2) - (x-2))$
   $Q(x) = (x-2)(x-1)(x-2)(x^2-1)$
   $Q(x) = (x-2)(x-1)(x-2)(x+1)(x-1)$
   $Q(x) = (x-2)^2(x-1)^2(x+1)$
   2 multiplicity 2
   1 multiplicity 2, −1 multiplicity 1

Chapter 4: Polynomial and Rational Functions

11. $f(x) = \frac{1}{2}x^3 - 7x^2 + 28x - 32$

a. $0 = \frac{1}{2}x^3 - 7x^2 + 28x - 32$

$0 = x^3 - 14x^2 + 56x - 64$

Possible rational roots:
$\{\pm 1, \pm 64, \pm 2, \pm 32, \pm 4, \pm 16, \pm 8\}$

```
2| 1  -14   56   -64
       2   -24    64
   1  -12   32     0
```

$0 = (x-2)(x^2 - 12x + 32)$

$0 = (x-2)(x-4)(x-8)$

$x = 2, x = 4, x = 8$

2002, 2004, 2008

b. 4 years (2002-2004, 2008-2010)

c. surplus of $2.5 million

13. $g(x) = x^4 - 9x^2 - 4x + 12$

end behavior: up/up

Possible rational roots:
$\{\pm 1, \pm 12, \pm 2, \pm 6, \pm 3, \pm 4\}$
$\{\pm 1\}$

```
-2| 1   0   -9   -4   12
       -2    4   10  -12
    1  -2   -5    6    0
```

```
-2| 1  -2   -5    6
       -2    8   -6
    1  -4    3    0
```

$g(x) = (x+2)^2(x^2 - 4x + 3)$

$g(x) = (x+2)^2(x-1)(x-3)$

-2 multiplicity 2, 1 multiplicity 1, 3 multiplicity 1

bounce at $(-2, 0)$; cross at $(1, 0)$ and $(3, 0)$

$g(0) = 0^4 - 9(0)^2 - 4(0) + 12 = 12$

y-intercept: $(0, 12)$

15. $C(x) = \frac{300x}{100 - x}$

a. VA: $x = 100$; removal of 100% of the contaminants

b. From 80% to 85%:

$C(85) = \frac{300(85)}{100 - (85)} = 1700$;

$1,700,000;

$C(80) = \frac{300(80)}{100 - (80)} = 1200$;

$1700 - 1200 = 500$, $500,000;

From 90% to 95%:

$C(95) = \frac{300(95)}{100 - (95)} = 5700$;

$5,700,000

$C(90) = \frac{300(90)}{100 - (90)} = 2700$;

$5700 - 2700 = 3000$; $3,000,000;

It becomes cost prohibitive to remove all the contaminants.

c. $2200 = \frac{300x}{100 - x}$

$2200(100 - x) = 300x$

$220000 - 2200x = 300x$

$220000 = 2500x$

$88 = x$

$x = 88\%$

17. $\overline{C(x)} = \frac{2x^2 + 25x + 128}{x}$

Using grapher: $x = 8$; 800 items Minimizes costs

Chapter 4 Practice Test

19. $C(h) = \dfrac{2h^2 + 5h}{h^3 + 55}$

   a.

   b. $h^3 + 55 = 0$
   $h^3 = -55$
   $h = -\sqrt[3]{55}$, no

   c. $C(2) = \dfrac{2(2)^2 + 5(2)}{(2)^3 + 55} \approx 0.286 = 28.6\%$;

   $C(8) = \dfrac{2(8)^2 + 5(8)}{(8)^3 + 55} \approx 0.296 = 29.6\%$

   d. $\dfrac{2h^2 + 5h}{h^3 + 55} < 0.2$
   Using grapher: $\approx$ 11.7 hours
   e. Using grapher: 4 hours, 43.7%
   f. A trace amount of the chemical will remain in the bloodstream.

Calculator Exploration and Discovery

1. They do not affect the solution set.

3. $(-2, -4)$

5. $(-1, 3)$

Strengthening Core Skills

1. $x^3 - 3x - 18 \le 0$
   $\dfrac{\{\pm1, \pm18, \pm2, \pm9, \pm3, \pm6\}}{\{\pm1\}}$

   $\underline{3|\ 1\quad 0\quad -3\quad -18}$
   $\ \ \ 3\quad\ \ 9\quad\ \ 18$
   $\ \ 1\quad 3\quad\ \ 6\quad\ \ |\,0$

   $(x-3)(x^2 + 3x + 6) \le 0$
   $x \in (-\infty, 3]$

3. $x^3 - 13x + 12 < 0$
   $\dfrac{\{\pm1, \pm12, \pm2, \pm6, \pm3, \pm4\}}{\{\pm1\}}$

   $\underline{-4|\ 1\quad 0\quad -13\quad 12}$
   $\ -4\quad\ \ 16\quad -12$
   $\ \ 1\ -4\quad\ \ 3\quad\ \ |\,0$

   $(x+4)(x^2 - 4x + 3) < 0$
   $(x-3)(x-1)(x+4) < 0$
   $x \in (-\infty, -4) \cup (1, 3)$

5. $x^4 - x^2 - 12 > 0$
   $(x^2 - 4)(x^2 + 3) > 0$
   $(x-2)(x+2)(x^2 + 3) > 0$
   $(x^2 + 3)$ does not affect the solution set.
   $x \in (-\infty, -2) \cup (2, \infty)$

Chapter 4: Polynomial and Rational Functions

Cumulative Review: Chapters R–4

1.
$$A = 2\pi r^2 + 2\pi rh$$
$$A - 2\pi r^2 = 2\pi rh$$
$$\frac{A - 2\pi r^2}{2\pi r} = h$$

3. a. $4x^2 - 12x + 9 = (2x-3)(2x-3)$
$$= (2x-3)^2$$

b. $x^3 - 3x + 2$
Possible rational zeros: $\{\pm 1, \pm 2\}$

$$\begin{array}{r|rrrr} \underline{1]} & 1 & 0 & -3 & 2 \\ & & 1 & 1 & -2 \\ \hline & 1 & 1 & -2 & \underline{|0} \end{array}$$

$x^3 - 3x + 2 = (x-1)(x^2 + x - 2)$
$= (x-1)(x-1)(x+2)$
$= (x-1)^2(x+2)$

5. $x + 3 < 5$
$x < 2$
and
$5 - x < 1$;
$x > 4$
no solution

7. $0 = 4\left(\dfrac{3}{2}\right)^2 + 8\left(\dfrac{3}{2}\right) - 21$
$0 = 9 + 12 - 21$
$0 = 0$
verified

9. $(1, 125), (31, 140)$

a. $m = \dfrac{140 - 125}{31 - 1} = \dfrac{1}{2}$
$y - 125 = 0.5(x - 1)$
$y = 0.5x + 124.5$
strength depends on time:
$s(t) = 0.5t + 124.5$

b. $s(60) = 0.5(60) + 124.5$
$= 154.5$
154.5 lb

c. $200 = 0.5t + 124.5$
$75.5 = 0.5t$
$t = 151$
151 days

11. a. height depends on time in months:
$h(t) \approx 45.2t + 7.5$ (answers will vary)

b. $h(15) = 45.2(15) + 7.5$
$= 685.5$
685.5 ft

c. $1635 = 45.2t + 7.5$
$1627.5 = 45.2t$
$t \approx 36$
about 36 months

13. $f(x) = \sqrt[3]{2x - 3}$
$-4 = \sqrt[3]{2x - 3}$
$(-4)^3 = 2x - 3$
$-64 + 3 = 2x$
$x = -30.5$

15. a. The function is order 5 so it will have 5 zeros (including real, nonreal, and repeated zeros).

b. $g(x)$ has no sign changes, so there are no positive zeros.

c. $g(-x)$ has one sign change, so there is one negative zero.

d. $\dfrac{\{\pm 1, \pm 3\}}{\{\pm 1\}}$
$\{\pm 1, \pm 3\}$

e. 1 and 3 are eliminated because $g(x)$ has no positive zeros.

f.
$$\begin{array}{r|rrrrr} \underline{-1]} & 1 & 0 & 1 & 0 & 1 & 3 \\ & & -1 & 1 & -2 & 2 & -3 \\ \hline & 1 & -1 & 2 & -2 & 3 & \underline{|0} \end{array}$$; $x = -1$

17. a. $\dfrac{f(1) - f(0)}{1 - 0} = \dfrac{0 - 4}{1} = -4$

b. $\dfrac{f(5) - f(4)}{5 - 4} = \dfrac{4 - 0}{1} = 4$

Cumulative Review: Chapters R–4

19. $f(x) = x^3 - 3x^2 - 6x + 8$

Possible rational roots: $\{\pm 1, \pm 8, \pm 2, \pm 4\}$

$$\begin{array}{r|rrrr} 1 & 1 & -3 & -6 & 8 \\ & & 1 & -2 & -8 \\ \hline & 1 & -2 & -8 & \underline{|0} \end{array}$$

$f(x) = (x-1)(x^2 - 2x - 8)$
$f(x) = (x-1)(x+2)(x-4)$
$f(x) = (x-1)(x+2)(x-4)$

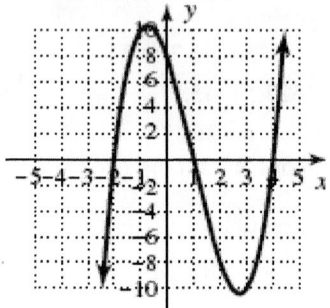

21. $g(x) = 1.47x^3 - 0.51x^2 + 1.9x$
$g(0.1) = 1.47(0.1)^3 - 0.51(0.1)^2 + 1.9(0.1)$
$ = 0.18637$
$g(1) = 1.47(1)^3 - 0.51(1)^2 + 1.9(1) = 2.86$

23. a. $(2+3i)^2 = 4 + 12i + 9i^2 = -5 + 12i$

b. $\dfrac{9+i}{4+5i}\left(\dfrac{4-5i}{4-5i}\right) = \dfrac{41-41i}{41} = 1 - i$

c. $(5-4i)(5+4i) = 25 - 20i + 20i - 16i^2$
$ = 41$

d. $i^{15} = (i^2)^7 i = (-1)i = -i$

25.
 a. Y_6
 b. Y_7
 c. Y_4
 d. Y_3
 e. Y_5
 f. Y_2

Chapter 5   Exponential and Logarithmic Functions

5.1 Exercises

1. second, one

3. false; Answers will vary.

5. One-to-one

7. One-to-one

9. Not one-to-one, fails horizontal line test; $x = -3$, $x = -0.5$, and $x = 2$ are all paired with $y = 0$.

11. Not a function

13. One-to-one

15. Not one-to-one; $y = 1$ is paired with $x = -6$ and $x = 8$.

17. One-to-one

19. Not one-to-one; for $h(x) < 3$, one y corresponds to two x-values.

21. One-to-one

23. Not one-to-one; $y = 3$ corresponds to more than one x-value.

25. $f = \{(-2, 1), (-1, 4), (0, 5), (2, 9), (5, 15)\}$
    $f^{-1} = \{(1, -2), (4, -1), (5, 0), (9, 2), (15, 5)\}$

27. $v(x) = \{(-4, 3), (-3, 2), (0, 1), (5, 0), (12, -1), (21, -2), (32, -3)\}$
    $v^{-1}(x) = \{(3, -4), (2, -3), (1, 0), (0, 5), (-1, 12), (-2, 21), (-3, 32)\}$

29. $f(x) = x+5$
    $y = x+5;$
    $x = y+5$
    $x-5 = y$
    $f^{-1}(x) = x-5$

31. $y = -\dfrac{4}{5}x;$
    $x = -\dfrac{4}{5}y$
    $-\dfrac{5}{4}x = y$
    $p^{-1}(x) = -\dfrac{5}{4}x$

33. $f(x) = 4x+3$
    Multiply by 4, add 3
    Inverse:
    Subtract 3, divide by 4
    $f^{-1}(x) = \dfrac{x-3}{4}$

35. $t(x) = \sqrt[3]{x-4}$
    Subtract 4, take cube root
    Inverse:
    Cube x, add 4
    $t^{-1}(x) = x^3 + 4$

37. $f(x) = \sqrt[3]{x-2}$
    $x \in (-\infty, \infty)$
    $f(x) \in (-\infty, \infty)$
    Interchange x and y to find the inverse.
    $x = \sqrt[3]{y-2}$
    $x^3 = y-2$
    $x^3 + 2 = y$
    $f^{-1}(x) = x^3 + 2$
    $x \in (-\infty, \infty)$
    $f^{-1}(x) \in (-\infty, \infty)$
    $f(10) = \sqrt[3]{10-2} = \sqrt[3]{8} = 2;$
    $f(-6) = \sqrt[3]{-6-2} = \sqrt[3]{-8} = -2;$
    $f(1) = \sqrt[3]{1-2} = \sqrt[3]{-1} = -1;$
    $(-6, -2), (1, -1), (10, 2)$
    $f^{-1}(-2) = (-2)^3 + 2 = -6;$
    $f^{-1}(-1) = (-1)^3 + 2 = 1;$
    $f^{-1}(2) = (2)^3 + 2 = 10$

5.1 One-to-One and Inverse Functions

39. $f(x) = x^3 + 1$

$x \in (-\infty, \infty)$

$f(x) \in (-\infty, \infty)$

Interchange x and y to find the inverse.

$x = y^3 + 1$

$y^3 = x - 1$

$\sqrt[3]{x-1} = y$

$f^{-1}(x) = \sqrt[3]{x-1}$

$x \in (-\infty, \infty)$

$f^{-1}(x) \in (-\infty, \infty)$

$f(0) = 0^3 + 1 = 1$;

$f(1) = 1^3 + 1 = 2$;

$f(-1) = (-1)^3 + 1 = 0$;

$(0,1), (1,2), (-1,0)$

$f^{-1}(1) = \sqrt[3]{1-1} = 0$;

$f^{-1}(2) = \sqrt[3]{2-1} = 1$;

$f^{-1}(0) = \sqrt[3]{0-1} = -1$

41. $f(x) = \dfrac{8}{x+2}$

$x \in (-\infty, -2) \cup (-2, \infty)$

$f(x) \in (-\infty, 0) \cup (0, \infty)$

Interchange x and y to find the inverse.

$x = \dfrac{8}{y+2}$

$x(y+2) = 8$

$xy + 2x = 8$

$xy = 8 - 2x$

$y = \dfrac{8}{x} - 2$

$f^{-1}(x) = \dfrac{8}{x} - 2$

$x \in (-\infty, 0) \cup (0, \infty)$

$f^{-1}(x) \in (-\infty, -2) \cup (-2, \infty)$

$f(0) = \dfrac{8}{0+2} = 4$;

$f(2) = \dfrac{8}{2+2} = 2$;

$f(6) = \dfrac{8}{6+2} = 1$;

$(0,4), (2,2), (6,1)$

$f^{-1}(4) = \dfrac{8}{4} - 2 = 0$;

$f^{-1}(2) = \dfrac{8}{2} - 2 = 2$;

$f^{-1}(1) = \dfrac{8}{1} - 2 = 6$

Chapter 5: Exponential and Logarithmic Functions

43. $f(x) = \dfrac{x}{x+1}$

$x \in (-\infty, -1) \cup (-1, \infty)$

$f(x) \in (-\infty, 1) \cup (1, \infty)$

Interchange x and y to find the inverse.

$x = \dfrac{y}{y+1}$

$x(y+1) = y$

$xy + x = y$

$xy - y = -x$

$y(x-1) = -x$

$y = \dfrac{-x}{x-1}$

$y = \dfrac{x}{1-x}$

$f^{-1}(x) = \dfrac{x}{1-x}$

$x \in (-\infty, 1) \cup (1, \infty)$

$f^{-1}(x) \in (-\infty, -1) \cup (-1, \infty)$

$f(0) = \dfrac{0}{0+1} = 0$;

$f(1) = \dfrac{1}{1+1} = \dfrac{1}{2}$;

$f(-2) = \dfrac{-2}{-2+1} = 2$;

$(0,0), \left(1, \dfrac{1}{2}\right), (-2, 2)$

$f^{-1}(0) = \dfrac{0}{1-0} = 0$;

$f^{-1}\left(\dfrac{1}{2}\right) = \dfrac{\frac{1}{2}}{1-\frac{1}{2}} = 1$;

$f^{-1}(2) = \dfrac{2}{1-2} = -2$

45. $f(x) = (x+5)^2$

   a. Parabola with vertex $(-5, 0)$
   Restricting domain to $x \geq -5$ leaves right branch of $f(x) = (x+5)^2$ with range $y \geq 0$

   b. For $x \geq -5$
   $f(x) = (x+5)^2$
   $y = (x+5)^2$
   Interchange x and y to find the inverse.
   $x = (y+5)^2$
   $\pm\sqrt{x} = \sqrt{(y+5)^2}$
   $\pm\sqrt{x} = y+5$
   use $\sqrt{x}$ since $x \geq 0$
   $\sqrt{x} - 5 = y$
   $f^{-1}(x) = \sqrt{x} - 5$,
   Domain $x \in [0, \infty)$, Range $y \in [-5, \infty)$

47. $v(x) = \dfrac{8}{(x-3)^2}$

   a. Restricting domain to $x > 3$, range $y > 0$

   b. $v(x) = \dfrac{8}{(x-3)^2}$
   Interchange x and y to find the inverse.
   $x = \dfrac{8}{(y-3)^2}$
   $x(y-3)^2 = 8$
   $(y-3)^2 = \dfrac{8}{x}$
   $y - 3 = \pm\sqrt{\dfrac{8}{x}}$
   use $+\sqrt{\dfrac{8}{x}}$ since $x > 3$
   $y = 3 + \sqrt{\dfrac{8}{x}}$
   $v^{-1}(x) = 3 + \sqrt{\dfrac{8}{x}}$,

5.1 One-to-One and Inverse Functions

Domain $x \in (0, \infty)$, Range $y \in (3, \infty)$

49. $p(x) = (x+4)^2 - 2$

a. Restricting domain to $x \geq -4$, range $y \geq -2$

b. $p(x) = (x+4)^2 - 2$

Interchange x and y to find the inverse.

$x = (y+4)^2 - 2$

$x + 2 = (y+4)^2$

$\pm\sqrt{x+2} = y + 4$

use $\sqrt{x+2}$ since $x \geq -4$

$\sqrt{x+2} - 4 = y$

$p^{-1}(x) = \sqrt{x+2} - 4$

Domain $x \in [-2, \infty)$, Range $y \in [-4, \infty)$

51. $f(x) = -2x + 5$; $g(x) = \dfrac{x-5}{-2}$

$(f \circ g)(x) = f[g(x)]$

$= -2(g(x)) + 5$

$= -2\left(\dfrac{x-5}{-2}\right) + 5 = x - 5 + 5$

$= x$;

$(g \circ f)(x) = g[f(x)]$

$= \dfrac{f(x) - 5}{-2}$

$= \dfrac{-2x + 5 - 5}{-2}$

$= \dfrac{-2x}{-2}$

$= x$

53. $f(x) = \sqrt[3]{x+5}$; $g(x) = x^3 - 5$

$(f \circ g)(x) = f[g(x)]$

$= \sqrt[3]{g(x) + 5}$

$= \sqrt[3]{x^3 - 5 + 5}$

$= \sqrt[3]{x^3}$

$= x$;

$(g \circ f)(x) = g[f(x)]$

$= (f(x))^3 - 5$

$= \left(\sqrt[3]{x+5}\right)^3 - 5$

$= x + 5 - 5$

$= x$

55. $f(x) = x^2 - 3$; $x \geq 0$; $g(x) = \sqrt{x+3}$

$(f \circ g)(x) = f[g(x)]$

$= (g(x))^2 - 3$

$= \left(\sqrt{x+3}\right)^2 - 3$

$= x + 3 - 3$

$= x$;

$(g \circ f)(x) = g[f(x)]$

$= \sqrt{f(x) + 3}$

$= \sqrt{x^2 - 3 + 3}$

$= \sqrt{x^2}$

$= x$

Chapter 5: Exponential and Logarithmic Functions

57. $f(x) = \dfrac{x-5}{2}$

$y = \dfrac{x-5}{2}$

$x = \dfrac{y-5}{2}$

$2x = y - 5$

$2x + 5 = y$

$f^{-1}(x) = 2x + 5$

$(f \circ f^{-1})(x) = f[f^{-1}(x)]$

$= \dfrac{f^{-1}(x) - 5}{2}$

$= \dfrac{2x + 5 - 5}{2}$

$= \dfrac{2x}{2} = x;$

$(f^{-1} \circ f)(x) = f^{-1}[f(x)]$

$= 2(f(x)) + 5$

$= 2\left(\dfrac{x-5}{2}\right) + 5$

$= x - 5 + 5 = x$

59. $f(x) = \dfrac{1}{2}x - 3$

$y = \dfrac{1}{2}x - 3$

$x = \dfrac{1}{2}y - 3$

$x + 3 = \dfrac{1}{2}y$

$2x + 6 = y$

$f^{-1}(x) = 2x + 6$

$(f \circ f^{-1})(x) = f[f^{-1}(x)]$

$= \dfrac{1}{2}(f^{-1}(x)) - 3$

$= \dfrac{1}{2}(2x + 6) - 3$

$= x + 3 - 3$

$= x;$

$(f^{-1} \circ f)(x) = f^{-1}[f(x)]$

$= 2(f(x)) + 6$

$= 2\left(\dfrac{1}{2}x - 3\right) + 6$

$= x - 6 + 6 = x$

61. $f(x) = \sqrt[3]{2x+1}$

$y = \sqrt[3]{2x+1}$

$x = \sqrt[3]{2y+1}$

$x^3 = 2y + 1$

$x^3 - 1 = 2y$

$\dfrac{x^3 - 1}{2} = y$

$f^{-1}(x) = \dfrac{x^3 - 1}{2}$

$(f \circ f^{-1})(x) = f[f^{-1}(x)]$

$= \sqrt[3]{2(f^{-1}(x)) + 1}$

$= \sqrt[3]{2\left(\dfrac{x^3-1}{2}\right) + 1}$

$= \sqrt[3]{x^3 - 1 + 1}$

$= \sqrt[3]{x^3} = x,$

$(f^{-1} \circ f)(x) = f^{-1}[f(x)]$

$= \dfrac{(f(x))^3 - 1}{2}$

$= \dfrac{\left(\sqrt[3]{2x+1}\right)^3 - 1}{2}$

$= \dfrac{2x + 1 - 1}{2}$

$= x$

5.1 One-to-One and Inverse Functions

63. $f(x) = \dfrac{(x-1)^3}{8}$

$y = \dfrac{(x-1)^3}{8}$

$x = \dfrac{(y-1)^3}{8}$

$8x = (y-1)^3$

$\sqrt[3]{8x} = y - 1$

$2\sqrt[3]{x} + 1 = y$

$f^{-1}(x) = 2\sqrt[3]{x} + 1$

$(f \circ f^{-1})(x) = f\left[f^{-1}(x)\right]$

$= \dfrac{\left(f^{-1}(x) - 1\right)^3}{8}$

$= \dfrac{\left(2\sqrt[3]{x} + 1 - 1\right)^3}{8}$

$= \dfrac{\left(2\sqrt[3]{x}\right)^3}{8}$

$= \dfrac{8x}{8}$

$= x;$

$(f^{-1} \circ f)(x) = f^{-1}\left[f(x)\right]$

$= 2\sqrt[3]{f(x)} + 1$

$= 2\sqrt[3]{\dfrac{(x-1)^3}{8}} + 1$

$= 2\left(\dfrac{x-1}{2}\right) + 1$

$= x - 1 + 1$

$= x$

65. $f(x) = \sqrt{3x+2}$,

$x \in \left[-\dfrac{2}{3}, \infty\right), y \in [0, \infty)$

$y = \sqrt{3x+2}$

$x = \sqrt{3y+2}$

$x^2 = 3y + 2$

$x^2 - 2 = 3y$

$\dfrac{x^2 - 2}{3} = y$

$f^{-1}(x) = \dfrac{x^2 - 2}{3}; x \geq 0;$ $y \in \left[-\dfrac{2}{3}, \infty\right)$

$(f \circ f^{-1})(x) = f\left(f^{-1}(x)\right)$

$= \sqrt{3\left(f^{-1}(x)\right) + 2}$

$= \sqrt{3\left(\dfrac{x^2 - 2}{3}\right) + 2}$

$= \sqrt{x^2 - 2 + 2}$

$= \sqrt{x^2}$

$= |x|$

$= x;$ since $x \geq 0$

$(f^{-1} \circ f)(x) = f^{-1}\left[f(x)\right]$

$= \dfrac{\left(f(x)\right)^2 - 2}{3}$

$= \dfrac{\left(\sqrt{3x+2}\right)^2 - 2}{3}$

$= \dfrac{3x + 2 - 2}{3}$

$= \dfrac{3x}{3}$

$= x$

Chapter 5: Exponential and Logarithmic Functions

67. $p(x) = 2\sqrt{x-3}$
$x \in [3, \infty), y \in [0, \infty)$
$y = 2\sqrt{x-3}$
$x = 2\sqrt{y-3}$
$\dfrac{x}{2} = \sqrt{y-3}$
$\dfrac{x^2}{4} = y - 3$
$\dfrac{x^2}{4} + 3 = y$
$p^{-1}(x) = \dfrac{x^2}{4} + 3; x \geq 0$; $y \in [3, \infty)$
$(p \circ p^{-1})(x) = p(p^{-1}(x))$
$= 2\sqrt{p^{-1}(x) - 3}$
$= 2\sqrt{\dfrac{x^2}{4} + 3 - 3}$
$= 2\sqrt{\dfrac{x^2}{4}}$
$= 2\left(\dfrac{x}{2}\right)$
$= x;$
$(p^{-1} \circ p)(x) = p^{-1}[p(x)]$
$= \dfrac{(p(x))^2}{4} + 3$
$= \dfrac{\left(2\sqrt{x-3}\right)^2}{4} + 3$
$= \dfrac{4(x-3)}{4} + 3$
$= x - 3 + 3$
$= x$

69. $v(x) = x^2 + 3; x \geq 0, y \in [3, \infty)$
$y = x^2 + 3$
$x = y^2 + 3$
$x - 3 = y^2$
$\sqrt{x-3} = y$
$v^{-1}(x) = \sqrt{x-3}$; $x \geq 3, y \in [0, \infty)$
$(v \circ v^{-1})(x) = v\left[v^{-1}(x)\right]$
$= \left(v^{-1}(x)\right)^2 + 3$
$= \left(\sqrt{x-3}\right)^2 + 3$
$= x - 3 + 3$
$= x;$
$(v^{-1} \circ v)(x) = v^{-1}[v(x)]$
$= \sqrt{v(x) - 3}$
$= \sqrt{x^2 + 3 - 3}$
$= \sqrt{x^2}$
$= |x|$
$= x;$ since $x \geq 0$

5.1 One-to-One and Inverse Functions

71. $f(x)$ $f^{-1}(x)$
$D: x \in [0, \infty)$ $D: x \in [-2, \infty)$
$R: y \in [-2, \infty)$ $R: y \in [0, \infty)$

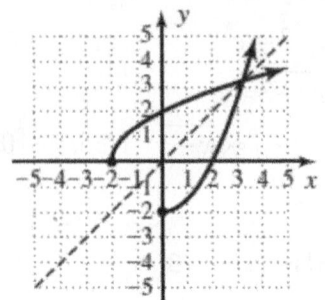

73. $f(x)$ $f^{-1}(x)$
$D: x \in (0, \infty)$
$R: y \in (-\infty, \infty)$
$D: x \in (-\infty, \infty)$
$R: y \in (0, \infty)$

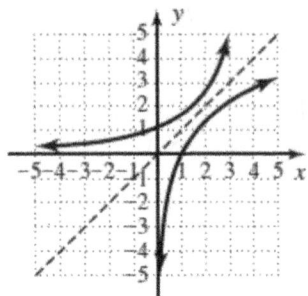

75. $f(x)$ $f^{-1}(x)$
$D: x \in (-\infty, 4]$ $D: x \in (-\infty, 4]$
$R: y \in (-\infty, 4]$ $R: y \in (-\infty, 4]$

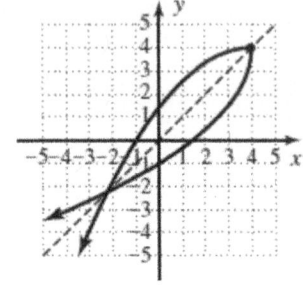

77. a. $f(x) = 2x + 1$
$x = 2y + 1$
$x - 1 = 2y$
$\dfrac{x-1}{2} = y$
$f^{-1}(x) = \dfrac{x-1}{2}$

b., c. verified using a graphing calculator

d.

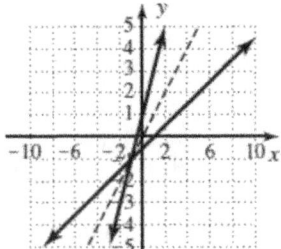

79. a. $h(x) = \dfrac{x}{x+1}$
$x = \dfrac{y}{y+1}$
$x(y+1) = y$
$xy + x = y$
$xy - y = -x$
$y(x-1) = -x$
$y = \dfrac{-x}{x-1}$
$f^{-1}(x) = \dfrac{-x}{x-1} = \dfrac{x}{1-x}$

b., c. verified using a graphing calculator

d.

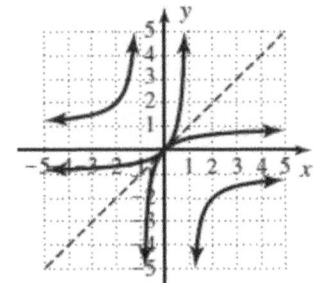

Chapter 5: Exponential and Logarithmic Functions

81. $h(x) = \frac{1}{2}x - 8.5$

a. $h(80) = \frac{1}{2}(80) - 8.5 = 31.5$ cm

b. $y = \frac{1}{2}x - 8.5$

$x = \frac{1}{2}y - 8.5$

$x + 8.5 = \frac{1}{2}y$

$2x + 17 = y$

$h^{-1}(x) = 2x + 17$

$h^{-1}(31.5) = 2(31.5) + 17 = 80$

It gives the distance of the projector from the screen.

83. $T(x) = -\frac{7}{2}x + 59$

a. $T(35) = -\frac{7}{2}(35) + 59 = -63.5°$F

b. $y = -\frac{7}{2}x + 59$

$x = -\frac{7}{2}y + 59$

$x - 59 = -\frac{7}{2}y$

$-\frac{2}{7}(x - 59) = y$

$T^{-1}(x) = -\frac{2}{7}(x - 59)$

Independent: temperature
Dependent: altitude

c. $T^{-1}(-18) = -\frac{2}{7}(-18 - 59)$

$= -\frac{2}{7}(-77) = 22$

The approximate altitude is 22,000 feet.

85. $d(x) = 16x^2; x \geq 0$

a. $d(3) = 16(3)^2 = 16(9) = 144$ ft

b. $y = 16x^2$

$x = 16y^2$

$\frac{x}{16} = y^2$

$\frac{\sqrt{x}}{4} = y$

$d^{-1}(x) = \frac{\sqrt{x}}{4}$;

Independent: distance fallen
Dependent: time fallen

c. $d^{-1}(784) = \frac{\sqrt{784}}{4} = \frac{28}{4} = 7$ sec

87. $V(x) = \frac{1}{12}\pi x^3$

a.

$V(60) = \frac{1}{12}\pi(60)^3 = 18000\pi \approx 56,520$ ft^3

b. $y = \frac{1}{12}\pi x^3$

$x = \frac{1}{12}\pi y^3$

$12x = \pi y^3$

$\frac{12x}{\pi} = y^3$

$\sqrt[3]{\frac{12x}{\pi}} = y$

$V^{-1}(x) = \sqrt[3]{\frac{12x}{\pi}}$;

Independent: volume
Dependent: height

c.

$V^{-1}(1526.04) = \sqrt[3]{\frac{12(1526.04)}{\pi}} = 18$ ft

5.1 One-to-One and Inverse Functions

89. $f(x) = \dfrac{ax+b}{cx+d}$

   a. $y = \dfrac{ax+b}{cx+d}$

   $x = \dfrac{ay+b}{cy+d}$

   $x(cy+d) = ay+b$

   $cxy + dx = ay + b$

   $cxy - ay = b - dx$

   $y(cx - a) = b - dx$

   $y = \dfrac{b-dx}{cx-a}$

   $f^{-1}(x) = \dfrac{dx-b}{-cx+a}$

   b. $f(x) = \dfrac{2x}{x+1} = \dfrac{2x+0}{1x+1}$

   Using the inverse function found in part (a),

   $f^{-1}(x) = \dfrac{dx-b}{-cx+a}$ with $a=2$, $b=0$, $c=1$, and $d=1$.

   $f^{-1}(x) = \dfrac{1x-0}{-1x+2} = \dfrac{x}{-x+2}$

   c. The results are the same.

91. d

93. a. Perimeter of a rectangle:
   $P = 2l + 2w$

   b. Area of a circle:
   $A = \pi r^2$

   c. Volume of a cylinder:
   $V = \pi r^2 h$

   d. Volume of a cone:
   $V = \dfrac{1}{3}\pi r^2 h$

   e. Circumference of a circle:
   $C = 2\pi r$

   f. Area of a triangle:
   $A = \dfrac{1}{2}bh$

   g. Area of a trapezoid:
   $A = \dfrac{1}{2}(b_1 + b_2)h$

   h. Volume of a sphere:
   $V = \dfrac{4}{3}\pi r^3$

   i. Pythagorean Theorem:
   $a^2 + b^2 = c^2$

95. $y = 2\sqrt{x+3}$

   $\dfrac{\Delta y}{\Delta x} = \dfrac{f(2)-f(1)}{2-1} = \dfrac{2\sqrt{5}-4}{1} \approx 0.472$

   $\dfrac{\Delta y}{\Delta x} = \dfrac{f(5)-f(4)}{5-4}$

   $= \dfrac{2\sqrt{8}-2\sqrt{7}}{1} \approx 0.365$

   Rate of change is greater in [1, 2] due to shape of the graph.

5.2 Exercises

1. real numbers, $(0, \infty)$, $\to 0$

3. False; for $|b| < 1$ and $x_2 > x_1$, $b^{x_2} < b^{x_1}$ so the function is decreasing.

5. $P(t) = 4^t$;

   $P(2) = 4^2 = 16$;

   $P\left(\dfrac{1}{2}\right) = 4^{\frac{1}{2}} = 2$;

   $P\left(\dfrac{3}{2}\right) = 4^{\frac{3}{2}} = 8$;

   $P(\sqrt{3}) = 4^{\sqrt{3}} \approx 11.036$

Chapter 5: Exponential and Logarithmic Functions

7.
$$V(n) = \left(\frac{1}{8}\right)^n$$
$$V(0) = \left(\frac{1}{8}\right)^0 = 1$$
$$V(2) = \left(\frac{1}{8}\right)^2 = \frac{1}{64}$$
$$V\left(\frac{2}{3}\right) = \left(\frac{1}{8}\right)^{2/3} = \frac{1}{4}$$
$$V(-2) = \left(\frac{1}{8}\right)^{-2} = 64$$

9. $f(x) = 3^x$
y-intercept: (0, 1)

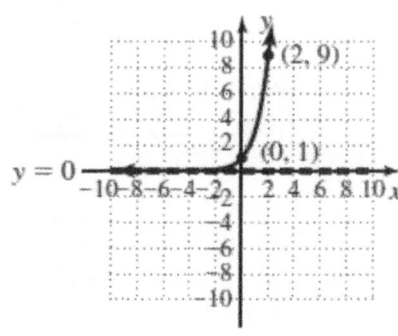

increasing

11. $p(x) = \left(\frac{1}{3}\right)^x$
y-intercept: (0, 1)

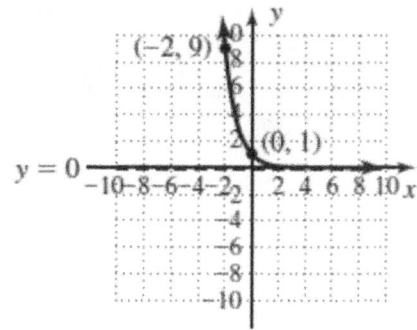

decreasing

13. $y = 3^x$
up 2

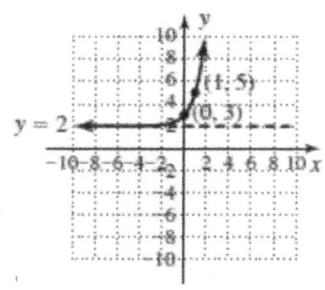

15. $y = 3^x$
left 3

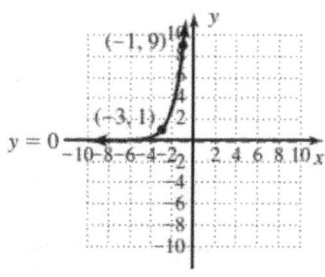

17. $y = 3$
reflected in the y-axis

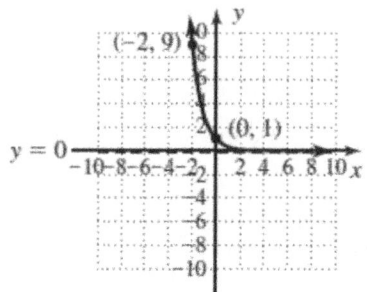

5.2 Exponential Functions

19. $y = \left(\dfrac{1}{3}\right)^x$
up 1

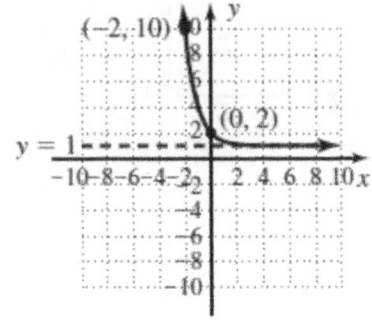

21. $y = \left(\dfrac{1}{3}\right)^x$
right 2

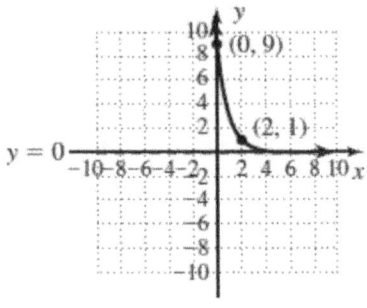

23. e; $y = 5^{-x}$

25. a; $y = 3^{-x+1}$

27. b; $y = 2^{x+1} - 2$

29. $e^1 \approx 2.718282$

31. $e^2 \approx 7.389056$

33. $e^{\sqrt{2}} \approx 4.113250$

35. $F(x) = e^x - 2$

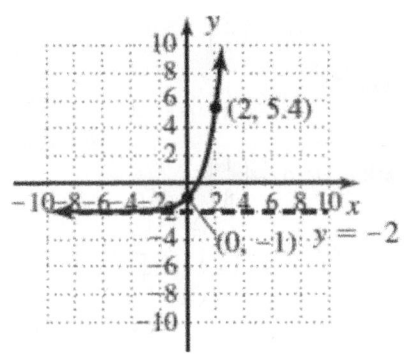

37. $m(t) = e^{t+4}$

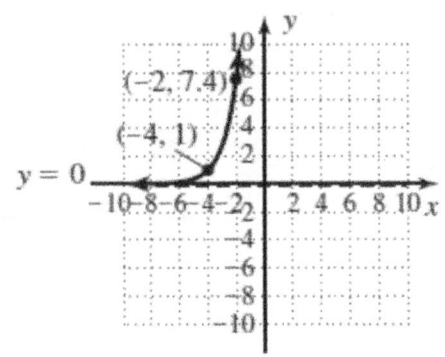

39. $f(x) = e^{x+3} - 2$

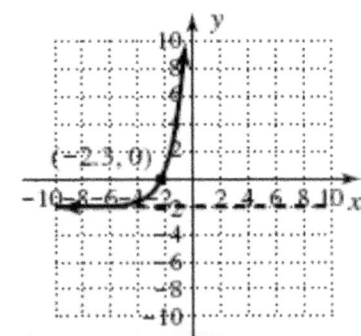

Chapter 5: Exponential and Logarithmic Functions

41. $r(t) = -e^t + 2$

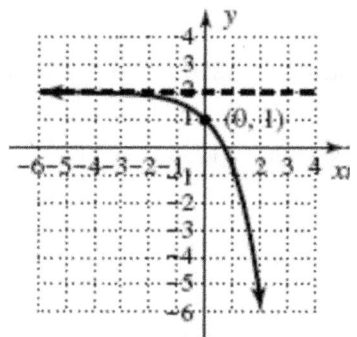

43. $p(x) = e^{-x+2} - 1$

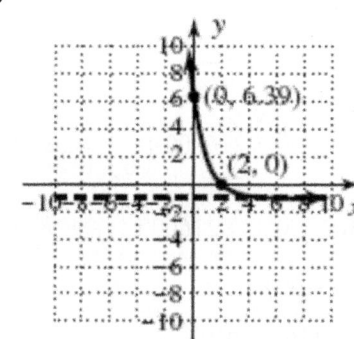

45. $10^x = 1000$
$10^x = 10^3$
$x = 3$

47. $25^x = 125$
$5^{2x} = 5^3$
$2x = 3$
$x = \dfrac{3}{2}$

49. $8^{x+2} = 32$
$2^{3(x+2)} = 2^5$
$3x + 6 = 5$
$3x = -1$
$x = -\dfrac{1}{3}$

51. $32^x = 16^{x+1}$
$2^{5x} = 2^{4(x+1)}$
$5x = 4x + 4$
$x = 4$

53. $\left(\dfrac{1}{5}\right)^x = 125$
$\left(\dfrac{1}{5}\right)^x = \left(\dfrac{1}{5}\right)^{-3}$
$x = -3$

55. $\left(\dfrac{1}{3}\right)^{2x} = 9^{x-6}$
$\left(\dfrac{1}{3}\right)^{2x} = \left(\dfrac{1}{3}\right)^{-2(x-6)}$
$2x = -2x + 12$
$4x = 12$
$x = 3$

57. $\left(\dfrac{1}{9}\right)^{x-5} = 3^{3x}$
$\left(\dfrac{1}{3}\right)^{2(x-5)} = \left(\dfrac{1}{3}\right)^{-1(3x)}$
$2x - 10 = -3x$
$5x = 10$
$x = 2$

59. $25^{3x} = 125^{x-2}$
$5^{6x} = 5^{3(x-2)}$
$6x = 3x - 6$
$3x = -6$
$x = -2$

61. $\dfrac{e^4}{e^{2-x}} = e^3 e^1$
$e^{4-(2-x)} = e^4$
$4 - (2 - x) = 4$
$4 - 2 + x = 4$
$2 + x = 4$
$x = 2$

5.2 Exponential Functions

63. $\left(e^{2x-4}\right)^3 = \dfrac{e^{x+5}}{e^2}$

$e^{6x-12} = e^{x+5-2}$
$6x - 12 = x + 3$
$5x - 12 = 3$
$5x = 15$
$x = 3$

65. $3^x = 22; \; x \approx 2.8$

67. $e^{x-1} = 9; \; x \approx 3.2$

69. $P(t) = 1000 \cdot 3^t$

a. $12 \text{ hr} = \dfrac{1}{2} \text{ day}$

$P\left(\dfrac{1}{2}\right) = 1000 \cdot 3^{\frac{1}{2}} \approx 1732$;

$P(1) = 1000 \cdot 3^1 = 3000$;

$P\left(\dfrac{3}{2}\right) = 1000 \cdot 3^{\frac{3}{2}} \approx 5196$;

$P(2) = 1000 \cdot 3^2 = 9000$

b. yes

c. as $t \to \infty, P \to \infty$

d.
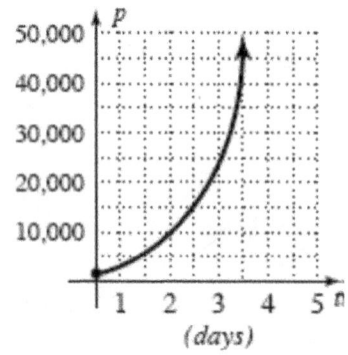

71. $V(t) = V_0 \cdot \left(\dfrac{4}{5}\right)^t$

a. $V(1) = 125000 \cdot \left(\dfrac{4}{5}\right)^1 = \$100,000$

b. $64000 = 125000 \cdot \left(\dfrac{4}{5}\right)^t$

$\dfrac{64}{125} = \left(\dfrac{4}{5}\right)^t$

$\left(\dfrac{4}{5}\right)^3 = \left(\dfrac{4}{5}\right)^t$

$t = 3 \text{ yr}$

73. $V(t) = V_0 \cdot \left(\dfrac{5}{6}\right)^t$

a. $V(5) = 216000 \cdot \left(\dfrac{5}{6}\right)^5 \approx \$86,806$

b. $125000 = 216000 \cdot \left(\dfrac{5}{6}\right)^t$

$\dfrac{125}{216} = \left(\dfrac{5}{6}\right)^t$

$\left(\dfrac{5}{6}\right)^3 = \left(\dfrac{5}{6}\right)^t$

$t = 3 \text{ yr}$

75. $R(t) = R_0 \cdot 2^t$

a. $R(4) = 2.5 \cdot 2^4 = \$40 \text{ million}$

b. $320 = 2.5 \cdot 2^t$
$128 = 2^t$
$2^7 = 2^t$
$t = 7 \text{ yr}$

77. $T(x) = T_R + (T_0 - T_R)e^{kx}$

$T_R = 73°, T_0 = -10°, k \approx -0.031$

$T(x) = 73 + (-10 - 73)e^{-0.031x}$

$35 = 73 + (-10 - 73)e^{-0.031x}$

Using calculator and table,
$t \approx 25 \text{ min}$, $25 - 15 = 10$ minutes after guests arrive

Chapter 5: Exponential and Logarithmic Functions

79. $T(x) = 0.85^x$
$T(7) = 0.85^7 = 0.32058 \approx 32\%$,
transparent

81. $T(11) = 0.85^{11} = 0.167734 \approx 17\%$,
transparent

83. $P(t) = P_0(1.05)^t$
$P(5) = 20000(1.05)^5 \approx \$25,526$

85. $Q(t) = Q_0 \left(\dfrac{1}{2}\right)^{\frac{t}{h}}$

   a. $Q(24) = 64\left(\dfrac{1}{2}\right)^{\frac{24}{8}} = 8$ grams

   b. $1 = 64\left(\dfrac{1}{2}\right)^{\frac{t}{8}}$

$\dfrac{1}{64} = \left(\dfrac{1}{2}\right)^{\frac{t}{8}}$

$\left(\dfrac{1}{2}\right)^6 = \left(\dfrac{1}{2}\right)^{\frac{t}{8}}$

$6 = \dfrac{t}{8}$

$t = 48$ minutes

87. Exponential, $y = 346.35(0.94)^x$

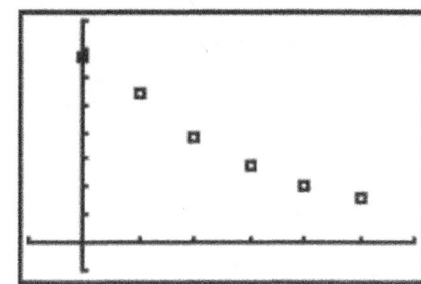

   a. $y = 346.35(0.94)^{23} \approx 83.5$ thousand
$\approx 83,500$ farms

   b. $y = 346.35(0.94)^{35} \approx 39.7$ thousand
$\approx 39,700$ farms

   c. $30 = 346.35(0.94)^x$

$\dfrac{30}{346.35} = 0.94^x$

$\ln\left(\dfrac{30}{346.35}\right) = \ln 0.94^x$

$\ln\left(\dfrac{30}{346.35}\right) = x \ln 0.94$

$\dfrac{\ln\left(\dfrac{30}{346.35}\right)}{\ln 0.94} = x$

$x \approx 40$
$1980+40 = 2020$, year 2020

89. Exponential, $y = (103.83)1.0595^x$

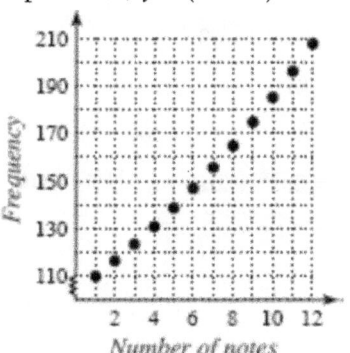

   a. $y = (103.83)1.0595^{13} \approx 220$

   b. $370.00 = (103.83)1.0595^x$
$3.563517288 = 1.0595^x$
$\ln 3.563517288 = \ln 1.0595^x$
$\ln 3.563517288 = x \ln 1.0595$
$x \approx 22$
The 22nd note, or F#.

   c. Frequency doubles, yes.

91. $10^{2x} = 25$, find 10^{-x}
$10^{2x} = 5^2$
$(10^x)^2 = 5^2$
$10^x = 5^1$
$(10^x)^{-1} = (5^1)^{-1}$
$10^{-x} = 5^{-1} = \dfrac{1}{5}$

5.2 Exponential Functions

93. $3^{0.5x} = 5$, find 3^{x+1}
$(3^{0.5x})^2 = 5^2$
$3^x = 5^2$
$3 \cdot 3^x = 3 \cdot 5^2$
$3^{x+1} = 75$

95. $f(20) = \left(\dfrac{1}{2}\right)^{20} = 9.5 \times 10^{-7}$;
Answers will vary.

97. $f(x) = 2x^2 - 3x$
$f(-1) = 2(-1)^2 - 3(-1) = 5$;
$f\left(\dfrac{1}{3}\right) = 2\left(\dfrac{1}{3}\right)^2 - 3\left(\dfrac{1}{3}\right) = -\dfrac{7}{9}$;
$f(a) = 2a^2 - 3a$;
$f(a+h) = 2(a+h)^2 - 3(a+h)$
$= 2(a^2 + 2ah + h^2) - 3a - 3h$
$= 2a^2 + 4ah + 2h^2 - 3a - 3h$

99. a. $-2\sqrt{x-3} + 7 = 21$
$-2\sqrt{x-3} = 14$
$\sqrt{x-3} = -7$
no solution

b. $\dfrac{9}{x+3} + 3 = \dfrac{12}{x-3}$
$(x+3)(x-3)\left[\dfrac{9}{x+3} + 3 = \dfrac{12}{x-3}\right]$
$9(x-3) + 3(x^2 - 9) = 12(x+3)$
$9x - 27 + 3x^2 - 27 = 12x + 36$
$3x^2 - 3x - 90 = 0$
$x^2 - x - 30 = 0$
$(x-6)(x+5) = 0$
$x - 6 = 0$ or $x + 5 = 0$
$x = 6$ or $x = -5$
$\{-5, 6\}$

5.3 Exercises

1. real numbers; $(0, \infty)$; $-\infty$

3. 5, Answers will vary

5. $3 = \log_2 8$
$2^3 = 8$

7. $x = \log_7 \dfrac{1}{7}$
$7^x = \dfrac{1}{7}$

9. $0 = \log_9 1$
$9^0 = 1$

11. $\dfrac{1}{3} = \log_8 y$
$8^{\frac{1}{3}} = y$

13. $1 = \log_2 2$
$2^1 = 2$

15. $\log_x 49 = 2$
$x^2 = 49$

17. $\log_{10} 100 = 2$
$10^2 = 100$

19. $\ln 54.598 \approx y$
$e^y \approx 54.598$

21. $4^3 = 64$
$\log_4 64 = 3$

23. $3^x = \dfrac{1}{9}$
$\log_3 \dfrac{1}{9} = x$

Chapter 5: Exponential and Logarithmic Functions

25. $e^0 = 1$
$0 = \log_e 1$

27. $\left(\dfrac{1}{3}\right)^{-3} = y$
$\log_{\frac{1}{3}} y = -3$

29. $10^3 = 1000$
$\log 1000 = 3$

31. $10^x = \dfrac{1}{100}$
$\log \dfrac{1}{100} = x$

33. $4^{\frac{3}{2}} = 8$
$\log_4 8 = \dfrac{3}{2}$

35. $y^{\frac{-3}{2}} = \dfrac{1}{8}$
$\log_y \dfrac{1}{8} = \dfrac{-3}{2}$

37. $\log_4 4$
$= 1$

39. $\log 1000 = x$
$10^x = 1000$
$x = 3$

41. $\log_e e = \log_e e^1 = 1$

43. $\log_4 2 = x$
$4^x = 2$
$2^{2x} = 2^1$
$2x = 1$
$x = \dfrac{1}{2}$

45. $\log_7 \dfrac{1}{49} = x$
$7^x = \dfrac{1}{49}$
$7^x = 7^{-2}$
$x = -2$

47. $\log_e \dfrac{1}{e^2} = \log_e e^{-2} = -2$

49. $\log \sqrt[3]{100} = x$
$10^x = \sqrt[3]{100}$
$10^x = 100^{\frac{1}{3}}$
$10^x = 10^{\frac{2}{3}}$
$x = \dfrac{2}{3}$

51. $\log 50 = 1.6990$

53. $\ln 1.6 = 0.4700$

55. $\ln 225 = 5.4161$

57. $\log \sqrt{37} = 0.7841$

59. $f(x) = \log_2 x + 3$
Shift up 3
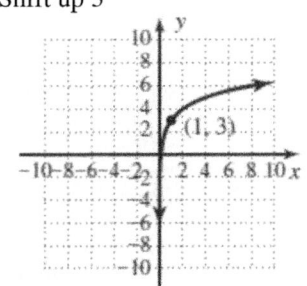

61. $q(x) = \ln(x+1)$
Shift left 1
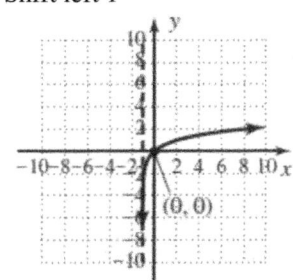

243

5.3 Logarithms and Logarithmic Functions

63. $Y_1 = -\ln(X+1)$
Reflected across x–axis, shift left 1

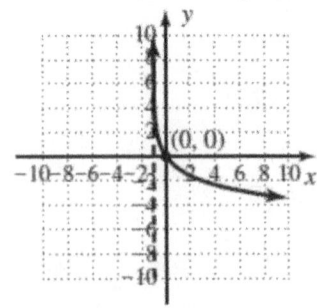

65. $p(x) = 3\log(x-2)$
Shift right 2, stretch vertically by a factor of 3

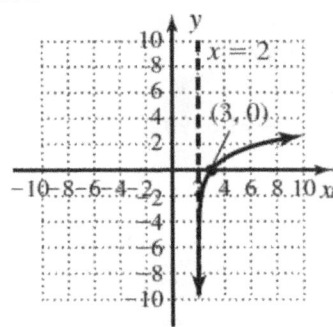

67. $F(t) = -\log(t+2)$
Reflect about the x-axis and shift up 2

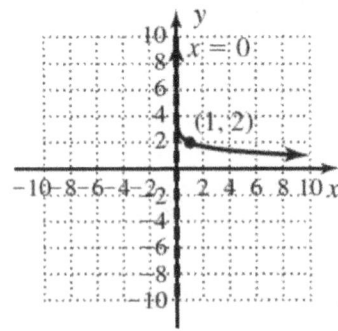

69. $y = \log_b(x+2)$, II

71. $f(x) = 1 - \log_b x$, VI

73. $y = \log_b x + 2$, V

75. $y = \log(x-3)$
$x - 3 > 0$
$x > 3$
$x \in (3, \infty)$

77. $y = \log_6\left(\dfrac{x+1}{x-3}\right)$

$\dfrac{x+1}{x-3} > 0, x \neq 3$

critical values: -1 and 3

pos   neg   pos
 ——o———o——
   -1   3

$x \in (-\infty, -1) \cup (3, \infty)$

79. $f(x) = \log_5 \sqrt{2x-3}$
$2x - 3 > 0$
$2x > 3$
$x > \dfrac{3}{2}$
$x \in \left(\dfrac{3}{2}, \infty\right)$

81. $y = \log(9 - x^2)$
$9 - x^2 > 0$;
$(3+x)(3-x) > 0$
critical values: 3 and -3

neg   pos   neg
 ——o———o——
   -3   3

$x \in (-3, 3)$

83. $pH = -\log[H^+]$
$[H^+] = 7.94 \times 10^{-5}$
$pH(7.94 \times 10^{-5}) = -\log(7.94 \times 10^{-5})$
$pH \approx 4.1$; acid

85. $M(I) = \log\left(\dfrac{I}{I_0}\right)$

a. $I = 50{,}000 I_0$

$M(50000 I_0) = \log\left(\dfrac{50000 I_0}{I_0}\right)$

$M(50000 I_0) = \log(50000) \approx 4.7$

b. $I = 75{,}000{,}000 I_0$

$M(75000000 I_0) = \log\left(\dfrac{75000000 I_0}{I_0}\right)$

$M(75000000 I_0) = \log(75000000)$
≈ 7.9

Chapter 5: Exponential and Logarithmic Functions

87. $9.5 - 6.9 = 2.6$;
$10^{2.6} \approx 398$
≈ 400
About 400 times

89. $M(I) = \log\left(\dfrac{I}{I_0}\right)$

1989: $6.2 = \log\left(\dfrac{I}{I_0}\right)$

$10^{6.2} = \dfrac{I}{I_0}$

$I = 10^{6.2} I_0$;

2006: $6.7 = \log\left(\dfrac{I}{I_0}\right)$

$10^{6.7} = \dfrac{I}{I_0}$

$I = 10^{6.7} I_0$;

Comparing the 1989 earthquakes to the 2006 earthquakes: $\dfrac{10^{6.7} I_0}{10^{6.2} I_0} \approx 3.2$ times

91. $M(I) = 6 - 2.5 \cdot \log\left(\dfrac{I}{I_0}\right)$

a. $I = 27 \cdot I_0$

$M(27 I_0) = 6 - 2.5 \cdot \log\left(\dfrac{27 I_0}{I_0}\right)$

≈ 2.4

b. $I = 85 \cdot I_0$

$M(85 I_0) = 6 - 2.5 \cdot \log\left(\dfrac{85 I_0}{I_0}\right)$

≈ 1.2

93. $D(I) = 10 \cdot \log\left(\dfrac{I}{I_0}\right)$

a. $I = 10^{-14}$

$D(10^{-14}) = 10 \cdot \log\left(\dfrac{10^{-14}}{10^{-16}}\right) = 20$ dB

b. $I = 10^{-4}$

$D(10^{-4}) = 10 \cdot \log\left(\dfrac{10^{-4}}{10^{-16}}\right) = 120$ dB

95. $11.2 - 8.5 = 2.7$; $10^{2.7} \approx 500$
About 500 times

97. $D(I) = 10 \cdot \log\left(\dfrac{I}{I_0}\right)$;

Aircompressor: $D(I) = 110$

$110 = 10 \cdot \log\left(\dfrac{I}{I_0}\right)$

$\dfrac{110}{10} = \log\left(\dfrac{I}{I_0}\right)$

$11 = \log\left(\dfrac{I}{I_0}\right)$

$10^{11} = \dfrac{I}{I_0}$

$I = 10^{11} I_0$;

Hair Dryer: $D(I) = 75$

$75 = 10 \cdot \log\left(\dfrac{I}{I_0}\right)$

$\dfrac{75}{10} = \log\left(\dfrac{I}{I_0}\right)$

$7.5 = \log\left(\dfrac{I}{I_0}\right)$

$10^{7.5} = \dfrac{I}{I_0}$

$I = 10^{7.5} I_0$;

Comparison: $\dfrac{10^{11} I_0}{10^{7.5} I_0} \approx 3160$ times

99. $H = (30T + 8000) \cdot \ln\left(\dfrac{P_0}{P}\right)$

$T = -10, P = 34, P_0 = 76$

$H = (30(-10) + 8000) \cdot \ln\left(\dfrac{76}{34}\right)$

$H \approx 6194$ meters

245

5.3 Logarithms and Logarithmic Functions

101. $H = (30T + 8000) \cdot \ln\left(\dfrac{P_0}{P}\right)$

    a. $T = 8, P = 39.3, P_0 = 76$

      $H = (30(8) + 8000) \cdot \ln\left(\dfrac{76}{39.3}\right)$

      $H \approx 5,434$ meters

    b. $T = 12, P = 47.1, P_0 = 76$

      $H = (30(12) + 8000) \cdot \ln\left(\dfrac{76}{47.1}\right)$

      $H \approx 4,000$ meters

103. $N(A) = 1500 + 315 \cdot \ln(A)$

    a. $N(10) = 1500 + 315 \cdot \ln(10)$
        $= 2225$ items

    b. $N(50) = 1500 + 315 \cdot \ln(50)$
        $= 2732$ items

    c. $\approx \$117,000$

    d. $\dfrac{\Delta N}{\Delta A} = \dfrac{8}{1}$

      $\dfrac{N(39.4) - N(39.3)}{39.4 - 39.3} = \dfrac{8}{1}$

105. $C(x) = 42 \ln x - 270$

    a. $C(2500) = 42 \ln 2500 - 270$
        ≈ 58.6 cfm

    b. $40 = 42 \ln x - 270$
        $310 = 42 \ln x$
        $\dfrac{310}{42} = \ln x$
        $e^{\frac{310}{42}} = x$
        $x \approx 1,605$ ft^2

107. $P(x) = 95 - 14 \cdot \log_2(x)$

    a. 1 day
      $P(1) = 95 - 14 \cdot \log_2(1) = 95\%$

    b. 4 days
      $P(4) = 95 - 14 \cdot \log_2(4) = 67\%$

109. a. Threshold of audibility
      0 dB

    b. Lawn Mower
      90 dB

    c. Whisper
      15 dB

    d. Loud rock concert
      120 dB

    e. Lively party
      100 dB

    f. Jet engine
      140 dB

Many sources give the threshold of pain as 120dB; answers will vary.

111. a. $\log_{64} \dfrac{1}{16} = x$

    Convert to exponential form:

    $64^x = \dfrac{1}{16}$

    $4^{3x} = 4^{-2}$

    $3x = -2$

    $x = \dfrac{-2}{3}$

    b. $\log_{\frac{4}{9}}\left(\dfrac{27}{8}\right) = x$

    Convert to exponential form:

    $\left(\dfrac{4}{9}\right)^x = \dfrac{27}{8}$

    $\left(\dfrac{2}{3}\right)^{2x} = \left(\dfrac{2}{3}\right)^{-3}$

    $2x = -3$

    $x = \dfrac{-3}{2}$

    c. $\log_{0.25} 32 = x$

    $(0.25)^x = 32$

    $\left(\dfrac{1}{4}\right)^x = 2^5$

    $(4^{-1})^x = 2^5$

    $(2^{-2})^x = 2^5$

    $2^{-2x} = 2^5$

    $-2x = 5$

    $x = \dfrac{-5}{2}$

Chapter 5: Exponential and Logarithmic Functions

113. $g(x) = \sqrt[3]{x+2} - 1$
D: $x \in R$
R: $y \in R$

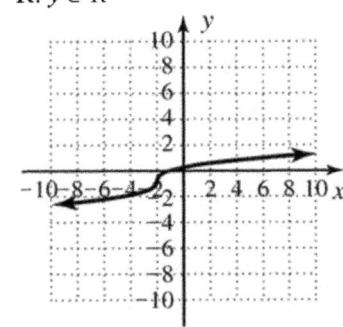

Mid-Chapter Check

1. a. $27^{\frac{2}{3}} = 9$
$\frac{2}{3} = \log_{27} 9$

b. $81^{\frac{5}{4}} = 243$
$\frac{5}{4} = \log_{81} 243$

3. a. $4^{2x} = 32^{x-1}$
$(2^2)^{2x} = (2^5)^{x-1}$
$2^{4x} = 2^{5x-5}$
$4x = 5x - 5$
$x = 5$

b. $\left(\frac{1}{3}\right)^{4b} = 9^{2b-5}$
$(3^{-1})^{4b} = (3^2)^{2b-5}$
$3^{-4b} = 3^{4b-10}$
$-4b = 4b - 10$
$-8b = -10$
$b = \frac{5}{4}$

115. $x \in (-\infty, -5)$;
$f(x) = (x+5)(x-4)^2$
$f(x) = (x+5)(x^2 - 8x + 16)$
$f(x) = x^3 - 8x^2 + 16x + 5x^2 - 40x + 80$
$f(x) = x^3 - 3x^2 - 24x + 80$

5. $V(t) = V_0 \left(\frac{9}{8}\right)^t$

a. $V(3) = 50,000 \left(\frac{9}{8}\right)^3 = \$71,191.41$

b. 6 yr

7. $f(x) = \sqrt{x-3} + 1$
$D: x \in [3, \infty); R: y \in [1, \infty)$;
Interchange x and y.
$x = \sqrt{y-3} + 1$
$x - 1 = \sqrt{y-3}$
$(x-1)^2 = y - 3$
$(x-1)^2 + 3 = y$
$f^{-1}(x) = (x-1)^2 + 3$
$D: x \in [3, \infty); R: y \in [1, \infty)$

9. a. $2.845 = \log 700$
$10^{2.845} \approx 700$, verified
b. $1.4 \approx \ln 4.0552$
$e^{1.4} \approx 4.0552$, verified

5.4 Exercises

1. quotient, uniqueness

3. Answers will vary; Yes, 1.5663025=1.5663025

5. $\ln x = 3.4$
$e^{\ln x} = e^{3.4}$
$x = e^{3.4} \approx 29.964$

247

5.4 Properties of Logarithms

7. $\log x = \dfrac{1}{4}$

   $10^{\log x} = 10^{\frac{1}{4}}$

   $x = 10^{\frac{1}{4}} \approx 1.778$

9. $e^x = 9.025$

   $\ln e^x = \ln 9.025$

   $x = \ln 9.025 \approx 2.200$

11. $10^x = 18.197$

    $\log 10^x = \log 18.197$

    $x = \log 18.197 \approx 1.260$

13. $4e^{x-2} + 5 = 70$

    $4e^{x-2} = 65$

    $e^{x-2} = 16.25$

    $\ln e^{x-2} = \ln 16.25$

    $x - 2 = \ln 16.25$

    $x = 2 + \ln 16.25$

    $x \approx 4.7881$

15. $10^{x+5} - 228 = -150$

    $10^{x+5} = 78$

    $\log 10^{x+5} = \log 78$

    $x + 5 = \log 78$

    $x = -5 + \log 78$

    $x \approx -3.1079$

17. $-150 = 290.8 - 190e^{-0.75x}$

    $-440.8 = -190e^{-0.75x}$

    $\dfrac{-440.8}{-190} = e^{-0.75x}$

    $\dfrac{58}{25} = e^{-0.75x}$

    $\ln\left(\dfrac{58}{25}\right) = \ln e^{-0.75x}$

    $\ln\left(\dfrac{58}{25}\right) = -0.75x$

    $\dfrac{\ln\left(\dfrac{58}{25}\right)}{-0.75} = x$

    $x \approx -1.1221$

19. $3\ln(x+4) - 5 = 3$

    $3\ln(x+4) = 8$

    $\ln(x+4) = \dfrac{8}{3}$

    $x + 4 = e^{\frac{8}{3}}$

    $x = e^{\frac{8}{3}} - 4$

    $x \approx 10.3919$

21. $-1.5 = 2\log(5-x) - 4$

    $2.5 = 2\log(5-x)$

    $1.25 = \log(5-x)$

    $10^{1.25} = 10^{\log(5-x)}$

    $10^{1.25} = 5 - x$

    $x = 5 - 10^{1.25}$

    $x \approx -12.7828$

23. $\dfrac{1}{2}\ln(2x+5) + 3 = 3.2$

    $\dfrac{1}{2}\ln(2x+5) = 0.2$

    $\ln(2x+5) = 0.4$

    $e^{\ln(2x+5)} = e^{0.4}$

    $2x + 5 = e^{0.4}$

    $2x = e^{0.4} - 5$

    $x = \dfrac{e^{0.4} - 5}{2}$

    $x \approx -1.7541$

25. $\log_2 7 + \log_2 6$

    $= \log_2(7 \cdot 6)$

    $= \log_2 42$

27. $\ln(2x) + \ln(x-7)$

    $= \ln(2x(x-7))$

    $= \ln(2x^2 - 14x)$

29. $\log(x+1) + \log(x-1)$

    $= \log((x+1)(x-1))$

    $= \log(x^2 - 1)$

Chapter 5: Exponential and Logarithmic Functions

31. $\log_3 28 - \log_3 7$
$= \log_3\left(\dfrac{28}{7}\right)$
$= \log_3(4)$

33. $\log x - \log(x+1)$
$= \log\left(\dfrac{x}{x+1}\right)$

35. $\ln(x-5) - \ln x$
$= \ln\left(\dfrac{x-5}{x}\right)$

37. $\ln(x^2 - 4) - \ln(x+2)$
$= \ln\left(\dfrac{x^2-4}{x+2}\right)$
$= \ln\left(\dfrac{(x+2)(x-2)}{x+2}\right)$
$= \ln(x-2)$

39. $\log_5(x^2 - 2x) + \log_5 x^{-1}$
$= \log_5\left(x^{-1}(x^2 - 2x)\right)$
$= \log_5(x-2)$

41. $\log_3(x+2) + \log_3(x-3) - \log_3(x+6)$
$= \log_3\left(\dfrac{(x+2)(x-3)}{x+6}\right)$
$= \log_3\left(\dfrac{x^2 - x - 6}{x+6}\right)$

43. $\ln 3 - \ln y^2 + \ln z$
$= \ln\left(\dfrac{3}{y^2}(z)\right)$
$= \ln\left(\dfrac{3z}{y^2}\right)$

45. $3\log x + \log(x-1)$
$= \log x^3 + \log(x-1)$
$= \log(x^3(x-1))$
$= \log(x^4 - x^3)$

47. $2\log x - \dfrac{1}{2}\log(x^2 + 1)$
$= \log x^2 - \log\sqrt{x^2 + 1}$
$= \log\left(\dfrac{x^2}{\sqrt{x^2+1}}\right)$

49. $2\log_3 p - 4(\log_3 2 + \log_3 q)$
$= 2\log_3 p - 4\log_3 2 - 4\log_3 q$
$= \log_3 p^2 - \log_3 2^4 - \log_3 q^4$
$= \log_3\left(\dfrac{p^2}{\frac{2^4}{q^4}}\right)$
$= \log_3\left(\dfrac{p^2}{16q^4}\right)$

51. $\log 8^{x+2} = (x+2)\log 8$

53. $\ln 5^{2x-1} = (2x-1)\ln 5$

55. $\log\sqrt{22} = \log 22^{\frac{1}{2}} = \dfrac{1}{2}\log 22$

57. $\log_5 81 = \log_5 3^4 = 4\log_5 3$

59. $\log(a^3 b) = \log a^3 + \log b = 3\log a + \log b$

61. $\ln(x\sqrt[4]{y}) = \ln x + \ln y^{\frac{1}{4}}$
$= \ln x + \dfrac{1}{4}\ln y$

63. $\ln\left(\dfrac{x^2}{y}\right) = \ln x^2 - \ln y$
$= 2\ln x - \ln y$

65. $\log\left(\sqrt{\dfrac{x-2}{x}}\right) = \log\left(\dfrac{x-2}{x}\right)^{\frac{1}{2}}$
$= \dfrac{1}{2}\log\left(\dfrac{x-2}{x}\right)$
$= \dfrac{1}{2}[\log(x-2) - \log x]$

5.4 Properties of Logarithms

67. $\log_2\left(3x^2 y^4 \sqrt{z}\right)$
$= \log_2 3 + \log_2 x^2 + \log_2 y^4 + \log_2 \sqrt{z}$
$= \log_2 3 + 2\log_2 x + 4\log_2 y + \frac{1}{2}\log_2 z$

69. $\log_3 \sqrt{\frac{x+2}{(x-2)(x+3)}}$
$= \log_3 \left(\frac{x+2}{(x-2)(x+3)}\right)^{\frac{1}{2}}$
$= \frac{1}{2}\log_3 \left(\frac{x+2}{(x-2)(x+3)}\right)$
$= \frac{1}{2}\left[\log_3(x+2) - \log_3(x-2)(x+3)\right]$
$= \frac{1}{2}\left[\log_3(x+2) - (\log_3(x-2) + \log_3(x+3))\right]$
$= \frac{1}{2}\left[\log_3(x+2) - \log_3(x-2) - \log_3(x+3)\right]$
$= \frac{1}{2}\log_3(x+2) - \frac{1}{2}\log_3(x-2) - \frac{1}{2}\log_3(x+3)$

71. $\log_7 60 = \frac{\ln 60}{\ln 7} = 2.104076884$

73. $\log_5 152 = \frac{\ln 152}{\ln 5} \approx 3.121512475$

75. $\log_3 1.73205 = \frac{\log 1.73205}{\log 3}$
≈ 0.499999576

77. $\log_{0.5} 0.125 = \frac{\log 0.125}{\log 0.5} = 3$

79. $f(x) = \log_3 x = \frac{\log x}{\log 3}$;
$f(5) = \frac{\log 5}{\log 3} \approx 1.4650$;
$f(15) = \frac{\log 15}{\log 3} \approx 2.4650$;
$f(45) = \frac{\log 45}{\log 3} \approx 3.4650$;
Outputs increase by 1; $f(3^3 \cdot 5) \approx 4.465$

81. $h(x) = \log_9 x = \frac{\log x}{\log 9}$;
$h(2) = \frac{\log 2}{\log 9} \approx 0.3155$;
$h(4) = \frac{\log 4}{\log 9} \approx 0.6309$;
$h(8) = \frac{\log 8}{\log 9} \approx 0.9464$;
Outputs are multiples of 0.3155;
$h(2^4) = 4(0.3155) \approx 1.2619$

83. $\log_b M = \frac{\log M}{\log b} = \frac{1}{\left(\frac{\log b}{\log M}\right)} = \frac{1}{\log_M b}$;
Verified.

85. a. $\log N = \log A - m\log X$
$\log N = \log A + \log X^{-m}$
$\log N = \log AX^{-m}$
$N = AX^{-m}$
b. $N = 9900 \cdot 2^{-1.5} \approx 3500$ people

87. $\text{pH} = -\log\left[H^+\right]$
$\text{pH} = -\log\left[4.786 \times 10^{-8}\right] \approx 7.32$
no. $\text{pH} \approx 7.32$

89. $\text{pH} = -\log\left[H^+\right]$
$\text{pH} = -\log\left[1.259 \times 10^{-6}\right] \approx 5.9$
No, $\text{pH} \approx 5.9$ and the soil must be treated further.

Chapter 5: Exponential and Logarithmic Functions

91. 600^{601} and 601^{600}

$\log_{600} 600^{601} = 601$

$\log_{600} 601^{600} = 600 \log_{600} 601 \approx$

$\approx 600 \cdot 1.0002 = 600.12 < 601$

600^{601} is larger than 601^{600};

$\dfrac{1}{99^{100}} = 99^{-100}$ and $\dfrac{1}{100^{99}} = 100^{-99}$

99^{-100} and 100^{-99}

$\log_{99} 99^{-100} = -100$

$\log_{99} 100^{-99} = -99 \log_{99} 100 \approx$

$-99 \cdot 1.0022 \approx -98.3095 > -100$

$\dfrac{1}{99^{100}}$ is smaller than $\dfrac{1}{100^{99}}$

93. a. $f(x+1) = m(x+1) + b$

$= m + (mx + b)$

$= m + f(x)$

b. $g(x+1) = a \cdot b^{x+1} = b \cdot (a \cdot b^x) = b \cdot g(x)$

c. For linear functions, increasing the input by one adds the previous output to m.

For exponential functions, increasing the input by one multiplies the previous output by b.

95. $f(x) = \dfrac{x^2 - x - 6}{x^2 - 1}$

$x^2 - x - 6 = (x-3)(x+2)$

Zeroes at $x = 3$ and $x = -2$

$x^2 - 1 = (x-1)(x+1)$

VA $x = 1$ and $x = -1$

HA $y = 1$

97. $2x(x-3) + 4 = (3x+5)(x-1)$

$2x(x-3) + 4 = (3x+5)(x-1)$

$2x^2 - 6x + 4 = 3x^2 + 5x - 3x - 5$

$(3-2)x^2 + (6+5-3)x - 4 - 5 = 0$

$x^2 + 8x - 9 = 0$

$(x+9)(x-1) = 0$

$x = 1$ or $x = -9$

5.5 Exercises

1. combine, exponential

3. False, Answers will vary

5. $\log 4 + \log(x-7) = 2$

$\log 4(x-7) = 2$

$4x - 28 = 10^2$

$4x = 128$

$x = 32$;

Check:

$\log 4 + \log(32 - 7) = 2$

$\log 4 + \log 25 = 2$

$\log 100 = 2$

$\log 10^2 = 2$

$2 = 2$

7. $\log(x-15) - 2 = -\log x$

$\log(x-15) + \log x = 2$

$\log x(x-15) = 2$

$x(x-15) = 10^2$

$x^2 - 15x = 100$

$x^2 - 15x - 100 = 0$

$(x-20)(x+5) = 0$

$x - 20 = 0$ or $x + 5 = 0$

$x = 20$ or $x = -5$;

Check $x = 20$:

$\log(20-15) - 2 = -\log 20$

$\log(5) - 2 = -\log 20$

$-1.3010 = -1.3010$;

Check $x = -5$:

$\log(-5-15) - 2 = -\log(-5)$

-5 is not in the domain;

$x = 20$, $x = -5$ is extraneous

5.5 Solving Exponential and Logarithmic Equations

9. $\log(2x+1) = 1 - \log x$
$\log(2x+1) + \log x = 1$
$\log x(2x+1) = 1$
$x(2x+1) = 10^1$
$2x^2 + x = 10$
$2x^2 + x - 10 = 0$
$(2x+5)(x-2) = 0$
$2x+5 = 0$ or $x-2 = 0$
$x = \dfrac{-5}{2}$ or $x = 2$;

Check $x = -\dfrac{5}{2}$:
$\log\left(2\left(-\dfrac{5}{2}\right)+1\right) = 1 - \log\left(-\dfrac{5}{2}\right)$
$\log(-4) = 1 - \log\left(-\dfrac{5}{2}\right)$

$-\dfrac{5}{2}$ is not in the domain;

Check $x = 2$:
$\log(2(2)+1) = 1 - \log(2)$
$\log(5) = 1 - \log(2)$
$0.69897 = 0.69897$;
$x = 2$, $x = -\dfrac{5}{2}$ is extraneous

11. $\log(5x+2) = \log 2$
$5x+2 = 2$
$5x = 0$
$x = 0$

13. $\log_4(x+2) - \log_4 3 = \log_4(x-1)$
$\log_4\left(\dfrac{x+2}{3}\right) = \log_4(x-1)$
$\dfrac{x+2}{3} = x-1$
$x+2 = 3x-3$
$-2x = -5$
$x = \dfrac{5}{2}$

15. $\ln(8x-4) = \ln 2 + \ln x$
$\ln(8x-4) = \ln(2x)$
$8x - 4 = 2x$
$6x = 4$
$x = \dfrac{2}{3}$

17. $\log_2 9 + \log_2(x+3) = 3$
Write in exponential form:
$\log_2(9x+27) = 3$
$2^3 = 9x + 27$
$8 = 9x + 27$
$-19 = 9x$
$x = \dfrac{-19}{9}$

19. $\ln(x+7) + \ln 9 = 2$
Write in exponential form:
$\ln(9x+63) = 2$
$e^2 = 9x + 63$
$e^2 - 63 = 9x$
$x = \dfrac{e^2 - 63}{9}$
$x \approx -6.1790$

21. $\log(x+8) + \log x = \log(x+18)$
Write in exponential form:
$\log(x^2 + 8x) = \log(x+18)$
$x^2 + 8x = x + 18$
$x^2 + 7x - 18 = 0$
$(x+9)(x-2) = 0$
$x+9 = 0$ or $x-2 = 0$
$x = -9$ or $x = 2$
$x = 2$, -9 is extraneous

23. $\log(-x-1) = \log(5x) + \log x$
$\log(-x-1) = \log(5x^2)$
$-x-1 = 5x^2$
$5x^2 + x + 1 = 0$
No Solution

Chapter 5: Exponential and Logarithmic Functions

25. $\log(x-1) - \log x = \log(x-3)$

$\log \dfrac{x-1}{x} = \log(x-3)$

$\dfrac{x-1}{x} = x-3$

$x - 1 = x(x-3)$

$x - 1 = x^2 - 3x$

$0 = x^2 - 4x + 1$

$a = 1, b = -4, c = 1$

$x = \dfrac{-(-4) \pm \sqrt{(-4)^2 - 4(1)(1)}}{2(1)}$

$x = \dfrac{4 \pm \sqrt{12}}{2}$

$x = \dfrac{4 \pm 2\sqrt{3}}{2}$

$x = 2 \pm \sqrt{3}$

$x = 2 + \sqrt{3}, x = 2 - \sqrt{3}$ is extraneous

27. $7^x = 231$

$\ln 7^x = \ln 231$

$(x) \ln 7 = \ln 231$

$x = \dfrac{\ln 231}{\ln 7}$

$x \approx 2.7968$

29. $5^{3x} - 2 = 128{,}965$

$\ln 5^{3x} = \ln 128{,}967$

$(3x) \ln 5 = \ln 128{,}967$

$3x = \dfrac{\ln 128{,}967}{\ln 5}$

$x = \dfrac{\ln 128{,}967}{3 \ln 5}$

$x \approx 2.4371$

31. $2^{x+1} = 3^x$

$\ln 2^{x+1} = \ln 3^x$

$(x+1) \ln 2 = x \ln 3$

$x \ln 2 + \ln 2 = x \ln 3$

$x \ln 2 - x \ln 3 = -\ln 2$

$x(\ln 2 - \ln 3) = -\ln 2$

$x = \dfrac{-\ln 2}{\ln 2 - \ln 3}$

$x = \dfrac{\ln 2}{\ln 3 - \ln 2}$

$x \approx 1.7095$

33. $5^{2x+1} = 9^{x+1}$

$\ln 5^{2x+1} = \ln 9^{x+1}$

$(2x+1) \ln 5 = (x+1) \ln 9$

$2x \ln 5 + \ln 5 = x \ln 9 + \ln 9$

$2x \ln 5 - x \ln 9 = \ln 9 - \ln 5$

$x(2 \ln 5 - \ln 9) = \ln 9 - \ln 5$

$x = \dfrac{\ln 9 - \ln 5}{2 \ln 5 - \ln 9}$

$x \approx 0.5753$

35. $\dfrac{250}{1 + 4e^{-0.06x}} = 200$

$250 = 200(1 + 4e^{-0.06x})$

$\dfrac{250}{200} = 1 + 4e^{-0.06x}$

$\dfrac{1}{4} = 4e^{-0.06x}$

$\dfrac{1}{16} = e^{-0.06x}$

$\ln \dfrac{1}{16} = \ln e^{-0.06x}$

$\ln \dfrac{1}{16} = -0.06x$

$\dfrac{\ln \dfrac{1}{16}}{-0.06} = x$

$x \approx 46.2$

5.5 Solving Exponential and Logarithmic Equations

37. $\sqrt[3]{x} = \ln(x+5)$

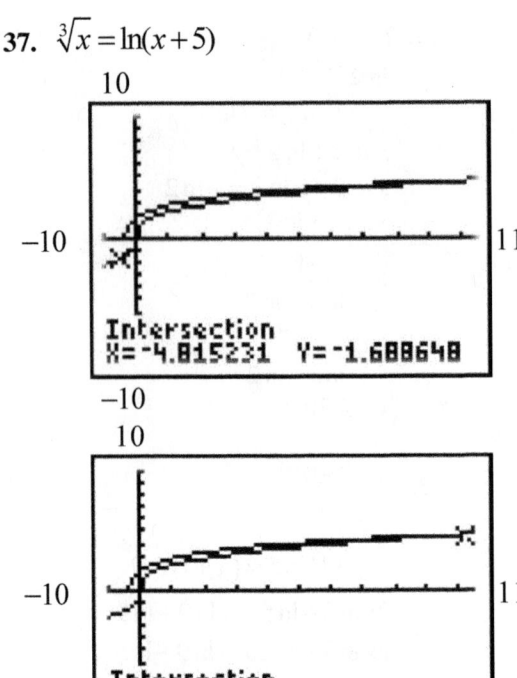

$x \approx -4.815$
$x \approx 102.084$

39. $2^{x^2-x-6} = x^2 + x - 6$

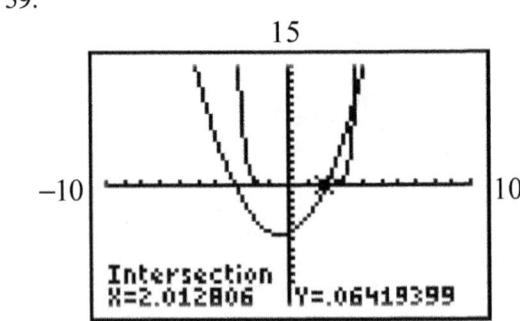

$x \approx 2.013$
$x \approx 3.608$

41. $P = \dfrac{C}{1+ae^{-kt}}$

$P(1+ae^{-kt}) = C$

$1+ae^{-kt} = \dfrac{C}{P}$

$ae^{-kt} = \dfrac{C}{P} - 1$

$e^{-kt} = \dfrac{\frac{C}{P}-1}{a}$

$\ln e^{-kt} = \ln\left(\dfrac{\frac{C}{P}-1}{a}\right)$

$-kt = \ln\left(\dfrac{\frac{C}{P}-1}{a}\right)$

$t = \dfrac{\ln\left(\dfrac{\frac{C}{P}-1}{a}\right)}{-k}$;

For $P(0) = 50$, $C = 450$, $P = 400$, $k = 0.075$

$a = \dfrac{C - P(0)}{P(0)} = \dfrac{450-50}{50} = \dfrac{400}{50} = 8$

$t = \dfrac{\ln\left(\dfrac{\frac{450}{400}-1}{8}\right)}{-0.075} \approx 55.45$

Chapter 5: Exponential and Logarithmic Functions

43. $P(t) = \dfrac{750}{1+24e^{-0.075t}}$

   a. $P(0) = \dfrac{750}{1+24e^{-0.075(0)}}$

   $P(0) = 30$ fish

   $300 = \dfrac{750}{1+24e^{-0.075t}}$

   $300(1+24e^{-0.075t}) = 750$

   $1+24e^{-0.075t} = \dfrac{750}{300}$

   $24e^{-0.075t} = \dfrac{3}{2}$

   $e^{-0.075t} = \dfrac{1}{16}$

   $\ln e^{-0.075t} = \ln \dfrac{1}{16}$

   $-0.075t = \ln \dfrac{1}{16}$

   $t = \dfrac{\ln \frac{1}{16}}{-0.075}$

   $t \approx 37$ months

45. $H = (30T+8{,}000)\ln\left(\dfrac{P_0}{P}\right)$, $P_0 = 76$

   $H = 18250, T = -75$

   $18{,}250 = (30(-75)+8{,}000)\ln\left(\dfrac{76}{P}\right)$

   $18{,}250 = 5{,}750\ln\left(\dfrac{76}{P}\right)$

   $\dfrac{18{,}250}{5{,}750} = \ln\left(\dfrac{76}{P}\right)$

   $e^{\frac{73}{23}} = \dfrac{76}{P}$

   $Pe^{\frac{73}{23}} = 76$

   $P = \dfrac{76}{e^{\frac{73}{23}}}$

   $P \approx 3.2$ cmHg

47. $T = T_R + (T_0 - T_R)e^{kh}$

   $32 = -20 + (75-(-20))e^{-0.012h}$

   $52 = 95e^{-0.012h}$

   $\dfrac{52}{95} = e^{-0.012h}$

   $\ln \dfrac{52}{95} = \ln e^{-0.012h}$

   $\ln \dfrac{52}{95} = -0.012h$

   $\dfrac{\ln \frac{52}{95}}{-0.012} = h$

   $h \approx 50.2$; about 50 minutes

49. $T = k\ln \dfrac{V_n}{V_f}$

   $3 = 5\ln \dfrac{28500}{V_f}$

   $\dfrac{3}{5} = \ln \dfrac{28500}{V_f}$

   $e^{\frac{3}{5}} = \dfrac{28500}{V_f}$

   $V_f e^{\frac{3}{5}} = 28500$

   $V_f = \dfrac{28500}{e^{\frac{3}{5}}}$

   $V_f = \$15{,}641$

51. $T(p) = \dfrac{-\ln p}{k}$

   a. $k = 0.072$

   $T(0.65) = \dfrac{-\ln 0.65}{0.072} \approx 5.98$

   About 6 hours

   b. $24 = \dfrac{-\ln P}{0.072}$

   $24(0.072) = -\ln P$

   $1.728 = -\ln P$

   $-1.728 = \ln P$

   $e^{-1.728} = P$

5.5 Solving Exponential and Logarithmic Equations

$P \approx 0.1776$ or 18.0%

53.
$$V_s = V_e \ln\left(\frac{M_s}{M_s - M_f}\right)$$

$$6 = 8\ln\left(\frac{100}{100 - M_f}\right)$$

$$\frac{6}{8} = \ln\left(\frac{100}{100 - M_f}\right)$$

$$\frac{3}{4} = \ln\left(\frac{100}{100 - M_f}\right)$$

$$e^{\frac{3}{4}} = \frac{100}{100 - M_f}$$

$$e^{\frac{3}{4}}(100 - M_f) = 100$$

$$100e^{\frac{3}{4}} - M_f e^{\frac{3}{4}} = 100$$

$$100e^{\frac{3}{4}} = 100 + M_f e^{\frac{3}{4}}$$

$$100e^{\frac{3}{4}} - 100 = M_f e^{\frac{3}{4}}$$

$$\frac{100e^{\frac{3}{4}} - 100}{e^{\frac{3}{4}}} = M_f$$

$M_f = 52.76$ tons

55. $P(t) = 5.9 + 12.6 \ln t$

a. $P(5) = 5.9 + 12.6 \ln 5 = 26$ planes

b. $34 = 5.9 + 12.6 \ln t$
$28.1 = 12.6 \ln t$
$\frac{28.1}{12.6} = \ln t$
$e^{\frac{28.1}{12.6}} = t$
$t \approx 9$ days

57. $2e^{2x} - 7e^x = 15$

Let $u = e^x$

$2u^2 - 7u - 15 = 0$
$(2u + 3)(u - 5) = 0$
$2u + 3 = 0$ or $u - 5 = 0$
$2u = -3$ or $u = 5$
$u = -\frac{3}{2}$ or $u = 5$

$e^x = -\frac{3}{2}$ or $e^x = 5$

$\ln e^x = \ln\left(-\frac{3}{2}\right)$ or $\ln e^x = \ln 5$

$x \neq \ln\left(-\frac{3}{2}\right)$ or $x = \ln 5$

$x \approx 1.609438$

59. a. $f(x) = \log(x - 2) + 1$
$y = \log(x - 2) + 1$
$x = \log(y - 2) + 1A$
$x - 1 = \log(y - 2)$
$10^{x-1} = 10^{\log(y-2)}$
$10^{x-1} = y - 2$
$10^{x-1} + 2 = y$
$f^{-1}(x) = 10^{x-1} + 2$;

The domain of f^{-1} is the range of f:
$D: x \in (-\infty, \infty)$;

The range of f^{-1} is the domain of f:
$R: y \in (2, \infty)$

b. $f(x) = e^{x+5} - 2$
$y = e^{x+5} - 2$
$x = e^{y+5} - 2$
$x + 2 = e^{y+5}$
$\ln(x + 2) = \ln e^{y+5}$
$\ln(x + 2) = y + 5$
$\ln(x + 2) - 5 = y$
$f^{-1}(x) = \ln(x + 2) - 5$;

The domain of f^{-1} is the range of f:
$D: x \in (-2, \infty)$;

The range of f^{-1} is the domain of f:
$R: y \in (-\infty, \infty)$

Chapter 5: Exponential and Logarithmic Functions

61. a. d
    b. e
    c. b
    d. f
    e. a
    f. c

63. a. $y = \sqrt{2x+3}$
    $2x+3 \geq 0$
    $2x \geq -3$
    $x \geq \dfrac{-3}{2}$
    $x \in \left[-\dfrac{3}{2}, \infty\right)$, $y \in [0, \infty)$

    b. $y = |x+2| - 3$
    $x \in (-\infty, \infty)$, $y \in [-3, \infty)$

65. $L = \dfrac{kd^4}{h^2}$

    $6 = \dfrac{k(2)^4}{8^2}$

    $24 = k$;

    $L = \dfrac{24d^4}{h^2}$

    $L = \dfrac{24(3)^4}{12^2}$

    $L = 13.5$ tons

5.6 Exercises

1. Compound

3. Answers will vary.

5. $I = Prt$;

    9 months = $\dfrac{3}{4}$ year;

    $229.50 = P(0.0625)(0.75)$

    $\dfrac{229.50}{(0.0625)(0.75)} = P$

    $\$4896 = P$

7. $I = Prt$

    $297.50 - 260 = 260r\left(\dfrac{3}{52}\right)$

    $37.5 = 15r$

    $\dfrac{37.5}{15} = r$

    $2.50 = r$

    $r = 250\%$

9. $A = p(1 + rt)$

    $2500 = p\left(1 + 0.0625\left(\dfrac{31}{12}\right)\right)$

    $2500 = p\left(\dfrac{223}{192}\right)$

    $p \approx \$2152.47$

11. $A = P(1 + rt)$

    $149925 = 120000(1 + 0.0475t)$

    $\dfrac{1999}{1600} = 1 + 0.0475t$

    $\dfrac{399}{1600} = 0.0475t$

    5.25 years $= t$

13. $I = Prt$

    $40 = 200r\left(\dfrac{13}{52}\right)$

    $40 = 50r$
    $0.80 = r$
    $r = 80\%$

5.6 Applications from Business, Finance, and Science

15. $A = P(1+r)^t$

$48428 = 38000(1+0.0625)^t$

$\dfrac{12107}{9500} = (1+0.0625)^t$

$\ln \dfrac{12107}{9500} = \ln(1+0.0625)^t$

$\ln \dfrac{12107}{9500} = t\ln(1+0.0625)$

$\dfrac{\ln \dfrac{12107}{9500}}{\ln(1+0.0625)} = t$

$t \approx 4$ years

17. $A = P(1+r)^t$

$4575 = 1525(1+0.071)^t$

$3 = (1+0.071)^t$

$\ln 3 = \ln(1+0.071)^t$

$\ln 3 = t\ln(1+0.071)$

$\dfrac{\ln 3}{\ln(1+0.071)} = t$

$t \approx 16$ years

19. $P = \dfrac{A}{(1+r)^t}$

$P = \dfrac{10{,}000}{(1+0.0575)^5} = \$7561.33$

21. $A = P\left(1+\dfrac{r}{n}\right)^{nt}$

$129500 = 90000\left(1+\dfrac{0.07125}{52}\right)^{52t}$

$\dfrac{259}{180} = \left(1+\dfrac{0.07125}{52}\right)^{52t}$

$\ln\left(\dfrac{259}{180}\right) = \ln(1.001370192)^{52t}$

$\ln\left(\dfrac{259}{180}\right) = 52t\ln(1.001370192)$

$\dfrac{\ln\left(\dfrac{259}{180}\right)}{52\ln(1.001370192)} = t$

$t \approx 5$ years

23. $A = P\left(1+\dfrac{r}{n}\right)^{nt}$

$10000 = 5000\left(1+\dfrac{0.0925}{365}\right)^{365t}$

$2 = (1.000253425)^{365t}$

$\ln 2 = \ln(1.000253425)^{365t}$

$\ln 2 = 365t\ln(1.000253425)$

$\dfrac{\ln 2}{365\ln(1.000253425)} = t$

$t \approx 7.5$ years

25. $A = P\left(1+\dfrac{r}{n}\right)^{nt}$

$A = 10\left(1+\dfrac{0.10}{10}\right)^{10(10)} \approx \$27.04$, No

27. $A = P\left(1+\dfrac{r}{n}\right)^{nt}$

a. $A = 175000\left(1+\dfrac{0.0875}{2}\right)^{2(4)}$

$\approx \$246496.05$, No

b. $r \approx 9.12\%$

29. $A = Pe^{rt}$

$2500 = 1750e^{0.045t}$

$\dfrac{10}{7} = e^{0.045t}$

$\ln\left(\dfrac{10}{7}\right) = \ln e^{0.045t}$

$\ln\left(\dfrac{10}{7}\right) = 0.045t \ln e$

$\ln\left(\dfrac{10}{7}\right) = 0.045t$

$\dfrac{\ln\left(\dfrac{10}{7}\right)}{0.045} = t$

$t \approx 7.9$ years

Chapter 5: Exponential and Logarithmic Functions

31. $A = Pe^{rt}$
$10000 = 5000e^{0.0925t}$
$2 = e^{0.0925t}$
$\ln 2 = \ln e^{0.0925t}$
$\ln 2 = 0.0925t \ln e$
$\dfrac{\ln 2}{0.0925} = t$
$t \approx 7.5$ years

33. $A = Pe^{rt}$
a. $A = 12500e^{0.086(5)} = 19215.72$ euros, No
b. $20000 = 12500e^{r(5)}$
$\dfrac{8}{5} = e^{5r}$
$\ln\left(\dfrac{8}{5}\right) = \ln e^{5r}$
$\ln\left(\dfrac{8}{5}\right) = 5r \ln e$
$\dfrac{\ln\left(\dfrac{8}{5}\right)}{5} = r$
$r \approx 9.4\%$

35. $A = Pe^{rt}$
a. $A = 12000e^{0.055(7)} \approx 17635.37$ euros, No
b. $20000 = Pe^{0.055(7)}$
$\dfrac{20000}{e^{0.055(7)}} = P$
$P \approx 13{,}609$ euros

37. $t = \dfrac{1}{r} \cdot \ln\left(\dfrac{A}{P}\right)$
a. $8 = \dfrac{1}{0.05} \cdot \ln\left(\dfrac{A}{200000}\right)$
$0.4 = \ln\left(\dfrac{A}{200000}\right)$
By definition, $\ln x = y$ iff $e^y = x$
$e^{0.4} = \dfrac{A}{200000}$
$200000e^{0.4} = A$
No, $298364.94;

b. $8 = \dfrac{1}{0.05} \cdot \ln\left(\dfrac{350000}{P}\right)$
$0.4 = \ln\left(\dfrac{350000}{P}\right)$
By definition, $\ln x = y$ iff $e^y = x$
$e^{0.4} = \dfrac{350000}{P}$
$\dfrac{350000}{e^{0.4}} = P$
$P = \$234{,}612.01$

39. $A = \dfrac{P}{R}[(1+R)^N - 1];\ N = nt;\ R = \dfrac{r}{n}$
$10000 = \dfrac{90}{\dfrac{0.0775}{12}}\left[\left(1+\dfrac{0.0775}{12}\right)^{12t} - 1\right]$
$\dfrac{775}{12} = 90\left[\left(1+\dfrac{0.0775}{12}\right)^{12t} - 1\right]$
$\dfrac{155}{216} = \left(1+\dfrac{0.0775}{12}\right)^{12t} - 1$
$\dfrac{371}{216} = \left(1+\dfrac{0.0775}{12}\right)^{12t}$
$\ln\left(\dfrac{371}{216}\right) = \ln\left(1+\dfrac{0.0775}{12}\right)^{12t}$
$\ln\left(\dfrac{371}{216}\right) = 12t \ln\left(1+\dfrac{0.0775}{12}\right)$
$\dfrac{\ln\left(\dfrac{371}{216}\right)}{12\ln\left(1+\dfrac{0.0775}{12}\right)} = t$
≈ 7 years

5.6 Applications from Business, Finance, and Science

41. $A = \dfrac{P}{R}[(1+R)^N - 1]; \; N = nt; \; R = \dfrac{r}{n}$

$30000 = \dfrac{50}{\frac{0.066}{12}}\left[\left(1+\dfrac{0.066}{12}\right)^{12t} - 1\right]$

$165 = 50\left[\left(1+\dfrac{0.066}{12}\right)^{12t} - 1\right]$

$3.3 = \left(1+\dfrac{0.066}{12}\right)^{12t} - 1$

$4.3 = \left(1+\dfrac{0.066}{12}\right)^{12t}$

$\ln 4.3 = \ln\left(1+\dfrac{0.066}{12}\right)^{12t}$

$\ln(4.3) = 12t \ln\left(1+\dfrac{0.066}{12}\right)$

$\dfrac{\ln(4.3)}{12\ln\left(1+\dfrac{0.066}{12}\right)} = t$

≈ 22 years

43. $A = \dfrac{P}{R}[(1+R)^N - 1]; \; N = nt; \; R = \dfrac{r}{n}$

a. $A = \dfrac{250}{\frac{0.09}{12}}\left[\left(1+\dfrac{0.09}{12}\right)^{12(5)} - 1\right]$

$\approx \$18,856.03$, No

b. $22500 = \dfrac{P}{\frac{0.09}{12}}\left[\left(1+\dfrac{0.09}{12}\right)^{12(5)} - 1\right]$

$168.75 = P\left[\left(1+\dfrac{0.09}{12}\right)^{12(5)} - 1\right]$

$\dfrac{168.75}{\left[\left(1+\dfrac{0.09}{12}\right)^{12(5)} - 1\right]} = P$

$P \approx \$298.31$

45. $A = P + Prt$

a. $A - P = Prt$

$\dfrac{A-P}{Pr} = t$

b. $A = P(1+rt)$

$\dfrac{A}{1+rt} = P$

47. $A = P\left(1+\dfrac{r}{n}\right)^{nt}$

a. $\dfrac{A}{P} = \left(1+\dfrac{r}{n}\right)^{nt}$

$\sqrt[nt]{\dfrac{A}{P}} = 1 + \dfrac{r}{n}$

$\sqrt[nt]{\dfrac{A}{P}} - 1 = \dfrac{r}{n}$

$n\left(\sqrt[nt]{\dfrac{A}{P}} - 1\right) = r$

b. $\ln\left(\dfrac{A}{P}\right) = \ln\left(1+\dfrac{r}{n}\right)^{nt}$

$\ln\left(\dfrac{A}{P}\right) = nt \ln\left(1+\dfrac{r}{n}\right)$

$\dfrac{\ln\left(\dfrac{A}{P}\right)}{n\ln\left(1+\dfrac{r}{n}\right)} = t$

49. $Q(t) = Q_0 e^{rt}$

a. $\dfrac{Q(t)}{e^{rt}} = Q_0$

b. $\dfrac{Q(t)}{Q_0} = e^{rt}$

$\ln\left(\dfrac{Q(t)}{Q_0}\right) = \ln e^{rt}$

$\ln\left(\dfrac{Q(t)}{Q_0}\right) = rt \ln e$

$\dfrac{\ln\left(\dfrac{Q(t)}{Q_0}\right)}{r} = t$

51. $P = \dfrac{PR}{1-(1+R)^{-N}}; \; N = nt; \; R = \dfrac{r}{n}$

$P = \dfrac{125000\left(\dfrac{0.055}{12}\right)}{1-\left(1+\dfrac{0.055}{12}\right)^{-12(30)}}$

$P \approx \$709.74$

Chapter 5: Exponential and Logarithmic Functions

53. $Q(t) = Q_0 e^{rt}$

   a. $2000 = 1000 e^{r(12)}$

      $2 = e^{12r}$

      $\ln 2 = \ln e^{12r}$

      $\ln 2 = 12r \ln e$

      $\dfrac{\ln 2}{12} = r$

      $r \approx 5.8\%$

   b. $200000 = 1000 e^{(0.0578)t}$

      $200 = e^{(0.0578)t}$

      $\ln 200 = \ln e^{(0.0578)t}$

      $\ln 200 = 0.0578 t \ln e$

      $\dfrac{\ln 200}{0.0578} = t$

      $t \approx 92$ hours

55. $Q(t) = Q_0 e^{rt}$

   a. $1327 = 1145 e^{r(10)}$

      $\dfrac{1327}{1145} = e^{10r}$

      $\ln\left(\dfrac{1327}{1145}\right) = \ln e^{10r}$

      $\ln\left(\dfrac{1327}{1145}\right) = 10r \ln e$

      $\dfrac{\ln\left(\dfrac{1327}{1145}\right)}{10} = r$

      $r \approx 1.475\%$

      For a population of 1,000,000:

      $1000 = 1145 e^{0.01475t}$

      $\dfrac{1000}{1145} = e^{0.01475t}$

      $\ln\left(\dfrac{1000}{1145}\right) = \ln e^{0.01475t}$

      $\ln\left(\dfrac{1000}{1145}\right) = 0.01475 t \ln e$

      $\dfrac{-0.14}{0.01475} = t$

      $t \approx -9.49$

      The population broke the one million mark about 1990.

   b. $2000 = 1145 e^{0.01475t}$

      $\dfrac{2000}{1145} = e^{0.01475t}$

      $\ln\left(\dfrac{2000}{1145}\right) = \ln e^{0.01475t}$

      $\ln\left(\dfrac{2000}{1145}\right) = 0.01475 t \ln e$

      $\dfrac{0.558}{0.01475} = t$

      $t \approx 37$

      The population will exceed two million mark about 2037.

   c. $Q(t) = 1145 e^{0.01475(25)}$

      $\approx 1,656,000$

57. $r = \dfrac{\ln 2}{t}$

   $r = \dfrac{\ln 2}{8}$

   $r \approx 0.087$ or $r \approx 8.7\%$;

   $Q(t) = Q_0 e^{-rt}$

   $0.5 = Q_0 e^{-0.087(3)}$

   $\dfrac{0.5}{e^{-0.087(3)}} = Q_0$

   $Q_0 \approx 0.65$ grams

59. $r = \dfrac{\ln 2}{t}$

   $r = \dfrac{\ln 2}{432}$;

   $Q(t) = Q_0 e^{-rt}$

   $2.7 = 10 e^{-\frac{\ln 2}{432} t}$

   $0.27 = e^{-\frac{\ln 2}{432} t}$

   $\ln 0.27 = \ln e^{-\frac{\ln 2}{432} t}$

   $\ln 0.27 = -\dfrac{\ln 2}{432} t \ln e$

   $\dfrac{\ln 0.27}{-\dfrac{\ln 2}{432}} = t$

   ≈ 816 years

5.6 Applications from Business, Finance, and Science

61. $T = -8267 \cdot \ln p$

$17255 = -8267 \cdot \ln p$

$\dfrac{17255}{-8267} = \ln p$

$e^{-\frac{17255}{8267}} = e^{\ln p}$

$e^{-\frac{17255}{8267}} = p$

$p \approx 0.124$

About 12.4 %

63. $p(w) = 10 + 90e^{-0.027w}$

a. $p(w) = 10 + 90e^{-0.027(12)} \approx 75\%$

b. $p(w) = 10 + 90e^{-0.027(52)} \approx 32\%$

c. $25 = 10 + 90e^{-0.027w}$

$15 = 90e^{-0.027w}$

$\ln\left(\dfrac{1}{6}\right) = \ln e^{-0.027w}$

$\ln\left(\dfrac{1}{6}\right) = -0.027w \ln e$

$\dfrac{\ln\left(\dfrac{1}{6}\right)}{-0.027} = w$

≈ 66 weeks

65. $A = pe^{rt}$

$A = 10000e^{0.062(120)} = \$17,027,502.21$

Answers will vary.

67. a. $f(x) = x, f(x) = x^3, f(x) = \sqrt{x},$

$f(x) = \sqrt[3]{x}, f(x) = \dfrac{1}{x}$

b. $f(x) = |x|, f(x) = x^2, f(x) = \dfrac{1}{x^2}$

c. $f(x) = x, f(x) = x^3, f(x) = \sqrt{x},$

$f(x) = \sqrt[3]{x}$

d. $f(x) = \dfrac{1}{x}, f(x) = \dfrac{1}{x^2}$

69. $P(x) =$
$(x-3)(x+1)(x-(1+2i))(x-(1-2i))$

$P(x) = (x^2 - 2x - 3)((x-1)^2 - 4i^2)$

$P(x) = (x^2 - 2x - 3)(x^2 - 2x + 1 + 4)$

$P(x) = (x^2 - 2x - 3)(x^2 - 2x + 5)$

$P(x) = x^4 - 2x^3 + 5x^2 - 2x^3 + 4x^2$
$ -10x - 3x^2 + 6x - 15$

$P(x) = x^4 - 4x^3 + 6x^2 - 4x - 15$

Making Connections

1. a

3. e

5. c

7. e

9. b

11. g

13. c

15. d

Chapter 5: Exponential and Logarithmic Functions

Summary and Concept Review

1. $h(x) = -|x-2| + 3$; No

3. $s(x) = \sqrt{x-1} + 5$; Yes

5. $f(x) = x^2 - 2, \ x \geq 0$
$$y = x^2 - 2$$
$$x = y^2 - 2$$
$$x + 2 = y^2$$
$$\sqrt{x+2} = y$$
$$f^{-1}(x) = \sqrt{x+2}$$
$$(f \circ f^{-1})(x) = f[f^{-1}(x)]$$
$$= (f^{-1}(x))^2 - 2$$
$$= (\sqrt{x+2})^2 - 2$$
$$= x + 2 - 2$$
$$= x;$$
$$(f^{-1} \circ f)(x) = f^{-1}[f(x)]$$
$$= \sqrt{f(x) + 2}$$
$$= \sqrt{x^2 - 2 + 2}$$
$$= \sqrt{x^2}$$
$$= x$$

7. $f(x)$:
$$\begin{cases} D: x \in [-4, \infty) \\ R: y \in [0, \infty) \end{cases}$$
$f^{-1}(x)$:
$$\begin{cases} D: x \in [0, \infty) \\ R: y \in [-4, \infty) \end{cases}$$

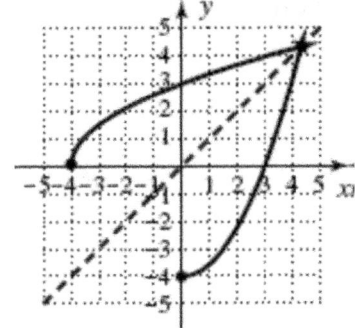

9. $f(x)$:
$$\begin{cases} D: x \in (-\infty, \infty) \\ R: y \in (0, \infty) \end{cases}$$
$f^{-1}(x)$:
$$\begin{cases} D: x \in (0, \infty) \\ R: y \in (-\infty, \infty) \end{cases}$$

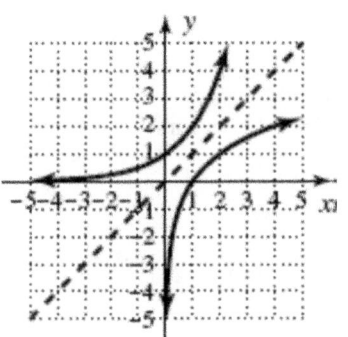

11. $f(x) = 2^x + 3$
Asymptote: $y = 3$

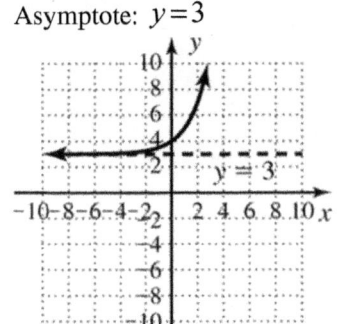

13. $h(x) = -e^{x+1} - 2$
Left 1, reflected across the x-axis, down 2,

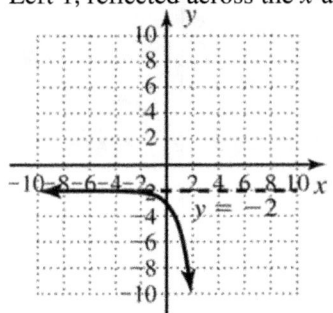

15. $4^x = \dfrac{1}{16}$
$$4^x = 4^{-2}$$
$$x = -2$$

263

Chapter 5 Summary and Concept Review

17. $20000 = 142000 \cdot (0.85)^t$

$\dfrac{10}{71} = 0.85^t$

$\ln\left(\dfrac{10}{71}\right) = \ln 0.85^t$

$\ln\left(\dfrac{10}{71}\right) = t \ln 0.85$

$\dfrac{\ln\left(\dfrac{10}{71}\right)}{\ln 0.85} = t$

About 12.1 years

19. $\log_5 \dfrac{1}{125} = -3$

$5^{-3} = \dfrac{1}{125}$

21. $5^2 = 25$
$\log_5 25 = 2$

23. $3^4 = 81$
$\log_3 81 = 4$

25. $\ln \dfrac{1}{e} = x$

$e^x = \dfrac{1}{e}$

$e^x = e^{-1}$

$x = -1$

27. $f(x) = \log_2 x$
Asymptote: $x = 0$

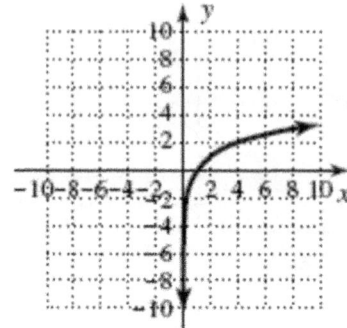

29. $h(x) = 2 + \ln(x-1)$
Asymptote: $x = 1$

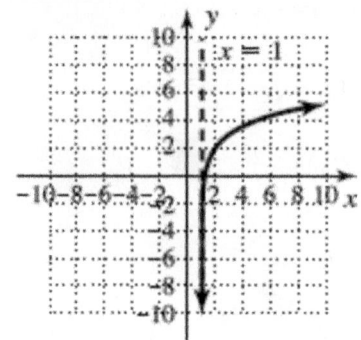

31. $f(x) = \ln(x^2 - 6x)$

$x^2 - 6x > 0$

$x(x-6) > 0$

Zeros: $x = 0, x = 6$

$x = -1$

$(-1)(-1-6) = -1 \cdot -7 = 7 \to$ pos

$x = 1$

$1(1-6) = 1(-5) = -5 \to$ neg

$x = 7$

$7(7-6) = 7(1) = 7 \to$ pos

Domain: $x \in (-\infty, 0) \cup (6, \infty)$

33. a. $\ln x = 32$

$e^{32} = x$

b. $\log x = 2.38$

$10^{2.38} = x$

c. $e^x = 9.8$

$\ln e^x = \ln 9.8$

$x = \ln 9.8$

d. $10^x = \sqrt{7}$

$\log 10^x = \log \sqrt{7}$

$x = \log \sqrt{7}$

$x = \dfrac{1}{2} \log 7$

Chapter 5: Exponential and Logarithmic Functions

35. **a.** $\ln 7 + \ln 6$
    $\ln 42$
    b. $\log_9 2 + \log_9 15$
    $\log_9 30$
    c. $\ln(x+3) - \ln(x-1)$
    $\ln\left(\dfrac{x+3}{x-1}\right)$
    d. $\log x + \log(x+1)$
    $\log(x^2 + x)$

37. **a.** $\ln\left(x\sqrt[4]{y}\right)$
    $= \ln x + \ln y^{\frac{1}{4}}$
    $= \ln x + \dfrac{1}{4}\ln y$
    b. $\ln\left(\sqrt[3]{pq}\right)$
    $= \ln p^{\frac{1}{3}} + \ln q$
    $= \dfrac{1}{3}\ln p + \ln q$
    c. $\log\left(\dfrac{\sqrt[3]{x^5 y^4}}{\sqrt{x^5 y^3}}\right)$
    $= \log\left(\sqrt[3]{x^5 y^4}\right) - \log\sqrt{x^5 y^3}$
    $= \log x^{\frac{5}{3}} y^{\frac{4}{3}} - \log x^{\frac{5}{2}} y^{\frac{3}{2}}$
    $= \log x^{\frac{5}{3}} + \log y^{\frac{4}{3}} - \log x^{\frac{5}{2}} - \log y^{\frac{3}{2}}$
    $= \dfrac{5}{3}\log x + \dfrac{4}{3}\log y - \dfrac{5}{2}\log x - \dfrac{3}{2}\log y$
    d. $\log\left(\dfrac{4\sqrt[3]{p^5 q^4}}{\sqrt{p^3 q^2}}\right)$
    $= \log 4\sqrt[3]{p^5 q^4} - \log\sqrt{p^3 q^2}$
    $= \log 4 p^{\frac{5}{3}} q^{\frac{4}{3}} - \log p^{\frac{3}{2}} q$
    $= \log 4 + \log p^{\frac{5}{3}} + \log q^{\frac{4}{3}} - \left(\log p^{\frac{3}{2}} + \log q\right)$
    $= \log 4 + \dfrac{5}{3}\log p + \dfrac{4}{3}\log q - \dfrac{3}{2}\log p - \log q$

39. $2^x = 7$
    $\ln 2^x = \ln 7$
    $x\ln 2 = \ln 7$
    $x = \dfrac{\ln 7}{\ln 2}$
    $x \approx 2.8074$

41. $e^{x-2} = 3^{-x}$
    $\ln e^{x-2} = \ln 3^{-x}$
    $x - 2 = -x\ln 3$
    $x + x\ln 3 = 2$
    $x(1 + \ln 3) = 2$
    $x = \dfrac{2}{1 + \ln 3}$
    $x \approx 0.9530$

43. $\log x + \log(x-3) = 1$
    $\log x(x-3) = 1$
    $10^1 = x(x-3)$
    $0 = x^2 - 3x - 10$
    $0 = (x-5)(x+2)$
    $x = 5$ or $x = -2$
    $5, -2$ is extraneous

45. $r(h) = \dfrac{\ln 2}{h}$
    a. $r(3.9) = \dfrac{\ln 2}{3.9}$
    $\approx 17.77\%$
    b. $0.0289 = \dfrac{\ln 2}{h}$
    $0.0289h = \ln 2$
    $h = \dfrac{\ln 2}{0.0289}$
    About 23.98 days

47. $I = Prt$
    $27.75 = 600r\left(\dfrac{3}{12}\right)$
    $4\left(\dfrac{27.75}{600}\right) = r$
    $r = 0.185$
    18.5%

Chapter 5   Summary and Concept Review

49. $A = \dfrac{P\left[(1+R)^{nt} - 1\right]}{R}$

a. $A = \dfrac{260\left[\left(1+\dfrac{0.075}{12}\right)^{12(4)} - 1\right]}{\dfrac{0.075}{12}}$

$A \approx \$14501.72$,
No

b. $15000 = \dfrac{P\left[\left(1+\dfrac{0.075}{12}\right)^{12(4)} - 1\right]}{\dfrac{0.075}{12}}$

$93.75 = P\left[\left(1+\dfrac{0.075}{12}\right)^{12(4)} - 1\right]$

$\dfrac{93.75}{\left[\left(1+\dfrac{0.075}{12}\right)^{12(4)} - 1\right]} = P$

$P \approx \$268.93$

Practice Test

1. $\log_3 81 = 4$
   $3^4 = 81$

3. $\log_b\left(\dfrac{\sqrt{x^5}\, y^3}{z}\right)$

   $= \log_b \sqrt{x^5}\, y^3 - \log_b z$

   $= \log_b x^{\frac{5}{2}} y^3 - \log_b z$

   $= \log_b x^{\frac{5}{2}} + \log_b y^3 - \log_b z$

   $= \dfrac{5}{2}\log_b x + 3\log_b y - \log_b z$

5. $5^{x-7} = 125$
   $5^{x-7} = 5^3$
   $x - 7 = 3$
   $x = 10$

7. $\log_a 45$
   $= \log_a (3^2 \cdot 5)$
   $= \log_a 3^2 + \log_a 5$
   $= 2\log_a 3 + \log_a 5$
   $= 2(0.48) + 1.72$
   $= 2.68$

9. $g(x) = -2^{x-1} + 3$
   HA: $y = 3$

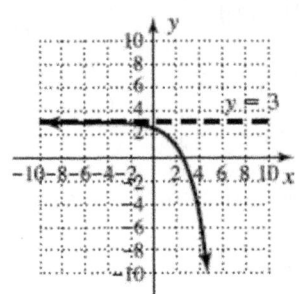

11. a. $\log_3 100$

    $= \dfrac{\log 100}{\log 3}$

    $= \dfrac{\log 10^2}{\log 3}$

    $= \dfrac{2 \log 10}{\log 3}$

    $= \dfrac{2}{\log 3}$

    ≈ 4.19

    b. $\log_6 0.235$

    $= \dfrac{\log 0.235}{\log 6}$

    ≈ -0.81

13. $3^{x-1} = 89$
    $\ln 3^{x-1} = \ln 89$
    $(x-1)\ln 3 = \ln 89$
    $x - 1 = \dfrac{\ln 89}{\ln 3}$
    $x = 1 + \dfrac{\ln 89}{\ln 3}$
    $x \approx 5.0857$

Chapter 5: Exponential and Logarithmic Functions

15. $3000 = 8000(0.82)^t$

$\dfrac{3}{8} = (0.82)^t$

$\ln\left(\dfrac{3}{8}\right) = \ln(0.82)^t$

$\ln\left(\dfrac{3}{8}\right) = t\ln(0.82)$

$\dfrac{\ln\left(\dfrac{3}{8}\right)}{\ln 0.82} = t$

$t \approx 5$ years

17. $Q(t) = -2600 + 1900\ln t$

$3000 = -2600 + 1900\ln t$

$5600 = 1900\ln t$

$\dfrac{56}{19} = \ln t$

$e^{\frac{56}{19}} = e^{\ln t}$

$e^{\frac{56}{19}} = t$

$t \approx 19.1$ months

Calculator Exploration and Discovery

1. $3^x = 22 - x;\ x \approx 2.7$

3. $xe^{x-1} = 9;\ x \approx 2.3$

Strengthening Core Skills

1. $\dfrac{10^{5.5}}{10^{3.4}} = 10^{2.1} \approx 126$

about 126 times hotter

Cumulative Review: Chapters R–5

1. $x^2 - 4x + 53 = 0$

$a = 1, b = -4, c = 53$

$x = \dfrac{-(-4) \pm \sqrt{(-4)^2 - 4(1)(53)}}{2(1)}$

$x = \dfrac{4 \pm \sqrt{-196}}{2}$

19. $W(t) = 6.79\ln t - 11.97$

a. 6 months = 26 weeks

$W(26) = 6.79\ln 26 - 11.97$

$= 10.2$ pounds

b. $12 = 6.79\ln t - 11.97$

$23.97 = 6.79\ln t$

$\dfrac{23.97}{6.79} = \ln t$

$e^{\frac{23.97}{6.79}} = t$

$t \approx 34$ weeks

5. $a = 25,\ b = 0.5,\ c = 2500$

7. b

9. a

$x = \dfrac{4 \pm 14i}{2}$

$x = 2 \pm 7i$

3. $(4+5i)^2 - 8(4+5i) + 41 = 0$

$-9 + 40i - 32 - 40i + 41 = 0$

$0 = 0$

Cumulative Review: Chapters R–5

5. $f(x) = x^3 - 2$, $g(x) = \sqrt[3]{x+2}$;
$f(g(x)) = (\sqrt[3]{x+2})^3 - 2 = x + 2 + x = x$;
$g(f(x)) = \sqrt[3]{x^3 - 2 + 2} = \sqrt[3]{x^3} = x$
Since $(f \circ g)(x) = (g \circ f)(x)$, they are inverse functions.

7. 1999 → year 1, 2008 → year 10
a. $(1, 6740), (10, 5877)$
$$m = \frac{5877 - 6740}{10 - 1} = -\frac{863}{9}$$
$$y - 6740 = -\frac{863}{9}(x - 1)$$
$$y - 6740 = -\frac{863}{9}x + \frac{863}{9}$$
$$y = -\frac{863}{9}x + \frac{61523}{9}$$
$$T(t) = \frac{61523}{9} - \frac{863}{9}x$$

b. $\dfrac{\Delta T}{\Delta t} = -\dfrac{863}{9} \approx -95.89$, triple births decrease by about 96 each year.

c. In 2005,
$$T(7) = \frac{61523}{9} - \frac{863}{9}(7) \approx 6165 \text{ sets of triplets}$$
In 2015,
$$T(17) = \frac{61523}{9} - \frac{863}{9}(17) \approx 5206$$
sets of triplets

9. $h(x) = \begin{cases} -4 & -10 \leq x < -2 \\ -x^2 & -2 \leq x < 3 \\ 3x - 18 & x \geq 3 \end{cases}$

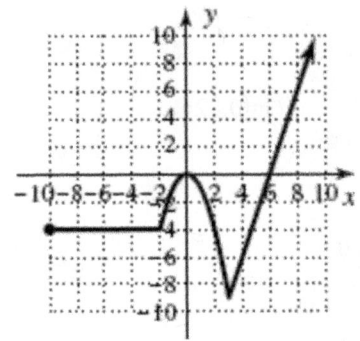

$D: x \in [-10, \infty)$, $R: y \in [-9, \infty)$;
$h(x) \uparrow: (-2, 0) \cup (3, \infty)$
$h(x) \downarrow: (0, 3)$

11. $f(x) = x^4 - 3x^3 - 12x^2 + 52x - 48$
Possible rational roots:
$$\frac{\{\pm 1, \pm 48, \pm 2, \pm 24, \pm 3, \pm 16, \pm 4, \pm 12, \pm 6, \pm 8\}}{\{\pm 1\}};$$
$\{\pm 1, \pm 48, \pm 2, \pm 24, \pm 3, \pm 16, \pm 4, \pm 12, \pm 6, \pm 8\}$

```
3 | 1  -3  -12   52  -48
  |     3    0  -36   48
  ---------------------------
    1   0  -12   16  | 0

2 | 1   0  -12   16
  |     2    4  -16
  ---------------------
    1   2   -8  | 0
```

$f(x) = (x-3)(x-2)(x^2 + 2x - 8)$
$f(x) = (x-3)(x-2)(x-2)(x+4)$
$x = 3$, $x = 2$ (multiplicity 2), $x = -4$

Chapter 5: Exponential and Logarithmic Functions

13. $V = \dfrac{1}{2}\pi ab^2$

$\dfrac{2V}{\pi a} = b^2$

$\sqrt{\dfrac{2V}{\pi a}} = b$

15. a. $f(x) = \dfrac{2x+3}{5}$

$y = \dfrac{2x+3}{5}$

$x = \dfrac{2y+3}{5}$

$5x = 2y+3$

$5x-3 = 2y$

$\dfrac{5x-3}{2} = y$

$f^{-1}(x) = \dfrac{5x-3}{2}$

b.

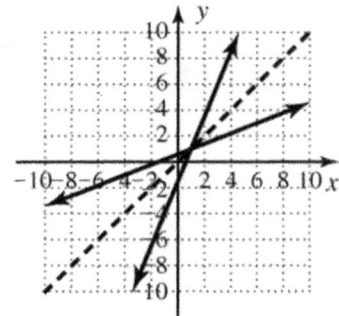

c. $f(f^{-1}(x)) = f\left(\dfrac{5x-3}{2}\right)$

$= \dfrac{2\left(\dfrac{5x-3}{2}\right)+3}{5}$

$= \dfrac{5x-3+3}{5}$

$= \dfrac{5x}{5}$

$f(f^{-1}(x)) = x$

$f^{-1}(f(x)) = f^{-1}\left(\dfrac{2x+3}{5}\right)$

$= \dfrac{5\left(\dfrac{2x+3}{5}\right)-3}{2}$

$= \dfrac{2x+3-3}{2}$

$= \dfrac{2x}{2}$

$f^{-1}(f(x)) = x$

17. $\ln(x+3) + \ln(x-2) = \ln 24$

$\ln(x+3)(x-2) = \ln 24$

$(x+3)(x-2) = 24$

$x^2 + x - 6 = 24$

$x^2 + x - 30 = 0$

$(x+6)(x-5) = 0$

$x+6 = 0$ or $x-5 = 0$

$x = -6$ or $x = 5$

$x = 5, x = -6$ is an extraneous root

Cumulative Review: Chapters R–5

19. a. Sportwagon

$$H(3000) = 123\ln(3000) - 897$$
$$\approx 88 \text{ hp}$$

Minivan:
$$H(3000) = 193\ln(3000) - 1464$$
$$\approx 81 \text{ hp}$$

b. $123\ln r - 897 = 193\ln r - 1464$

$$123\ln r + 567 = 193\ln r$$
$$567 = 193\ln r - 123\ln r$$
$$567 = 70\ln r$$
$$\frac{567}{70} = \ln r$$
$$e^{\frac{567}{70}} = r$$
$$r \approx 3294 \text{ rpm}$$

c. Sportwagon:
$$H(5600) = 123\ln(5600) - 897$$
$$\approx 164.6 \text{ hp}$$

Minivan:
$$H(5800) = 193\ln(5800) - 1464$$
$$\approx 208.46 \text{ hp}$$

Minivan, 208 hp @ 5800 rpm

21. $(0,3), (2,0)$

$$m = \frac{0-3}{2-0} = -\frac{3}{2}$$
$$y - 3 = -\frac{3}{2}(x-0)$$
$$y - 3 = -\frac{3}{2}x$$
$$y = -\frac{3}{2}x + 3$$
$$f(x) = -\frac{3}{2}x + 3$$

23. a. up/down; $(0,3)$, $(2,0)$; $D=\mathbb{R}$; $R=\mathbb{R}$

b. down/down; $(0,0)$, $(4,0)$; $D=\mathbb{R}$; $R=(-\infty, 4]$

25. Answers will vary.

Chapter 6   Systems of Equations and Inequalities

6.1 Exercises

1. inconsistent

3. Multiply the 1st equation by 6 and the 2nd equation by 10.

5. $\begin{cases} 3x+y=11 \\ -5x+y=-13 \end{cases}$
   (3, 2)

   $3x+y=11$ $\qquad$ $-5x+y=-13$
   $3(3)+2=11$ $\qquad$ $-5(3)+2=-13$
   $9+2=11$ $\qquad$ $-15+2=-13$
   $11=11$ $\qquad$ $-13=-13$

   Yes

7. $\begin{cases} 4x-3y=7 \\ 5x+6y=12 \end{cases}$

   $\left(2, \dfrac{1}{3}\right)$

   $4x-3y=7$
   $4(2)-3\left(\dfrac{1}{3}\right)=7$
   $8-1=7$
   $7=7;$

   $5x+6y=12$
   $5(2)+6\left(\dfrac{1}{3}\right)=12$
   $10+2=12$
   $12=12$

   Yes

9.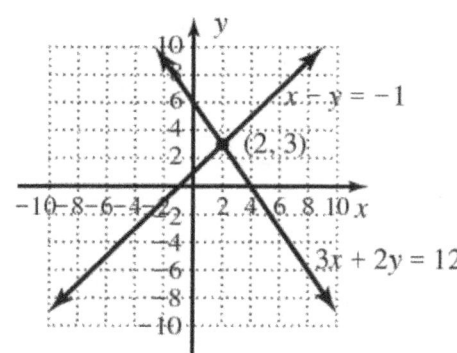

11.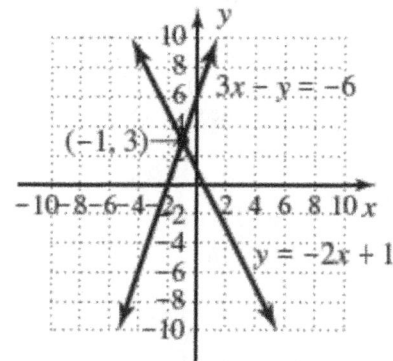

13.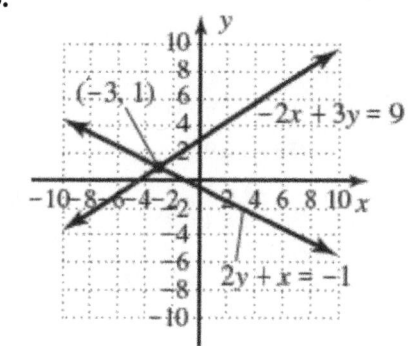

15. $A: y=x+2$

17. $C: x+3y=-3$

19. $E: y=x+2$
    $\quad\; x+3y=-3$

21. $\begin{cases} -2x+y=3 \\ y-8=3x \end{cases}$

    $\begin{cases} y=2x+3 \\ y=3x+8 \end{cases}$

    $m_1 \neq m_2$: one solution

23. $\begin{cases} 6x+3y=4.5 \\ 2x+y=7 \end{cases}$

    $\begin{cases} 3y=-6x+4.5 \\ y=-2x+7 \end{cases}$

    $\begin{cases} y=-2x+1.5 \\ y=-2x+7 \end{cases}$

    $m_1=m_2,\; b_1 \neq b_2$: no solutions

271

6.1 Linear Systems in Two Variables with Applications

25. $\begin{cases} 7x - 4y = 24 \\ 4x + 3y = 15 \end{cases}$

$\begin{cases} -4y = -7x + 24 \\ 3y = -4x + 15 \end{cases}$

$\begin{cases} y = \dfrac{7}{4}x - 6 \\ y = -\dfrac{4}{3} + 5 \end{cases}$

$m_1 \ne m_2$: one solution

27. $\begin{cases} 2x + y = 10 \\ y = 3x \end{cases}$

$2x + (3x) = 10$
$5x = 10$
$x = 2$
$y = 3x = 3(2) = 6$
$(2, 6)$

29. $\begin{cases} y + 2x = 9 \\ y = x - 3 \end{cases}$

$(x - 3) + 2x = 9$
$3x - 3 = 9$
$3x = 12$
$x = 4$
$y = x - 3 = 4 - 3 = 1$
$(4, 1)$

31. $\begin{cases} x = 5y - 9 \\ x - 2y = -6 \end{cases}$

$x - 2y = -6$
$(5y - 9) - 2y = -6$
$5y - 9 - 2y = -6$
$3y = 3$
$y = 1$;
$x - 2y = -6$
$x - 2(1) = -6$
$x - 2 = -6$
$x = -4$
$(-4, 1)$

33. $\begin{cases} 3x - 4y = 24 \\ 5x + y = 17 \end{cases}$

Equation 2, variable y

$\begin{cases} 3x - 4y = 24 \\ y = -5x + 17 \end{cases}$

$3x - 4y = 24$
$3x - 4(-5x + 17) = 24$
$3x + 20x - 68 = 24$
$23x = 92$
$x = 4$;
$5x + y = 17$
$5(4) + y = 17$
$20 + y = 17$
$y = -3$
$(4, -3)$

35. $\begin{cases} 5x - 6y = 12 \\ x + 2y = 4 \end{cases}$

Equation 2, variable x

$\begin{cases} 5x - 6y = 12 \\ x = -2y + 4 \end{cases}$

$5x - 6y = 12$
$5(-2y + 4) - 6y = 12$
$-10y + 20 - 6y = 12$
$-16y = -8$
$y = \dfrac{1}{2}$;
$x + 2y = 4$
$x + 2\left(\dfrac{1}{2}\right) = 4$
$x + 1 = 4$
$x = 3$
$\left(3, \dfrac{1}{2}\right)$

37. $\begin{cases} 2x + 4y = 16 \\ x + 22 = 4y \end{cases}$

$2x + 4y = 16$
$2x + (x + 22) = 16$
$3x = -6$
$x = -2$
$x + 22 = 4y$
$-2 + 22 = 4y$
$20 = 4y$
$5 = y$
$(-2, 5)$

Chapter 6: Systems of Equations and Inequalities

39. $\begin{cases} 5x - 11y = 21 \\ 11y = 5 - 8x \end{cases}$

$5x - 11y = 21$
$5x - (5 - 8x) = 21$
$5x - 5 + 8x = 21$
$13x = 26$
$x = 2;$
$11y = 5 - 8x$
$11y = 5 - 8(2)$
$11y = 5 - 16$
$11y = -11$
$y = -1$
$(2, -1)$

41. $\begin{cases} 2x - 4y = 10 \\ 3x + 4y = 5 \end{cases}$

R1 + R2 = Sum
$2x - 4y = 10$
$3x + 4y = 5$
$5x = 15$
$x = 3;$
$3x + 4y = 5$
$3(3) + 4y = 5$
$9 + 4y = 5$
$4y = -4$
$y = -1$
$(3, -1)$

43. $\begin{cases} 4x - 3y = 1 \\ 3y = -5x - 19 \end{cases}$

$\begin{cases} 4x - 3y = 1 \\ 5x + 3y = -19 \end{cases}$

R1 + R2 = Sum
$4x - 3y = 1$
$5x + 3y = -19$
$9x = -18$
$x = -2;$
$3y = -5x - 19$
$3y = -5(-2) - 19$
$3y = 10 - 19$
$3y = -9$
$y = -3$
$(-2, -3)$

45. $\begin{cases} 3x + 4y = 5 \\ 5x - 2y = -9 \end{cases}$

R1 + 2R2 = Sum
$3x + 4y = 5$
$10x - 4y = -18$
$13x = -13$
$x = -1$
$3x + 4y = 5$
$3(-1) + 4y = 5$
$4y = 8$
$y = 2$
$(-1, 2)$

47. $\begin{cases} 2x - 6y = -8 \\ -5x + 3y = -16 \end{cases}$

R1 + 2R2 = Sum
$2x - 6y = -8$
$-10x + 6y = -32$
$-8x = -40$
$x = 5$
$2x - 6y = -8$
$2(5) - 6y = -8$
$-6y = -18$
$y = 3$
$(5, 3)$

49. $\begin{cases} 2x = -3y + 17 \\ 4x - 5y = 12 \end{cases}$

$\begin{cases} 2x + 3y = 17 \\ 4x - 5y = 12 \end{cases}$

–2R1 + R2 = Sum
$-4x - 6y = -34$
$4x - 5y = 12$
$-11y = -22$
$y = 2;$
$2x = -3y + 17$
$2x = -3(2) + 17$
$2x = -6 + 17$
$2x = 11$
$x = \dfrac{11}{2}$
$\left(\dfrac{11}{2}, 2\right)$

6.1 Linear Systems in Two Variables with Applications

51. $\begin{cases} \frac{1}{3}x + 2y = 8 \\ 2x - 5y = -3 \end{cases}$

−6R1 + R2 = Sum
$-2x - 12y = -48$
$2x - 5y = -3$
$-17y = -51$
$y = 3$
$2x - 5y = -3$
$2x - 5(3) = -3$
$2x = 12$
$x = 6$
(6, 3)

53. $\begin{cases} 0.5x + 0.4y = 0.2 \\ 0.3y = 1.3 + 0.2x \end{cases}$

$\begin{cases} 0.5x + 0.4y = 0.2 \\ -0.2x + 0.3y = 1.3 \end{cases}$

20R1 + 50 R2 = Sum
$10x + 8y = 4$
$-10x + 15y = 65$
$23y = 69$
$y = 3$;
$0.5x + 0.4y = 0.2$
$0.5x + 0.4(3) = 0.2$
$0.5x + 1.2 = 0.2$
$0.5x = -1$
$x = -2$
(−2, 3)

55. $\begin{cases} -\frac{1}{6}u + \frac{1}{4}v = 4 \\ \frac{1}{2}u - \frac{2}{3}v = -11 \end{cases}$

18R1 + 6R2 = Sum
$-3u + 4.5v = 72$
$3u - 4v = -66$
$0.5v = 6$
$v = 12$;
$-\frac{1}{6}u + \frac{1}{4}v = 4$
$-\frac{1}{6}u + \frac{1}{4}(12) = 4$
$-\frac{1}{6}u + 3 = 4$
$u = -6$
(−6, 12)

57. $\begin{cases} 7a + b = -25 \\ 2a - 5b = 14 \end{cases}$

5R1 + R2 = Sum
$35a + 5b = -125$
$2a - 5b = 14$
$37a = -111$
$a = -3$;
$2a - 5b = 14$
$2(-3) - 5b = 14$
$-6 - 5b = 14$
$-5b = 20$
$b = -4$
(−3, −4); Consistent/Independent

59. $\begin{cases} 2a = 2 - 3b \\ 6b + 4a = 7 \end{cases}$

$\begin{cases} 2a + 3b = 2 \\ 4a + 6b = 7 \end{cases}$

−2R1 + R2 = Sum
$-4a - 6b = -4$
$4a + 6b = 7$
$0 \neq 3$
No Solution; Inconsistent

61. $\begin{cases} 6x - 22 = -y \\ 3x + \frac{1}{2}y = 11 \end{cases}$

$\begin{cases} 6x + y = 22 \\ 3x + \frac{1}{2}y = 11 \end{cases}$

R1 − 2R2 = Sum
$6x + y = 22$
$-6x - y = -22$
$0 = 0$
$\{(x, y) | 6x + y = 22\}$
Consistent/dependent

Chapter 6: Systems of Equations and Inequalities

63. $\begin{cases} -10x + 35y = -5 \\ y = 0.25x \end{cases}$

$-10x + 35y = -5$
$-10x + 35(0.25x) = -5$
$-10x + 8.75x = -5$
$-1.25x = -5$
$x = 4;$

$y = 0.25x$
$y = 0.25(4)$
$y = 1$

(4, 1); Consistent/Independent

65. $\begin{cases} 0.2y = 0.3x + 4 \\ 0.6x - 0.4y = -1 \end{cases}$

$\begin{cases} -0.3x + 0.2y = 4 \\ 0.6x - 0.4y = -1 \end{cases}$

2R1 + R2 = Sum
$-0.6x + 0.4y = 8$
$0.6x - 0.4y = -1$
$0 \neq 7$

No Solution; Inconsistent

67. $\begin{cases} (R+C)T_1 = D_1 \\ (R-C)T_2 = D_2 \end{cases}$

$\begin{cases} (R+C)\,1 = 5 \\ (R-C)\,3 = 9 \end{cases}$

$\begin{cases} R + C = 5 \\ 3R - 3C = 9 \end{cases}$

3R1 + R2 = Sum
$3R + 3C = 15$
$3R - 3C = 9$
$6R = 24$
$R = 4;$
$R + C = 5$
$4 + C = 5$
$C = 1$

The current was 1 mph.
He can row 4 mph in still water.

69. Let a represent the number of adult tickets.
Let c represent the number of child tickets.

$\begin{cases} 9a + 6.50c = 30495 \\ a + c = 3800 \end{cases}$

Multiply the second equation by -9.

$\begin{cases} 9a + 6.50c = 30495 \\ -9a - 9c = -34200 \end{cases}$

$-2.5c = -3705$
$c = \dfrac{-3705}{-2.5}$
$c = 1482;$
$a + 1482 = 3800$
$a = 3800 - 1482$
$a = 2318$

2318 adult tickets and 1482 child tickets were sold.

71. Let r represent the price per gallon of regular unleaded gasoline.
Let p represent represent the price per gallon of premium gasoline.

$\begin{cases} 20r + 17p = 144.89 \\ p = 0.10 + r \end{cases}$

$20r + 17(0.10 + r) = 144.89$
$20r + 1.7 + 17r = 144.89$
$37r = 144.89 - 1.7$
$r = \$3.87$
$p = 0.10 + 3.87 = \$3.97$

Premium: $3.97, Regular: $3.87.

73. Let q represent the number of quarters.
Let d represent the number of dimes.

$\begin{cases} q + d = 225 \\ 0.25q + 0.10d = 45 \end{cases}$

$q = 225 - d;$

$0.25(225 - d) + 0.10d = 45$
$56.25 - 0.25d + 0.10d = 45$
$-0.15d = 45 - 56.25$
$-0.15d = -11.25$
$d = 75;$
$q = 225 - 75 = 150$

150 quarters, 75 dimes

6.1 Linear Systems in Two Variables with Applications

75. Let c represent the speed of the current. Let b represent the speed of the boat in still water.

To the drop point: $4 = (b-c)2$

Return to the drop point: $4 = (b+c)\dfrac{1}{2}$

$$\begin{cases} 4 = 2b - 2c \\ 4 = \dfrac{1}{2}b + \dfrac{1}{2}c \end{cases}$$

4R2

$$\begin{cases} 4 = 2b - 2c \\ 4(4) = 4\left(\dfrac{1}{2}b + \dfrac{1}{2}c\right) \end{cases}$$

$$\begin{cases} 4 = 2b - 2c \\ 16 = 2b + 2c \end{cases}$$

$R1 + R2$

$20 = 4b$

$5 = b$

5 mph;

$4 = (b-c)2$

$4 = (5-c)2$

$4 = 10 - 2c$

$-6 = -2c$

$3 = c$

3 mph

a. Speed of current, 3 mph

b. Speed of boat in still water, 5 mph

77. a. Let w represent the speed of the walkway.

Let j represent Jason's walking speed.

With walkway: $256 = (j+w)32$

Opposite direction: $256 = (j-w)320$

$$\begin{cases} 256 = 32j + 32w \\ 256 = 320j - 320w \end{cases}$$

$\dfrac{R1}{32}, \dfrac{R2}{32}$

$$\begin{cases} 8 = j + w \\ 8 = 10j - 10w \end{cases}$$

$-10R1$

$$\begin{cases} -80 = -10j - 10w \\ 8 = 10j - 10w \end{cases}$$

$-72 = -20w$

$3.6 = w$

3.6 ft/sec

b. $8 = j + w$

$8 = j + 3.6$

$j = 4.4$ ft/sec

79. Let x represent the number of lawns serviced each month.

a. Total Cost: $C(x) = 75x + 4000$

Projected Revenue: $R(x) = 115x$

$$\begin{cases} y = 75x + 4000 \\ y = 115x \end{cases}$$

$75x + 4000 = 115x$

$4000 = 40x$

$100 = x$

100 lawns/month

b. $115(100) = \$11{,}500$/month

81. $y = 1.5x + 3$

a. $5.40 = 1.5x + 3$

$2.40 = 1.5x$

$1.6 = x$

Supply: 1.6 billion bu;

$y = -2.20x + 12$

$5.40 = -2.20x + 12$

$-6.6 = -2.20x$

$3 = x$

Demand: 3 billion bu.

Yes, supply is less than demand.

b. $7.05 = 1.5x + 3$

$4.05 = 1.5x$

$2.7 = x$

Supply: 2.7 billion bu;

$7.05 = -2.20x + 12$

$-4.95 = -2.20x$

$2.25 = x$

Demand: 2.25 billion bu.

Yes, demand is less than supply.

c. $1.5x + 3 = -2.20x + 12$

$3.70x = 9$

$x \approx 2.43$ billion bu;

$y = 1.5(2.43) + 3$

$y \approx \$6.65$

83. $(\sim 410.07, \sim 226.58)$

or about 227 boards at approximately $410 a piece.

Chapter 6: Systems of Equations and Inequalities

85. Let d represent the year the Declaration was signed.
Let c represent the year the Civil War ended.
$$\begin{cases} c+d=3641 \\ c-d=89 \end{cases}$$
$2c = 3730$
$c = \dfrac{3730}{2}$
$c = 1865$
$1865 + d = 3641$
$d = 3641 - 1865$
$d = 1776$
The Declaration was signed in 1776.
The Civil War ended in 1865.

87. Let x represent Tahiti's land area.
Let y represent Tonga's land area.
$$\begin{cases} x+y=692 \\ x=112+y \end{cases}$$
$112 + y + y = 692$
$112 + 2y = 692$
$2y = 580$
$y = 290 \text{ mi}^2;$

$x + y = 692$
$x + 290 = 692$
$x = 402 \text{ mi}^2;$

Tahiti: 402 mi^2
Tonga: 290 mi^2

89. Tax Plan A: $0.20I$
Tax Plan B: $0.10I + 5000$
$\qquad 0.20I = 0.10I + 5000$
$0.20I - 0.10I = 5000$
$\qquad 0.10I = 5000$
$\qquad I = \dfrac{5000}{0.10}$
$\qquad I = 50000$
At $50,000, both plans require the same tax.

91. Let $y = mx + b$.
The points $(2,7)$ and $(-4,-5)$ yield the system:
$$\begin{cases} 7 = 2m+b \\ -5 = -4m+b \end{cases}$$
$7 + 5 = 2m + b + 4m - b$
$6m = 12$
$m = 2$
$b = 7 - 2(2)$
$b = 3$
The equation of the line is $y = 2x + 3$.

93. Possible factors: $\dfrac{\{\pm 1, \pm 10, \pm 2, \pm 5\}}{\{\pm 1, \pm 3\}}$

```
 5 | 3  -19   15   27  -10
   |      15  -20  -25   10
   ‾‾‾‾‾‾‾‾‾‾‾‾‾‾‾‾‾‾‾‾‾‾‾‾
     3   -4   -5    2  | 0

 2 | 3   -4   -5    2
   |      6    4   -2
   ‾‾‾‾‾‾‾‾‾‾‾‾‾‾‾‾‾‾
     3    2   -1  | 0
```

$(x-5)(x-2)(3x^2 + 2x - 1) = 0$
$(x-5)(x-2)(x+1)(3x-1) = 0$

95. $y = x^2 - 6x - 16$
$y = (x^2 - 6x + 9) - 16 - 9$
$y = (x-3)^2 - 25$
$f(x) \le 0$ on $[-2, 8]$

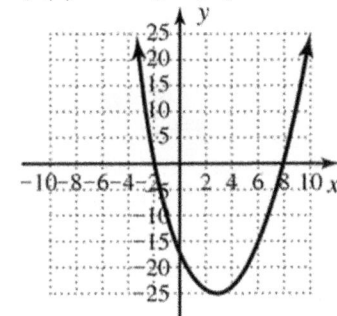

6.2 Linear Systems in Three Variables with Applications

6.2 Exercises

1. triple

3. $2(2)+(-5)+z=4$
   $4+(-5)+z=4$
   $-1+z=4$
   $z=5;$
   Substitute and solve for the remaining variable.
   Answers will vary.

5. $x+2y+z=9$
   Answers will vary.

7. $-x+y+2z=-6$
   Answers will vary.

9. $\begin{cases} x+y-2z=-1 \\ 4x-y+3z=3 \\ 3x+2y-z=4 \end{cases}$
   $x+y-2z=-1$
   $0+3-2(2)=-1$
   $3-4=-1$
   $-1=-1;$
   $4x-y+3z=3$
   $4(0)-3+3(2)=3$
   $-3+6=3$
   $3=3;$
   $3x+2y-z=4$
   $3(0)+2(3)-2=4$
   $6-2=4$
   $4=4$
   Yes
   $x+y-2z=-1$
   $-3+4-2(1)=-1$
   $1-2=-1$
   $-1=-1;$
   $4x-y+3z=3$
   $4(-3)-4+3(1)=3$
   $-12-4+3=3$
   $-13 \neq 3$
   No

11. $\begin{cases} x-y-2z=-10 \\ x-z=1 \\ z=4 \end{cases}$
    $x-z=1$
    $x-4=1$
    $x=5;$
    $x-y-2z=-10$
    $5-y-2(4)=-10$
    $5-y-8=-10$
    $-y-3=-10$
    $-y=-7$
    $y=7$
    $(5, 7, 4)$

13. $\begin{cases} x+3y+2z=16 \\ -2y+3z=1 \\ 8y-13z=-7 \end{cases}$
    $4R2 + R3 = \text{Sum}$
    $-8y+12z=4$
    $8y-13z=-7$
    $-z=-3$
    $z=3;$
    $-2y+3z=1$
    $-2y+3(3)=1$
    $-2y+9=1$
    $-2y=-8$
    $y=4;$
    $x+3y+2z=16$
    $x+3(4)+2(3)=16$
    $x+12+6=16$
    $x+18=16$
    $x=-2$
    $(-2, 4, 3)$

Chapter 6: Systems of Equations and Inequalities

15. $\begin{cases} -x+y+2z=-10 \\ x+y-z=7 \\ 2x+y+z=5 \end{cases}$

R1 + R2 = Sum
$-x+y+2z=-10$
$x+y-z=7$
$2y+z=-3$
2R1 + R2 = Sum
$-2x+2y+4z=-20$
$2x+y+z=5$
$3y+5z=-15$

$\begin{cases} 2y+z=-3 \\ 3y+5z=-15 \end{cases}$
-5R1 + R2 = Sum
$-10y-5z=15$
$3y+5z=-15$
$-7y=0$
$y=0$;
$2y+z=-3$
$2(0)+z=-3$
$z=-3$;
$x+y-z=7$
$x+0-(-3)=7$
$x+3=7$
$x=4$
$(4, 0, -3)$

17. $\begin{cases} 2x-3y+2z=0 \\ 3x-4y+z=-20 \\ x+2y-z=16 \end{cases}$

R2 + R3 = Sum
$3x-4y+z=-20$
$x+2y-z=16$
$4x-2y=-4$
R1 + 2R3 = Sum
$2x-3y+2z=0$
$2x+4y-2z=32$
$4x+y=32$

$\begin{cases} 4x-2y=-4 \\ 4x+y=32 \end{cases}$
$-$R1 + R2 = Sum
$-4x+2y=4$
$4x+y=32$
$3y=36$
$y=12$;

$4x+y=32$
$4x+12=32$
$4x=20$
$x=5$;
$x+2y-z=16$
$5+2(12)-z=16$
$5+24-z=16$
$29-z=16$
$-z=-13$
$z=13$
$(5, 12, 13)$

19. $\begin{cases} 3x+y+2z=3 \\ x-2y+3z=1 \\ 4x-8y+12z=7 \end{cases}$

2R1 + R2 = Sum
$6x+2y+4z=6$
$x-2y+3z=1$
$7x+7z=7$
8R1 + R3 = Sum
$24x+8y+16z=24$
$4x-8y+12z=7$
$28x+28z=31$

$\begin{cases} 7x+7z=7 \\ 28x+28z=31 \end{cases}$
-4R1 + R2 = Sum
$-28x-28z=-28$
$28x+28z=31$
$0 \neq 3$
No solution; inconsistent

6.2 Linear Systems in Three Variables with Applications

21. $\begin{cases} 4x+y+3z=8 \\ x-2y+3z=2 \end{cases}$

2R1

$\begin{cases} 8x+2y+6z=8 \\ x-2y+3z=2 \end{cases}$

R1 + R2 = Sum
$9x+9z=18$
$9z=18-9x$
$z=2-x;$
$x-2y+3z=2$
$x-2y+3(2-x)=2$
$x-2y+6-3x=2$
$-2x+6-2y=2$
$-2y=2x-4$
$y=-x+2$
$y=2-x;$

$(x, 2-x, 2-x)$

Using "p" as our parameter, the solution could be written in $(p, 2-p, 2-p)$ parametric form.

23. $\begin{cases} 6x-3y+7z=2 \\ 3x-4y+z=6 \end{cases}$

R1 − 2R2 = Sum
$6x-3y+7z=2$
$-6x+8y-2z=-12$
$5y+5z=-10$
$5y=-5z-10$
$y=-z-2;$
$3x-4y+z=6$
$3x-4(-z-2)+z=6$
$3x+4z+8+z=6$
$3x+5z=-2$
$3x=-5z-2$
$x=-\dfrac{5}{3}z-\dfrac{2}{3}$

$\left(-\dfrac{5}{3}z-\dfrac{2}{3}, -z-2, z\right)$

Using "p" as our parameter, the solution could be written in $\left(-\dfrac{5}{3}p-\dfrac{2}{3}, -p-2, p\right)$ parametric form. Other solutions are possible.

$\left(-\dfrac{1}{4}z+4, \dfrac{9}{8}z+\dfrac{5}{2}, z\right)$

Using "p" as our parameter, the solution could be written in $\left(-\dfrac{1}{4}p+4, \dfrac{9}{8}p+\dfrac{5}{2}, p\right)$ parametric form. Other solutions are possible.

25. $\begin{cases} 3x-4y+5z=5 \\ -x+2y-3z=-3 \\ 3x-2y+z=1 \end{cases}$

R2 + R3 = Sum
$-x+2y-3z=-3$
$3x-2y+z=1$
$2x-2z=-2$
$-2z=-2x-2$
$z=x+1;$
$-x+2y-3z=-3$
$-x+2y-3(x+1)=-3$
$-x+2y-3x-3=-3$
$2y-4x=0$
$2y=4x$
$y=2x;$

$(x, 2x, x+1)$

Using "p" as our parameter, the solution could be written in $(p, 2p, p+1)$ parametric form. Other solutions are possible.

27. $\begin{cases} x+2y-3z=1 \\ 3x+5y-8z=7 \\ x+y-2z=5 \end{cases}$

R1 − R3 = Sum
$x+2y-3z=1$
$-x-y+2z=-5$
$y-z=-4$
$y-z=-4$
$y=z-4;$
$x+y-2z=5$
$x+z-4-2z=5$
$x-z=9$
$x=z+9$

$(z+9, z-4, z)$

Using "p" as our parameter, the solution could be written in $(p+9, p-4, p)$ parametric form. Other solutions are possible.

280

Chapter 6: Systems of Equations and Inequalities

29. $\begin{cases} 4x+2y-8z=24 \\ -x-0.5y+2z=-6 \\ 2x+y-4z=12 \end{cases}$

R1 + 4R2 = Sum
$4x+2y-8z=24$
$-4x-2y+8z=-24$
$0=0$
$\left\{(x,y,z)\middle| x+\dfrac{1}{2}y-2z=6\right\}$

31. $\begin{cases} x-2y+2z=6 \\ 2x-6y+3z=13 \\ 3x+4y-z=-11 \end{cases}$

$-2R1 + R2 = $ Sum
$-2x+4y-4z=-12$
$2x-6y+3z=13$
$-2y-z=1$
$-3R1 + R3 = $ Sum
$-3x+6y-6z=-18$
$3x+4y-z=-11$
$10y-7z=-29$

$\begin{cases} -2y-z=1 \\ 10y-7z=-29 \end{cases}$

5R1 + R2 = Sum
$-10y-5z=5$
$10y-7z=-29$
$-12z=-24$
$z=2;$

$-2y-z=1$
$-2y-2=1$
$-2y=3$
$y=-\dfrac{3}{2};$

$x-2y+2z=6$
$x-2\left(-\dfrac{3}{2}\right)+2(2)=6$
$x+3+4=6$
$x+7=6$
$x=-1$

$\left(-1,-\dfrac{3}{2},2\right)$

33. $\begin{cases} x-5y-4z=3 \\ 2x-9y-7z=2 \\ 3x-14y-11z=5 \end{cases}$

$-2R1 + R2 = $ Sum
$-2x+10y+8z=-6$
$2x-9y-7z=2$
$y+z=-4$
$-3R1 + R3 = $ Sum
$-3x+15y+12z=-9$
$3x-14y-11z=5$
$y+z=-4$

$y+z=-4$
$y=-z-4;$

$x-5y-4z=3$
$x-5(-z-4)-4z=3$
$x+5z+20-4z=3$
$x+z+20=3$
$x+z=-17$
$x=-z-17$

$(-z-17,-z-4,z)$

Using "p" as our parameter, the solution could be written in $(-p-17,-p-4,p)$ parametric form. Other solutions are possible.

6.2 Linear Systems in Three Variables with Applications

35. $\begin{cases} \frac{1}{6}x + \frac{1}{3}y - \frac{1}{2}z = 2 \\ \frac{3}{4}x - \frac{1}{3}y + \frac{1}{2}z = 9 \\ \frac{1}{2}x - y + \frac{1}{2}z = 2 \end{cases}$

R1 + R2 = Sum

$\frac{1}{6}x + \frac{1}{3}y - \frac{1}{2}z = 2$

$\frac{3}{4}x - \frac{1}{3}y + \frac{1}{2}z = 9$

$\frac{11}{12}x = 11$

$x = 12$

Substitute into R2 and R3

$\frac{3}{4}x - \frac{1}{3}y + \frac{1}{2}z = 9$

$\frac{3}{4}(12) - \frac{1}{3}y + \frac{1}{2}z = 9$

$9 - \frac{1}{3}y + \frac{1}{2}z = 9$

$-\frac{1}{3}y + \frac{1}{2}z = 0$

$\frac{1}{2}x - y + \frac{1}{2}z = 2$

$\frac{1}{2}(12) - y + \frac{1}{2}z = 2$

$6 - y + \frac{1}{2}z = 2$

$-y + \frac{1}{2}z = -4$

$\begin{cases} -\frac{1}{3}y + \frac{1}{2}z = 0 \\ -y + \frac{1}{2}z = -4 \end{cases}$

−3R1 + R2 = Sum

$y - \frac{3}{2}z = 0$

$-y + \frac{1}{2}z = -4$

$-z = -4$

$z = 4;$

$\frac{1}{2}x - y + \frac{1}{2}z = 2$

$\frac{1}{2}(12) - y + \frac{1}{2}(4) = 2$

$6 - y + 2 = 2$

$8 - y = 2$

$-y = -6$

$y = 6$

(12, 6, 4)

37. $\begin{cases} -2A - B - 3C = 21 \\ B - C = 1 \\ A + B = -4 \end{cases}$

R1 + R2 = Sum

$-2A - B - 3C = 21$

$B - C = 1$

$-2A - 4C = 22$

R1 + R3 = Sum

$-2A - B - 3C = 21$

$A + B = -4$

$-A - 3C = 17$

$\begin{cases} -2A - 4C = 22 \\ -A - 3C = 17 \end{cases}$

R1 − 2R2 = Sum

$-2A - 4C = 22$

$2A + 6C = -34$

$2C = -12$

$C = -6;$

$B - C = 1$

$B - (-6) = 1$

$B + 6 = 1$

$B = -5;$

$A + B = -4$

$A + (-5) = -4$

$A - 5 = -4$

$A = 1$

(1, −5, −6)

Chapter 6: Systems of Equations and Inequalities

39. $\begin{cases} A + 2C = 2 \\ 2A - 3B = 1 \\ 3A + 6B - 8C = 1 \end{cases}$

2R2 + R3 = Sum
$4A - 6B = 2$
$3A + 6B - 8C = 1$
$7A - 8C = 3$

$\begin{cases} A + 2C = 2 \\ 7A - 8C = 3 \end{cases}$

$-$7R1 + R2 = Sum
$-7A - 14C = -14$
$7A - 8C = 3$
$-22C = -11$
$C = \dfrac{1}{2};$

$A + 2C = 2$
$A + 2\left(\dfrac{1}{2}\right) = 2$
$A + 1 = 2$
$A = 1;$

$2A - 3B = 1$
$2(1) - 3B = 1$
$2 - 3B = 1$
$-3B = -1$
$B = \dfrac{1}{3}$

$\left(1, \dfrac{1}{3}, \dfrac{1}{2}\right)$

41. $\begin{cases} 2w + 2h = P_1 \\ 2l + 2w = P_2 \\ 2l + 2h = P_3 \end{cases}$

$\begin{cases} 2w + 2h = 14 \\ 2l + 2w = 16 \\ 2l + 2h = 18 \end{cases}$

$-$R2 + R3 = Sum
$-2l - 2w = -16$
$2l + 2h = 18$
$2h - 2w = 2$

$\begin{cases} 2h - 2w = 2 \\ 2h + 2w = 14 \end{cases}$

R1 + R2 = Sum
$2h - 2w = 2$
$2h + 2w = 14$
$4h = 16$
$h = 4;$

$2w + 2h = 14$
$2w + 2(4) = 14$
$2w + 8 = 14$
$2w = 6$
$w = 3;$

$2l + 2h = 18$
$2l + 2(4) = 18$
$2l + 8 = 18$
$2l = 10$
$l = 5$

(5 cm, 3 cm, 4 cm)

6.2 Linear Systems in Three Variables with Applications

43. Let c represent the amount of money invested in a 4% certificate of deposit.
Let m represent the amount of money invested in a 5% money market.
Let b represent the amount of money invested in 7% Aa bonds.

$$\begin{cases} c + m + b = 280000 \\ 0.04c + 0.05m + 0.07b = 15400 \\ b = m + 20000 \end{cases}$$

$$\begin{cases} c + m + b = 280000 \\ 4c + 5m + 7b = 1540000 \\ b = m + 20000 \end{cases}$$

$-4R1 + R2 =$ Sum
$-4c - 4m - 4b = -1120000$
$4c + 5m + 7b = 1540000$
$m + 3b = 420000$

$$\begin{cases} m + 3b = 420000 \\ -m + b = 20000 \end{cases}$$

$R1 + R2 =$ Sum
$m + 3b = 420000$
$-m + b = 20000$
$4b = 440000$
$b = 110000;$

$b = m + 20000$
$110000 = m + 20000$
$90000 = m;$

$c + m + b = 280000$
$c + 90000 + 110000 = 280000$
$c + 200000 = 280000$
$c = 80000$

$80,000 at 4%
$90,000 at 5%
$110,000 at 7%

45. Let w represent WWII.
Let k represent the Korean War.
Let v represent the Vietnam War.

$$\begin{cases} k + w + v = 5871 \\ v = k + 20 \\ v = w + 28 \end{cases}$$

$k + w + v = 5871$
$k + w + k + 20 = 5871$
$2k + w = 5851$
$k + w + v = 5871$
$k + w + w + 28 = 5871$
$k + 2w = 5843$

$$\begin{cases} 2k + w = 5851 \\ k + 2w = 5843 \end{cases}$$

$-2R1 + R2 =$ Sum
$-4k - 2w = -11702$
$k + 2w = 5843$
$-3k = -5859$
$k = 1953;$

$v = k + 20$
$v = 1953 + 20$
$v = 1973;$

$v = w + 28$
$1973 = w + 28$
$1945 = w$

WWII, 1945
Korean War, 1953
Vietnam War, 1973

Chapter 6: Systems of Equations and Inequalities

47. Let d represent the year the Declaration of Independence was signed.
Let a represent the year the 13th Amendment abolished slavery.
Let c represent the year the Civil Rights Act was signed.
$$\begin{cases} d+a+c = 5605 \\ c-a = 99 \\ c = d+188 \end{cases}$$

$d+a+c = 5605$
$d+a+d+188 = 5605$
$\quad 2d+a = 5417;$
$\quad c-a = 99$
$d+188-a = 99$
$\quad d-a = -89$
$$\begin{cases} a+2d = 5417 \\ -a+d = -89 \end{cases}$$
R1 + R2 = Sum

$a+2d = 5417$
$-a+d = -89$
$3d = 5328$
$d = 1776$
$c = d+188$
$c = 1776+188$
$c = 1964$
$\quad c-a = 99$
$1964-a = 99$
$\quad -a = -1865$
$\quad a = 1865$
Declaration of Independence: 1776
13th Amendment: 1865
Civil Rights Act: 1964

49. Let x represent the amount of 20% glucose solution.
Let y represent the amount of 30% glucose solution.
Let z represent the amount of 45% glucose solution.
$$\begin{cases} x+y+z = 10 \\ y = 2x+1 \\ 0.20x+0.30y+0.45z = 10(0.38) \end{cases}$$
$$\begin{cases} x+y+z = 10 \\ y = 2x+1 \\ 20x+30y+45z = 380 \end{cases}$$
-45R1 + R3 = Sum
$-45x-45y-45z = -450$
$20x+30y+45z = 380$
$-25x-15y = -70$
$$\begin{cases} -2x+y = 1 \\ -25x-15y = -70 \end{cases}$$
15R1 + R2 = Sum
$-30x+15y = 15$
$-25x-15y = -70$
$-55x = -55$
$\quad x = 1;$
$y = 2x+1$
$y = 2(1)+1$
$y = 2+1$
$y = 3;$
$x+y+z = 10$
$1+3+z = 10$
$\quad 4+z = 10$
$\quad\quad z = 6$
1 liter 20% glucose solution; 3 liters 30% glucose solution; 6 liters 45% glucose solution

6.2 Linear Systems in Three Variables with Applications

51. Let s represent the amount of saturated fat.
Let m represent the amount of monounsaturated fat.
Let p represent the amount of polyunsaturated fat.

$$\begin{cases} s+m+p = 2.8 \\ s = 2p \\ s = m+p-0.4 \end{cases}$$

R1 + R3 = Sum
$2s+m+p = m+p+2.4$
$2s = 2.4$
$s = 1.2$

$2p = s$
$2p = 1.2$
$p = 0.6$

$s+m+p = 2.8$
$1.2+m+0.6 = 2.8$
$m = 1.0$

Saturated fat: 1.2g
Monounsaturated fat: 1.0g
Polyunsaturated fat: 0.6g

53. Let $h(t) = at^2 + bt + c$.

The points $(1,26)$, $(2,41)$, and $(6,1)$ yield the system:

$$\begin{cases} 26 = a(1)^2 + b(1) + c \\ 41 = a(2)^2 + b(2) + c \\ 1 = a(6)^2 + b(6) + c \end{cases}$$

$$\begin{cases} 26 = a+b+c \\ 41 = 4a+2b+c \\ 1 = 36a+6b+c \end{cases}$$

$-$R1 + R2 = Sum
$15 = 3a+b$
$-$R1 + R3 = Sum
$-25 = 35a + 5b$
$-5 = 7a+b$

$$\begin{cases} 15 = 3a+b \\ -5 = 7a+b \end{cases}$$

$-$R1 + R2 = Sum
$-20 = 4a$
$a = -5$
$15 = -15+b$
$b = 30$
$26 = -5+30+c$
$c = 1$

The equation is $h(t) = -5t^2 + 30t + 1$.
The maximum height is reached when $t = -b/2a$.
$t = -\dfrac{30}{-10}$
$t = 3$
The maximum height is
$h_{MAX} = h(3)$
$h_{MAX} = -5(3)^2 + 30(3) + 1$
$h_{MAX} = 46$

b.   5.4 sec after the kick the height is
$h(5.4) = -5(5.4)^2 + 30(5.4) + 1$
$h(5.4) = -145.8 + 162 + 1$
$h(5.4) = 17.2$

55. $k = -1;\ k = \dfrac{1}{2}$

$$\begin{cases} x - 2y - z = 2 \\ x - 2y + kz = 5 \\ 2x - 4y + 4z = 10 \end{cases}$$

If $k = -1$,
$-$R1 + R2
$\begin{cases} -x+2y+z = -2 \\ x-2y-z = 5 \end{cases}$
$0 \neq 3$;

If $k = \dfrac{1}{2}$,
-2R2 + R3
$\begin{cases} -2x+4y-z = -10 \\ 2x-4y+4z = 10 \end{cases}$
$3z = 0$
$z = 0$;
$\begin{cases} x-2y = -2 \\ x-2y = 5 \end{cases}$
$-$R1+R2
$\begin{cases} -x+2y = -2 \\ x-2y = 5 \end{cases}$
$0 \neq 3$

Inconsistent if $k = -1$ or $\dfrac{1}{2}$.

If $k = 2$,
$\begin{cases} x-2y-z = 2 \\ x-2y+2z = 5 \end{cases}$
$-$R1+R2

Chapter 6: Systems of Equations and Inequalities

$\begin{cases} -x+2y+z=-2 \\ x-2y+2z=5 \end{cases}$
$3z = 3$
$z = 1;$
$\begin{cases} x-2y+2 = 5 \\ 2x-4y+4 = 10 \end{cases}$
$\begin{cases} x-2y = 3 \\ 2x-4y = 6 \end{cases}$
$-2R1+R2$
$\begin{cases} -2x+4y = -6 \\ 2x-4y = 6 \end{cases}$
$0 = 0$
Dependent if $k = 2$.

Mid-Chapter Check

1. $\begin{cases} x-3y=-2 \\ 2x+y=3 \end{cases}$
$x = 3y - 2$
$2x + y = 3$
$2(3y-2) + y = 3$
$6y - 4 + y = 3$
$7y = 7$
$y = 1$
$x - 3y = -2$
$x - 3(1) = -2$
$x - 3 = -2$
$x = 1$
(1, 1); Consistent

3. Let x represent the amount of 40% acid.
Let y represent the amount of 48% acid.
$\begin{cases} x+10 = y \\ 0.40x + 0.64(10) = 0.48y \end{cases}$
$\begin{cases} x+10 = y \\ 40x + 64(10) = 48y \end{cases}$
$40x + 640 = 48(x+10)$
$40x + 640 = 48x + 480$
$-8x = -160$
$x = 20$
20 ounces

5. $\begin{cases} x+2y-3z = 3 \\ 2x+4y-6z = 6 \\ x-2y+5z = -1 \end{cases}$

57. $p(x) = 2x^2 - x - 3;\ p(x) \le 0$
$p(x) = (2x-3)(x+1)$
$x = \dfrac{3}{2};\ x = -1$
$\left[-1, \dfrac{3}{2}\right]$

59. $\log(x+2) + \log(x) = \log(3)$
$\log x(x+2) = \log 3$
$x^2 + 2x - 3 = 0$
$(x+3)(x-1) = 0$
$x = -3$ or $x = 1$
$x = 1$ since $x = -3$ will not check.

The second equation is a multiple of the first equation; $2R1 = R2$.

7. $\begin{cases} 2x+3y-4z = -4 \\ x-2y+z = 0 \\ -3x-2y+2z = -1 \end{cases}$
R1 + 4R2 = Sum
$2x + 3y - 4z = -4$
$4x - 8y + 4z = 0$
$6x - 5y = -4$
R1 + 2R3 = Sum
$2x + 3y - 4z = -4$
$-6x - 4y + 4z = -2$
$-4x - y = -6$
$\begin{cases} 6x-5y = -4 \\ -4x-y = -6 \end{cases}$
R1 − 5R2 = Sum
$6x - 5y = -4$
$20x + 5y = 30$
$26x = 26$
$x = 1;$
$-4x - y = -6$
$-4(1) - y = -6$
$-4 - y = -6$
$-y = -2$
$y = 2;$
$x - 2y + z = 0$
$1 - 2(2) + z = 0$
$1 - 4 + z = 0$
$-3 + z = 0$
$z = 3$
(1, 2, 3)

Chapter 6   Mid-Chapter Check

9. Let x represent Mozart's age.
Let y represent Morphy's age.
Let z represent Pascal's age.

$$\begin{cases} x+y+z=37 \\ y=2x-3 \\ z=y+3 \end{cases}$$

$$\begin{cases} x+y+z=37 \\ -2x+y=-3 \\ -y+z=3 \end{cases}$$

$-R1 + R2 =$ Sum
$-x-y-z=-37$
$-2x+y=-3$
$-3x-z=-40$
$R1 + R3 =$ Sum
$x+y+z=37$
$-y+z=3$
$x+2z=40$

$$\begin{cases} -3x-z=-40 \\ x+2z=40 \end{cases}$$

$2R1 + R2 =$ Sum
$-6x-2z=-80$
$x+2z=40$
$-5x=-40$
$x=8$;
$y=2x-3$
$y=2(8)-3$
$y=16-3$
$y=13$;
$z=y+3$
$z=13+3$
$z=16$
Mozart: 8 years
Morphy: 13 years
Pascal: 16 years

6.3 Exercises

1. region, solutions

3. **a.** two solutions
b. no solutions

5. $\begin{cases} x^2+y=6 & \text{Parabola} \\ x+y=4 & \text{Line} \end{cases}$

Solutions: $(-1,5),(2,2)$

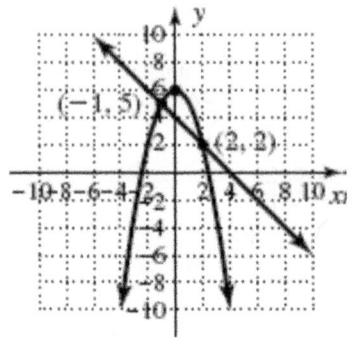

7. $\begin{cases} y^2+x^2=100 & \text{Circle} \\ y=|x-2| & \text{Absolute value} \end{cases}$

Solutions: $(-6,8),(8,6)$

288

Chapter 6: Systems of Equations and Inequalities

9. $\begin{cases} -(x-1)^2 + 2 = y \text{ Parabola} \\ y - x^2 = -3 \text{ Parabola} \end{cases}$

   Solutions: $(-1,-2), (2,1)$

   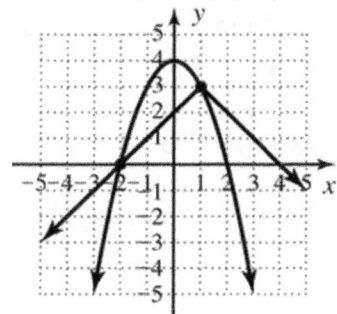

11. $\begin{cases} x^2 + y^2 = 25 \\ y - x = 1 \end{cases}$

    2nd equation: $y = x + 1$

    $x^2 + (x+1)^2 = 25$
    $x^2 + x^2 + 2x + 1 = 25$
    $2x^2 + 2x - 24 = 0$
    $x^2 + x - 12 = 0$
    $(x+4)(x-3) = 0$
    $x = -4, x = 3$;
    $y = -4 + 1 = -3$;
    $y = 3 + 1 = 4$

    Solutions: $(-4,-3), (3,4)$;

13. $\begin{cases} x^2 + y = 9 \\ -2x + y = 1 \end{cases}$

    $-2x + y = 1$
    $y = 2x + 1$;
    Substitute in Equation 2.
    $x^2 + 2x + 1 = 9$
    $x^2 + 2x - 8 = 0$
    $(x+4)(x-2) = 0$
    $x + 4 = 0 \text{ or } x - 2 = 0$
    $x = -4 \text{ or } x = 2$
    If $x = -4, -2x + y = 1$
    $-2(-4) + y = 1$
    $y = -7$;
    If $x = 2, -2x + y = 1$
    $-2(2) + y = 1$
    $y = 5$;
    Solutions: $(2,5), (-4,-7)$

15. $\begin{cases} x^2 + y = 13 \\ x^2 + y^2 = 25 \end{cases}$

    $x^2 + y = 13$
    $x^2 = 13 - y$;
    $13 - y + y^2 = 25$
    $y^2 - y - 12 = 0$
    $(y-4)(y+3) = 0$
    $y = 4 \text{ or } y = -3$;
    If $y=4, x^2 + y = 13$
    $x^2 + 4 = 13$
    $x^2 = 9$
    $x = \pm 3$;
    If $y = -3, x^2 + y = 13$
    $x^2 - 3 = 13$
    $x^2 = 16$
    $x = \pm 4$;
    Solutions: $(-3,4), (-4,-3)$
    $(3,4), (4,-3)$

17. $\begin{cases} y + x^2 = 6x + 1 \\ y = (x-1)^2 \end{cases}$

    $(x-1)^2 + x^2 = 6x + 1$
    $x^2 - 2x + 1 + x^2 = 6x + 1$
    $2x^2 - 8x = 0$
    $2x(x-4) = 0$
    $2x = 0 \text{ or } x - 4 = 0$
    $x = 0 \qquad x = 4$
    If $x = 0$, $y = (x-1)^2 = (0-1)^2 = 1$.
    If $x = 4$, $y = (x-1)^2 = (4-1)^2 = 9$.
    Solutions: $(0, 1), (4, 9)$

6.3 Nonlinear Systems of Equations and Inequalities

19. $\begin{cases} x^2 + y^2 = 25 \\ \frac{1}{4}x^2 + y = 1 \end{cases}$

$-4R2$

$\begin{cases} x^2 + y^2 = 25 \\ -x^2 - 4y = -4 \end{cases}$

R1+R2

$y^2 - 4y = 21$
$y^2 - 4y - 21 = 0$
$(y-7)(y+3) = 0$
$y - 7 = 0$ or $y + 3 = 0$
$y = 7$ or $y = -3$;
If $y = 7, x^2 + y^2 = 25$
$x^2 + 7^2 = 25$
$x^2 = -24$
Not real;
If $y = -3, x^2 + y^2 = 25$
$x^2 + (-3)^2 = 25$
$x^2 = 16$
$x = \pm 4$;
Solutions: $(4, -3), (-4, -3)$

21. $\begin{cases} x^2 + y^2 = 25 \\ y = x - 1 \end{cases}$

$x^2 + (x-1)^2 = 25$
$x^2 + x^2 - 2x + 1 = 25$
$2x^2 - 2x - 24 = 0$
$x^2 - x - 12 = 0$
$(x-4)(x+3) = 0$
$x - 4 = 0$ or $x + 3 = 0$
$x = 4$ $x = -3$
If $x = 4$, $y = x - 1 = 4 - 1 = 3$.
If $x = -3$, $y = x - 1 = -3 - 1 = -4$.
Solutions: $(4, 3), (-3, -4)$.

23. $\begin{cases} x^2 + y^2 = 65 \\ y = 3x + 25 \end{cases}$

$x^2 + (3x+25)^2 = 65$
$x^2 + 9x^2 + 150x + 625 = 65$
$10x^2 + 150x + 560 = 0$
$x^2 + 15x + 56 = 0$
$(x+8)(x+7) = 0$
$x = -8$ or $x = -7$;
If $x = -8, y = 3(-8) + 25 = 1$;
If $x = -7, y = 3(-7) + 25 = 4$;
$(-8, 1), (-7, 4)$

25. $\begin{cases} y - 5 = \log x \\ y = 6 - \log(x-3) \end{cases}$

$\begin{cases} y = \log x + 5 \\ y = 6 - \log(x-3) \end{cases}$

$\log x + 5 = 6 - \log(x-3)$
$\log x + \log(x-3) = 1$
$\log x(x-3) = 1$
$10 = x^2 - 3x$
$0 = x^2 - 3x - 10$
$0 = (x-5)(x+2)$
$x = 5$ or $x = -2$
$x = -2$ is extraneous
$y = \log 5 + 5$;
Solution: $(5, \log 5 + 5)$

Chapter 6: Systems of Equations and Inequalities

27. $\begin{cases} y = \ln(x^2) + 1 \\ y - 1 = \ln(x + 12) \end{cases}$

Substitute in Equation 2
$y = \ln(x^2) + 1$
$\ln(x^2) + 1 - 1 = \ln(x + 12)$
$\ln(x^2) = \ln(x + 12)$
$x^2 = x + 12$
$x^2 - x - 12 = 0$
$(x - 4)(x + 3) = 0$
$x = 4$ or $x = -3$;
If $x = 4$, $y = \ln(4^2) + 1$
$y = \ln 16 + 1$;
If $x = -3$, $y = \ln\left((-3)^2\right) + 1$
$y = \ln 9 + 1$;
Solutions: $(-3, \ln 9 + 1), (4, \ln 16 + 1)$

29. $\begin{cases} y - 9 = e^{2x} \\ 3 = y - 7e^x \end{cases}$

$\begin{cases} y - 9 = e^{2x} \\ -y + 3 = -7e^x \end{cases}$

R1 + R2
$-6 = e^{2x} - 7e^x$
$0 = e^{2x} - 7e^x + 6$
$(e^x - 6)(e^x - 1) = 0$
$e^x = 6$ or $e^x = 1$
$\ln e^x = \ln 6$ or $\ln e^x = \ln 1$
$x = \ln 6$ or $x = 0$
If $x = \ln 6$, $y - 9 = e^{2x}$
$y - 9 = e^{2\ln 6}$
$y - 9 = e^{\ln 36}$
$y - 9 = 36$
$y = 45$;
If $x = 0$, $y - 9 = e^{2(0)}$
$y - 9 = e^0$
$y - 9 = 1$
$y = 10$;
Solutions: $(0, 10), (\ln 6, 45)$

31. $\begin{cases} y = 4^{x+3} \\ y - 2^{x^2+3x} = 0 \end{cases}$

$4^{x+3} = 2^{x^2+3x}$
$2^{2x+6} = 2^{x^2+3x}$
$2x + 6 = x^2 + 3x$
$0 = x^2 + x - 6$
$(x + 3)(x - 2) = 0$
$x = -3$ or $x = 2$;
$y = 4^{-3+3} = 1$;
$y = 4^{2+3} = 1024$;
Solutions: $(-3, 1), (2, 1024)$

33. $\begin{cases} x^3 - y = 2x \\ y - 5x = -6 \end{cases}$

$y = 5x - 6$
$x^3 - 5x + 6 = 2x$
$x^3 - 7x + 6 = 0$
Possible rational roots: $\dfrac{\pm 1, \pm 6, \pm 2, \pm 3}{\pm 1}$
$\{\pm 1, \pm 6, \pm 2, \pm 3\}$;
$(x + 3)(x - 2)(x - 1) = 0$
$x = -3$ or $x = 2$ or $x = 1$;
$y = 5(-3) - 6 = -21$;
$y = 5(2) - 6 = 4$;
$y = 5(1) - 6 = -1$;
Solutions: $(-3, -21), (2, 4), (1, -1)$

6.3 Nonlinear Systems of Equations and Inequalities

35. $\begin{cases} x^2 - 6x = y - 4 \\ y - 2x = -8 \end{cases}$

Solve for y in Equation 2.
$y = 2x - 8$, Substitute in Equation 1.
$x^2 - 6x = 2x - 8 - 4$
$x^2 - 8x + 12 = 0$
$(x - 6)(x - 2) = 0$
$x - 6 = 0$ or $x - 2 = 0$
$x = 6$ or $x = 2$;
If $x = 6, y - 2x = -8$
$y - 2(6) = -8$
$y = 4$;
If $x = 2, y - 2x = -8$
$y - 2(2) = -8$
$y = -4$;
Solutions: $(2, -4), (6, 4)$

37. $\begin{cases} x^2 + y^2 = 34 \\ y^2 + (x-3)^2 = 25 \end{cases}$

Solve for y in Equation 1.
$y^2 = -x^2 + 34$
$y = \pm\sqrt{-x^2 + 34}$;
Solve for y in Equation 2.
$y^2 + (x-3)^2 = 25$
$y^2 = -(x-3)^2 + 25$
$y = \pm\sqrt{-(x-3)^2 + 25}$;
Using a graphing calculator:
Solutions: $(3, 5), (3, -5)$

39. $\begin{cases} y = 2^x - 3 \\ y + 2x^2 = 9 \end{cases}$

$y1 = 2^x - 3$;
$y2 = -2x^2 + 9$;
Solutions: $(-2.43, -2.81), (2, 1)$

41. $\begin{cases} y = \dfrac{1}{(x-3)^2} + 2 \\ (x-3)^2 + y^2 = 10 \end{cases}$

$y1 = \dfrac{1}{(x-3)^2} + 2$;

$y^2 = -(x-3)^2 + 10$

$y2 = \pm\sqrt{-(x-3)^2 + 10}$;

Solutions:
$(0.72, 2.19), (2, 3), (4, 3), (5.28, 2.19)$

43. $\begin{cases} y - x^2 \geq 1 & \text{parabola} \\ x + y \leq 3 & \text{line} \end{cases}$

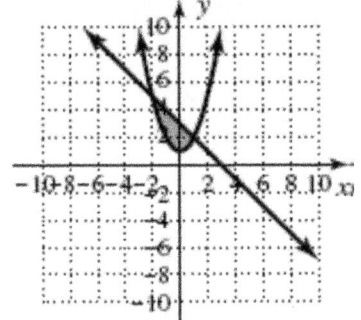

45. $\begin{cases} x^2 + y^2 > 16 & \text{circle} \\ x^2 + y^2 \leq 64 & \text{circle} \end{cases}$

Inequality 1, circle with center $(0,0)$, radius 4.
Inequality 2, circle with center $(0,0)$, radius 8.

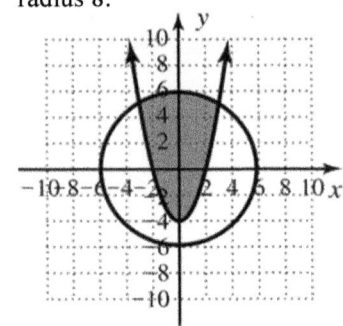

Chapter 6: Systems of Equations and Inequalities

47. $\begin{cases} y - x^2 \leq -16 & \text{parabola} \\ y^2 + x^2 < 9 & \text{circle} \end{cases}$

$y \leq x^2 - 16$
$x^2 + y^2 < 9$
No solution.

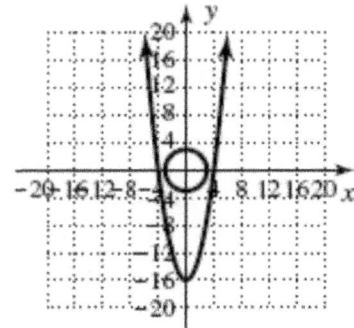

49. $\begin{cases} y^2 + x^2 \leq 25 & \text{circle} \\ |x| - 1 > -y & \text{absolute value} \end{cases}$

Inequality 1, circle with center (0,0), radius 5.
Inequality 2, absolute value with vertex (0,1).

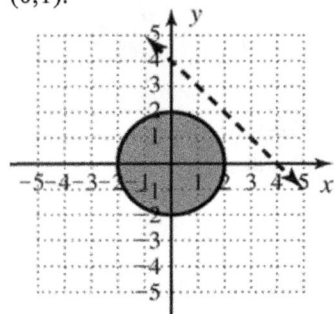

51. $h = \sqrt{r^2 - d^2}$
If $r = 50, d = 20$
$h = \sqrt{50^2 - 20^2}$
$h \approx 45.8$ ft.;
If $r = 50, d = 30$
$h = \sqrt{50^2 - 30^2}$
$h = 40$ ft.;
If $r = 50, d = 40$
$h = \sqrt{50^2 - 40^2}$
$h = 30$ ft

53. $C(x) = 2.5x^2 - 120x + 3500$
$R(x) = -2x^2 + 180x - 500$
$C(x) = R(x)$
$2.5x^2 - 120x + 3500 = -2x^2 + 180x - 500$
$4.5x^2 - 300x + 4000 = 0$
Using a graphing calculator,
$x \approx 18.426$ or $x \approx 48.241$
The company breaks even if either 18,400 or 48,200 cars are sold.

55. Volume: 2000 ft³
Tile surface: 800 ft²
$l^2 h = 2000$
$h = \dfrac{2000}{l^2}$
$l^2 + 4lh = 800$
$l^2 + 4l\left(\dfrac{2000}{l^2}\right) = 800$
$l^3 + 8000 = 800l$
$l^3 - 800l + 8000 = 0$
$(l - 20)(l^2 + 20l - 400) = 0$
$l = 20$ ft, ~ 12.4 ft
If $l = 20, l^2 h = 2000$
$h = 5$
If $l \sim 12.4, l^2 h = 2000$
$h \sim 13$
The pool will likely have the dimensions $20 \text{ ft} \times 20 \text{ ft} \times 5 \text{ ft}$.

57. $85 = lw$
$37 = 2l + 2w$;
$\dfrac{85}{l} = w$
$37 = 2l + 2\left(\dfrac{85}{l}\right)$
$37l = 2l^2 + 170$
$0 = 2l^2 - 37l + 170$
$0 = (2l - 17)(l - 10)$
$l = \dfrac{17}{2}, l = 10$;
$w = \dfrac{85}{\left(\dfrac{17}{2}\right)} = 10$;
$w = \dfrac{85}{(10)} = 8.5$;
$8.5 \text{ m} \times 10 \text{ m}$

6.3 Nonlinear Systems of Equations and Inequalities

59. Area: 45 km^2
Diagonal: $\sqrt{106}$ km
$45 = lw$
$l = \dfrac{45}{w}$
$l^2 + w^2 = 106$
$\left(\dfrac{45}{w}\right)^2 + w^2 = 106$
$2025 + w^4 = 106w^2$
$w^4 - 106w^2 + 2025 = 0$
$(w^2 - 25)(w^2 - 81) = 0$
$w = \pm 5, \pm 9$
5 km, 9 km

61. Surface Area = 928 ft^2
Edges = 164 ft
$4w + 4l + 4w = 164$
$4l + 8w = 164$
$4l = 164 - 8w$
$l = 41 - 2w$;
$928 = 4lw + 2w^2$
$928 = 4(41-2w)w + 2w^2$
$928 = 164w - 8w^2 + 2w^2$
$6w^2 - 164w + 928 = 0$
$3w^2 - 82w + 464 = 0$
$(3w - 58)(w - 8) = 0$
$w = \dfrac{58}{3}$ or $w = 8$;
w=8, $l = 41 - 2(8) = 25$
8 ft x 8 ft x 25 ft

63. a. $8P^2 - 8P - 4D = 12$
$-4D = -8P^2 + 8P + 12$
$D = 2P^2 - 2P - 3$
minimum: \$1.83 (when $D = 0$)
b. $\begin{cases} 10P^2 + 6D = 144 \\ 8P^2 - 8P - 4D = 12 \end{cases}$
$10P^2 + 6D = 144$
$\dfrac{144 - 10P^2}{6} = D$;
$8P^2 - 8P - 4D = 12$
$8P^2 - 8P - 4\left(\dfrac{144 - 10P^2}{6}\right) = 12$
$2P^2 - 2P - \left(\dfrac{144 - 10P^2}{6}\right) = 3$
$12P^2 - 12P - 144 + 10P^2 = 18$
$22P^2 - 12P - 162 = 0$
$11P^2 - 6P - 81 = 0$
$(11P + 27)(P - 3) = 0$
$P = -\dfrac{27}{11}$ or $P = \$3$;
$10(3)^2 + 6D = 144$
$D = 9$
90,000 gal at \$3/gal

65. Answers will vary.

67. Height: 18 inches
Surface Area: 4806 in^2
$4806 = lw + 2(18l) + 2(18w)$
$4806 = lw + 36l + 36w$
$4806 - 36l = lw + 36w$
$4806 - 36l = w(l + 36)$
$\dfrac{4806 - 36l}{l + 36} = w$;
$108(231) = 18(l)w$
$108(231) = 18l\left(\dfrac{4806 - 36l}{l + 36}\right)$
$24948(l + 36) = 18l(4806 - 36l)$
$24948l + 898128 = 86508l - 648l^2$
$648l^2 - 61560l + 898128 = 0$
$l^2 - 95l + 1386 = 0$
$(l - 18)(l - 77) = 0$
18 in. x 18 in. x 77 in.

Chapter 6: Systems of Equations and Inequalities

69. a. $2x^2 + 5x - 63 = 0$
$(2x-9)(x+7) = 0$
$x = -7, x = \dfrac{9}{2}$

b. $4x^2 - 121 = 0$
$(2x+11)(2x-11) = 0$
$x = \dfrac{-11}{2}, x = \dfrac{11}{2}$

c. $2x^3 - 3x^2 - 8x + 12 = 0$
$x^2(2x-3) - 4(2x-3) = 0$
$(2x-3)(x^2 - 4) = 0$
$(2x-3)(x+2)(x-2) = 0$
$x = 2, x = -2, x = \dfrac{3}{2}$

71. $\begin{cases} x+y+z = 250 \\ 2x+3y+(z-10) = 485 \\ x = y+20 \end{cases}$

$\begin{cases} x+y+z = 250 \\ 2x+3y+z = 495 \\ x-y = 20 \end{cases}$

R2 − R1: $x + 2y = 245$
2R3: $2x - 2y = 40$
$3x = 285$
$x = 95$;
$95 - y = 20$
$y = 75$;
$95 + 75 + z = 250$
$z = 80$
\$95,000; \$75,000; \$80,000

6.4 Exercises

1. vertex

3. The feasible region may be bordered by three or more oblique lines, with two of them intersecting outside and away from the feasible region.

5. $2x + y > 3$
$(0, 0)$ No
$2x + y > 3$
$2(0) + 0 > 3$
$0 + 0 > 3$
$0 > 3$;
$(3, -5)$ No
$2x + y > 3$
$2(3) + (-5) > 3$
$6 - 5 > 3$
$1 > 3$;
$(-3, -4)$ No
$2x + y > 3$
$2(-3) + (-4) > 3$
$-6 - 4 > 3$
$-10 > 3$;
$(-3, 9)$ No
$2x + y > 3$
$2(-3) + 9 > 3$
$-6 + 9 > 3$
$3 > 3$

7. $4x - 2y \leq -8$
$(0, 0)$ No
$4x - 2y \leq -8$
$4(0) - 2(0) \leq -8$
$0 - 0 \leq -8$
$0 \leq -8$;
$(-3, 5)$ Yes
$4x - 2y \leq -8$
$4(-3) - 2(5) \leq -8$
$-12 - 10 \leq -8$
$-22 \leq -8$;
$(-3, -2)$ Yes
$4x - 2y \leq -8$
$4(-3) - 2(-2) \leq -8$
$-12 + 4 \leq -8$
$-8 \leq -8$;
$(-1, 1)$ No
$4x - 2y \leq -8$
$4(-1) - 2(1) \leq -8$
$-4 - 2 \leq -8$
$-6 \leq -8$

6.4 Systems of Linear Inequalities and Linear Programming

9. $x + 2y < 8$
$2y < -x + 8$
$y < -\dfrac{1}{2}x + 4$

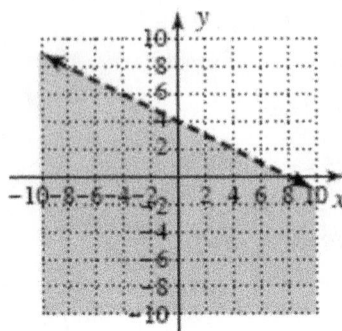

11. $2x - 3y \geq 9$
$-3y \geq -2x + 9$
$y \leq \dfrac{2}{3}x - 3$

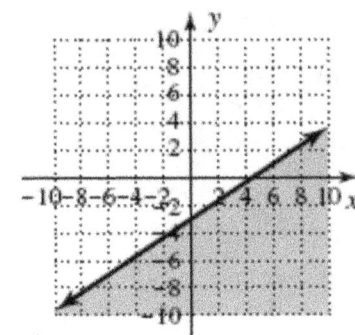

13. $\begin{cases} 5y - x \geq 10 \\ 5y + 2x \leq -5 \end{cases}$

$(-2, 1)$ No
$5y - x \geq 10$
$5(1) - (-2) \geq 10$
$5 + 2 \geq 10$
$7 \geq 10$;

$(-5, -4)$ No
$5y - x \geq 10$
$5(-4) - (-5) \geq 10$
$-20 + 5 \geq 10$
$-15 \geq 10$;

$(-6, 2)$ No
$5y - x \geq 10$
$5(2) - (-6) \geq 10$
$10 + 6 \geq 10$
$16 \geq 10$;
$5y + 2x \leq -5$
$5(2) + 2(-6) \leq -5$
$10 - 12 \leq -5$
$-2 \leq -5$;

$(-8, 2.2)$ Yes
$5y - x \geq 10$
$5(2.2) - (-8) \geq 10$
$11 + 8 \geq 10$
$19 \geq 10$;
$5y + 2x \leq -5$
$5(2.2) + 2(-8) \leq -5$
$11 - 16 \leq -5$
$-5 \leq -5$

15. $\begin{cases} x + 2y \geq 1 \\ 2x - y \leq -2 \end{cases}$

$\begin{cases} y \geq -\dfrac{1}{2}x + \dfrac{1}{2} \\ y \geq 2x + 2 \end{cases}$

Test Point: $(-1, 2)$
$x + 2y \geq 1$
$-1 + 2(2) \geq 1$
$-1 + 4 \geq 1$
$3 \geq 1$;
$2x - y \leq -2$
$2(-1) - 2 \leq -2$
$-2 - 2 \leq -2$
$-4 \leq -2$

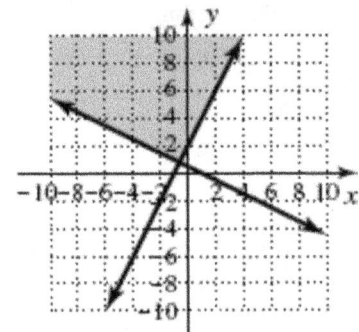

296

Chapter 6: Systems of Equations and Inequalities

17. $\begin{cases} 3x + y > 4 \\ x > 2y \end{cases}$

$\begin{cases} y > -3x + 4 \\ y < \dfrac{1}{2}x \end{cases}$

Test Point: (3, 0)
$3x + y > 4$
$3(3) + 0 > 4$
$\quad\quad 9 > 4;$
$x > 2y$
$3 > 2(0)$
$3 > 0$

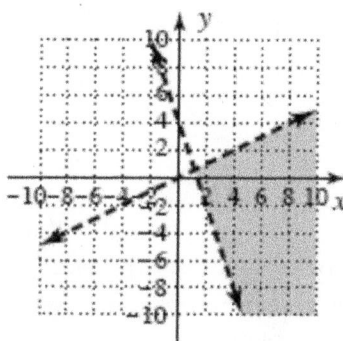

19. $\begin{cases} 2x + y < 4 \\ 2y > 3x + 6 \end{cases}$

$\begin{cases} y < -2x + 4 \\ y > \dfrac{3}{2}x + 3 \end{cases}$

Test Point: (−3, 3)
$2x + y < 4$
$2(-3) + 3 < 4$
$\quad -6 + 3 < 4$
$\quad\quad -3 < 4;$
$2y > 3x + 6$
$2(3) > 3(-3) + 6$
$\quad 6 > -9 + 6$
$\quad 6 > -3$

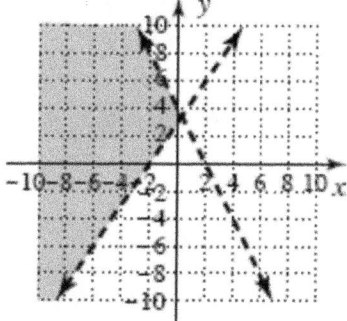

21. $\begin{cases} x > -3y - 2 \\ x + 3y \le 6 \end{cases}$

$\begin{cases} y > -\dfrac{1}{3}x - \dfrac{2}{3} \\ y \le -\dfrac{1}{3}x + 2 \end{cases}$

Test Point: (0, 0)
$x > -3y - 2$
$0 > -3(0) - 2$
$0 > -2;$
$x + 3y \le 6$
$0 + 3(0) \le 6$
$\quad\quad 0 \le 6$

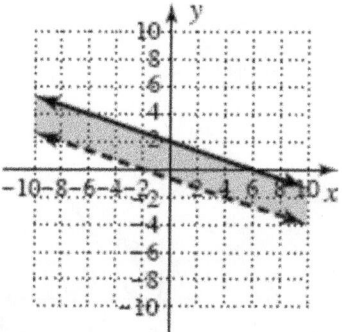

23. $\begin{cases} 5x + 4y \ge 20 \\ x - 1 \ge y \end{cases}$

$\begin{cases} y \ge -\dfrac{5}{4}x + 5 \\ y \le x - 1 \end{cases}$

Test Point: (6, 0)
$5x + 4y \ge 20$
$5(6) + 4(0) \ge 20$
$\quad\quad\quad 30 \ge 20;$
$x - 1 \ge y$
$6 - 1 \ge 0$
$\quad 5 \ge 0$

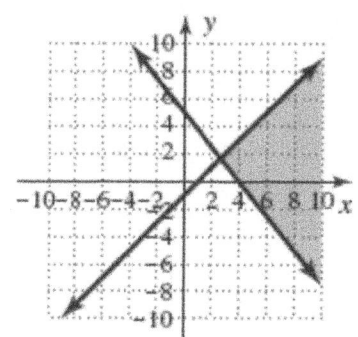

6.4 Systems of Linear Inequalities and Linear Programming

25. $\begin{cases} y \le \frac{3}{2}x \\ 4y \ge 6x - 12 \end{cases}$

$\begin{cases} y \le \frac{3}{2}x \\ y \ge \frac{3}{2}x - 3 \end{cases}$

Test Point: (1, 0)

$y \le \frac{3}{2}x$

$0 \le \frac{3}{2}(1)$

$0 \le \frac{3}{2}$;

$4y \ge 6x - 12$

$4(0) \ge 6(1) - 12$

$0 \ge -6$

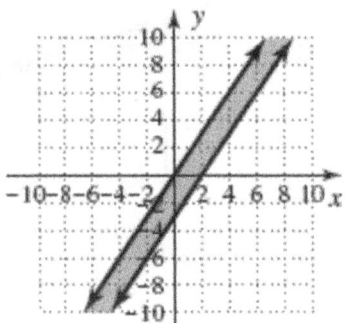

27. $\begin{cases} x + y \le 9 \\ 5x + 4y \le 40 \\ x \ge 1 \\ y \ge 2 \end{cases}$

$\begin{cases} y \le -x + 9 \\ y \le -\frac{5}{4}x + 10 \\ x \ge 1 \\ y \ge 2 \end{cases}$

Test point: (3, 3)

$y \le -x + 9$

$3 \le -3 + 9$

$3 \le 6$;

$5x + 4y \le 40$

$5(3) + 4(3) \le 40$

$27 \le 40$;

$x \ge 1$

$3 \ge 1$;

$y \ge 2$

$3 \ge 2$

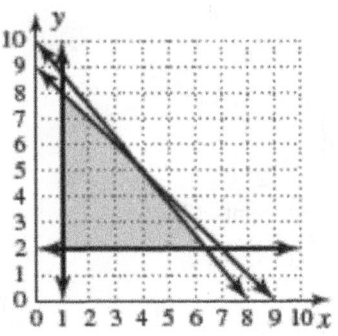

29. $\begin{cases} 3x + 4y \ge 24 \\ 5x + 3y \ge 30 \\ x \le 7 \\ y \le 7 \end{cases}$

$\begin{cases} y \ge -\frac{3}{4}x + 6 \\ y \ge -\frac{5}{3}x + 10 \\ x \le 7 \\ y \le 7 \end{cases}$

Test point: (5, 5)

$3x + 4y \ge 24$

$3(5) + 4(5) \ge 24$

$35 \ge 24$;

$5x + 3y \ge 30$

$5(5) + 3(5) \ge 30$

$40 \ge 30$;

$x \le 7$

$5 \le 7$;

$y \le 7$

$5 \le 7$

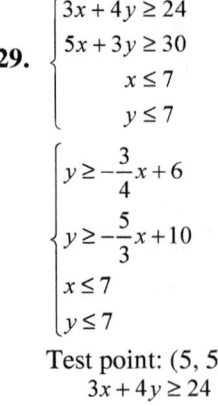

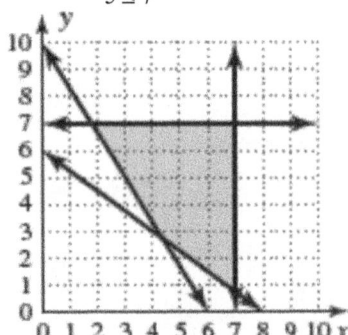

298

Chapter 6: Systems of Equations and Inequalities

31. $\begin{cases} y \leq x+3 \\ x+2y \leq 4 \\ x \geq 0, y \geq 0 \end{cases}$

$\begin{cases} y \leq x+3 \\ y \leq -\dfrac{1}{2}x+2 \\ x \geq 0, y \geq 0 \end{cases}$

Test Point: (1, 1)
$y \leq x+3$
$1 \leq 1+3$
$1 \leq 4;$

$x+2y \leq 4$
$1+2(1) \leq 4$
$1+2 \leq 4$
$3 \leq 4;$

$x \geq 0$
$1 \geq 0$
$y \geq 0$
$1 \geq 0$

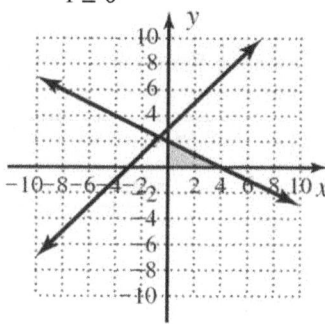

33. $\begin{cases} 2x+3y \leq 18 \\ 2x+y \leq 10 \\ x \geq 0, y \geq 0 \end{cases}$

$\begin{cases} y \leq -\dfrac{2}{3}x+6 \\ y \geq -2x+10 \\ x \geq 0, y \geq 0 \end{cases}$

Test Point: (4,1)
$2x+3y \leq 18$
$2(4)+3(1) \leq 18$
$8+3 \leq 18$
$11 \leq 18;$

$2x+y \leq 10$
$2(4)+1 \leq 10$
$9 \leq 10;$

$x \geq 0$
$4 \geq 0;$

$y \geq 0$
$1 \geq 0$

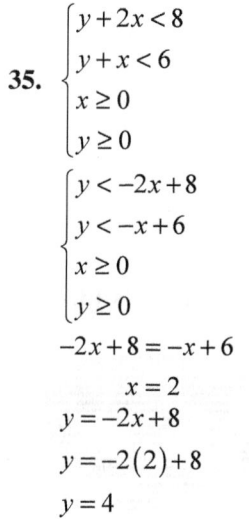

35. $\begin{cases} y+2x < 8 \\ y+x < 6 \\ x \geq 0 \\ y \geq 0 \end{cases}$

$\begin{cases} y < -2x+8 \\ y < -x+6 \\ x \geq 0 \\ y \geq 0 \end{cases}$

$-2x+8 = -x+6$
$x = 2$
$y = -2x+8$
$y = -2(2)+8$
$y = 4$

The point of intersection is $(2,4)$.

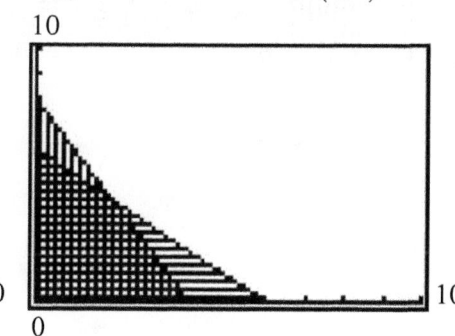

299

6.4 Systems of Linear Inequalities and Linear Programming

37. $\begin{cases} -2x - y > -8 \\ -x - 2y < -7 \\ x \geq 0 \\ y \geq 0 \end{cases}$

$\begin{cases} y < -2x + 8 \\ y > -\dfrac{x}{2} + \dfrac{7}{2} \\ x \geq 0 \\ y \geq 0 \end{cases}$

$-2x + 8 = -\dfrac{x}{2} + \dfrac{7}{2}$

$\dfrac{3x}{2} = \dfrac{9}{2}$

$x = 3$

$y = -2x + 8$

$y = -2(3) + 8$

$y = 2$

The point of intersection is $(3, 2)$.

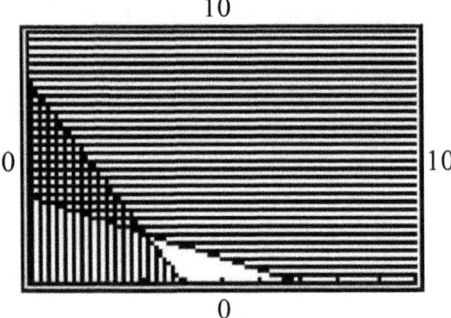

39. $\begin{cases} y - x \leq 1 \\ x + y > 3 \end{cases}$

41. $\begin{cases} y - x \leq 1 \\ x + y < 3 \\ y \geq 0 \end{cases}$

43.

Point	Objective Function $f(x,y) = 12x + 10y$	Result
(0, 0)	$f(0,0) = 12(0) + 10(0)$	000
(0, 8.5)	$f(0,8.5) = 12(0) + 10(8.5)$	8585
(7, 0)	$f(7,0) = 12(7) + 10(0)$	8484
(5, 3)	$f(5,3) = 12(5) + 10(3)$	9090

Maximum value occurs at $(5, 3)$.

45.

Point	Objective Function $f(x,y) = 8x + 15y$	Result
(0, 20)	$f(0,20) = 8(0) + 15(20)$	300
(35, 0)	$f(35,0) = 8(35) + 15(0)$	280
(5, 15)	$f(5,15) = 8(5) + 15(15)$	265
(12, 11)	$f(12,11) = 8(12) + 15(11)$	261

Minimum value occurs at $(12, 11)$.

47. $\begin{cases} x + 2y \leq 6 \\ 3x + y \leq 8 \\ x \geq 0 \\ y \geq 0 \end{cases}$

$\begin{cases} y \leq -\dfrac{1}{2}x + 3 \\ y \leq -3x + 8 \\ x \geq 0 \\ y \geq 0 \end{cases}$

Corner Point	Objective Function $f(x,y) = 8x + 5y$	Result
(0, 0)	$f(0,0) = 8(0) + 5(0)$	0
(0, 3)	$f(0,3) = 8(0) + 5(3)$	15
$\left(\dfrac{8}{3}, 0\right)$	$f\left(\dfrac{8}{3}, 0\right) = 8\left(\dfrac{8}{3}\right) + 5(0)$	$\dfrac{64}{3}$
(2, 2)	$f(2,2) = 8(2) + 5(2)$	26

Maximum value: $(2, 2)$

49. $\begin{cases} 3x + 2y \geq 18 \\ 3x + 4y \geq 24 \\ x \geq 0 \\ y \geq 0 \end{cases}$

$\begin{cases} y \geq -\dfrac{3}{2}x + 9 \\ y \geq -\dfrac{3}{4}x + 6 \\ x \geq 0 \\ y \geq 0 \end{cases}$

Corner Point	Objective Function $f(x,y) = 36x + 40y$	Result
(0, 9)	$f(0,9) = 36(0) + 40(9)$	360
(4, 3)	$f(4,3) = 36(4) + 40(3)$	264
(8, 0)	$f(8,0) = 36(8) + 40(0)$	288

Minimum value: $(4, 3)$

Chapter 6: Systems of Equations and Inequalities

51. $\begin{cases} 20H < 200 \\ \frac{1}{2}(20)H > 50 \\ H > 0 \end{cases}$

    $20H < 200$
    $H < 10;$
    $10H > 50$
    $H > 5;$
    $5 < H < 10$

53. **a.** Yes. The point (180, 3000) is in the solution region.
    b. Verified. The point (150, 2400) satisfies all inequalities in the system.
    c. Verified. The point (160, 3000) does not satisfy all of inequalities in the system.

55. Let J represent the amount of money given to Julius.
    Let A represent the amount of money given to Anthony.
    $\begin{cases} J + A \le 50000 \\ J \ge 20000 \\ A \le 25000 \end{cases}$

    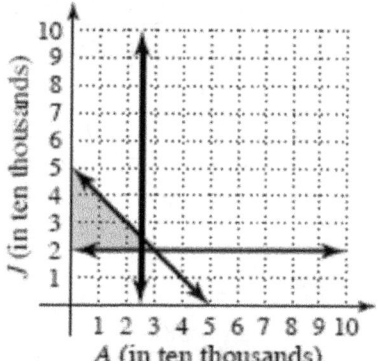

57. **a.** Let c represent the time Connor spends with his children. Let p represent Connor's personal time.
    $\begin{cases} c + p \le 420 \\ 150 \le c \le 350 \\ 60 \le p \le 180 \end{cases}$

    b. The graph of $c + p \le 420$ is a line with a negative slope through the points (0, 420) and (420, 0), with shading beneath this line. For $150 \le c \le 350$, we have a pair of horizontal lines through $x = 150$ and $x = 350$ with shading between them. The graph of $60 \le p \le 180$ is a pair of vertical lines with shading between them. In the graph, the solution region is shaded.

    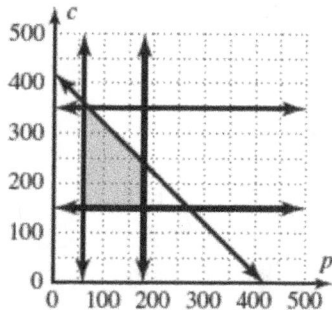

    c. No. Although (300, 150) satisfies the second and third inequalities, $300 + 150 > 420$ and is not a possible solution.

59. **a.** pecans: $6s + 4q \le 480$; macadamia: $4s + 6q \le 420$

    b. Because there cannot be a negative amount of nuts, neither s nor q can be less than zero. So, $s \ge 0$ and $q \ge 0$.

    c. $\begin{cases} 6s + 4q \le 480 \\ 4s + 6q \le 420 \\ s \ge 0 \\ q \ge 0 \end{cases}$

    The graph of $6s + 4q \le 480$ is a line with a negative slope through the points (0, 80) and (120, 0), with shading beneath this line. The graph of $4s + 6q \le 420$ is a line with a negative slope through the points (0, 105) and (70, 0), with shading beneath this line. The horizontal boundary line at $s = 0$ has shading above and the vertical boundary line at $q = 0$ has shading to the right. In the graph, the solution region is shaded.

    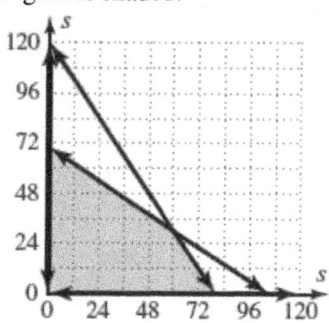

6.4 Systems of Linear Inequalities and Linear Programming

61. Let C represent the number of acres of corn.
Let S represent the number of acres of soybeans.
$$\begin{cases} C+S \le 500 \\ 3C+2S \le 1300 \end{cases}$$
$P = 900C + 800S$
$$\begin{cases} S \le -C+500 \\ 2S \le -3C+1300 \end{cases}$$
$$\begin{cases} S \le -C+500 \\ S \le \dfrac{-3}{2}C+650 \end{cases}$$
Using a grapher, the corner points are:
$(0,500), \left(433\dfrac{1}{3},0\right), (300,200)$
$P = 900(0) + 800(500) = 400,000;$
$P = 900\left(433\dfrac{1}{3}\right) + 800(0) = 390,000;$
$P = 900(300) + 800(200) = 430,000;$
300 acres of corn, 200 acres of soybeans

63. Let x represent the number of sheet metal screws.
Let y represent the number of wood screws.
$$\begin{cases} 20x+5y \le 3(60)(60) \\ 15x+15y \le 3(60)(60) \\ 5x+20y \le 3(60)(60) \end{cases}$$
$R = 0.10x + 0.12y$
$$\begin{cases} 5y \le -20x+10800 \\ 15y \le -15x+10800 \\ 20y \le -5x+10800 \end{cases}$$
$$\begin{cases} y \le -4x+2160 \\ y \le -1x+720 \\ y \le \dfrac{-1}{4}x+540 \end{cases}$$
Using a grapher, the corner points are:
$(0,540), (240,480), (480,240), (540,0)$
$R = 0.10(0) + 0.12(540) = 64.80;$
$R = 0.10(240) + 0.12(480) = 81.60;$
$R = 0.10(480) + 0.12(240) = 76.80;$
$R = 0.10(540) + 0.12(0) = 54;$
240 sheet metal screws; 480 wood screws

65. Let t represent the number of ounces of Commoner sandwiches.
Let d represent the number of ounces of Clubhouse's.
$$\begin{cases} 2t+4d \le 250 \\ 3t+5d \le 345 \\ t \ge 0 \\ d \ge 0 \end{cases}$$
$R = 2t + 3.50d$
$$\begin{cases} 2t \le -4d+250 \\ 3t \le -5d+345 \end{cases}$$
$$\begin{cases} t \le -2d+125 \\ t \le -\dfrac{5}{3}d+115 \end{cases}$$
Using a grapher, the pt of intersection is $(30,65)$.
$R = 2(65) + 3.50(30) = 235$
65 Commoners, 30 Clubhouses.

67. Let x represent the number of buses from company X.
Let y represent the number of buses from company Y.
$$\begin{cases} 45x+60y \ge 375 \\ 2750x+2800y \ge 19450 \end{cases}$$
$C = 1250x + 1350y$
$$\begin{cases} 60y \ge -45x+375 \\ 2800y \ge -2750x+19450 \end{cases}$$
$$\begin{cases} 60y \ge -45x+375 \\ 2800y \ge -2750x+19450 \end{cases}$$
$$\begin{cases} y \ge -\dfrac{3}{4}x+\dfrac{25}{4} \\ y \ge -\dfrac{55}{56}x+\dfrac{389}{56} \end{cases}$$
Using a grapher, the corner points are:
$\left(0,\dfrac{25}{4}\right), \left(\dfrac{389}{55},0\right), (3,4);$
$C = 1250(0) + 1350\left(\dfrac{25}{4}\right) = 8437.5;$
$C = 1250\left(\dfrac{389}{55}\right) + 1350(0) = 8840.91;$
$C = 1250(3) + 1350(4) = 9150;$
3 buses from company X,
4 buses from company Y

Chapter 6: Systems of Equations and Inequalities

69. a. The function is maximized at any point on $x+y \leq 6$ for $1 \leq x \leq 4$.

b. The objective function and the constraint both have the same slope and are parallel.

71.
$$x^3 - 5x^2 + 3x - 15 = 0$$
$$(x^3 - 5x^2) + (3x - 15) = 0$$
$$x^2(x-5) + 3(x-5) = 0$$
$$(x-5)(x^2+3) = 0$$
$$x^2 + 3 = 0$$
$$x^2 = -3$$
$$x = \pm\sqrt{3}i$$
$$x = 5; \quad x = \pm\sqrt{3}i$$

73. $r = \dfrac{kl}{d^2}$

$$1500 = \dfrac{k(8)}{(0.004)^2}$$
$$0.024 = 8k$$
$$0.003 = k$$
$$r = \dfrac{0.003l}{d^2}$$
$$r = \dfrac{0.003(2.7)}{(0.005)^2}$$
$$r = \dfrac{0.0081}{0.000025}$$
$$r = 324 \ \Omega$$

Making Connections

1. c
3. g
5. d
7. a
9. g
11. e
13. f
15. b

Summary and Concept Review

1. $\begin{cases} 3x - 2y = 4 \\ -x + 3y = 8 \end{cases}$

$\begin{cases} y = \dfrac{3}{2}x - 2 \\ y = \dfrac{1}{3}x + \dfrac{8}{3} \end{cases}$

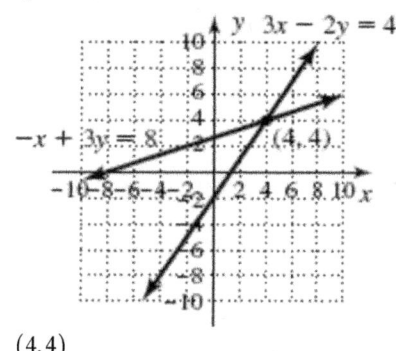

(4, 4)

3. $\begin{cases} 2x + y = 2 \\ x - 2y = 4 \end{cases}$

$\begin{cases} y = -2x + 2 \\ y = \dfrac{1}{2}x - 2 \end{cases}$

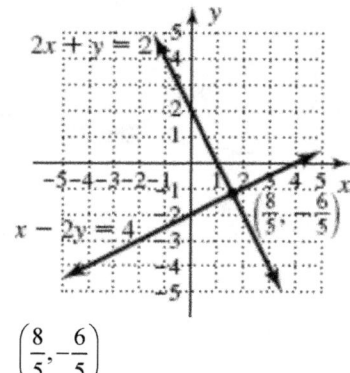

$\left(\dfrac{8}{5}, -\dfrac{6}{5}\right)$

Chapter 6 Summary and Concept Review

5. $\begin{cases} x+y=4 \\ 0.4x+0.3y=1.7 \end{cases}$

$x = 4 - y$

$0.4x + 0.3y = 1.7$
$0.4(4-y) + 0.3y = 1.7$
$1.6 - 0.4y + 0.3y = 1.7$
$-0.1y = 0.1$
$y = -1;$

$x + y = 4$
$x + (-1) = 4$
$x - 1 = 4$
$x = 5$

$(5, -1)$; consistent

7. $\begin{cases} 2x - 4y = 10 \\ 3x + 4y = 5 \end{cases}$

R1 + R2 = Sum
$2x - 4y = 10$
$3x + 4y = 5$
$5x = 15$
$x = 3;$
$2x - 4y = 10$
$2(3) - 4y = 10$
$6 - 4y = 10$
$-4y = 4$
$y = -1$

$(3, -1)$; consistent

9. $D(p) = S(p)$
$-0.8p + 110 = 0.24p - 14.8$
$1.04p = 124.8$
$p = 120$

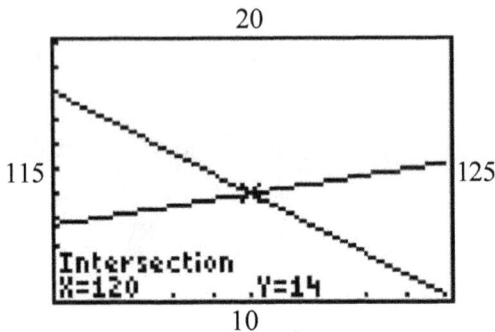

The price for market equilibrium is $1.20.

11. $\begin{cases} -x + y + 2z = 2 \\ x + y - z = 1 \\ 2x + y + z = 4 \end{cases}$

R1 + R2 = Sum
$-x + y + 2z = 2$
$x + y - z = 1$
$2y + z = 3$

2R1 + R3 = Sum
$-2x + 2y + 4z = 4$
$2x + y + z = 4$
$3y + 5z = 8$

$\begin{cases} 2y + z = 3 \\ 3y + 5z = 8 \end{cases}$

-5R1 + R2 = Sum
$-10y - 5z = -15$
$3y + 5z = 8$
$-7y = -7$
$y = 1;$

$2y + z = 3$
$2(1) + z = 3$
$2 + z = 3$
$z = 1;$

$x + y - z = 1$
$x + 1 - 1 = 1$
$x = 1$

$(1, 1, 1)$

304

Chapter 6: Systems of Equations and Inequalities

13. Let n represent the number of nickels.
Let d represent the number of dimes.
Let q represent the number of quarters.

$$\begin{cases} 0.05n + 0.10d + 0.25q = 536 \\ n + d = 360 + q \\ q = 110 + 2n \end{cases}$$

$$\begin{cases} 0.05n + 0.10d + 0.25q = 536 \\ n + d - q = 360 \\ -2n + q = 110 \end{cases}$$

R1 − 0.10R2 = Sum
$-0.05n + 0.35q = 500$

$$\begin{cases} -0.05n + 0.35q = 500 \\ -2n + q = 110 \end{cases}$$

R1 − 0.35R2 = Sum
$0.65n = 461.50$
$n = 710$;
$-2n + q = 110$
$-2(710) + q = 110$
$q = 1530$;
$n + d = 360 + q$
$710 + d = 360 + 1530$
$710 + d = 1890$
$d = 1180$;
710 nickels, 1180 dimes, 1530 quarters

15. $\begin{cases} x = y^2 - 1 & \text{Parabola} \\ x + 4y = -5 & \text{Line} \end{cases}$

$y^2 - 1 + 4y = -5$
$y^2 + 4y + 4 = 0$
$(y+2)^2 = 0$
$y = -2$;
$x = (-2)^2 - 1 = 3$
Solution: $(3, -2)$

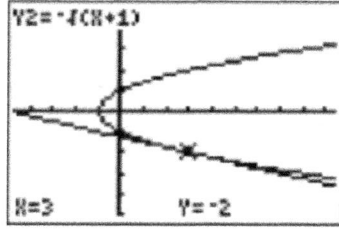

17. $\begin{cases} x^2 + y^2 = 10 & \text{Circle} \\ y - 3x^2 = 0 & \text{Parabola} \end{cases}$

$x^2 = \dfrac{y}{3}$

$\dfrac{y}{3} + y^2 = 10$

$3y^2 + y - 30 = 0$
$(3y + 10)(y - 3) = 0$
$3y + 10 = 0$ or $y - 3 = 0$
$y \neq -\dfrac{10}{3}$ or $y = 3$

Solutions: $(1, 3), (-1, 3)$

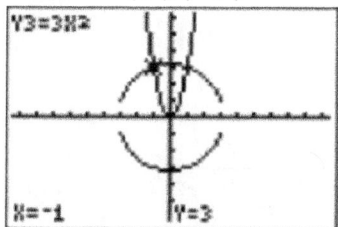

19. $\begin{cases} x^2 + y^2 > 9 \\ x^2 + y \leq -3 \end{cases}$

Inequality 1 is a circle with center $(0,0)$, radius 3.
Inequality 2 is a parabola with vertex $(0, -3)$
Note the open circle showing non-inclusion at $(0, -3)$

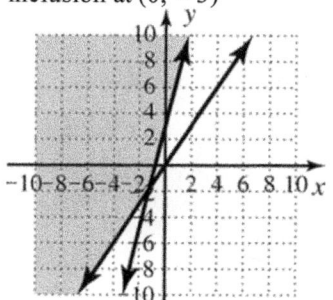

305

Chapter 6 Summary and Concept Review

21. $\begin{cases} x - 4y \leq 5 \\ -x + 2y \leq 0 \end{cases}$

$\begin{cases} y \geq \dfrac{1}{4}x - \dfrac{5}{4} \\ y \leq \dfrac{1}{2}x \end{cases}$

Test point: (1, 0)
$x - 4y \leq 5$
$1 - 4(0) \leq 5$
$1 \leq 5$
$-x + 2y \leq 0$
$-1 + 2(0) \leq 0$
$-1 \leq 0$

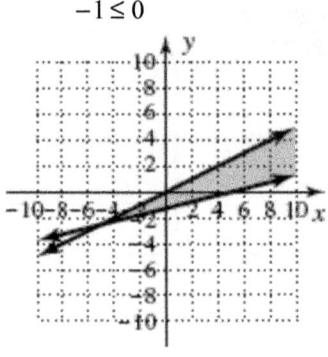

23. $\begin{cases} 2x + y \leq 10 \\ 2x + 3y \leq 18 \\ x \geq 0, y \geq 0 \end{cases}$

$\begin{cases} y \leq -2x + 10 \\ y \leq -\dfrac{2}{3}x + 6 \\ x \geq 0, y \geq 0 \end{cases}$

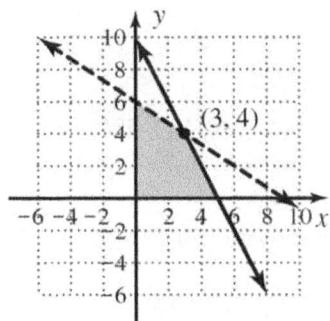

Maximum Objective Function:
$f(x, y) = 30x + 45y$

Corner point	Objective Function $f(x,y) = 30x + 45y$	Result
(0, 0)	$f(0,0) = 30(0) + 45(0)$	0
(0, 6)	$f(0,6) = 30(0) + 45(6)$	270
(3, 4)	$f(3,4) = 30(3) + 45(4)$	270
(5, 0)	$f(5,0) = 30(5) + 45(0)$	150

Maximum value: (3, 4) and (0, 6)

Chapter 6: Systems of Equations and Inequalities

Practice Test

1. $\begin{cases} 3x+2y=12 \\ -x+4y=10 \end{cases}$

   $\begin{cases} y=-\dfrac{3}{2}x+6 \\ y=\dfrac{1}{4}x+\dfrac{5}{2} \end{cases}$

   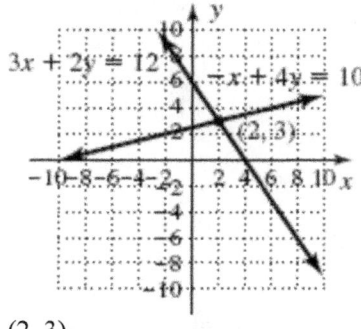

   $(2, 3)$

3. $\begin{cases} 5x+8y=1 \\ 3x+7y=5 \end{cases}$

   $-3R1 + 5R2 = \text{Sum}$
   $-15x-24y=-3$
   $15x+35y=25$
   $11y=22$
   $y=2;$
   $3x+7y=5$
   $3x+7(2)=5$
   $3x+14=5$
   $3x=-9$
   $x=-3$
   $(-3, 2)$

5. $\begin{cases} 2x-y+z=4 \\ -x+2z=1 \\ x-2y+8z=11 \end{cases}$

   $-2R1 + R3 = \text{Sum}$
   $-3x+6z=3$
   $\dfrac{R1}{-3}$
   $x-2z=-1$
   $\begin{cases} x-2z=-1 \\ -x+2z=1 \end{cases}$
   $R1 + R2 = \text{Sum}$
   $0 = 0;$
   Dependent
   $-x+2z=1$
   $-x=-2z+1$
   $x=2z-1;$
   $2x-y+z=4$
   $2(2z-1)-y+z=4$
   $4z-2-y+z=4$
   $-y=-5z+6$
   $y=5z-6;$
   $\{(x,y,z)|x=2z-1, y=5z-6, z\in\mathbb{R}\}$

7. Let l represent the length of the paper.
   Let w represent the width of the paper.
   $\begin{cases} 2l+2w=114.3 \\ l=2w-7.62 \end{cases}$

   $2l+2w=114.3$
   $2(2w-7.62)+2w=114.3$
   $4w-15.24+2w=114.3$
   $6w=129.54$
   $w=21.59;$
   $l=2w-7.62$
   $l=2(21.59)-7.62$
   $l=43.18-7.62$
   $l=35.56$
   21.59 cm by 35.56 cm

Chapter 6 Practice Test

9. $\begin{cases} 2C+3B+P=1.39 \\ 3C+2B+2P=1.73 \\ C+4B+3P=1.92 \end{cases}$

$-2R1 + R2 = \text{Sum}$
$-4C-6B-2P=-2.78$
$3C+2B+2P=1.73$
$-C-4B=-1.05$
$-3R1 + R3 = \text{Sum}$
$-6C-9B-3P=-4.17$
$C+4B+3P=1.92$
$-5C-5B=-2.25$

$\begin{cases} -C-4B=-1.05 \\ -5C-5B=-2.25 \end{cases}$

$-5R1 + R2 = \text{Sum}$
$5C+20B=5.25$
$-5C-5B=-2.25$
$15B=3$
$B=0.20;$
$-C-4B=-1.05$
$-C-4(0.20)=-1.05$
$-C-0.80=-1.05$
$-C=-0.25$
$C=0.25;$
$2C+3B+P=1.39$
$2(0.25)+3(0.2)+P=1.39$
$0.50+0.60+P=1.39$
$1.10+P=1.39$
$P=0.29$

Corn: 25¢
Beans: 20¢
Peas: 29¢

11. $\begin{cases} x-y \le 2 \\ x+2y \ge 8 \end{cases}$

$\begin{cases} y \ge x-2 \\ y \ge -\dfrac{1}{2}x+4 \end{cases}$

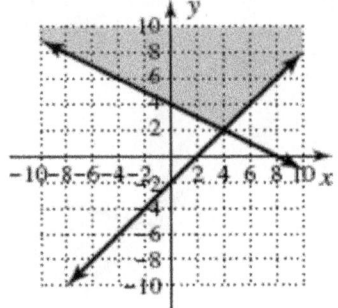

13. $P(x,y)=4.25x+5y$

$\begin{cases} x+y \le 50 \\ 2x+3y \le 120 \end{cases}$

Corner point	Objective Function $P(x,y)=4.25x+5y$	Result
(0, 0)	$P(0,0)=4.25(0)+5(0)$	0
(0, 40)	$P(0,40)=4.25(0)+5(40)$	200
(30, 20)	$P(30,20)=4.25(30)+5(20)$	227.5
(50, 0)	$P(50,0)=4.25(50)+5(0)$	212.5

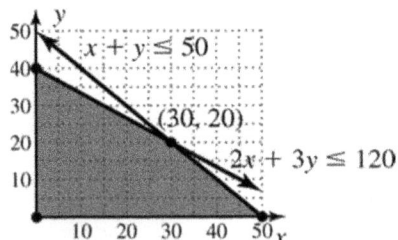

30 plain, 20 deluxe

Chapter 6: Systems of Equations and Inequalities

15. $\begin{cases} 4y - x^2 = 1 \\ y^2 + x^2 = 4 \end{cases}$

R1 + R2

$y^2 + 4y = 5$

$y^2 + 4y - 5 = 0$

$(y+5)(y-1) = 0$

$y + 5 = 0$ or $y - 1 = 0$

$y = -5$ or $y = 1$;

If $y = -5, 4y - x^2 = 1$

$\qquad 4(-5) - x^2 = 1$

$\qquad -20 - x^2 = 1$

$\qquad x^2 = -21$ not real;

If $y = 1, 4y - x^2 = 1$

$\qquad 4(1) - x^2 = 1$

$\qquad 4 - x^2 = 1$

$\qquad x^2 = 3$

$\qquad x = \pm\sqrt{3}$;

$(\sqrt{3}, 1), (-\sqrt{3}, 1)$

17. $\begin{cases} x^2 - y \leq 2 \\ y \leq \sqrt{9 - x^2} \end{cases}$

$\begin{cases} y \geq x^2 - 2 \\ y \leq \sqrt{9 - x^2} \end{cases}$

Inequality 1 is a parabola, vertex $(0, -2)$.

Inequality 2 is an upper part of a circle, center $(0,0)$, radius 3.

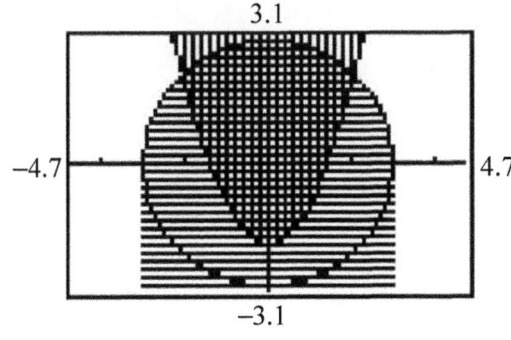

19. $\begin{cases} 2x - y \leq -1 \\ 3x + 2y \geq 2 \end{cases}$

$\begin{cases} -y \leq -2x - 1 \\ 2y \geq -3x + 2 \end{cases}$

$\begin{cases} y \geq 2x + 1 \\ y \geq -\dfrac{3}{2}x + 1 \end{cases}$

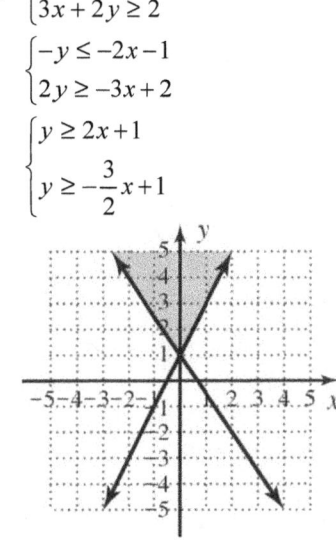

Chapter 6: Calculator Exploration and Discovery

Calculator Exploration and Discovery

1. $\begin{cases} 3x - y = -7 \\ y + 5x = -1 \end{cases}$

   $\begin{cases} y = 3x + 7 \\ y = -5x - 1 \end{cases}$

   Intersection is at (–1, 4).

3. $\begin{cases} y + 2x < 8 \\ y + x < 6 \end{cases}$

   $\begin{cases} y < -2x + 8 \\ y < -x + 6 \end{cases}$

   Shade below both lines. The solution is the area of overlap.

   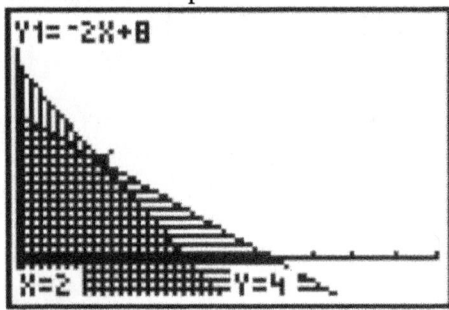

   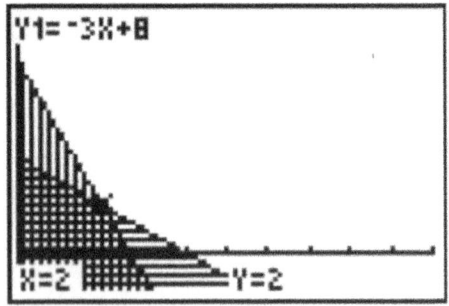

5. $\begin{cases} -4x - y > -9 \\ -3x - y > -7 \end{cases}$

   $\begin{cases} y < -4x + 9 \\ y < -3x + 7 \end{cases}$

   Shade below both lines. The solution is the area of overlap.

   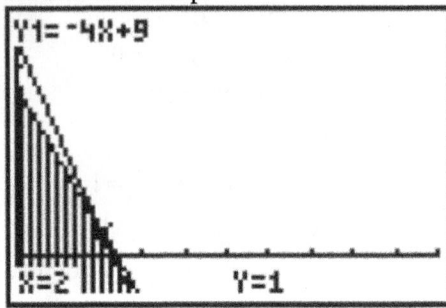

Chapter 6: Systems of Equations and Inequalities

Strengthening Core Skills

1. $\begin{cases} 9x+2y-5z=-5 \\ -2x+z=0 \\ 4x+5y+3z=25 \end{cases}$

    R2: $-2x+z=0$
    $z=2x$
    R1: $9x+2y-5(2x)=-5$
    $9x+2y-10x=-5$
    $-x+2y=-5$
    R3: $4x+5y+3(2x)=25$
    $4x+5y+6x=25$
    $10x+5y=25$
    $2x+y=5$

    $\begin{cases} -x+2y=-5 \\ 2x+y=5 \end{cases}$
    2R1 + R2 = Sum
    $5y=-5$
    $y=-1;$
    $2x+(-1)=5$
    $2x=6$
    $x=3;$
    $9(3)+2(-1)-5z=-5$
    $27-2-5z=-5$
    $25-5z=-5$
    $-5z=-30$
    $z=6$

Cumulative Review: Chapters R–6

1. $y=\dfrac{2}{3}x+2$

    x-intercept:
    $0=\dfrac{2}{3}x+2$
    $-2=\dfrac{2}{3}x$
    $-3=x$
    $(-3,0)$

    y-intercept:
    $y=\dfrac{2}{3}(0)+2$
    $y=2$
    $(0,2)$

    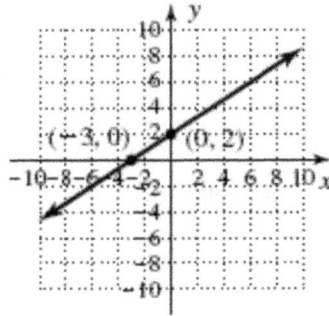

3. $g(x)=\sqrt{x-3}+1$
    x-intercept: None
    y-intercept: None
    Shifts up 1, right 3

    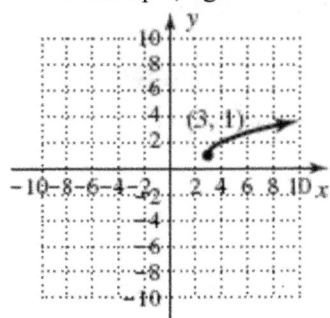

5. $g(x)=(x-3)(x+1)(x+4)$
    x-intercepts: $(3, 0), (-1, 0), (-4, 0)$
    y-intercept: $(0, -12)$

    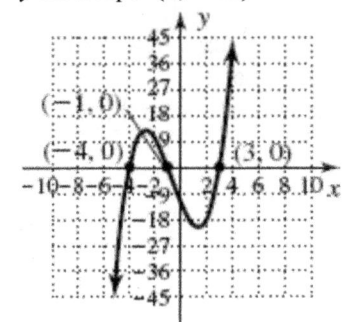

Cumulative Review: Chapters R–6

7. a. Domain: $x \in (-\infty, \infty)$
   b. Range: $y \in (-\infty, 4]$
   c. $f(x) \uparrow: (-\infty, -1)$
      $f(x) \downarrow: (-1, \infty)$
   d. Maximum: $(-1, 4)$
   e. $f(x) > 0$: $(-4, 2)$
      $f(x) < 0$: $(-\infty, -4) \cup (2, \infty)$
   f. $\dfrac{7}{4}$

9. $g(v) = v^3 - 9v^2 + 2v - 18$
   $g(v) = v^2(v - 9) + 2(v - 9)$
   $g(v) = (v - 9)(v^2 + 2)$;

   $v - 9 = 0 \qquad v^2 + 2 = 0$
   $v = 9 \qquad\quad v^2 = -2$
   $\qquad\qquad\quad v = \pm\sqrt{2}i$

   Zeroes: $9, \pm\sqrt{2}i$

11. $f(x) = 2x - 5$; $g(x) = 3x^2 + 2x$
    $(g - f)(x) = g(x) - f(x)$
    $\qquad\qquad = 3x^2 + 2x - 2x + 5$
    $\qquad\qquad = 3x^2 + 5$

13. $f(x) = 2x - 5$; $g(x) = 3x^2 + 2x$
    $(g \circ f)(2) = g(f(2))$;
    $f(2) = 2(2) - 5 = 4 - 5 = -1$;
    $g(-1) = 3(-1)^2 + 2(-1) = 3 - 2 = 1$

15. $x^4 - 6x^3 - 13x^2 + 24x + 36$
    Possible roots:
    $\{\pm 1, \pm 36, \pm 2, \pm 18, \pm 3, \pm 12, \pm 4, \pm 9, \pm 6\}$
    $\overline{\{\pm 1\}}$

    ```
     2 | 1  -6  -13   24   36
       |     2   -8  -42  -36
       |_1__-4__-21__-18___0_

    -2 | 1  -4  -21  -18
       |    -2   12   18
       |_1__-6___-9___0_
    ```

    $x^2 - 6x - 9$
    $a = 1, b = -6, c = -9$

    $x = \dfrac{6 \pm \sqrt{(-6)^2 - 4(1)(-9)}}{2(1)}$

    $x = \dfrac{6 \pm \sqrt{72}}{2}$

    $x = \dfrac{6 \pm 6\sqrt{2}}{2}$

    $x = 3 \pm 3\sqrt{2}$

    $(x - 2)(x + 2)(x - 3 - 3\sqrt{2})(x - 3 + 3\sqrt{2})$

17. $\dfrac{x - 2}{x + 3} \leq 3$

    Vertical asymptote: $x = -3$

    $\dfrac{x - 2}{x + 3} - 3 \leq 0$

    $\dfrac{x - 2 - 3(x + 3)}{x + 3} \leq 0$

    $\dfrac{-2x - 11}{x + 3} \leq 0$

    $x = -\dfrac{11}{2}$; $x = -3$

    neg   pos   neg
    ←——●————○——→
      $-\frac{11}{2}$ -3

    $x \in \left(-\infty, -\dfrac{11}{2}\right] \cup (-3, \infty)$

19. $A = Pe^{rt}$
    $12000 = 5000e^{0.09t}$
    $2.4 = e^{0.09t}$
    $\ln 2.4 = \ln e^{0.09t}$
    $\ln 2.4 = 0.09t$
    $\dfrac{\ln 2.4}{0.09} = t$
    $t \approx 9.7$ years

Chapter 6: Systems of Equations and Inequalities

21. $h(x) = \dfrac{9-x^2}{x^2-4} = \dfrac{(3-x)(3+x)}{(x-2)(x+2)}$

Vertical asymptotes: $x = -2, x = 2$
x-intercepts: $(3, 0), (-3, 0)$
y-intercept: $(0, -2.25)$

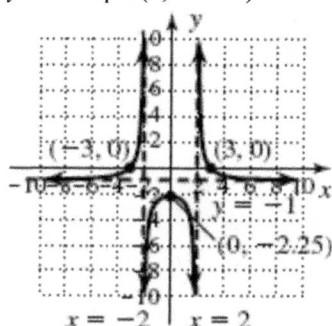

23. Let a represent the number of arrows.
Let b represent the number of bowling balls.
Let c represent the number of cricket bats.

$\begin{cases} a+b+c = 120 \\ a = 2(b+c) \\ b = c+10 \end{cases}$

$\begin{cases} a+b+c = 120 \\ a-2b-2c = 0 \\ b-c = 10 \end{cases}$

$-R1 + R2$
$-3b - 3c = -120$

$\dfrac{R1}{-3}$

$b+c = 40$
Sub-system
$\begin{cases} b+c = 40 \\ b-c = 10 \end{cases}$
$2b = 50$
$b = 25$;
$b+c = 40$
$25 + c = 40$
$c = 15$;
$a+b+c = 120$
$a + 25 + 15 = 120$
$a = 80$;
80 arrows, 25 balls, 15 bats

25. $\begin{cases} y = \log x + 4 \\ y = 5 - \log(x-3) \end{cases}$

$\log x + 4 = 5 - \log(x-3)$
$\log x + \log(x-3) = 1$
$\log x(x-3) = 1$
$10^1 = x(x-3)$
$10 = x^2 - 3x$
$0 = x^2 - 3x - 10$
$0 = (x-5)(x+2)$
$x - 5 = 0$ or $x + 2 = 0$
$x = 5$ or $x = -2$;
If $x = 5, y = \log x + 4$
$y = \log 5 + 4$
$y \approx 4.7$;
If $x = -2, y = \log x + 4$
$y = \log(-2) + 4$
not defined;
$x = 5, y \approx 4.7$

27. **a.** There is a vertical asymptote at $x = -2$ so $f(-2)$ is undefined.
 b. $f(2) = 3$
 c. $f(x) = 0$ when $x = -1, 4$.

29. $\dfrac{75}{1+13e^{-0.09x}} = 55$

$75 = 55(1 + 13e^{-0.09x})$
$75 = 55 + 715e^{-0.09x}$
$20 = 715e^{-0.09x}$
$\dfrac{4}{143} = e^{-0.09x}$
$\ln\left(\dfrac{4}{143}\right) = -0.09x$
$-\dfrac{100\ln(4/143)}{9} = x$
$x \approx 39.74$

313